普通高等教育"十一五"国家级规划教材

土壤改良学

吕　军　编著

ZHEJIANG UNIVERSITY PRESS
浙江大学出版社

图书在版编目（CIP）数据

土壤改良学／吕军编著．—杭州：浙江大学出版社，2011.5（2024.7重印）
ISBN 978-7-308-08599-1

Ⅰ.①土… Ⅱ.①吕… Ⅲ.①土壤改良—高等学校—教材 Ⅳ.①S156

中国版本图书馆CIP数据核字（2011）第067286号

土壤改良学
吕　军　编著

责任编辑	秦　瑕
封面设计	刘依群
出版发行	浙江大学出版社 （杭州市天目山路148号　邮政编码310007） （网址：http://www.zjupress.com）
排　　版	杭州青翊图文设计有限公司
印　　刷	广东虎彩云印刷有限公司绍兴分公司
开　　本	787mm×1092mm　1/16
印　　张	20.25
字　　数	493千
版 印 次	2011年5月第1版　2024年7月第9次印刷
书　　号	ISBN 978-7-308-08599-1
定　　价	55.00元

前 言

进入21世纪的人类社会，随着科学与技术的飞速发展，拥有了空前的创造和生产物质财富的能力，但同时也大大加快了对地球上各类资源的攫取和消耗的速度，加剧了对自身生存和发展环境的胁迫。一方面，人口的持续增长，势必要求从有限的耕地上生产出更多的粮食和纤维；另一方面，人类活动的加剧和失当，导致全球气候变化和土壤生产功能的退化已赫然若揭。中国人多地少，耕地与人口、粮食之间的矛盾会长期持续，并将日趋尖锐。因此，不断地加强和改良土壤的生产和生态环境功能是全民的共同责任，更是土壤科学工作者所承担的艰巨而神圣的使命。

土壤学是阐述土壤的物质组成和性质、研究土壤本身及其与环境之间的物质和能量运动、揭示土壤功能和质量的演变规律的科学理论；土壤改良学则是阐述土壤肥力的构成实质及其演变规律、分析土壤退化的过程机理和原因，研究排除各种不利因素、防治土壤退化和提高土壤肥力并创造良好土壤环境条件的应用技术体系。因此，土壤改良学涉及的内容十分广泛，它是土壤学、植物营养学、农业生物学、作物栽培学、农田水利学、农业气象学、农业工程学、生态学等现代科学的各种相关理论、方法和技术的综合应用；同时也很显然，土壤改良学更应该注重包括田间试验和经验总结在内的操作和实践。

在我国“农业资源与环境”专业（原“土壤农化专业”）的课程设置中，通常将土壤改良和保护分成几门课程，如区域土壤学、农田水利学、生态学、水土保持学等。经过多年的教学实践和反复讨论，针对本专业和学科的特点，我们将几门课程合并，为“农业资源和环境”专业开设“土壤改良与保护”课程，并于2001年编著出版了《农业土壤改良与保护》教材，初步形成了土壤改良和保护的系统理论和方法，使所包含的相关内容（如《农田水利学》等）更紧密结合本专业的特点；10年的教学实践表明，该课程在协调“加强基础、拓宽知识面”与保证专业知识的系统性关系上起到了预期的良好效果。比如将土壤改良和水土保持放在同一门课程中，更有利于体现土壤改良和保护是同一命题的两个方面这种密切的关系，加深对改善土地生态系统的功能这一共同的高层次目标的理解。

最近10年来，随着我国社会经济的持续高速发展和科学技术的不断进步，土壤学以及土壤改良和保护的研究范畴进一步拓展，研究内容和目标也更加丰富；特别是以对土壤功能和质量的研究和重新认识为标志，现代土壤学已经完成了从传统的单一农业生产需求，向农业生产、生态健康和环境保护等多目标的“多轮驱动”的时代的转变。经过10年的教学实践，我们的《农业土壤改良与保护》教材也有许多需要补充和改进的内容。在国家有关部委的支持下，经相关专家委员会的审定，原教材改为《土壤改良学》，并被列入国家“十一五”规划教材。

《土壤改良学》教材试图建立相对集中又比较完整的土壤改良和保护的基本框架及其课程教学体系。作为本科学生的教材，在书中编入了以国内为主的大量国内外的最新成果，特别参考了一些比较成熟和系统的著作，包括《中国土壤》、《土壤资源概论》、《中国土壤质量》、《中国土壤肥力演变》、《Soil Fertility and Fertilizers》(7th Edition)、《The nature and properties of soils》(13th Edition)、《农业水资源利用与管理》、《农田水利学》、《污染生态学》等等。本课程中许多章节的编写，均有专门的著作和文集可查考，为许多问题的进一步研习提供了良好的条件。考虑到土壤改良学的系统性和本专业各课程之间的衔接，我们将本教材的内容分为六个方面共十章，即“土壤改良学概论”，“土壤养分管理与高产土壤培肥”、“水利土壤改良”(3章)、“区域性土壤障碍与改良”(3章)、“土壤侵蚀与水土保持”和“土壤污染与修复”。教学过程中若有部分内容与其他课程重复，则可略过。

限于作者的学识和水平，也由于编写和修订的时间仓促，差错与不妥之处在所难免，敬请读者批评指正。

作　者

2010年12月

目录

土壤改良学概论

土壤是地球上能够产生植物收获的疏松表层。不同土壤上所产生植物收获量的不同，不仅与土壤以外的环境条件和人类干涉的方式和程度有着十分密切的关系，同时也向人们披露了土壤本身存在着优劣之别。农业土壤学家把这种土壤内在的优劣性归结为土壤肥力的差异，即土壤向植物不断地供应和协调水、肥、气、热的能力的差异。千百年来，人类祖祖辈辈在利用土壤维系自身的生存和发展的同时，逐渐认识了土壤肥力差异的实质，于是就不断地试图改善土壤肥力，以增加植物收获。

当今，人口与耕地的矛盾已赫然摆在全世界人们的面前，联合国粮农组织在 *Protect and Produce* 一书中指出，地球表面只有很少的土地适合农业生产，仅有 11%（约 15 亿 hm^2）的土地为农用耕地，另有 89%为非宜农土地（其中 28%太干旱，23%有化学问题，22%土层太浅，10%太湿，还有 6%为永久冻土）（表 1-1）。另一方面，现有的 15 亿 hm^2 耕地中，低产土壤占有相当可观的比重，并且土地在不断地退化和丧失，“即使设想目前的土地退化率不再增加，在 20 年里也要丧失 1 亿至 1.4 亿 hm^2 的土地。这个数字可与建议在同期内开垦的新耕地面积相比”。

表 1-1　非宜农耕土壤的情形

问题	太干	太冷	太薄	沙石太多	黑黏土	盐渍土
土壤	干热漠钙土，移动沙丘等	永久冻土带土壤，冰河土壤等	薄层土和其他岩石露头地形上的土壤	红沙土，粗骨土以及其他粗质地土壤	变性土	盐土，碱土
农耕潜力	雨养农业无收；如果有灌溉或能中高产	无收或收成很低	一般很低，部分可用作牧场	收成中或低，取决于土壤养分和水分管理水平	利用问题较多，但良好土壤管理能中产或高产	通常较低，改良后可有中等收成

我国用占世界 7%的耕地养活了占全球 22%的人口，创造了世界奇迹，但同时，人多地少，而且人还在多地还在少（图 1-1），始终是中华民族的一种危机。2007 年，全国耕地 12173.52 万 hm^2，即 18.26 亿亩（《2007 年中国国土资源公报》）。我国耕地资源的基本国情是“一多三少”（中国耕地质量网），即耕地总量多，人均耕地少：人均耕地只有世界平均水平的 40%；高质量的耕地少：耕地粮食单产比发达国家或农业发达国家低 150～200kg；耕地后

备资源少：耕地后备资源严重不足，且由于生态保护的要求，耕地后备资源开发受到严格限制，今后可通过后备资源开发补充的耕地已十分有限。

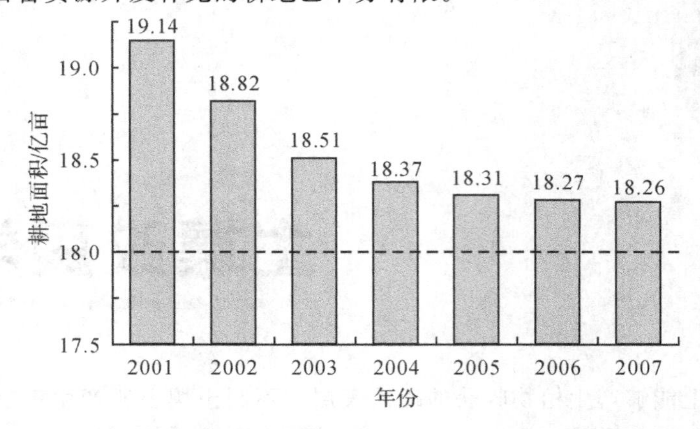

图 1-1　近年来我国耕地面积的变化(《2007 年中国国土资源公报》)

耕地的现状和人口的不断增长，使得土地保护和土壤改良已不再仅仅是农业土壤工作者的口号，而必将成为每一个明智的人、每一个依赖土壤所生产的植物而活着的地球公民所必须正视的重要问题。

第一节　土壤功能、质量与土壤改良方法

土壤是土壤母质与环境之间长期物质与能量交换和平衡的作用下所形成的自然综合体；土壤学就是研究土壤物质的组成、结构及其运动特征，阐述土壤与环境之间物质与能量交换和平衡过程，探索土壤演化规律的自然科学；土壤改良与保护则是应用土壤学和相关学科的知识，按照人们的意愿和要求保护和改善土壤功能和质量的实际应用技术；而土壤改良学，是分析土壤肥力障碍的发生和发展规律，研究消除和减缓土壤肥力障碍、恢复和提高土壤功能质量的方法和技术，维护和促进土壤的高效和永续利用的应用基础科学。

一、土壤功能

世间任何事物，只要有缺陷或不尽如人意，人们总希望能加以改造，提高质量。土壤改良也正是针对不良的土壤质量而言的。质量总是相对的。这种相对性至少表现在两个方面，一方面，质量是相对于要求而言的，比如化学试剂的质量，对于只要求化学纯试剂的化学分析，用质量更好的分析纯试剂是没有意义的，因为其他方面的分析误差可能远大于使用化学纯试剂所带来的误差，所以这时化学纯试剂就是好的、高质量的试剂；另一方面，质量又一定是针对功能或用途而言的，比如软木头对于做红酒瓶塞来说是优质材料，但对于木轮车的轮轴只有坚硬和耐磨的木头才是优质材料。因此，任何资源的质量都不能离开它的功能而论。

土壤与水和空气一样，是人类生存、繁衍和社会发展不可或缺的基本资源与环境要素。对于人类来说，土壤至少有以下六大功能(图 1-2)：(1)生产功能，是农作物生长的基质；(2)

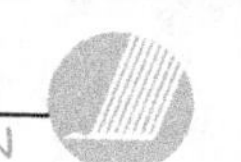

负载功能，是人类活动和道路、桥梁以及各类建筑的基地；(3)生态功能，是许多动植物和无数微生物的生衍场所和生态多样性的基因库；(4)原料功能，是许多制造业的原材料和淡水储存库；(5)环境功能，是废弃物的过滤、缓冲和循环的反应器；(6)遗产保存功能，是记录和保存地球发展史和人类遗产的重要介质。土壤的这六大功能都与人类的物质文明和精神文明密不可分，肥沃的尼罗河和美索不达亚平原曾孕育了伟大的中东文明，美丽富饶的南亚次大陆创造了灿烂的印度文明，黄河流域和长江流域的千里沃土缔造了上下近万年的中华文明；而这些古代文明的诞生、延续和兴衰，都受到当地土壤的功能，特别是生产和生态功能的重要影响，有些甚至是决定性的作用。

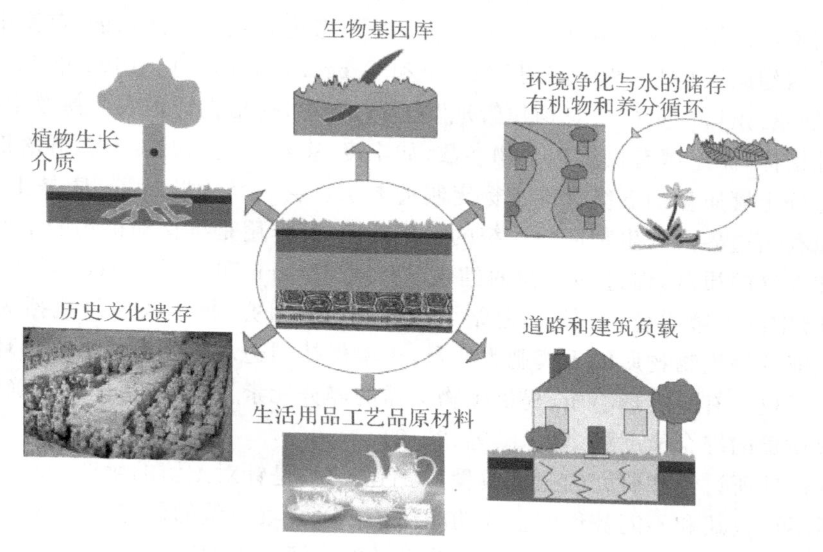

图 1-2　土壤的六大功能

土壤的六大功能中，生产、生态和环境功能的好坏在很大程度上都基于生物(植物、微生物和动物)的生活条件，具有很高的趋同性：通常具有很强生态功能的土壤，也具有较高的农作物生产潜力和较强的环境保护功能。其他三个功能则完全不同，它们主要取决于土壤的物理(负载和遗存功能)和物质组成(原料功能)的特性。土壤的负载功能要求土壤有较高的稳定性和坚实性；而作为原材料则以产品的需要为基础，例如陶瓷制品就希望土壤是颗粒均一的黏土；这两种功能都不希望土壤中有太多的有机物质，这一点正好与土壤的生产、生态和环境功能的需求完全相反。

二、土壤质量

按照国际质量管理学大师 Joseph M. Juran 的定义，质量是对事物满足其功能需要的程度的评价，具有两个方面的含义，即使用的功能要求和满足程度(*Juran Quality Control Handbook*，1951)。质量首先必须针对功能，土壤质量也应根据土壤功能进行定义。土壤六大功能的指向不同，土壤质量评价的依据和基础也必然不同。因此，泛论土壤质量是困难的。1995 年美国 *Agronomy News* 提出，土壤质量是“土壤履行功能的能力”，这个定义虽然比较简单和抽象，却是严谨和科学的。

作为自然科学和农业应用科学的一个重要分支，土壤学是从对它的生产功能的认识、总结和研究而发展起来的。传统的土壤学以培育或改造土壤成为能生产高产作物（特别是粮食作物）的肥沃土壤为核心，而现代土壤学已经广泛认识到土壤对于人类的重要作用不仅仅是提供食物和纤维，土壤学的发展也从传统的单一农业生产需求，进入了农业生产和环境保护"双轮驱动"的时代。20世纪90年代，许多土壤学家对土壤质量的概念、定义和表征方法进行了广泛的研究和讨论。美国学者进一步解释土壤质量的内涵是"在自然和人工生态系统内土壤某种特定的可以维持动植物生产力、保持或改善水体和大气的质量，支持人类健康和居住的能力"。加拿大学者在"我们土壤的健康"的草案中，把土壤质量看做是"土壤支持作物生长而不出现退化或其他环境危害的适宜性"，考虑到农业生产功能，草案中提出"土壤质量"和"土壤健康"可相互替代使用（Acton 和 Gregorich，1995）。1998年11月在美国召开的"土壤健康：土壤质量的生态构建管理"学术大会中，提出在评估农业持续生产能力时必须采用多种指标，而土壤有机质和生物参数（如丰度、多样性、食物链结构、群落稳定性等）可以满足大部分土壤质量的五级标准指标定制的要求。会议认为"土壤健康是土壤作为生态系统及土地利用边界内的生物活性系统的运作功能，其作用是维持动植物的生产力，保持或改善水体和大气的质量，促进动植物的健康"（J. W. Doran 和 M. R. Zeiss，2000）。我国的曹志洪等在《中国土壤质量》一书中，总结了国内的有关研究，把土壤质量概括为"土壤提供食物、纤维、能源等生物物质的土壤肥力质量，土壤保持周边水体和空气洁净的环境质量，土壤容纳消解无机和有机有毒物质、提供生物必需的养分元素、维护人畜健康和确保生态安全的土壤健康质量的综合量度。"（曹志洪等，2010）。

目前国内外所讨论和研究的土壤质量，几乎全部都是针对土壤的生产、环境和生态这三大人类生活不可或缺和不能替代的重要功能的。尽管土壤质量的研究还在不断地深入和发展，却已经大大丰富了土壤学、特别是土壤改良学的内涵。土壤改良与土壤质量有着直接的因果关系：因为某个或某些土壤功能质量达不到人类的期望，所以要进行土壤改良。一方面，随着人口的持续增长，必须在有限的耕地上提供更多的粮食，要求不断地加强和改良土壤的生产功能；另一方面，现代化的人类活动导致的土壤质量下降已经成为迫在眉睫的生态焦点，从而必然要求进一步加强土壤改良的力度并拓展土壤改良工作的范畴。

三、土壤改良方法论

土壤改良是针对土壤的功能质量而言的，具有明确的功能指向，这就是要维护和增强农业可持续发展能力。所有制约土壤这一功能的内在因素和环境条件都可以列入要改良的范畴；所有现代科学的各种相关理论、技术和方法都可能成为土壤改良的基础；然而，土壤改良学更注重田间试验研究和生产经验总结等实践和操作技术的分析。

1. 土壤质量演变与改良的关系

简略地说，土壤改良包括两个方面，即对非宜农土地的改造和低产土壤的改良。土壤的形成及其质量演变，是一定自然条件下的必然结果，是土壤圈与岩石圈、水圈、生物圈和大气圈之间的物质和能量交换的一种运动形式。因此，作为逻辑上的第一步，土壤改良首先应了解土壤肥力等土壤质量的演变规律，因为"一般来说，人的劳动代替自然界的力量是不可能

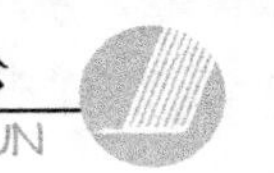

的”，只有在研究自然界规律的基础上，利用自然力量，把自然力量引向我们需要的方向。土壤改良，就是在利用土壤的同时，根据土壤肥力等土壤质量的演变规律，人为地改变某些环境条件，利用自然界的力量，使土壤肥力等土壤质量的演变，向着有利于农业生产方向发展。在丘陵红壤地区，我们不是试图改变有机质在高温湿润条件下的高矿化速率，而是造成淹水条件，调节土壤有机质的腐殖化—矿化平衡，并通过良好的生物循环，增加土壤有机质的积累。在高含盐量、高地下水位的滨海盐土上，我们也不可能改变盐随水走的基本规律，只能更集中地利用淡水并建立良好的排水体系，加速土壤脱盐，从而使土壤更适合农作物的生长。

2. 人类活动对土壤质量的影响

自从人类有了农业以后，原始荒地被垦为农田，自然植被为农作物所替代，自然土壤原始的物质与能量循环受到人为的翻耕、种植、收获、灌溉、排水以及化学品使用等深刻而持续作用；显然，不同的土壤管理和经营方式将会产生不同的影响，对农业的可持续发展可能会有正面的促进作用，也可能会有负面的破坏作用。现代工业和汽车交通业的高速发展，则直接或间接地对土壤质量产生了巨大的负面影响，特别是工业“三废”的无序排放导致土壤污染，严重影响着土壤的可持续利用。此外，人类生活和畜禽养殖业的废弃物的不当处理和排放，也会对土壤质量造成不可小视的严重干扰。因此作为土壤改良最基础的工作，首先是约束、改进和规范人类自身的活动和生活方式，任何只顾索取、只贪图眼前利益的短视行为，都将招致大自然的无情报复。

3. 根本性改良与非根本性改良的关系

土壤改良措施常被分为根本性的改良措施（工程措施）和非根本性的改良措施（生物的和其他的临时性措施）。所谓根本性的改良，是指对环境条件进行根本的永久性的改良。例如区域水资源的重新调度，土地生态系统中良性生物循环的建立等，这些措施往往需要花费较大的资本和一定的时间周期；而非根本性的改良常指可以暂时改变土壤某些性质的措施，这些措施的效果常常不能持久，因而需要经常地、反复地使用。然而，根本性的改良与非根本性的改良在实际工作中有时是难以区分或可以转化的。非根本性的改良，促进了作物的生长，而作物的生长有利于良性生物循环的建立，则将对土地生态系统具有持久和稳定的作用。另一方面，所谓根本性的改良总是与许多临时性的措施结合使用，才能发挥更大和更迅速的效果。换言之，土壤改良需要“长短结合”——外部条件的改造和内部因素的调节相结合。

有人按土壤改良技术的原理把土壤改良分为物理改良、化学改良和生物学改良等。但实际上，土壤障碍因子的类型常常决定了所采用的改良技术类型，比如干旱和涝渍总是以灌溉和排水最为有效。所以，土壤改良的分类似以土壤障碍因子类型作为分类的基础更为直接和明确，这方面的工作可以参考土壤退化类型的分类和低产田的分类等。

4. 土壤改良和保护的关系

土壤作为农业生产不可缺少的资源，它的改良和保护是同一目标的两个方面，即提高和保持土壤肥力，增加作物收获。在不同的地区或不同的条件下，两方面的工作各有侧重。应该着重指出的是，土壤的侵蚀退化，有时并不表现为十分剧烈的行为，而往往是一个土地生态系统受到破坏后经过长时间的缓慢演变的结果。人们看到的许多荒凉的土地，或许过去曾有过繁荣的时代。从这一意义上说，"防重于治"，不失为土地利用的明智之举。在土壤侵蚀严重的地区，水土保持工作是艰难的，大量的工程投资是必要的。但更值得提倡的是土石工程和农业生物措施相结合，以改善土地生态系统的功能为目标，通过工程措施加速良性生态循环系统的建设，从根本上改变土壤侵蚀的环境条件。

5. 土壤改良与大农业的相互关系

毫无疑问，土壤改良还需要与其他农业措施的配套实施，土壤作为土地生态系统的重要组成部分，它与建立在这一系统上的农、林、牧、副、渔各业有着不可分割的联系，农业生产方式，林带的屏障和调节农田小气候的作用，其他行业的原料、饲料和废弃物的来源归宿等，都将不断地与土壤进行着能量和物质的交流。而且土壤改良往往还是一项与山、水、田、林、路总体规划相结合的一体化工程，只有实行区域综合治理，才能最大限度地发挥土壤改良的生态效益、经济效益和社会效益。

6. 土壤改良和土壤培肥是无止境的事业

所谓低产田改良通常指农作物产量在类似条件下低于当地平均水平的农田土壤的肥力改良。农业生产水平总是随着科技的进步和经济的发展而不断提高，因而对土壤的改良和培肥工作也将不断地提出新要求。无论其他农业技术怎样进步，相对低产的田（地）总是存在的，这就要求对土壤进行进一步的改良和培肥，从这一意义上说，低产田的改良将永无止境；在不同时期，由于社会经济技术条件的不同，低产土壤的主要矛盾将会不断地转变。例如，在高氮条件下，人们认识了磷肥的增产作用，而由于不断增加农田产出量，人们又发现了施用钾肥的重要性。现在，又有许多地区发现粮作缺硅、缺锌，以及缺铜、镁、硼、锰等等。因此，从社会需求和技术进步的意义上说，低产田的改良和高产土壤的培肥是需要不断探索和发展的不尽事业。

第二节　土壤改良利用的发展

一、我国古代的土壤改良利用

我国古代农业文明博大精深。就土壤利用、改良和保护方面，有许多技术和理论至今仍有十分重要的借鉴和指导意义，它们集中表现在以下几个方面。

1. 精耕细作

我国早在春秋战国时代就进入了传统农业时期，走上了精耕细作、提高单产的道路，逐步成为优良传统。狭义地说，传统的精耕细作主要包括：(1)以轮作复种和间作套种为主要内容的种植制度；(2)以深耕细作，因地、因时、因物耕作，以及北方旱地保墒防旱，南方稻麦两熟，整的排水技术为主要内容的一整套耕作技术；(3)以中耕除草、追肥灌溉、整枝摘心为主要内容的田间管理技术等。另外，在土壤耕作中充分利用干湿、冻融、曝晒、生物等自然

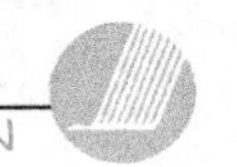

力，省力省时，提高耕作质量的经验，也是精耕细作优良传统的重要组成部分。早期传统农学理论的重要发展，集中表现在《吕氏春秋·任地》一书，以后稷的名义所提出的有关农业生产基本目标和措施的十大问题。这些问题是："子能以洼为突乎？子能藏其恶而揖之以阴乎？子能使吾土靖而则浴土乎？子能使（吾土）保湿安地而处乎？子能使灌蔑毋谣乎？子能使子之野尽为冷风乎？子能使蔓数节而茎坚乎？子能使穗大而坚均乎？子能使粟圆而糠薄乎？子能使米多沃而食之疆乎？"这十大问题，是战国时代的农学家对传统农学理论的高度概括，带有纲领性，它牵涉到传统农学的几个最基本的问题，而前六个问题都是直接的土壤改良技术问题。

2. 因土种植，因地制宜的土宜理论

人们从事农业，首先必须选择耕地，并利用不同土地经营不同的生产项目。中国幅员辽阔，地形复杂，除了平原和盆地外，更多的是高原、山地和丘陵，母岩和地形的差别，导致各地土壤的差异，有时在数米之内土壤就有明显的变化，因此，农业生产中的因地制宜显得更为重要。土宜或地宜的概念正是在这样的条件下和这样的过程中孕育生长出来的。传说"神农乃始教民播种五谷，相土地宜：燥湿、肥墝、高下"（《淮南子·脩务训》），这表明人们从事农业伊始，即已进行选择耕地的活动，这是地宜概念产生的前提。地宜的观念在西周时代已经产生（《左传》），到了春秋战国时代，按照"土宜"发展农业生产，已经成为农夫的常识，同时也是政府有关官员的职责（《管子·立政》）。

土宜的第一层含义是按照不同的土壤，安排不同的作物。如《大司徒》把土壤分为12类，要求弄清不同类型的土壤性质和它所适宜的作物种类。据《周礼》记载，有专门负责这一方面事务的职官。如"遂人"的职责之一是"以土宜教甿（农民）稼穑"。土宜的原则是不但要解决"五谷宜其地"（《管子·立政》）的问题，而且贯彻到改土和养土的过程中。《周礼·地宜草人》所主张的"土化之法"，也要"以物（视察）地，相其地而为之种"。对各种土壤所宜种植的作物，《管子·地员》中有具体详细的记载。土宜的第二层含义，是应该按照一个地区的不同土地类型，来安排农牧林渔各项生产。《周礼·大司徒》"以土宜之法，辨十有二土之名物"的所谓"名物"，就是指山林、川泽、丘陵、坟衍、原隰等不同类型的土地，《周礼》中称之为"五地"；它要求人们按照"五地"之所宜来合理安排居民点和农牧各业。

3. 充分用地，积极养地，用养结合的"地力常新"理论

国外对我国长期保持土壤肥力经常新壮的业绩，有很高的评价。我国早在战国时期就产生了自然土壤和农业土壤的概念，把"万物自生"的地称作"土"，把"人所耕而树艺"的地称作"壤"。分别"土"和"壤"，不仅把自然成土因素与人为成壤因素，作为形成土壤的综合因素来看待，而且强调了人为因素在成壤方面的主导作用，为人工培肥土壤奠定了理论基础。古人还提出了"地可使肥，又可使棘"的土壤肥力辩证观念。在汉代，强调人工肥力观，认为土壤的肥瘠虽然是土壤的自然特性，但它不是固定不变的，性美的肥沃土壤固然庄稼丰茂，性恶的瘠薄土壤，只要"深耕细锄，厚加粪壤，勉致人功，以助地力"，就会和肥沃的土壤一样长出好庄稼。在此基础上，南宋时期又将战国、秦汉以来的土壤肥力观念，发展为杰出的"地力常新"理论。

宋代著名农学家陈敷在其《农书·粪田之宜》篇中所提出的"地力常新"论，其主要内容

可以归纳为三个方面：第一，“土壤气脉，其类不一，肥沃美恶不同，治之各有宜也。且黑壤之地信美矣、然肥沃之过，或苗茂而实不坚、当取生新之土、以解利之、即疏爽得宜也、之土信瘠恶矣、然粪沃滋培、即其苗茂盛而实坚栗也。虽土壤异宜，顾治之如何耳？治之得宜，皆可成就”。第二，“周礼草人掌土化之法，以物地相其宜而为之种、别土之等差而用粪治……皆相视其土之种类，以所宜之粪而粪之，斯得其理矣，俚言谓之‘粪药’以言用粪犹用药也”。第三，“或谓土敝则草木不长、气衰则生物不遂。凡田土种三五年，其力已乏。斯语殆不然也，是未深思也！若能时加新沃之土壤，以粪治之，则益精熟肥美、其力当常新壮矣抑何敝何衰之有！”

在上述土壤肥力观和“地力常新论”的指导之下，我国在土地连种、轮作复种、间作套种、多熟种植和充分用地的同时，采取豆谷轮作、粮肥轮作复种；因地、因时、因物制宜精耕细作；增施有机肥料，合理施肥等生物的、物理的、化学的综合措施积极养地，保持了土壤肥力的经常新壮。我国古人在保持土壤肥力经久不衰方面的业绩是极其辉煌的，完全可以视为当代可持续发展理论在土壤学中的早期思想和杰出贡献。

4. 农田水利

我国古代的农业是在“平治水土”的基础上发展起来的。“民之所生，衣与食也；食之所生，水与土也”。可见，以水促土，水土并重，是我国农业的古老传统。水害变水利，治水又治田；有水之处，皆可兴水利，是我国古代在农田水利方面的指导思想。水利和农业紧密结合，把水作为生产工具来发挥作用，大中小型结合，官民并举，因地因水制宜，形式多种多样等，是我国古代在农田水利建设上的传统经验。例数之有：从远古的“大禹治水”，春秋战国时期李冰变岷江水害为水利的无坝引水工程都江堰，隋文帝引渭河自长安到潼关的广通渠，到唐代全国无以数计的大小水利工程的兴建，和划时代的灌溉工具水车的发明，以及稍后太湖的吴越治水规划实施等。因此，水利事业的发展毫无疑问是我国农业文明史中极为浓重的一笔。

5. 农牧结合、多种经营的优良传统

我国的传统农业是以种植业为主的小而全的小农生产结构。传统的殷实人家，最好是既有五谷，又有六畜，其他如桑麻、瓜果、蔬菜等也不可或缺。战国时代，孟轲的理想是“五亩之宅，树之以桑，五十者可以衣帛矣；鸡豚狗命之畜，无失其时，七十者可以食肉矣。百亩之田，勿夺其时，数口之家可以无饥矣。”这充分体现了农牧结合、农桑并举的精神。前汉时代，我国的思想家则强调了因地制宜发展农林牧渔生产。所谓“水处者渔，山处者木，谷处者牧，陆处者农”，就是宜农则农、宜林则林、宜牧则牧、宜渔则渔的农业经营思想；延续到清代，则发展为“勤农丰谷，田土不荒芜；桑肥棉茂，麻芝勃郁；山林多材，池沼多鱼，园多果蔬，栏多羊豕”，并以此作为从政者的“善政”，加以倡导。在这些传统的农业经营思想的指导之下，我国早在战国乃至秦汉之际，就逐渐形成了农牧分区和牧农结合的格局。其后，历代由于各种因素的影响，虽然就某一地区、某一时代来说，农牧有消长，各业有增缩，但就其总的趋势来说，并没有太大的变化。这是我国人民长期探索自然奥秘所取得的成果，值得特别珍视。

6. 保护自然资源，注重生态平衡的优良传统

自古以来，我们的先人就很重视保护自然资源的再生能力。战国时代的孟轲就曾经提

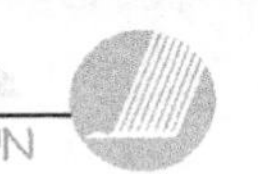

倡过“数罟不入垮池，鱼鳖不可胜食”和“斧斤以时入山林，材木不可胜用”的主张。《吕氏春秋》则反对“竭泽而渔”和“焚树而田”的错误做法：“竭泽而渔，岂不获得，而明年无鱼；焚树而田，岂不获得，而明年无兽”。前汉时代的政治家和思想家，对保护自然资源再生能力的措施又作了进一步的阐述：“豺未祭兽，置罕不得布于野；獭未祭鱼，网罟不得入于水；鹰未挚，罗网不得张于溪谷；草木未落，斤斧不得入山林；昆虫未蛰，不得以火烧田”，并且提出“孕育不得杀，鸟卵不得探，鱼不长尺不得取，不期年不得食”的要求。这种保护自然资源再生能力，反对“竭泽而渔”、“焚树而田”的思想，也正是可持续发展理论的基本原理。从维持生态平衡的角度来看，我国古代既有乱砍滥伐森林、破坏草原的教训，也有维护互养关系、保持生态平衡的丰富经验。像杭嘉湖地区“农牧桑蚕鱼”结合、珠江三角洲地区“桑基鱼塘”模式，太湖地区放养“三水一萍”的经验，都是应当认真总结、继承和发扬的。

二、国外土壤改良事业的发展

土壤改良是伴随着种植业的进步而发展起来的，既有很强的地域特征，也有很多共性；在改良手段上既与科学技术发展密切相关，也受到社会经济发展水平的强烈制约。因而，国外土壤改良事业的发展也因各国土壤地理环境、科技水平和经济条件的不同，显得十分丰富多彩。

1. 灌溉与排水

灌溉事业在世界范围内的第一次大发展是在 19 世纪。英国的工程师们于 19 世纪 20—30 年代，在印度河及尼罗河上修建了第一批拦河枢纽和渠系工程，将洪水漫灌改为常年灌溉。此后，许多国家相继修建了大量的近代灌溉工程。到 1900 年，全世界灌溉面积达到 4800 万 hm^2，比 18 世纪末增长了 5 倍。第二次世界大战之后，各国为了尽快恢复和发展农业生产，特别是为了满足人口急剧增加的衣食需求，灌溉事业再次获得大发展。据 1985 年统计，全世界灌溉面积达到 2.2 亿 hm^2，占总耕地面积的 16%。灌溉土地上农产品产值已约占农产品总产值的一半。1987 年全世界灌溉面积约 2.97 亿 hm^2，比 50 年代初的 1 亿 hm^2 扩大一倍多。灌溉地占世界总耕地的比重为 15.4%，能提供的农业产量占世界农业总产量的一半左右；灌溉农业占世界农业增产量的份额为 33%。对年降雨量在 250mm 以下的地区，一般地说，无灌溉即无农业，对年降水 250、500、650mm 的地区，合理灌溉往往也可使农作物产量成倍增长，其他地区往往也需施行补充灌溉。

在节水灌溉技术方面，随着 20 世纪 60 年代时针式自动喷灌机研制成功，喷灌在欧美、大洋洲国家迅速扩展。西欧国家喷灌占 90% 以上，前苏联占 47%，美国占 37%。从 1960 年到 1980 年，世界喷灌面积由 250 万 hm^2 扩大为 9000 多万 hm^2。近年来美国喷灌技术又在喷洒农药、降低能耗和施水方式等多用途利用方面取得了很大突破。另外在平移式喷灌机上对喷头装置和喷洒方式进行了改进，水量损失大大减少，水的利用率可提高到 0.9 以上。在综合利用机型上，英国、美国等国将平移式喷灌机作为田间的综合作业机械，将所有的作物种植环节以此一机包办，其不仅可完成作物的所有老观念种植环节的耕、耙、播、收等，还可以完成其他许多新作业项目。近年来意大利、美、法等国研制的自控脉冲滴灌、大流量局部灌溉等滴灌系统已大面积应用，许多干旱沙漠地区被开发成为高产农区，例如以色列和埃及沙漠的开发。为节约能源，20 世纪 80 年代以来地面灌溉又开始受到重视。地面灌溉的节水技术，如美国研究应用的激光平土水平畦灌、间歇灌、波涌灌等。为了获得新水源，咸水灌溉、污水利用、冰山拖拽技术也正在发展之中。20 世纪 80 年代发展起来的微灌技术，近 10 余年来有了很大的进步，随着设施农业的发展，微灌技术和设备更是如虎添翼，已趋于完善的地步。

世界各国如美国、日本、印度、苏联、巴基斯坦、伊朗、加拿大等，由于渠道渗漏损失的水量很大，均非常重视并积极开展渠道防渗工程研究和建设工作。美国把渠道防渗作为水利工程挖潜措施之一，早在 1946 年就开始研究，到 1990 年美国共建防渗渠道 9656 km。日本也十分重视渠道防渗，现有干、支渠道已经全部防渗，田间渠道也基本防渗，它们大量使用工厂化生产的钢筋混凝土预制构件，现场施工以机械施工为主，渠道防渗工程标准高、质量好。

2. 土壤盐碱化的防治与改良

地球陆地总面积的 10%为不同类型的盐渍土所覆盖。耕地中约有 4000 万 hm^2，占灌溉面积 20%的土壤含盐分过高。根据联合国粮农组织、教科文组织编制的土壤图和国际土壤学会盐碱土分会编制的各大洲盐碱土分布图统计，全世界盐渍土的总面积为 9.55 亿 hm^2。大洋洲的澳大利亚，是盐渍土最多的国家，约有 3.5 亿 hm^2，其中 80%以上是原生盐渍土。欧洲大陆的苏联有 1.7 亿 hm^2 的各种盐碱土。南亚的印度和伊朗有 2300 万和 2700 万 hm^2，巴基斯坦有 1000 多万 hm^2。北美洲的美国和加拿大各有 850 万 hm^2 和 724 万 hm^2 的盐碱土。南美洲的阿根廷、巴拉圭各有 8500 万和 2200 万 hm^2。非洲的埃塞俄比亚有 1900 万 hm^2 以上，埃及有 736 万 hm^2，索马里有 560 万 hm^2，尼日利亚有 650 万 hm^2 以上的盐碱土。为防止盐渍化，修筑和完善排水系统、淋洗排盐、种植牧草或水稻施行生物排盐等为世界各国共用的主要措施。地下排水的陶瓷管、混凝土管等近年来已多被塑料管取代。荷兰、苏联、日本等国的暗管排水面积已占 55%以上。埃及在世界银行资助下，70 年代以来已将尼罗河三角洲 200 万 hm^2 耕地全部改用暗管排水。垂直并排在苏联、巴基斯坦和印度应用很多，巴基斯坦到 1985 年已在印度河平原打井 19.3 万眼。因此，盐碱土改良利用问题是一个全球性的问题。

3. 酸性热带土壤的改良利用

世界上，有 72 个发展中国家有酸性热带土壤存在，其总面积约为 18.75 亿 hm^2。这类土壤主要的障碍因素是：土壤呈酸性，养分含量少，缺乏氮、磷、钾、硫、钙、镁和锌，此外还有铝毒和磷素的强烈固定作用。在改良利用技术上，主要有：(1)选择耐酸和耐铝毒的作物；(2)使用石灰改良土壤 pH；(3)地面覆盖物的培育和保持；(4)磷肥和其他肥料的使用和管理。在澳大利亚和拉丁美洲，对于耐酸性土壤条件的禾本科和豆科牧草进行了广泛的筛选。

4. 水土保持

全世界至少有五分之一以上的耕地存在着较严重的侵蚀问题。美国的 1.72 亿 hm^2 耕地中有 0.72 亿 hm^2 发生水蚀，有 0.32 亿 hm^2 发生风蚀，每年侵蚀造成的损失达 31 亿美元。苏联土壤侵蚀面积已达 1.5 亿～1.6 亿 hm^2，占耕地面积的 65.3%～69.7%。加拿大全国重度侵蚀面积为 600 万 hm^2，占耕地面积的 7.4%，超过改良地面积的 12%，由于作物减产和投入增高而造成的经济损失，估计每年为 2.66 亿～4.22 亿加元。欧洲其他国家土

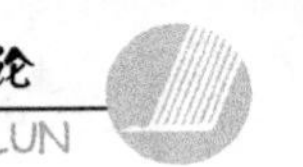

壤侵蚀情况也很严重。法国有 450 万 hm^2、意大利 4/5 的丘陵地区(约 2700 万 hm^2)、西班牙有 520 万 hm^2 的土地遭受侵蚀。捷克斯洛伐克水蚀面积为 290 万 hm^2,风蚀面积为 180 万 hm^2;德国的耕地分别有 50%和 30%受风蚀和水蚀;罗马尼亚受到强度侵蚀的面积有 300 万 hm^2,有 80 万 hm^2 不能利用。在亚洲,中国有 150 万 km^2 的水蚀地;印度全国土地面积 3.28 亿 hm^2,遭受严重水蚀和风蚀的有 1.5 亿 hm^2,其中侵蚀退化到临界阶段的有 6800 万 hm^2。森林覆盖度达 68%的日本,受侵蚀的土壤也占旱田土壤的 12.8%,最高的爱媛县已达 69%。非洲南部,因为风蚀和水蚀,每年要损失 170 万 hm^2 的农田。地中海地区,阿拉斯加山脉、伊朗、高加索和阿尔卑斯山地有 60.80%的山区牧场被侵蚀。

解决土壤侵蚀的途径,首先是政府的职责化。由于土壤侵蚀对农业生产的严重危害,许多国家都采取立法和行政措施来保护土壤,防止侵蚀。美国于 1930 年制订了国家水土保持法;1935 年成立了水土保持局。政府根据立法,让各州制订州法,承担土壤保护的义务。第三世界的许多国家,为减少土壤侵蚀也采取了行政立法措施。一些国际组织也加入了与土壤侵蚀作斗争的行列。例如,世界银行支持萨赫勒(Sahel)地区的造林计划;联合国粮农组织的水土保持处已帮助一些国家制订了侵蚀控制计划。1983 年成立了世界水土保持协会,旨在促进各国政府、国际机构和社会组织之间在水土保持方面的协作。

在防治侵蚀的农业技术中,保护性耕作发展得比较快。据统计,1983 年美国 38%的耕地采用保护性耕作,而且,应用面积还在不断扩大。到 2000 年,预计将有一半以上的农田采用保护性耕作。保护性耕作是一种播种后作物残体至少覆盖地面 30%的耕作体系。目前最常用的保护性耕作有:少耕法、免耕法、生态休闲法、覆盖耕作法、垄作法等。它们的共同之处为:不用有壁犁耕地;留下部分秸秆在土壤表面,以保持水土;主要依靠除草剂来控制杂草。其他技术包括土壤侵蚀量的预测预报、垦种保土技术、修筑梯田、控制侵蚀等。

5. 土壤与环境污染的防治

在国际上,土壤污染治理的发展与整个环境问题的治理同步发展。20 世纪 60 年代,人们只把环境问题作为污染来看待,认为环境问题就是大气污染、水污染、噪声污染、土壤污染。没有认识到生态破坏的问题,对土地荒漠化、水土流失、物种灭绝、热带雨林破坏等并没有从环境问题的角度去认识。对环境的认识也只是为了保护人们的生存健康,没有注意将环境问题和自然生态联系起来,低估了环境问题的危害性和复杂性。1972 年联合国在瑞典斯德哥尔摩召开的“人类环境会议”,将环境污染和生态破坏提升到同一高度看待。1987 年,由挪威首相布伦特兰夫人组建的联合国世界环境与发展委员会发表了《我们共同的未来》。环境问题是我们共同的问题,需要共同来对待,共同承担起责任,途径是“可持续发展”。1992 年,巴西里约热内卢的联合国环境与发展大会,强调和正式确立了可持续发展的思想,并形成了当代的环境保护的主导意识,对待环境污染和生态破坏的态度应是:防止+防治。这就需要研究清楚污染物在环境各个生态圈层中的迁移、转化和归宿过程。土壤污染的控制和治理,也随着对环境问题认识的转变而在世界各国迅速地发展,并随着全球土壤污染问题的日益严重而备受重视。

在污染土壤的修复技术方面,近年来发展十分迅速。以美国为例,制定了系列的土壤修复技术标准和污染场“国家优先名录”,启动了大量场地土壤污染的调查和修复工作,1982—2002 年间,美国超级基金共对 764 个场地进行修复或拟修复,其中已实施或计划实施的修复技术中三分之二是被用于对污染源的控制或处理。原位土壤汽提技术(SVE)是最常用的污染源处理技术(用于 25%的污染源控制项目),其次是异位固化/稳定化技术(18%)和集中焚烧技术(12%)。常用的原位修复技术包括 SVE、生物修复、稳定化/固定化,常用的异位修复技术是固定化/稳定化、焚烧、热解吸和生物修复。创新技术的应用在所有污染源控制处理技术中占 21%,其中生物修复技术是目前最常用的创新技术。1982—2002 年间,美国超级基金已经修复的场地土壤体积达到约 1835 万 m^3,其中接受原位修复的污染土壤达到 3058 万 m^3,接受异位修复污染土壤达到 993 万 m^3。

第三节　我国土壤和耕地资源概况与区域性差异特征

一、我国土壤和耕地资源概况

20 世纪末历时 15 年(1979—1994)的全国第二次土壤普查是国家重点科学技术发展规划的重要组成内容,由全国土壤普查办公室组织领导和统一部署,在各级政府的领导和多部门多单位的支持配合下,全国 8 万多农业科技人员参加了土壤普查。在统一土壤工作分类和技术规程的指导下,对我国全境陆地以县为单位从乡级开展土壤普查(含详测制图)、土地利用调查和土壤养分调查(台湾省、香港、澳门除外),由县(市、旗)、地(市、盟)、省(市、区)进行控制路线调查、采样分析化验、逐级汇总土壤普查成果、量算统计土壤资源面积和评价资源质量、分级组织土壤普查成果验收鉴定。全国第二次土壤普查汇总编辑委员会,具体主持和指导全国土壤普查各项成果的汇总和编纂,全面阐述了我国土壤资源情况。因此,本章所列内容除特别说明以外,均以第二次土壤普查汇总结果为依据。

我国土壤共分 12 个土纲、29 个亚纲、61 个土类、230 个亚类。全国土壤总面积为 87743 万 hm^2,占全国土壤总面积的 91.39%。这一数字未包括台湾省的土壤资源面积,若连同台湾省的估计面积 239.9 万 hm^2,我国的土壤资源总面积应为 8.798 亿 hm^2。按 12 个土纲所占土壤面积分述如下(表 1-2)。

表 1-2　我国土壤各土纲面积

土　纲	面积(万亩)	占总面积(%)	土　纲	面积(万亩)	占总面积(%)
铁铝土	152779.4	11.62	初育土	241658.5	18.36
淋溶土	148668.9	11.30	半水成土	91723.3	6.97
半淋溶土	63711.2	4.84	水成土	21131.9	1.61
钙层土	87103.3	6.62	盐碱土	24196.4	1.83
干旱土	47804.0	3.63	人为土	48332.9	3.67
漠　土	89386.1	6.79	高山土	298250.1	22.66

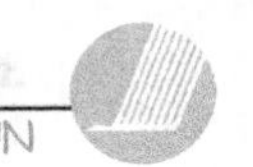

我国历来对田亩面积十分重视，因而有不少文献记载，历代也曾设官丈量划分耕地资源。由于各地传统上对田亩的计量标准不一致，因而未能获得全国统一的田亩数，如有的山区用播种量估算面积，此外还有不少轮种、轮休土壤。根据此次全国土壤普查资料汇总，我国总耕地面积为 206338.2 万亩，即我国约有 20 亿亩耕地（1989 年），占全国总面积的 15.1%。其中水田面积为 47694.5 万亩，占耕地面积的 23.1%；旱耕地面积为 158644.8 万亩，占耕地面积的 76.9%；旱地中，水浇地面积为 34176 万亩，占旱耕地的 21.5%。

1. 水田与水稻土

水稻土是经长期淹水耕作、季节性排干、干湿交替条件下形成的土壤类型，土体中物质迁移累积规律有所改变。有的水稻土可追至几千年前，是经过长期种稻或水旱轮作下定向培育所形成的，是我国宝贵的土壤资源财富。水田包括水稻土，也包括种植水稻较短、尚未形成水稻土特征的土壤。有的地区虽也长期种植水稻，如宁夏平原引黄河淤灌种稻，但由于不断有新淤积层加入，只在表层见大量锈色斑纹，有的为表锈潮土，有的为表锈灌淤土特征，未达水稻土阶段。另外，如在苏北平原，近年大面积旱地改水田，种植水稻，发展了生产，但由于种植时间较短，尚未形成水稻土特征。由于上述原因，水田面积较全国水稻土面积为大。而且，这些面积逐年可有变动，如个别水田回旱数年，在土壤性状上仍属水稻土类型。水稻土可划分多种类型，如望天田（淹育水稻土，水源不能保证，只靠大气降水维持种植）和高度发育的水稻土（潴育型水稻土）性状上有很大的差别；又如苏南的黄泥田和广东三角洲平原的泥肉田土种、烂泥田等水稻土类型相比，两者在生产潜力上有很大的差异。因此，应按这些水稻土的土种性状差异，采取相应灌耕、水浆管理与施肥措施，均可获得相应增产。

2. 灌溉旱耕地土壤

我国灌溉农业历史悠久，河套地区宁夏平原的秦渠、汉渠遗迹历历在目；新疆漠境地区引洪淤灌，发展到坎儿井法引融雪水，灌溉垦殖冲积扇末端的细土平原，也已有一二千年的历史；清代还大规模地兴建坎儿井垦殖绿洲，使"无灌溉即无农业"的漠境地区，断续在大型冲积扇末端的细土平原中建成大片的绿洲，成为丝绸之路的西亚交通通途。在我国季风条件下，季节性水分分配不平衡性已成为影响农业生产的关键，采用补充灌溉与稳定灌溉业早已成为农业稳产的重要措施。当然，灌溉的对象主要是粮食作物，其他如人工牧草场与果园等亦需灌溉。至于种植，更需小水勤灌。许多长期种植蔬菜的菜园，如北京 240 年连续种植蔬菜的菜园土壤性状也有明显的改善。我国的灌溉土壤资源是重要的宝贵资源。其中，灌淤土共计有 152.7 万 hm^2，而且灌淤土的垦殖率很高，达 148.7 万 hm^2。灌漠土也有 91.6 万 hm^2，垦殖率也很高。其他的灌溉土壤，大都是季节性灌溉，由于水土资源分配不均与灌排设施的不同，差别也很大。

3. 雨养农业的土壤资源

主要靠大气降水提供作物所需水分的土壤资源，在耕地土壤资源中占去主要部分，总面为 8297.8 万 hm^2，占旱耕种土壤资源的 78.5%。在雨养农业耕地中，以红壤为例达 5690.2 万 hm^2，但其中耕地却很少，仅 313.1 万 hm^2，仅占 6%强。这是由于红壤所据多为割切丘陵阶地，地形破碎，降雨径流量大，加之土壤质地过于黏重，呈强酸性反应，这些性状对作物生长存在着很多限制因素，长期以来，没有大范围垦殖成功。但综合开发利用却大有前途，是我国亟待开发利用的主要土壤资源。另外如石质土，全国共有石质土达 1518.9 万 hm^2，而其中耕地仅 1133.3 hm^2，所占总土地面积更小。类似这样土层瘠薄、坡度陡峻的土壤类型，应以造林、种草为主要开发途径。不过，像紫色土虽也在丘陵坡地，但其垦殖率仍很高，在 1889.1 万 hm^2 中，已有近 550 万 hm^2 为耕地，地形破碎分割，土层甚薄，无灌溉水源，只能靠降雨供作物生长。又如黄绵土的垦殖指数比紫色土还高，1227.9 万 hm^2 总面积中有 528.1 万 hm^2 耕地，这是黄土母质特性所决定的，由于疏松多孔，地形破碎，水分奇缺，土壤表层遇水分散，降低水分下渗，亩产仅 20～30 kg，一旦遇雨水丰沛的年份，就可获丰收，因此有"三年不收或少收，一年丰收吃三年"之说。垦殖率很低的土壤类型是一系列高山土壤，如黑毡土、草毡土只有很小比例的耕种面积，前者在约 1943 万 hm^2 中只有不足百万亩耕地，后者在 5351 万 hm^2 中只有 39 万 hm^2 耕地，在这样的高海拔地区能从事农业生产已属难能可贵。这类土壤上大都生长高山草甸与高山草原被覆，可作为牦牛、藏羊放牧场所。及至更干旱的寒钙土与冷钙土垦殖率更低，至于寒漠土与冷漠土就全无耕地可言，其中有不少地区为无人区。有待改良方可从事耕作的土壤资源类型为各类盐土和碱土。盐化、碱化土壤经综合改良后均可耕作；滨海盐土只需蓄淡淋盐，不出数年即可垦殖。大部分强盐化与碱化土壤垦殖率均很低，有时全无垦殖。山丘坡耕地在耕地中也占较大的比例。凡坡耕地均发生不同程度的水土流失，特别是陡坡耕地（$>25°$）上种植的土壤均发生强烈侵蚀。在南方花岗岩区，由于风化层深厚，一旦表层与红土层被蚀光，白砂土层裸露，就会遭强烈侵蚀。

二、我国土壤资源的区域性差异特征

我国是季风气候十分活跃的国家，水热状况与土壤性状区域差异极大。这种环境条件和土壤母质本身的区域性变化（如气候、地貌、地质历史等），使得土壤的分布具有显著的区域性变异。尽管低产土壤往往有多种限制因素的同时存在，但其中常有一两个突出的主要矛盾。因而从全国来看，不仅土壤资源开发利用潜力有很大的差别，并且低产土壤的主要类型也常常呈区域性分布。目前农、林、牧业实际可利用的土壤只有约 7 亿 hm^2，占全国总土壤面积的约 2/3。其余近 1/3 仍属沙漠、戈壁、土层瘠薄的山丘土壤所占据，而且在区域分布上极不平衡。农业区集中于东部，青藏高原及西北漠境地区耕地土壤面积所占比例甚少。在区域界线上，可从东北大兴安岭西坡算起，作西北向延伸，直至西藏高原东部，大致沿年降水量 400 mm 等雨线为界。在这条线以东为以乔木为主体的森林线分布范围；越过此线，向西北，绝大部分广阔地区为草原、沙漠、戈壁与高寒原面地区，只有在高大山系背阴处，方见到森林与茂密草场，如阿尔泰、天山、昆仑、祁连山以及喜马拉雅山等山系。在这条线的东南面，为适生林木生长的地区。由于人口密集，生产活动频繁且强烈，过垦毁林，天然林木残存甚少，森林被覆率甚低，仅在边远、交通不便的各自然保护山区才有天然林存在。当然，我国东北林区仍属我国主要林区。

由于我国水热状况与土壤资源类型组合情况的差异，历史上已形成不同土地利用结构类型的三大自然区域（表 1-3）。

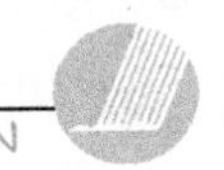

表 1-3 全国土地利用现状

土地利用类型	面积(万 hm^2)					土地利用结构(%)				
	合计	东部湿润半湿润区	西部地区			合计	东部湿润半湿润区	西部地区		
			小计	西南高原高寒地区	西北干旱地区			小计	西南高原高寒地区	西北干旱地区
耕地	13758.9	12073.6	1685.3	1073.2	612.1	14.33	26.63	3.32	4.58	2.24
园地	962.5	884.7	77.8	36.2	41.6	1.00	1.95	0.15	0.15	0.15
林地	4136.9	11976.9	5493.3	4137.7	1355.6	18.19	26.41	10.84	17.67	4.97
可利用草地	29100.0	9211.3	19888.7	9205.3	10683.3	30.31	20.31	39.25	39.31	39.21
居民点工矿用地	3866.9	2988.7	878.3	479.6	398.7	4.02	6.59	1.73	2.05	1.46
交通用地	740.7	555.2	185.5	98.2	87.3	0.77	1.22	0.36	0.41	0.32
水域	3542.0	2275.1	1266.9	720.3	546.7	3.68	5.01	2.50	3.07	2.00
其他	26558.8	5372.6	21186.7	7665.5	13521.3	27.66	11.85	41.82	32.73	49.62
合计	96000	45338	50662	23416	27246	100.00	100.00	100.00	100.00	100.00

1. 东部湿润半湿润地区

本区季风盛行，雨量充沛，光、热、水资源较好，为湿润、半湿润区；土地面积占国土的47.22%，而人口却占全国的89.6%，每 km^2 密度高达227人。其区域界线大致北起大兴安岭向西经黄河河套、鄂尔多斯高原中部、宁夏盐池、同心一线直到景泰、永登和湟水谷地转向南沿青海高原东南部以东，是我国耕地、林地、沼泽、淡水湖泊、河流及城镇居民等集中分布的区域，也是农、林、渔业等最集中的重要产区。耕地比重大，约占本区土地面积的26.63%，平原多，土地垦殖率和复种指数均较高，一年一熟至一年三熟，开发利用方式多样(表1-4)，但人均耕地只有0.107 hm^2。全国耕地的87%以上集中分布在此区域，其中长江中、下游及华北、东北三大平原所在的14个省(市、区)的耕地，就占全国耕地总面积的60%，特别是黑龙江省的耕地最多，占本区耕地面积的9.56%。

表 1-4 各区垦殖率、复种指数和利用方式

类型区	耕地面积(万 hm^2)	垦殖率(%)	复种指数(%)	熟制	种植利用方式
东北平原区	2135.01	27.04	95.0	一年一熟	玉米、大豆、麦单作或玉米、大豆间作
黄淮海平原区	2598.19	49.36	161.0	一年两熟或二年三熟	小麦—夏玉米—春玉米轮作或棉麦套作、小麦—大豆、小麦—甘薯
长江中下游平原丘陵区	1607.67	28.45	207.0	一年二熟或一年三熟	麦(油菜)—稻或麦稻—稻或油—稻—稻
华南丘陵山区	754.69	16.76	202.3	一年三熟	造田立体种养，多种作物间、套作，双季稻—春玉米旱地间作套作

续表

类型区	耕地面积（万 hm^2）	垦殖率（%）	复种指数（%）	熟制	种植利用方式
东南丘陵山区	892.72	18.15	225.0	一年三熟或一年二熟	麦—稻—稻、油—稻—稻、绿肥—稻—稻、夏作物—稻
北部高原区	677.56	8.30	97.2	一年一熟	粮—粮、粮—经、粮—经—草、粮—豆轮作，粮—间作，小麦—甜菜
黄土高原区	1538.41	19.32	116.0	一年一熟或一年二熟	小麦套玉米，夏玉米套大豆；棉麦套作；小麦套花生
川盆秦巴山区	112.82	19.60	194.0	一年二熟或一年三熟	小麦—中稻—再生稻，水、旱轮作，麦—稻—苕多熟间作，稻—萍—鱼

本区土壤利用的南北差异也很大，大致可以秦岭、淮河为界，分为北方以旱地农业为主和南方以水田农业为主的两大土地利用类型区。林地占本区土地面积的26.41%，占全国林地面积的68.5%。其中20%以上的天然林主要分布在东北山地的棕色针叶林土、漂灰土、暗棕壤区，适生落叶松、樟子松、红松等用树林；华北山地的褐土、棕壤区天然林较少，多为次生林、灌木林；江南丘陵山地的红壤、黄壤区适生杉木、马尾松、毛竹、油茶等，宜于发展速生丰产林；华南热带山地丘陵的砖红壤、赤红壤区，水热资源充足，生物资源丰富，适生柏木、石悻、青皮、降香黄檀、桉树、松树等，宜于发展多种经济林木、果林及特产作物。

可利用天然草地占本区土壤面积的20.31%，占全国可利用草地面积的31.65%，主要分布于东北松嫩平原、内蒙古科尔沁平原、呼伦贝尔、锡林郭勒高平原东部的温性草甸草原（土壤为黑土、黑钙土、暗栗钙土、淡栗钙土等），以及包括西辽河平原、乌兰察布高平原范围内的温性典型草原（土壤为栗钙土、暗栗钙土、风沙土等）。覆盖率和产草量较高，亩产鲜草200～400 kg，是优良的天然牧场。分布在平原、湖滨、滩地及河谷盆地中的低地草甸、滩涂草地，土壤为草甸土、沼泽草甸土、潜育草甸土、盐化草甸土、黑土等，草层较高，覆盖率达60%～90%，草丛繁密，产草量高，一般亩产鲜草400～600 kg，可用于割草放牧。分布在亚热带、热带地区的热性草丛、灌草丛和山地、丘陵的热性稀树草丛（土壤多为红壤、黄壤、黄棕壤、石灰（岩）土等），草群覆盖率较高，产草量也高，亩产鲜草500～1000 kg以上。分布在暖温带地区的低丘陵、沟谷的暖性草丛、灌草丛，草群密度大，产草量较高，是牧业饲草地和放牧基地。

2. 西南高原高寒地区

本区包括云贵高原和青藏高原。全区高原山脉绵亘，海拔高，地势起伏大，山多，平地少，气候垂直变化幅度大，立体差异明显。土地面积约占国土的24.4%，而人口只占全国的8.3%，每 km^2 人口密度为40人。本区土壤资源特点是耕地资源有限，散布于山丘洪积台地及河谷阶地，占全区土地面积的4.6%，而耕地面积中以坡耕地为主，占72%，人均耕地0.107 hm^2。农田生态脆弱，山高、土薄、石头多，水土流失严重，山地石化面积大。耕地中旱地占69.7%，水田占30.3%。全区土壤垦殖率较低，农作物复种指数140.3%。

云贵高原以水旱轮作为主，冬种小麦、油菜等，夏种水稻、玉米、薯类等一年一熟或一年

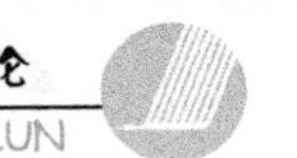

两熟。青藏高原以旱作农业为主，70%的耕地有灌溉保证，为青稞、小麦、豌豆与饲草轮作和间套种提供了集约种植条件。林地土壤资源较多，占全区土地面积的 17.7%。本区可利用草地占全区土地面积的 39.3%，其中西藏占 70%以上。广泛分布于西南山区的山地草甸(土壤为山地草甸土、山地灌丛草甸土、黑毡土)及高山带、青藏高原的高寒草甸类(土壤为草毡土、黑毡土)、高寒草原类(土壤为寒钙土、冷钙土)，是该区夏季放牧场。分布在河谷低阶地的草甸草地(土壤为草甸土)和湖滨、河漫滩的低地草甸，产草量高，为该区冬春季优良放牧草场。西南高原高寒山区除少数间山盆地、河谷阶地外，多高山峡谷，岩石裸露，冰川积雪，难利用土地占 30%以上。

3. 西北干旱地区

本区包括新疆、河西走廊、内蒙古包头以西、宁夏河套平原、青海北部，土地面积占国土的 28.4%，而人口只占全国的 2.17%，人口密度每 km^2 为 6 人。地广人稀，大陆性气候非常明显，气温变化剧烈，日照充足，光热资源丰富，但区内降水稀少，分布极不平衡，蒸发强烈，干旱缺水。种植业依靠冰川雪融水发展灌溉，以水定耕，充分体现了漠境地区绿洲农业的特点。耕地面积比例小，仅占本区土地面积的 2.2%，水浇地占耕地面积的 80%以上，人均占有耕地 0.247hm^2。土地垦殖率 2.22%，农作物复种指数 98.2%，基本上为一年一熟。粮食作物占 66.2%，经济作物占 24.0%。粮食作物以小麦、玉米为主，人均产量达 427 kg。经济作物的比重较全国高九个百分点，以油料、棉花、甜菜比重较大，是我国优质长绒棉及哈密瓜、葡萄等特产的主产区。河西走廊和新疆垦区是我国西北地区重要商品粮基地。

本区林地资源稀少，仅占区内面积的 4.9%；以放牧业为主，可利用草地面积占 39.21%，分布于新疆阿尔泰、伊犁河谷的冲积平原和山前坡地、阿尔泰山山前平原和准噶尔盆地、青海柴达木盆地的冲积平原和昆仑山山前地带的湿性荒漠草地(土壤为灰棕漠土、灰漠土)、温性草原化荒漠草地(土壤为淡栗钙土)。由于气候极端干旱，植被为稀疏的草木、旱生灌木、半灌木组成的草地类型，其利用率仅为 60%。牧草种类单一，质量差，草群稀疏，产草量低，覆盖率不足 30%，亩产鲜草不到 50 kg，仅适于放牧骆驼和羊。

广泛分布于新疆伊犁、阿勒泰、青海环湖等地的高寒草原(土壤为寒钙土)、温性荒漠草原(土壤为棕钙土)、温性典型草原(土壤为栗钙土、淡栗钙土)、温性草甸草原(土壤为黑钙土、暗栗钙土)、低地草甸(土壤为草甸土、盐化草甸土、潜育化草甸土)、山地草甸类(土壤为山地草甸土、山地灌丛草甸土)、高寒草甸类(土壤为草毡土)等，草地面积大，资源丰富，便于四季放牧。

本区整体处于荒漠气候的控制下，并随着地形、海拔高度的变化，水热条件分配不同，使草甸类型、草质和产草量有很大差异，载畜量相差悬殊。总体上看，牧草质量较差，产量低，冬季草场和割草场不足，畜牧业发展受到限制。干旱荒漠是本区的主要特征，不利的是沙漠、戈壁、石山等难利用土地占全区土地总面积的 50%。

第四节 我国的土壤退化与土壤改良利用分区

不合理的人类活动引起的土壤和土地退化问题，严重威胁着世界农业发展的可持续性。

据统计，全球土壤退化面积大约 1965 万 km^2，地处热带亚热带地区的亚洲、非洲土壤退化尤为突出，约 300 km^2 严重退化的土壤中有 120 万 km^2 分布在非洲，110 万 km^2 分布在亚洲。我国属强度资源约束型国家；一方面耕地、草地及林地的人均占有量分别只有全球人均占有量的 1/3、1/4 和 1/5；另一方面，我国土壤退化问题很突出，已成为制约我国农业和国民经济持续发展的主要障碍。

一、我国的土壤退化问题

我国农业历史悠久，劳动人民的长期耕种实践，具有精耕细作的优良传统及用地养地的丰富经验，培育了不少高产稳产农田，加速了土壤的进化过程。但长期以来不少地区人地矛盾突出，耕地负荷过量，灌溉和耕作不合理，忽视了养地和保护性开发，因而耕地质量退化，农田生态失衡。同时，森林的乱砍滥伐，草原盲目开垦，过度放牧超载，陡坡开荒种植，工业"三废"等导致土壤生态环境恶化。由于受自然因素作用和人为经济活动的影响，土壤资源利用与破坏的矛盾日益严重，影响着我国农林牧业生产的发展。

土壤退化(soil degradation)是指在各种自然因素、特别是人为因素影响下所发生的土壤生产力、环境调控潜力和可持续发展能力的下降甚至完全丧失的过程。因此，土壤(地)退化的实质，是土壤数量减少(表土丧失，或整个土体毁坏，或被非农业占用)和质量衰退(土壤生产功能、土壤环境功能和土壤生态功能)甚至完全丧失。

严格地说，土壤退化并不能完全等同于土地退化。土地是土壤和环境的自然综合体，除了土壤属性以外，土地还应包括更多的环境属性，如地貌形态(山地、丘陵等)、植被类型(林地、草地、荒漠等)、水文状况(河流、湖沼等)等。因此，土地退化应该是指人类对土地的不合理开发利用而导致土地质量下降乃至荒芜的过程，其主要内容包括森林的破坏及衰亡、草地退化、水资源恶化和土壤退化。但很显然，土壤退化是土地退化中最集中，也是最基础和最重要的表现，土壤退化必将导致土地退化；特别是对于农业来说，土壤是土地的核心，土壤退化也是土地退化的核心。

据统计，我国土壤退化总面积达 460 万 km^2，占全国土地面积的 40%，是全球土壤退化总面积的 1/4。其中水土流失面积达 150 万 km^2，几乎占国土总面积 1/6，每年流失土壤 50 万吨，流失的土壤养分相当于全国化肥总产量 1/2。沙漠化、荒漠化总面积达 110 万 km^2，占国土总面积的 11.4%。全国草地退化面积 67.7 万 km^2，占全国草地面积的 21.4%。土壤污染日趋严重，20 世纪 90 年代初遭工业三废污染的农田面积就达 6 万 km^2，相当于 50 个农业大县的全部耕地面积。我国土壤退化的发生区域广，全国各地都发生类型不同、程度不等的土壤退化现象。就地区来看，华北地区主要发生着盐碱化，西北主要是沙漠化，黄土高原和长江中、上游主要是水土流失，西南发生着石质化，东部地区主要表现为土壤肥力衰退和环境污染。总体来看，土壤退化已影响到我国 60%以上的耕地土壤。

土壤(地)退化的科学研究还比较薄弱。联合国粮农组织 1971 年编写了《土壤退化》一书，将土壤退化分为 10 大类，即侵蚀、盐碱、有机废料、传染性生物、工业无机废料、农药、放射性、重金属、肥料和洗涤剂；后来又补充了旱涝障碍、土壤养分亏缺和耕地非农业占用三类。我国 80 年代才开始研究土壤(地)退化分类，中国科学院南京土壤研究所采用二级分类制来描述土壤退化类型。一级将我国土壤退化分为土壤侵蚀、土壤沙化、土壤盐化、土壤污

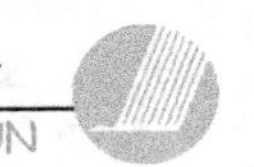

染、土壤性质恶化和耕地的非农业占用等六大类，在这六个一级分类的基础上再进一步进行二级分类（表 1-5）。

表 1-5 中国土壤（地）退化二级分类体系（中国科学院南京土壤研究所）

一级		二级	
A	土壤侵蚀	A_1	水蚀
		A_2	冻融侵蚀
		A_3	重力侵蚀
B	土壤沙化	B_1	悬移风蚀
		B_2	推移风蚀
C	土壤盐化	C_1	盐渍化和次生盐渍化
		C_2	碱化
D	土壤污染	D_1	无机物（包括重金属和盐碱类）污染
		D_2	农药污染
		D_3	有机废物（工业及生物废弃物中生物易降解有机毒物）污染
		D_4	化学肥料污染
		D_5	污泥、矿渣和粉煤灰污染
		D_6	放射性物质污染
		D_7	寄生虫、病原菌和病毒污染
E	土壤性质恶化	E_1	土壤板结
		E_2	土壤潜育化和次生潜育化
		E_3	土壤酸化
		E_4	土壤养分亏缺
F	耕地的非农业占用		

按土壤退化原因，又可以把土壤退化分为土壤物理退化（侵蚀沙化、石质化、板结硬化等）、土壤化学退化（有毒化学物质污染、盐碱化、酸化、营养元素失衡、砖红壤化等）和土壤生物学退化（土壤有机质下降和土壤动植物区系退化）。自然条件下的土壤退化主要发生在生态比较脆弱的地区，但人类活动不当引起的土壤退化问题更为突出和严重。我国耕地土壤资源开发利用中普遍存在的土壤退化问题有以下几类。

1. 土壤侵蚀

我国多山，山丘土壤在失去防护时，易产生水土流失，导致大量泥沙输入河流。以黄河为例，每年平均输出泥沙 16 亿 t；长江测得的多年平均泥沙含量虽仅 5.4 亿 t，但这仅是悬移质泥沙量，还有另一部分为推移质，即大量随急流推移的粗砂与砾石，这样的推移质数量可能会比测得的悬移质大一倍以上。这些泥沙均来自上游肥沃土层及其母质与岩层的侵蚀物。严重的水土流失导致土壤退化与肥力衰竭。另外，我国西北干旱漠土区，土壤遭到风力侵蚀也很严重。小粒尘埃随风扬起，降落于广大的黄土区；粗粒随风流动位移，堆成沙滩、沙丘、甚至沙山，形成大面积风沙土。有关土壤侵蚀及其防治问题，将在本书第九章作专题论述。

2. 土壤沙化

人为活动是土壤沙化的主导因素。据统计，人为因素引起的土壤沙化占总沙化面积的94.5%，其中农垦不当占25.4%，过度放牧占28.3%，森林破坏占31.8，水资源利用不合理占8.3%，开发建设占0.7%。土壤沙化对经济建设和生态环境危害极大。首先，土壤沙化使大面积土壤失去农、林、牧生产能力，使有限的土壤资源面临更为严重的挑战。我国从1979年到1989年10年间，草场退化每年约130万 hm^2，人均草地面积由0.4 hm^2 下降到0.36 hm^2。其次，使大气环境恶化。由于土壤大面积沙化，使风挟带大量沙尘在近地面大气中运移，极易形成沙尘暴，甚至黑风暴。20世纪30年代在美国，60年代在前苏联均发生过强烈的黑风暴。70年代以来，我国新疆发生过多次黑风暴。土壤沙化的发展，造成土地贫瘠，环境恶劣，威胁人类的生存。我国汉代以来，西北的不少地区是一些古国的所在地，如宁夏地区是古西夏国的范围，塔里木河流域是楼兰古国的地域，大约在1500年前还是魏晋农垦之地，但现在上述古文明已从地图上消失了。从近代时间看，1961年新疆生产建设兵团32团开垦的土地，至1976年才15年时间，已被高1～1.5 m的新月形沙丘所覆盖。

3. 土壤盐碱化

我国也是盐渍土分布面积广阔、类型众多的国家。从滨海土壤到干旱、半干旱地区低洼平原中，可见到多种类型的盐土、碱土。在耕地中亦见多种盐化、碱化土壤，当到达西北极端干旱漠土区，土壤中积盐更为普遍，甚至形成盐盘、盐壳等重度积盐土壤。土壤中积盐与碱化，严重危害农作物正常生长，但只要因土制宜进行改良利用，也可获得增产。沿海一带滨海盐土，一经蓄淡洗盐，就可进行垦殖。有关盐碱土的改良利用，亦将在本书作专题论述。

4. 土壤污染

土壤污染主要由于工业和城市废物(废水、固体废物、废气)排放、灌溉超标、施用污泥、垃圾、工业废渣堆放以及不合理地施用化学农药、化肥等造成的，其影响范围较广，危害大。(1)污灌引起的土壤污染。不合理地利用工业废水和城市污水进行灌溉，造成土壤污染，污水中含有重金属元素、有机毒物及盐分等，尤其是重金属元素污染土壤后，难以消除。全国污水灌溉农田面积已扩大到3000多万 hm^2，由于污灌不当而使700万 hm^2 农田受到不同程度的污染。(2)“三废”引起的土壤污染。工业废渣对土壤的污染日益增多。全国工业固体废物量为7.2亿 t，而综合利用率仅30%。没有处理的工业废渣和城市垃圾都堆放在城郊，积累堆存量达86亿 t，占地面积约600 km^2；大量石化燃料的使用伴随酸雨发生，生态脆弱区将首当其害。(3)农用化学品使用不当引起的土壤污染。化学肥料的施用不当或用量过多，也会造成土壤污染，导致农产品质量下降。在一些经济发达地区，氮肥施用过量，土壤中的硝态氮已有明显积累，硝酸盐在食物中的积累转化对人体健康有严重危害。

目前农田土壤污染日趋严重，受农药和重金属污染的土地面积达1亿 hm^2，农田生态环境继续恶化，对农业生产的影响和危害较大，全国每年因重金属污染的粮食达1200万吨(曹

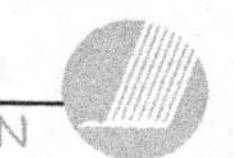

志洪,2007)。农田污染已构成农业经济发展的限制因素,防治农田污染、保护农业生态环境,已是刻不容缓的艰巨任务。

5. 耕地养分亏缺

我国人口多,耕地少,人地矛盾突出。多年来,为缓解人地矛盾,加速发展农业,采取扩大耕地、兴修农田水利、发展灌溉、改革耕作制度、增加复种、提高单产等措施,使农作物产量大幅度增长,缓解了供需矛盾。而另一方面,由于人增地减的矛盾,对耕地采取掠夺式结营,重用轻养,忽视培肥地力,引起土壤养分不平衡,反映出耕地土壤肥力减退。据第二次全国土壤普查,在 13.75 亿 hm^2 耕地中,高产田仅占 21.5%,中产田占 37.2%,低产田占 41.3%。在这 78.5%的中、低产耕地土壤中,有机质含量一般只有 10~20 g/kg 左右,有机质含量不足 6 g/kg 的土壤占 10.6%,缺氮、缺磷土壤占 59.1%,缺钾土壤占 22.9%。各大区耕地土壤出现不同程度的缺素情况(表 1-6)。

表 1-6 各大区耕地土壤养分缺素面积(万 hm^2)

地区	缺有机质	缺全氮	缺磷	缺钾	缺铁	缺硼	缺钼	缺锰	缺锌	缺铜
全国总计	734.59	1305.17	6726.62	1850.55	470.06	3283.17	4451.59	2024.82	4857.66	651.85
东北区	425.53	466.50	732.03	128.42	29.06	406.61	579.60	53.72	496.05	10.58
华北区	688.43	1117.39	1543.13	350.02	59.41	491.34	1275.91	575.84	1403.15	16.21
黄土高原区	366.82	455.88	952.80	63.80	153.45	371.17	363.05	441.39	754.67	20.93
西北干旱区	390.72	394.22	877.97	47.36	160.35	304.20	687.97	586.76	879.67	68.58
青藏高原区	1.78	8.26	12.98	3.67	—	—	61.86	1.73	34.87	—
长江中下游区	393.60	326.26	1257.51	451.46	20.07	898.81	963.86	222.66	815.61	474.53
华南区	94.85	118.22	411.68	363.50	5.78	488.21	210.24	137.26	170.50	59.35
西南区	372.87	351.74	938.52	442.31	41.93	322.82	2968.39	32.14	255.15	1.67

* 划分土壤缺素的指标:有机质≤6 g·kg^{-1},全氮≤0.5 g·kg^{-1},速效磷≤5 mg·kg^{-1},速效钾≤30 mg·kg^{-1};有效硼<0.2 mg·kg^{-1},有效钼<0.15 mg·kg^{-1},有效锰<5 mg·kg^{-1},有效锌<0.5 mg·kg^{-1},有效铁≤0.2 mg·kg^{-1},有效铜≤2.5 mg·kg^{-1}。

6. 土壤酸化

土壤酸化是一种自然的生物地球化学过程,在热带亚热带湿润地区非常明显。土壤中含有大量铝的氢氧化物,土壤酸化后,可加速土壤中含铝的原生和次生矿物风化而释放大量铝离子,形成植物可吸收的铝化合物。植物长期过量地吸收铝,会中毒,甚至死亡。酸化会加速土壤矿物质营养元素的流失;改变土壤结构,导致土壤贫瘠化,影响植物正常发育。在自然条件下土壤酸化是一个相对缓慢的过程,土壤 pH 值每下降一个单位需要数百年甚至上千年,而国内 20 多年里土壤已经出现显著酸化,高投入集约化的农业生产加速了这一过程。20 世纪 80 年代以来中国主要农田土壤显著酸化,pH 值平均下降了约 0.5 个单位,相当于土壤酸量在原有基础上增加了 2.2 倍(张福锁等,2009)。我国酸化土壤面积约为 20 万 km^2,占全国总面积 21%左右;大部分酸化土壤 pH 小于 5.5,其中很大一部分小于 4.5。经济作物体系土壤酸化比粮食作物体系更为严重,北方的石灰性土壤同样出现了酸化。氮肥过量施用是农田土壤酸化加速的首要原因。北方一些蔬菜大棚由于长期过量施用氮肥,使土壤 pH 值大幅度下降,病虫害严重发生,蔬菜品质和产量显著下降,一半以上的氮肥养分进入地下水造成饮用水硝酸盐污染。南方部分红壤的 pH 值下降更多，造成玉米、烟草、茶叶等农作物的减产。北方石灰性土壤由于 pH 值较高，下降 1 个单位可能不会给农业生产带来大的影响，但对于南方酸性土壤来说就有可能超过作物的承受能力。

7. 土壤潜育化与次生潜育化

土壤潜育化是湿地和水田土壤处于地下水和饱和、过饱和水长期浸润状态下，在 1 m 内的土体中某些层段氧化还原电位(Eh)在 200 mV 以下，并出现因 Fe、Mn 还原而生成的灰色斑纹层或腐泥层或青泥层或泥炭层的土壤形成过程。土壤次生潜育化是指因耕作或灌溉等人为原因，土壤(主要是水稻土)从非潜育型转变为高位潜育型的过程。常表现为 50 cm 土体内出现青泥层。我国南方有潜育化或次生潜育化稻田有 400 多万 hm^2，其中约有一半为冷浸田，是农业发展的又一障碍。这类土壤广泛分布于江、湖、平原，如鄱阳平原、珠江三角州平原、太湖流域、洪泽湖以东的里下河地区，以及江南丘陵地区的山间构造盆地，以及古海湾地区等。

8. 非农业占地

新中国成立初期，全国大规模农垦，耕地面积稳定上升。根据统计资料：1950 年至 1957 年，平均每年增加 1700 多万 hm^2。1957 年全国耕地面积达 11183 万 hm^2，人均占有耕地 0.18hm^2。1958 年以后由于城镇、工矿、交通、水利等建设，占用了大量耕地，耕地总量和人均占有量开始逐年递减，1958 年至 1965 年耕地数量基本呈下降趋势，个别年份略有增加。以后，我国耕地总面积呈直线下降，1966 年至 1970 年间，平均每年减少 2.53 万 hm^2；1971 年至 1975 年平均每年减少 35.2 万 hm^2；1986 年至 1989 年平均每年减少 29.7 万 hm^2。40 年间我国人口增加了 14 倍，而耕地比 1957 年减少了 161 万 hm^2，平均每年减少 50 万 hm^2。到 2007 年全国耕地面积降到 1.22 亿 hm^2(图 1-1)。乡镇企业发展，用地规模扩大，占用耕地较多，沿海经济开发区耕地锐减。有的土地利用不合理，盲目征用，实际开发率低。交通用地、基础设施等占地也较突出。而这些区位的耕地是生产水平较高的沃土良田，如不有效控制耕地的被占用问题，有的沿海开发区将会无地可种。

二、土壤改良利用分区和低产田分类

根据我国第二次全国土壤普查的汇总成果，按《中国土壤》(席承藩主编，1998)所列，简要介绍我国土壤改良利用分区(见西安地图出版社出版的 1∶400 万中国土壤改良利用分区图)，同时简要介绍 1996 年农业部发布的《全国中低产田类型划分与改良技术规范》中对我国中低产田(地)所进行的类型划分。

(一)分区的原则、依据和命名方式

1. 原则

土壤改良利用分区主要依据土壤本身的适宜性能、障碍因素和改良措施划分。划分原则是：

(1)依据自然环境不同特点，对主要土壤个体和群体类型适宜性能的相似性进行概括。

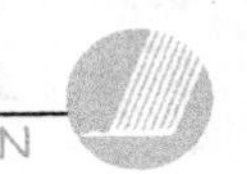

(2)按不同自然地带土壤类型的组合差异及适宜能力进行归纳。

(3)根据不同地貌单元土壤组合类型存在的障碍因素和改良措施进行区分。

2.依据

按照上述分区原则,全国土壤改良利用分区拟划分为区域、土区和亚区三个级别,各级别划分的依据是:

(1)区域　为全国土壤改良利用分区的一级单元。主要反映我国土壤土纲组合群体生产适宜性能的概括特征,体现全国生物气候条件大范围的不均衡性及其所形成的土壤性状与对农、林、牧业生产适宜性的重大差异。在同一区域内,土壤的利用方向基本一致。据此,在全国划分三个不同的土壤改良利用区域,即:东部铁铝土、淋溶土农业、林业区域,西北钙层土、漠土牧业、灌溉农业区域,西南高寒土壤牧业区域。

(2)土区　为全国土壤改良利用分区的二级单元。主要反映土壤区域内部,由于生物气候条件不同而引起较大范围土类组合特点及其生产适宜能力的较大差异。同一土区内,具有大体相近的水热条件,土地利用方式基本一致。据此,东部铁铝土、淋溶土农业、林业区域划分热带砖红壤宜胶三熟区等7个土区;西北钙层土、漠土牧业、灌溉农业区域划分温带内蒙古草原钙层土牧、农、林一熟区等3个土区;西南高寒土壤牧业区域划分青藏高原东部黑毡土、草毡土、褐土牧、农一熟区等3个土区,共计13个土区。

(3)亚区　为全国土壤改良利用分区的三级单元。主要反映土区内部不同地貌类型引起土壤组合类型及其障碍因素和改良措施的差异。同一亚区内,土壤水热条件和利用方式更趋一致。据此,东部铁铝土、淋溶土农业、林业区域共划分海南砖红壤热作防风、水稻土增磷亚区等42个亚区;西北钙层土、漠土牧业、灌溉农业区域共划分内蒙古高原西部棕钙土、风沙土、盐碱土草灌固沙,建立草料基地、合理轮牧亚区等20个亚区;西南高寒土壤牧业区域共划分阿坝、昌都黑毡土、沼泽土、褐土建设草料基地、合理轮牧、轮作亚区等7个亚区,总计69个亚区。

3.分区命名

(1)区域命名　1984年《中国自然区划概要》根据我国综合自然条件的重大差异,概分全国为东部季风区域、西北干旱区域和青藏高寒区域。1987年《中国农业资源与区划要览》在"我国主要土壤类型、分布规律及利用方向"一节中,按生物气候成因大的群体差异,区分全国为东部湿润、半湿润地区的森林土壤群系,西北半干旱、干旱地区的草原、荒漠土壤群系和青藏高寒地区的高山土壤群系。1990年《中国土壤地理》和《中国农业区划简编》的土壤区划将上述三大土壤群系概括为东部森林土壤区域,西北草原、荒漠土壤区域和青藏高山草甸、草原土壤区域。

本次土壤改良利用分区,重点以全国区域土壤改良利用为议题,又将上述三大土壤区域调整为东部铁铝土、淋溶土农业、林业区域,西北钙层土、漠土牧业、灌溉农业区域和西南高寒土壤牧业区域,即以主要土纲组合及其适宜生产发展的方向为区域命名的依据。

(2)土区命名　土区名称主要以不同地带的主要土壤和主要利用方式为依据,如热带砖红壤宜胶三熟区,温带内蒙古草原钙层土牧、农、林一熟区等。

(3)亚区命名　亚区名称采用主要区位、主要土壤类型、主要改良措施、主要利用方式联合命名,如成都平原水稻土、黄壤排渍、防污,合理施肥稻、油、麦高产亚区等。

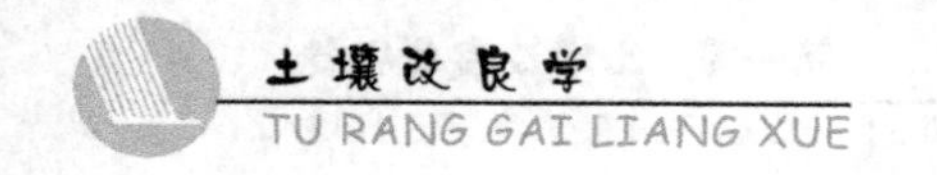

（二）土壤改良利用分区系统概述

1. 东部铁铝土、淋溶土农业、林业区域（Ⅰ）

本区域大体位于大兴安岭、燕山、吕梁山、秦岭、岷山、横断山、喜马拉雅山一线以东地区。濒临海洋，季风进退活跃，降水充沛，年降水量在500～1000 mm以上，大气湿润程度高，热量充足，以铁铝土、淋溶土为主的土壤资源类型丰富，适宜性能广泛。从南到北既适种多种类的农作物，又能生长多种林木与果木，而且也适宜饲养各类牲畜，因而是我国人口集中、耕种集约、农业生产历史悠久，粮、棉、油、茶、果和其他多种经济作物的重要产区。由于生物气候、土壤类型组合及其生产能力尚存在不同程度的差异，故由南而北续分为7个土区：热带砖红壤宜胶三熟区（Ⅰa）、南亚热带赤红壤果、蔗三熟区（Ⅰb）、中亚热带红、黄壤宜茶、橘两熟区（Ⅰc）、北亚热带黄棕壤、黄褐土稻麦两熟区（Ⅰd）、暖温带棕壤、褐土宜干、鲜果两年三熟区（Ⅰe）、中温带暗棕续、黑土林、粮一熟区（Ⅰf）、北温带漂灰土、棕色针叶林土合理治潜，更新抚育用树林区（Ⅰg）。

2. 西北钙层土、漠土牧业、灌溉农业区域（Ⅱ）

本区域大体位于大兴安岭西侧，燕山北麓，吕梁山西麓，铜川、天水、碌曲、格尔木、昆仑山北麓、喀拉湖一线的西北地区。该区域深处内陆，受海洋湿润季风的影响不大，故降水较东部区域稀少，并由东向西递减。年降水量东部大兴安岭西侧为450 mm，到内蒙古中部为300～150 mm，越过贺兰山大多不超过100 mm，吐鲁番盆地仅30～15mm，大气湿润程度很低，热量条件较差。以钙层土、漠土为主的土壤资源类型比较简单，生产适宜性能也较窄，除有水源灌溉条件的部分地区能种植作物和部分山地生产一些林木果木外，广大区域是一望无际的草原和戈壁，是我国少数民族散居和畜牧业为主的地区。由于其生物气候及土壤类型结合的生产能力自东而西尚有一定差异，故仍可划分3个土区：温带内蒙古草原钙层土牧、农、林一熟区（IIa）；暖温带黄土高原黄锦土、栗褐土农、林、牧两年三熟区（Ⅱb）；温带、暖温带蔡新高原漠土牧业、绿洲农业、林业一熟、两年三熟区（Ⅱc）。

3. 西南高寒土壤牧业区域（Ⅲ）

本区域位于青藏高原地区，周围为喜马拉雅山、喀喇昆仑山、昆仑山和横断山等诸大山系环绕。这些巨大山系，海拔均在6000～7000 m以上，即使其间比较平缓波状起伏的高原面，海拔也高达3000～5000 m。由于地势高，气温低，因而从南部印度洋和东南部太平洋吹来的湿润季风则受其阻挡不能顺利进到该区域腹地，而仅从其前缘深切河谷通道微弱向内输送。所以本区域除东部和南部稍显湿润外，广大腹地均较干旱。年降水量由东部500 mm往西渐降到100 mm以下，土壤形成受耗水量不大的草本植物的影响很大，如黑毡土、草毡土、冷钙土、寒钙土等，类型较东部铁铝土区域更为简单，生产适宜性能很窄，除部分河谷地段可从事一些农业生产外，广大区域均只能以牧业为主，是我国少数民族居住生活的又一重要畜牧业基地。本区域划分为3个土区：青藏高原东部黑毡土、草毡土、褐土牧、农一熟区（Ⅲa）；青藏高原中部冷钙土、寒钙土牧、农一熟区（Ⅲb）；青藏高原西部、北部漠土牧业区（Ⅲc）。

（三）全国中低产田类型划分

1996年，农业部发布了《全国中低产田类型划分与改良技术规范》（NY/T 310－1996），

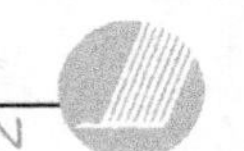

作为推荐性标准要求全国各地参照执行。该标准将全国耕地的中低产田划分为八个类型,以 NY/T 309—1996《全国耕地类型区、耕地地力等级划分》中的七个类型区为地域单元,根据七个类型区中土壤类型的不同特点,确定每个类型区中的主要中低产田类型及土壤障碍程度的等级指标,并提出了中低产田改良的技术指标和要求。其中八个中低产田类型分别是:

1. 干旱灌溉型

由于降雨量不足或季节分配不合理,缺少必要的调蓄工程,以及由于地形、土壤原因造成的保水蓄水能力缺陷等原因,在作物生长季节不能满足正常水分需要,同时又具备水资源开发条件,可以通过发展灌溉加以改造的耕地。指北方可以发展为水浇地的旱地,南方可以开发水源,提高水源保证率,增强抗旱能力的稻田和旱地。其主导障碍因素为干旱缺水,以及与其相关的水资源开发潜力、开发工程量及现有田间工程配套情况等。

2. 渍涝潜育型

由于季节性洪水泛滥及局部地形低洼,排水不良,以及土质黏重,耕作制度不当引起滞水潜育现象,需加以改造的水害性稻田。其主导障碍因素为土壤潜育化、渍涝程度和积水,以及与其相关的包括中、小地形部位、田间工程配套情况等。

3. 盐碱耕地型

由于耕地可溶性盐含量和碱化度超过限量,影响作物正常生长的多种盐碱化耕地。其主导障碍因素为土壤盐渍化,以及与其相关的地形条件、地下水临界深度、含盐量、碱化度、pH 等。

4. 坡地梯改型

通过修筑梯田、梯埂等田间水保工程加以改良治理的坡耕地。其他不宜或不需修筑梯田、梯埂,只需通过耕作与生物措施治理或退耕还林还牧的缓坡、陡坡耕地,列入瘠薄培肥型与农业结构调整范围。坡地梯改型的主导障碍因素为土壤侵蚀,以及与其相关的地形、地面坡度、土体厚度、土体构型与物质组成、耕作熟化层厚度等。

5. 渍涝排水型

河湖水库沿岸、堤坝水渠外侧、天然汇水盆地等,因局部地势低洼,排水不畅,造成常年或季节性渍涝的旱耕地。其主导障碍因素为土壤渍涝,与其相关的地形条件、地面积水、地下水深度、土体构型、质地、排水系统的宣泄能力等。

6. 沙化耕地型

西北部内陆沙漠,北方长城沿线干旱、半干旱地区,黄淮海平原黄河故道、老黄泛区沙化耕地(不包括局部小面积质地过沙的耕地)。其主导障碍因素为风蚀沙化,以及与其相关的地形起伏、水资源开发潜力、植被覆盖率、土体构型、引水放淤与引水灌溉条件等。

7. 障碍层次型

土壤剖面构型上有严重缺陷的耕地,如土体过薄、剖面 1 m 左右内有沙漏、砾石、黏盘、铁子、铁盘、砂姜等障碍层次。障碍程度包括障碍层物质组成、厚度、出现部位等。

8. 瘠薄培肥型

受气候、地形等难以改变的大环境(干旱、无水源、高寒)影响,以及距离居民点远,施肥不足,土壤结构不良,养分含量低,产量低于当地高产农田,当前又无见效快、大幅度提高产量的治本性措施(如发展灌溉),只能通过长期培肥加以逐步改良的耕地。如山地丘陵雨养型梯田、坡耕地和黄土高原，很多中等产量的黄土型旱耕地 。

第五节　土壤改良学基本内容

土壤改良与保护涉及的内容十分广泛。它是运用土壤学、植物营养与施肥、农业生物学、作物栽培学、农田水利学、农业工程学、生态学等学科的理论和技术，排除和防治影响农作物生长和引起土壤退化的各种不利因素，提高土壤肥力和创造良好土壤生态环境条件的一门应用技术类课程。本教材试图建立相对集中又比较完整的土壤改良学的基本框架和课程教学体系，因此，作为本科学生的教材，在书中编入了以国内资料为主的大量最新研究成果，特别参考了一些比较成熟和系统的著作，包括《中国土壤》、《土壤资源概论》、《中国土壤质量》、《中国土壤肥力演变》、*Soil Fertility and Fertilizers*(7th Edition)、《农业水资源利用与管理》等等。本课程中的许多章节均有专门的著作和文集，为许多问题的进一步研习提供了良好的条件。

考虑到土壤改良学的系统性和本专业各课程之间的衔接，我们将本教材的内容分为六个方面共十章，即土壤改良学概论(1 章)、土壤养分管理与高产土壤培肥(1 章)、水利土壤改良(3 章)、区域性土壤障碍与改良(3 章)、土壤侵蚀与水土保持(1 章)和土壤污染与修复(1 章)。

一、土壤改良学概论

作为全书的导论，本部分从土壤的功能质量出发，明确提出了土壤改良学是服务于增强和维护农业可持续发展能力的一门应用性课程。也就是说应用土壤学理论，结合植物营养学、农业生物学、作物栽培学、农田水利学、农业工程学、生态学等课程知识，讨论如何排除和防治影响农作物生长和引起土壤退化的各种不利因素，提高土壤肥力和创造良好土壤生态环境条件的一系列技术和方法。因此在概论中，讨论了土壤改良学的一些普适辩证关系；介绍了土壤改良的发展情况；应用我国第二次土壤普查成果，重点介绍我国土壤和耕地资源的概况、区域分布和差异特征；概述我国的土壤退化的情况，介绍我国的土壤改良利用分区和全国中低产田类型划分情况。

二、高产土壤培肥与缺素土壤改良

通过土壤养分和植物营养平衡分析，构建以施肥为中心的土壤培肥和作物营养元素缺乏症状矫治的技术体系，是土壤培肥和改良实践中最为普遍和常用的技术措施，也是本专业学生最重要的基本技能之一。考虑到本专业整个教学计划的课程体系结构，本书将土壤养分管理和施肥的内容压缩成一章，重点概述了土壤养分的种类、性质和有效性关系、养分的诊断与施肥原理、长期施肥的影响、高产土壤培肥以及土壤养分流失及其对环境的影响等；其中，重点介绍近年来我国土壤肥料的重点工作——测土配方施肥的技术体系。

三、水利土壤改良

水利土壤改良以田间土壤水分调节为中心，讨论农田灌溉与排水。本课程中的水利土壤改良与农田水利学的侧重点不一样，农田水利学包括两个方面的基本内容，即区域水资源的调度和农田水分状况的调节，其中区域水资源不平衡的状况主要通过蓄水、引水、调水等措施调节，这一部分内容更多地偏重水利工程措施；而本课程的水利土壤改良部分主要侧重于农田土壤水分平衡的调节及其与土壤肥力的关系，并把盐碱地的改良利用也放在这一部分中。主要内容为：

1. 水资源的合理开发和供需平衡。包括水资源的调查与评价；水资源时空分布规律和可能的用量；农业需水规律、用水预测和供需平衡等。本教材以农业水文学为基础课论，着重讨论了农田土壤水分平衡过程的降水、产汇流、入渗、土壤水分再分配、土壤内排水和土壤蒸发等。

2. 农田灌溉原理和农业节水灌溉技术。主要讨论了作物蒸腾、农田需水量的确定、灌溉制度和排灌渠道的设计等；同时以较大篇幅介绍了节水灌溉的主要方法，包括渠道防渗、低压管灌、喷灌、滴灌和其他节水灌溉技术。

3. 农田排水和以排水洗盐为核心的盐碱土改良利用技术。重点介绍了农田排水系统的设计和主要的排水方法；讨论了盐碱土的改良利用技术，包括作物的盐害、土壤水盐运动规律、内陆盐土和滨海盐土的改良利用方法，并简要介绍了海涂围垦的基本方法。

四、区域性农业土壤障碍与改良

土壤是一个既开放又相对独立的自然体。也是人类劳动的产物。土壤的形成和演变深受自然条件和社会条件的影响。土壤与外界环境条件各个因素不是独立存在的，而是互相联系、互相作用和互相制约的。因此，环境条件和土壤母质本身的区域性变化（如气候、地貌、地质历史等），使得土壤的分布具有显著的区域性变异。我国地域辽阔，各地自然条件复杂，限制土壤肥力提高的障碍因素很多。主要有盐、碱、酸、黏、毒、涝、冷、烂、板、瘦、薄、沙等等，因而低产土壤的种类也很多。通常低产土壤往往有多种限制因素同时存在，但其中常有一两个突出的主要矛盾，这种影响土壤生产力的主要矛盾是区域自然条件的产物。因此，低产土壤的主要类型常常呈区域性分布。如南方的红黄壤、华北和西北的内陆盐碱地、滨海盐土、西北的黄土高原、西南的紫色土、和全国各地的涝洼地和低产水稻土等。环境条件的区域性变化，造就了土壤的区域性分布。而不同区域的土壤往往存在着不同的环境条件、开发利用历史和肥力矛盾，从而也决定了土壤改良主攻目标的区域适应性和改良利用方法的区域针对性。

本部分着重讨论红黄壤、盐碱土、低产水稻土、风沙土、紫色土、黄土等土壤的改良与利用，偏重于我国土壤改良与利用的经验和方法介绍。

五、水土保持

水土流失是全球共同关注的一个严重的土壤退化问题；由于特定的历史和自然条件，我国土壤侵蚀问题非常突出也相当严重。本部分主要包括三个方面的内容：(1)土壤侵蚀过程及其作用机理，分析水土流失的基本规律和主要影响因素，讨论水土流失的危害，同时也简要介绍近年在土壤侵蚀方面研究的新进展，包括水土流失通用方程的应用以及土壤侵蚀模拟预测模型 ANSWERS 的基本原理等。(2)水土保持基本方法和措施，主要介绍我国广泛采用的工程措施、生物措施和农艺措施等。(3)概要地介绍我国水土流失特征、现状、分布和分区治理对策。

六、土壤污染与修复

土壤污染已经成为严重的社会问题，不仅因为污染严重破坏了土壤的生产、环境和生态功能，也因为受污染的土壤会将污染物通过食物链的转移和积累，直接而且严重地危害人类的身体健康。保护土壤环境，已成为社会各级政府和科学家特别关注的重要任务。本章从土壤的环境容量出发，概述土壤污染发生与污染源分类，介绍土壤中重金属的迁移转化过程、农药和其他有机污染的发生及其生物效应，重点讨论土壤污染的防止和修复技术，包括控制和消除土壤污染源、增加土壤环境容量提高土壤净化能力和污染土壤的修复；并按污染土壤修复的技术原理出发，系统介绍污染土壤的物理修复技术、化学修复技术和生物修复技术，最后还对土壤中温室气体的释放、吸收和传输情况进行简单介绍。

土壤养分管理与高产土壤培肥

协调并充分地供应养分对于农作物生产的重要性，早在几千年以前就为人类在农业生产实践中逐步地认识了。1984 年 Liebig 提出的“养分归还学说”，把土壤对作物养分供给的感性认识提高到了较为系统的理论水平，从而催生并推动了化肥工业长盛不衰的发展；如今，施用化肥已经是最常见的促进农作物生产的技术措施。我国在 1950 年以前土壤养分的投入还几乎全部来自于有机肥，20 世纪 50 年代以后才有化学氮肥的使用，60 年代氮肥用量逐步增加，并在 60 年代末开始使用磷肥，70 年代末开始使用钾肥，到 2010 年我国化肥年施用总量达到 4700 万吨(纯养分)。毫无疑问，化肥的使用为我国的粮食生产做出了并将继续做出不可替代的重要贡献。

然而，与发达国家相比，我国的化肥利用率偏低，平均仅为 30％～35％；土壤肥力和养分水平尚待进一步提高，在近 80％的中低产耕地土壤中，有机质含量一般只有 10～20 g/kg 左右，其中低于 10 g/kg 的土壤面积占 25.95％。土壤含氮量在 0.75～1.0 g/kg 之间的土壤面积占了 21.34％，＜0.75g/kg 的土壤面积占了 33.60％；农作物有不同程度的缺素情况。一方面我国化肥施用量全球第一，单位面积使用量是世界平均水平的 3.5 倍，已经出现了化肥过量施用导致水体富营养化的强烈呼声；另一方面，绝大多数地区的农作物高产稳产还是离不开化肥施用。因此，土壤培肥和高效的土壤养分管理，将在很长的时期内仍然是土壤和植物营养工作者的重要使命。

第一节　土壤养分与作物产量

一、农作物产量限制因素

某种作物的最大生产潜力不仅取决于生长季节的自然环境，也取决于生产者识别、矫正或减缓限制作物生产潜力因素的能力。影响作物生长和产量潜力的因素多达五十多个(表 2-1)。尽管生产者无法控制大部分气象因子，但是可以也必须对绝大部分的土壤和作物因子进行管理以使产量最大化。

表 2-1 作物产量潜力影响因子

气象因子	土壤因子	作物因子
降雨	有机质	作物品种
数量	质地	种植日期
分布	结构	播种
气温	阳离子交换量	密度和结构
相对湿度	盐基饱和度	行间距
光照	坡度和地形	种子质量
数量	土壤温度	蒸腾蒸发
强度	土壤管理因子	可利用水量
持续时间	耕作	养分
经纬度	排灌	有害物
风	其他	昆虫
风速	深度(根区)	病害
分布		杂草
CO_2 浓度		收获率

从农作物的太阳能利用潜力来说,大多数作物都将远远超过目前的产量水平。全球范围内,作物潜在产量主要受作物可利用水量、温度和可利用养分的胁迫而降低(表 2-2)。55%和 20%的土地面积分别受环境和养分的胁迫。

表 2-2 降低作物潜在产量的主要土壤相关因子

土壤相关因子	$\times 10^6$ 平方英里	占总量的百分比(%)
持续水分胁迫	14.1	27.9
持续低温	8.4	16.7
季节性水分胁迫	4.0	7.9
保肥能力低	3.0	6.0
土层浅薄	2.9	5.6
养分过度淋失	1.7	3.4
铝含量高(土壤酸化)	1.6	3.1
低水分和养分水平	1.4	2.7
保水能力低	1.3	2.6
其他胁迫	10.5	20.8
部分胁迫	1.6	3.1
总计	50.5	99.8

来源:USDA－ERS,2003,Ag. Economic Report No.823.

19 世纪,科学家 Justus von Leibig 等提出了著名的最小养分定律:"每块土地都有一种或几种最大养分和最小养分。最小养分,如氧化钙、碳酸钾、磷酸、氧化镁等,均和产量有直接联系,这些因子控制着产量。如果氧化钙是限制性因子,即使碳酸钾、二氧化硅、磷酸等的施用量再增加产量也不会提高。"因此,为了获得高产,必须相互协调各种可控和不可控因子的相互关系。我们的任务就是要正确地辨别出所有的产量限制因子,并通过管理措施消除或减弱这些因子对产量的负面影响。

假如在最佳时间种植了优良的品种,使用了正确的栽培措施,采用了有效的方法施用最

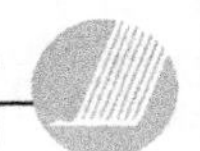

佳的养分，但是由于水分是最大的限制因子，最终的产量仍然不能达到最大潜在产量。因此，只有降低了水分这个限制性因子的影响，对其他限制性因子的调控才会使作物产量提高。

二、作物养分元素

发挥农作物的最大潜在产量需要充足且平衡的各种可利用养分。矿质元素是作物生长发育所必需的，如果缺乏参与植物光合作用的矿质元素会导致植物无法完成生命周期。一般情况下，作物养分亏缺时会表现出明显的症状，通过增施相应的养分可以改善或者阻止缺素现象的发生和发展。

所谓作物缺素症，就是当植物体内某种元素的浓度低到严重影响生长和产量时表现出来的明显可见的不正常症状。极度缺素可导致作物死亡。中轻度缺素其症状不一定明显可见，但是产量会降低。作物发生严重缺素时，增加养分会大幅度提高产量，同时会导致植物体内养分浓度的小幅度下降。这个现象被称为斯滕贝格效应(Steenberg effect，稀释效应)，这是由于作物快速生长引起体内养分浓度的稀释。当植株体内养分浓度低于某一水平时，作物产量将随养分吸收量的增加而增加，这个养分的浓度水平可能是一个范围，这就是作物养分的临界范围。临界水平或范围在不同的作物和养分间变化极大，但是都发生在养分亏缺和养分盈余状态相互转换的临界水平上。在一定范围内，作物产量随施肥量的增加而增加；当土壤养分增加继续，仍能促进作物的养分吸收，但不能使作物增产时，称为土壤养分的盈余，在这种情况下作物继续增加土壤养分的吸收称为养分的奢侈消耗，奢侈消耗对作物的产量没有贡献，但通常也不会导致作物的减产。养分盈余发生的浓度范围很广。如果再增加土壤养分，不但没有增加作物的产量，反而妨碍了作物生长使产量降低，这时就是养分的过量或毒害；这种严重的养分过量吸收会因毒害而直接导致减产，或通过影响其他元素在植物体内的平衡而间接导致减产。

作物生长的必须元素有17种(表2-3)，碳(C)、氢(H)、氧(O)虽然不是矿质元素但却是植物体内含量最大的元素。绿色叶片的光合作用将 CO_2 和 H_2O 转化为简单的碳水化合物，再进一步合成氨基酸、糖、蛋白质、核酸和其他有机质。尽管近来 CO_2 有所增加，但其供应相对稳定。水分很少对光合作用产生直接的限制作用，而是通过水分胁迫引起的其他效应对光合作用产生间接影响。其余的14种元素根据各自在植物体内的浓度可分为大量元素和微量元素，大量元素包括氮(N)、磷(P)、钾(K)、硫(S)、钙(Ca)、镁(Mg)，相比大量元素，8种微量元素在植物体内的浓度极小，它们分别是铁(Fe)、锌(Zn)、锰(Mn)、铜(Cu)、硼(B)、氯(Cl)、钼(Mo)和镍(Ni)。此外，钠(Na)、钴(Co)、钒(V)和硅(Si)也是某些作物的必需微量元素。微量元素一般被认为是次要元素，但其对作物的重要性和大量元素等同，微量元素的亏缺或毒害也会如大量元素一样导致作物减产。

表 2-3 植物养分相对浓度和平均浓度

养分		植物体内的浓度		分类
名称	符号	相对含量	平均	
氢	H	60000000	6%	大量元素
氧	O	30000000	45%	大量元素
碳	C	30000000	45%	大量元素
氮	N	1000000	1.5%	大量元素
磷	P	400000	1.0%	大量元素
钾	K	30000	0.2%	大量元素
钙	Ca	200000	0.5%	大量元素
镁	Mg	100000	0.2%	大量元素
硫	S	30000	0.2%	大量元素
氯	Cl	3000	100ppm (0.01%)	微量元素
铁	Fe	2000	100ppm	微量元素
硼	B	2000	20ppm	微量元素
锰	Mn	1000	50ppm	微量元素
锌	Zn	300	20ppm	微量元素
铜	Cu	100	6ppm	微量元素
钴	Co	1	0.1ppm	微量元素
镍	Ni	0.1	0.01ppm	微量元素

铝(Al)不是作物的必需元素，但土壤中的高 Al 含量会使作物内的 Al 增加。事实上，植物会吸收很多非必需元素，目前已确定的植物体内的元素多到 60 多种。因此，植物秸秆焚烧后得到的灰分中包含了除气化的 C、H、O、N 和 S 以外的所有必需元素，还包括很多非必需元素。

三、土壤养分与水分及其他因素的关系

当两个影响植物生长的因素相互作用时，每一个因素的作用会受到另一个因素的影响而发生交互作用。交互作用可能是有利的或者是负面的；当植物对多个因素联合作用的响应小于两个因素各自单独作用的响应时，就是负面交互作用的结果；有利的交互作用遵循李比希的最小养分律原理。如果有两个或者更多的限制因素，其中一个因素单独对植物生长影响较小，然而当两个或几个因子一起作用时，影响会变得很大。一个养分因子的改善带来作物生物量的增加，且减少另一养分在作物体内的浓度(稀释作用)，应与拮抗作用相区别。

在平产的时候许多交互作用看不到；在高产时，植物增产压力增加，经常可看到导致高产的各因子的交互作用。将来农业生产力的进一步提升很可能与大量的人为投入(水肥投入、管理投入等)和植物生长因素之间交互作用的调控有关。认识和利用这些互作是十分必要的。

1. 养分与水的交互作用

在作物的生长季内，即使降水量超过蒸发量的地区，仍然可能因为缺水而限制作物生

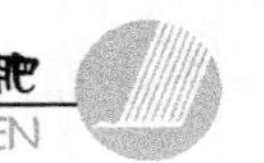

产；养分缺乏、害虫和其他因素带来的不利影响可能会降低植物的水分利用效率，导致减产和歉收。总体上，促进增产的因素都可能会提高水的利用效率。另一方面，灌溉可以稳定作物生产，但其他因素也可能会成为限制产量的主要因素。灌溉增加了产量，那么作物必须从土壤中获得更多的营养。在最佳的土壤养分条件下，灌溉农田比雨养旱地的水分利用效率高。在雨养旱作条件下，水分的不足可能限制作物产量，也影响了作物对养分的利用。

2. 根系对肥料和水的吸收的交互作用

大多数植物首先吸收利用土壤上层的水分，根区的上部 1/4 土壤中的可利用水分总是最先被消耗的。当表土层可利用的水大大减少时，植物只能从根深的下四分之三部分土层中吸水。在养分缺乏条件下，植物仅能从 7～10 cm 土层以内吸水，而使用肥料后的植物根系可以在 15～25 cm 或更深的土层中吸水。如果可以多利用 10～15 cm 土层中的水，就可以大大提高作物的抗旱能力。在底土干旱的地区，增施肥料不会促使作物根系向土壤深处生长。反之，良好的植物养分状况会促进作物根系向土壤深处生长，利用更深土层中的水。

3. 土壤湿度水平对养分吸收的影响

作物根系通过水的质流和扩散，截获和摄取土壤中的养分。与干旱的土壤相比，在湿土中根系可以截获更多的养分，特别是钙、镁离子。土壤水通过蒸腾作用把大多数的硝酸根、硫酸根、钙离子和镁离子输送到根部。养分缓慢地从高浓度区域扩散到低浓度区域，但距离小于 5 mm。土壤含水量影响离子的扩散速度，水膜越厚或养分浓度越高，养分扩散越容易。作物对养分的吸收直接受土壤水分含量影响，间接受水对离子活性、土壤通气程度和土壤溶解盐浓度的影响。所以，在正常或更高的土壤水分条件下作物产量潜力更大些。

土壤干旱会减少作物对氮的吸收，但对磷、钾吸收的影响更大。在干旱条件下，除了减少溶解态氮的吸收还减少了氮的矿化。降水越少，磷肥的增产效应越明显；钾素养分也存在相同的关系。在正常降水的年份，中等钾素营养的土壤上作物产量不会受到严重的影响；而在干旱的年份就会明显表现出作物的缺钾症状。总的来说，降雨越少，作物的钾肥增产效应越明显。另外，钾素营养能改善作物根系的呼吸作用。

微量元素通过扩散作用运移到植物的根表。像磷的吸收一样，在干旱季节的低土壤含水量会减少微量元素的吸收；与磷相比，唯一的区别是植物需要微量元素的量更少。暂时性缺硼通常是在干旱条件下发生的，由于缺水限制有机质中硼的释放和迁移，导致土壤中硼的有效性降低。土壤干旱还可能导致作物的锰和钼的缺乏症，而铁和锌的缺乏则经常与土壤太湿有关。增加土壤水分能增加作物对钼的吸收量。锰在湿润条件下有效性更高。

4. 土壤养分的其他交互作用

(1)营养元素间的交互作用。

(2)营养元素和种植密度之间的交互作用。

(3)种植密度和播种日期的交互作用。

(4)养分和播种日期间的交互作用。

(5)养分与施肥位置间的交互作用。

(6)肥料方法和耕作之间的交互作用。

(7)养分与品种间的交互作用。

显而易见,认识作物需要的养分与土壤以及作物之间的各种关系,是优化土壤养分管理、提高化肥利用率的前提条件,也是促进高效和可持续农业生产的重要基础。

第二节　养分诊断与施肥

一、土壤养分和作物营养诊断

当土壤提供的养分不能满足作物最佳生长时必须进行施肥。适宜的施肥量是由作物的养分需求和土壤潜在的养分供应能力决定的。诊断技术,包括缺素症状的鉴别、土壤与植物性状测试,都可以用来判断作物潜在缺乏和达到最佳产量所需的养分量。当植物出现缺素症状时,已经对作物的产量潜力造成了负面影响,因此,在种植之前测定土壤供应养分能力是实现作物最佳生长和产量的基础。对某一地区土壤和植物的养分需求量应通过采样分析并经代表性作物试验校正来确定。提供准确的养分施用建议的基础是掌握养分测试结果和作物产量响应之间的关系。

(一)植物缺素症

植物是所有生长因素的综合体,仔细观察植物的生长状况可以帮助确定某种特定的养分胁迫。由于作物正常生长过程被抑制,缺素的植物会表现出特有的症状。肉眼评估养分胁迫是其他更为准确的诊断技术的支持或指导。

作物的每种症状都和养分对植物的作用相关。可见缺素症也可能是养分胁迫之外的其他因子引起的。因此,进行缺素症诊断时需注意以下几方面:(1)可见的症状可能是由多种养分引起的;(2) 一种养分的缺乏可能和另一种养分的毒性或不平衡相关。换句话说,一旦一种限制因子被消除,第二个因子就会出现(李比希的最小养分定律);(3) 在田间很难区别缺素症,因为病虫害或除草剂都能引起类似某些微量元素缺乏的症状;(4) 可见的症状也可能由多种因素而不仅仅是养分引起的。例如,玉米中糖与黄酮共同形成花青素(粉红素、红素和黄色素),而它们的累积也可能是磷肥供应不足、土壤低温、根系的虫害或氮缺乏等原因引起的。

养分供应不足时作物不能正常生长,因此早在缺素症出现之前就应该进行施肥。如果症状发现得比较早,可通过作物叶面施肥或侧施进行纠正。生长后期缺素症的诊断对来年养分缺乏的纠正仍然很有用。简单易用的叶色图是帮助作物养分诊断的有效办法。对于大多数养分来说,如何鉴别“隐藏的饥饿”,即缺素症还没有表现出来但养分水平已低于最佳产量的需求,往往是保证作物高产的关键所在。

在生长早期出现的缺素症可能会随着生长过程而消失,或者说加入养分也不会有明显的产量收益。为了保证养分不会限制作物生长,必须重视养分有效性,很多情况下养分的有效性比元素的含量更重要。

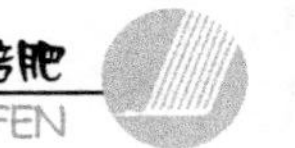

1.植物分析

植物分析方法包括田间新鲜组织的测试和实验室的组织分析。植物分析的基础是作物养分和土壤养分有效性的相互关系。进行植株分析可以:(1)确诊缺素症,并在缺素症出现以前发现缺素;(2)帮助确定土壤养分供应能力;(3)帮助测定施肥的产量效应;(4)研究养分状态和作物表现之间的关系。

2.组织和细胞液分析

新鲜组织中养分的快速分析对于诊断作物生长过程中的养分需求非常重要。细胞液中的养分浓度是测定即时养分供应的理想指标。组织分析很容易实施并对结果进行解释,且许多测试在几分钟之内就可完成。将植株的叶或茎捣碎,用特定的试剂提取每一种养分,也可以镊子榨取汁液并过滤,再加入显色剂测定。将细胞液与试剂混合物的颜色强度与标准图进行对比,指示极低、低、中和高养分含量。同样,也需要将缺乏养分地区采集的植株样品的测定与从正常养分状态地区采集的植株样品测定结果进行比较。

3.总量分析

实验室的总量分析用于整株植物或作物的特殊部分(如叶柄、茎、叶)。采样后对植株进行干燥、粉碎,再用强酸湿消化或在高温炉中进行灰化处理,从而测定养分浓度。通过全量分析,可以测定出所有必需和非必需元素的浓度。和组织分析中一样,总量分析时对植株部位的选择亦很重要,优先选择刚成熟的叶子。

4.采样时间

生长阶段对植物分析非常重要,因为不同季节作物养分状态和需求不同。植物的养分浓度随植株的成熟而下降。如果采样时间选择不当则易导致对植物分析结果的错误解释,例如与玉米正常4~6叶阶段的氮浓度相比,抽丝期采集的叶片可能会被认为是缺氮。对大多数农业作物而言,两个最好的采样时间分别是干物质积累峰期和植株养分积累峰期,前者出现在植物最大生长期,后者出现在生殖期。

5.分析结果的解释

植物如果"极度缺乏"某种必需元素就会表现出肉眼可见的缺素症状。"中度缺乏"不会表现出肉眼可见的症状,但产量潜力已经受到了影响。养分的增加会使产量潜力最大化并增加植物的养分浓度。"奢侈消费"表示养分吸收超过了最佳生长需要量,此时,增加养分供应只会增加植物养分浓度而不会增加产量。当作物生长和产量随着植物养分浓度的增加而下降时,就是发生了养分中毒。

临界养分浓度(CNC)通常被用来解释植株分析结果,养分水平低于CNC就不能满足作物产量和质量的要求。由于在养分亏缺与养分充足区间的过渡区间存在很多不确定因素,使得很难准确确定CNC值。因此,又引入了临界养分范围(CNR),这个养分范围是指在特定生长阶段,养分浓度低于该范围则会出现养分亏缺,而高于该范围则表示养分充足。很多作物都已经建立了大多数必需养分的CNR,以玉米为例,不同时段的CNR见表2-4。

表 2-4　玉米临界养分范围(Schulte and Kelling, 1985)

养分	全株 24～45天 (株高15～40 cm)	第三叶 45～80天*	耳叶 绿穗期 (70～90天)	耳叶 棕穗期 (灌浆成熟期)
N(%)	4.0～5.0	3.5～4.5	3.0～4.0	2.8～3.5
P(%)	0.40～0.60	0.35～0.50	0.30～0.45	0.25～0.40
K(%)	3.0～5.0	2.0～3.5	2.0～3.0	1.8～2.5
Ca(%)	0.51～1.60	0.20～0.80	0.20～1.0	0.20～1.2
Mg(%)	0.30～0.60	0.20～0.60	0.20～0.80	0.20～0.80
S(%)	0.18～0.40	0.18～0.40	0.18～0.40	0.18～0.35
B(ppm)	6～25	6～25	5～25	5～25
Cu(ppm)	6～20	6～10	5～20	5～20
Fe(ppm)	40～250	25～250	30～250	30～250
Mn(ppm)	40～160	20～150	20～150	20～150
Zn(ppm)	25～60	20～60	20～70	20～70

* 从作物顶部往下的第三叶；植株高于 30 cm，且未抽穗。

除了以上作物营养诊断的常规方法以外，还有一些先进的诊断技术，如基于传感器的作物营养诊断，包括遥感技术的应用等，可参考专门的著作。

(二)盆栽和大田试验

1. 盆栽试验

简单的盆栽试验可以检验土壤中养分的有效性。土样通常采自可能缺乏某一特殊养分的田块。为了校准土壤和植物组织测定，通过采集大范围的具有不同养分有效性的土样，再施用不同的养分量，从而评估作物对养分的敏感性。

2. 田间带状试验

选择田间狭窄的带状田块实施养分处理，可以核实管理建议的准确性。通常需要设置重复进行试验，如果没有重复，解释测试结果时必须要谨慎。如果在同一块田地中含有多种土壤类型或条件，则排列时每一种类型土壤的每一种处理都要相同。带状测定和记录每一种处理的产量，这是一种评估管理建议准确性的有用工具。

3. 大田试验

盆栽试验还是在控制条件下的试验，与大田条件有很大的差别，为了确诊施肥的有效性，大田试验是必要的。当在特征明显的土壤上实施许多相似的试验后，施肥建议可以外推到其他具有相似特征的土壤上。大田试验通常和盆栽试验相结合，以校准土壤和植株测试。在建立提供施肥建议以达到最佳产量时，必须要进行田间试验。采集不同处理的植物样品进行分析可帮助建立 CNR。值得注意的是，将从空间变异性较小的小地块中得到的结果应用到变异性较大的大田中时会产生一定的差异。

(三)土壤养分测试

1. 土壤测试

土壤测试是对土壤样品进行化学分析来估计养分可利用性。土壤测试的养分只占养分

全量的一部分，这部分养分含量与植物可利用养分的数量有关(但不相等)。因此，土壤测试的水平代表的仅是养分有效性指数。与植物分析相比，土壤测试测定的是作物种植前的养分状态。

作为养分有效性指数，从土壤测试中萃取的养分量并不等于作物吸收的养分量，但是它们紧密相关。土壤测试结果可以用在以下几个方面：(1)提供土壤中养分有效性指数。土壤测试或提取剂用于提取与植物吸取的养分来自同一个库的那部分养分(如溶解态、交换性、有机的或矿化的)；(2)预测施肥产生增产效应的可能性；(3)为提出施肥量建议提供依据。这些基本关系可通过严谨细致的实验室研究、盆栽研究和大田研究获得。

2. 土壤测定的解释

土壤测定的解释包括土壤测定水平和养分响应之间的经济评估。尽管有确切的数据，很多时候还是根据分析结果将土壤养分丰度分为极低、低、中等、高或极高几个等级。施肥的产量效应会随着土壤养分水平的降低而增加。例如，>85%的土壤测定为极低水平，增施化肥可能增产；土壤养分为低水平时，可能有60%～85%的概率促使产量增加；而当土壤测定水平极高时，作物对肥料施用的响应概率<15%。但是，作物产量效应会随着土壤、作物、目标产量、管理水平和天气等因素而异。

3. 养分效应方程

最常用的养分模型包括以下几种模型：

(1) 线性模型：$Y=mX+b$

(2) 指数模型：$Y=e^X$

(3) 二次模型：$Y=a+bX-cX^2$

其中 Y 是产量，X 是养分施用量 a、b、c 为经验系数。

所有方程均能在一定程度上反映产量与养分总量(易移动养分和难移动养分)的关系。反应方程受到作物类型、潜在产量、土壤调查标准、前茬作物、时间和其他因素的影响。

二、施肥原理和方法

施肥的基本原理，就是根据作物需肥规律和土壤供肥能力来决定施肥量、施肥方法和施肥时间，因此，施肥量、施肥方法和施肥时间是施肥最重要的三个要素。

(一)施肥量

1. 作物需肥量

这里介绍“施肥推荐曲线”法(Recommendation curve for fertilizer application)。这一方法的基本原理，是首先假设养分供应可以完全根据作物生长的需要而连续地每天供肥，根据作物从苗期通过生长旺期到成熟，作物体内养分的累积曲线是一条S型的logistic曲线，其一般形式可表示为：

$$A(t)=C[1+a\ e^{-b(t-m)}]^{-1/a} \tag{2-1}$$

式中：$A(t)$为氮素施用累积量(kg/hm^2)；t 为时间，即作物栽培后的天数；a、b、c 和 m 为经验系数，由最高产量试验所确定。其中 c 是logistic曲线在时间 t 趋向于最大值时的渐近线系数(即最大可能供肥量)，为了保证 a、b、c 和 m 的取值能达到产量最大，用迭代渐近法

(Price,1979)对曲线进行最佳化。

在确定方程(2-1)后,对该方程求时间的偏微分,可得到任何时段内每天所需供肥量:

$$dA(t)/dt=bc[e^{-b(t-m)}][1+a\ e^{-b(t-m)}]^{-1-1/a} \qquad (2\text{-}2)$$

实际情形中不可能每天施肥。因此,按照施肥次数要求对(2)式进行时段积分,即可得到任何时段内的理论需肥量,最后将理论需肥量与空白肥料试验、高产肥料试验等所获得的参数综合(包括基础肥力参数和氮肥利用率参数等)比较,提出氮肥施用实施方法。

2. 氮素推荐施用量模型

在多数土壤中,易移动养分会稳定持续地下渗到根区以外,因此建立和/或维持施肥模型是不可行的。在农作物施用足量的氮素时,需要准确的氮素推荐施用量来避免 NO_3^- 下渗,污染地下水。计算氮素推荐施用量需要知道作物的需氮量和土壤的供氮量。

氮素推荐施用量模型:

$$N_{REC}=N_{CROP}-N_{SOIL}-(N_{OM}+N_{PC}+N_{MN}) \qquad (2\text{-}3)$$

式中:N_{REC}—氮素推荐施用量;N_{CROP}—作物目标产量×N 系数;N_{SOIL}—土壤 NO_3^--N;N_{OM}—有机质矿化氮;N_{PC}—前豆科作物有效氮;N_{MN}—肥料中的有效氮。

N_{CROP}表示了作物需氮量,包含目标产量的评估和单位产量需氮量(N 系数)。低估目标产量会导致施肥不足、产量降低;高估目标产量会导致施肥过量,增加收割后的土壤含氮量,增加氮素渗漏潜力。土壤中潜在的有效氮可能会导致对 N_{CROP} 的低估。在调整了土壤 NO_3^--N 含量以后,如果需要,可以根据土壤潜在的有效氮(N_{OM}、N_{PC}、N_{MN})来调整 N_{CROP}。N_{MN}会随施肥量而改变。

少数 N_{REC}模型包含 N_{OM}。但是,由于年际间的气候波动,使得土壤矿化氮量很难准确评估。许多 N_{REC}模型通过降低 N 系数来解释 N_{OM};或者用土壤有机质的百分含量来表示 N_{OM}。N_{OM}的大致范围是 9.1～36.4 kg N/a。

2. 基于氮素效应的 N_{REC}

田间试验是大部分 N_{REC}系统的基础,可以用于量化作物对大范围施氮量变化的产量效应。不同土壤、土壤一作物管理投入和年限下的氮素响应数据应采用改进的平均氮素响应方程(平均目标产量和平均 N 系数)。在大部分情况下,最佳产量的需氮量年际变化很大。比如旱地,基于每年的最佳需氮量,N 系数表现出两倍的变化范围。每年在最佳需氮量条件下,谷物的氮素利用率为 36%～63%(*Soil Fertility and Fertilizer*,7th Edition)。最佳产量增加 10%,需氮量增加到 72.6 kg/a,这样 3～5 年的 N 系数和氮素利用率会降低。

通常正确评估给定年份的目标产量十分困难,而采用平均目标产量会导致氮素利用率低估,使得推荐施氮量不准。作物生长季内环境条件的年际变化会导致预测潜在产量时出现误差,同时严重影响土壤提供矿物 N 的能力。通过采用恰当的土壤或作物测定方法来指示 N_{OM}的年际波动,能增加模型的目标产量评估精度,显著提高氮素利用率。

3. 不可移动性养分的推荐施用量

潜在作物产量受到土壤一根系接触区域中可移动性养分(有效)总量的影响。不可移动性养分的溶解浓度很低,即使可以通过交换、矿化和矿物质溶液反应补充,土壤一根系接触区域中的溶解浓度依然会被不同程度地消耗,从而限制产量。

考虑土壤性质对土壤磷固持力的影响,提高土壤磷水平 1 ppm 需要施用 4.5～13.5 kg P_2O_5/a。同样,提高土壤钾水平 1 ppm 需要施用 2.3～6.9 kg K_2O/a(取决于 CEC)。当土

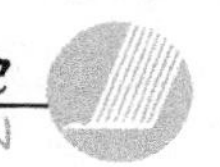

壤养分水平高于临界水平，可能不需要通过继续施肥来进一步增加土壤养分水平；但土壤养分水平还是会迅速变化，因此，需要每年进行土壤养分检测，调整施肥水平。当土壤养分水平等于或略高于临界水平时，可以维持一定的磷、钾的施用量来补偿作物吸收、侵蚀和固定等损耗。这个方法需要每年进行土壤养分水平测定。

（二）施肥方法

辨别合适的肥料施用方式和确定合适的用量一样重要。施用方式的确定需要掌握作物和土壤的特性，这两者间的交互作用决定了养分的有效性。目前已经有大量的肥料施用方法，在确定采用何种方法时必须考虑以下因素的影响：(1)植物从发芽到成熟均能有效地利用养分。旺盛的苗期生长（如生长早期不受任何因素的胁迫）是获取高产和最大效益的基础。施肥是一种技术，关键是让更多的肥料能被作物所吸收。(2)防止盐分危害幼苗。盐分的危害性取决于盐分的来源和作物对盐分的敏感性，但是种子附近的N、P、K或其他盐分可能会对作物产生危害。通常，在种子和施肥带之间应留置一定的非施肥区，尤其是对盐分敏感的作物。而脲酶抑制剂可降低种子附近尿素的危害。(3)操作方便。对作物进行及时的管理是实现高产高效益的关键。在很多地区，错过最佳播种时期会导致潜在产量的降低。肥料施用可以增产，但如果施肥方法不方便也不会被采纳。

化肥施用方式一般包括了种植前、种植时和种植后的表施或深施。施用措施取决于作物种类和轮作制度、土壤养分缺乏程度、养分在土壤中的移动性、养分在土壤中的分布和施肥工具。

1. 种植前

(1)撒施　作物种植前把肥料均匀的施于土表并经耕作与土壤混合。免耕种植体系中没有翻耕，因此，撒施的N肥会由于固定、反硝化以及挥发作用增加而降低作物对其的吸收。

(2)开沟条施　开沟条施能增加作物对养分的吸收。根据作物、养分来源和施用器械的不同，开沟条施的深度一般在2～5 cm之间。在全耕或少耕体系中，通常采用刀形开沟器将肥料施到表土以下。在半干旱地区通常用犁地设备作为施肥用具。液体肥料穴施对移动性较差的肥料特别有效。免耕体系中N肥采用穴施同样比撒施更有效。

(3)地表条施　种植前地表条施肥料有利于作物生长。但是，如果肥料和土壤不能混合，干燥的地表环境会降低作物对养分的吸收，尤其是移动性较差的养分。在某些土壤和种植系统中，N肥地表条施较撒施可以提高其有效性。

2. 种植时

(1) 开沟条施　根据肥料施用设备和作物的种植方式，固液肥料可以施用于种子周围的多个区位。一般而言，根据设备的不同，肥料可施于种子下方2.5～5 cm处，或种子周边和下方2.5～7.5 cm处。在半干旱地区，为了控制水土流失，降低操作费用，一般采用单道或直接播种，即在不对种子产生危害的前提下，尽可能多地施用肥料。

(2) 肥料拌种　将肥料和种子拌和后施于表土下。此类方法一般用于增加湿冷土壤中幼苗早期的活力。也可以将肥料施于种子附近而不是和种子一起。为避免危害萌芽或幼苗生长通常肥料的用量较少，固体肥和液体肥均可施用。

(3) 地表条施　将肥料直接施于作物带上或作物带附近。直接将肥料施用于作物带上的方法对移动差的养分特别有效，因为锄头翻动的泥土会慢慢回落将肥料掩埋到土中，而使地表条施成为浅沟条施。

3．种植后

（1）顶施　氮肥顶施在草坪、小型谷类和牧草地中十分常见，但由于这些系统的地表覆盖度高，使得氮肥的移动性降低，从而影响作物对顶施氮肥的吸收。P 和 K 顶施追肥的效果低于种植前施肥。固体和液体肥料均可用于顶施。

（2）侧施　N 肥侧施在玉米、高粱、棉花和其他作物中十分常见，借助刀形开沟器或穴施注射器进行，最常用的氮源为无水 NH_3 和液体氮肥。液体氮肥可在种植后于种植行边上进行地表条施。由于侧施不受时间和器械的限制且不会对作物产生伤害，极大地提高了施肥的灵活性。使用刀形开沟器的地下侧施，由于刀具离根系较近，容易造成根系损伤或养分毒害（如无水 NH_3）。由于大多数作物只在生长初期需要 P 和 K，因此不推荐对移动性差的养分（如 P 和 K）进行侧施。

4．肥料施用需注意的细节

（1）带施　旺盛的苗期生长是获取高产的基础。通常，种植时幼苗附近的养分较少，一般为在作物根系附近带式方法施用的养分，用于促进根系的生长及健康大叶的形成。

（2）盐分指数　根系或萌芽种子附近的高浓度盐分会导致质壁分离或毒害而对作物产生危害。此时，细胞膜收缩并和细胞壁分离，细胞被部分压扁。水分从含水量高的一侧（细胞内）移动到含水量低的一侧（细胞外），从而使作物表现出类似水分胁迫的症状。根据盐分指数可以对化肥的潜在盐分危害进行分类，具体方法是将某种化肥施于土壤中再测定土壤溶液的渗透压。盐分指数是化肥引起的溶液渗透压和同等质量 $NaNO_3$ 导致的渗透压的比值，其相对值为 100（表 2-5）。

表 2-5　常见化肥的盐分指数

化肥	分析*	相对 $NaNO_3$ 的盐分指数	局部盐分指数**
N			
NH_3	82.2	47.1	0.572
NH_4NO_3	35.0	104.1	3.059
$(NH_4)_2SO_4$	21.2	88.3	3.252
$NH_4H_2PO_4$-MAP	11.0		2.453
$(NH_4)_2HPO_4$-DAP	18.0		1.614
Urea	46.0	74.4	1.618
UAN	28.0	63	2.250
UAN	32.0	71.1	2.221
$NaNO_3$	16.5	100	6.080
KNO_3	13.8		5.336
P			
$Ca(H_2PO_4)_2$-CSP	20.0	7.8	0.390
$Ca(H_2PO_4)_2$-TSP	48.0	10.1	0.210
MAP	52.0	26.7	0.405
DAP	46.0	29.2	0.456
APP	34.0	20	0.455

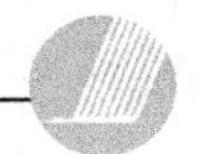

续表

化肥	分析*	相对 $NaNO_3$ 的盐分指数	局部盐分指数**
K			
KCl	60.0	116.1	1.936
KNO_3	50.0	69.5	1.219
K_2SO_4	54.0	42.6	0.852
Sul-Po-Mag	22.0	43.4	1.971
$K_2S_2O_3$	25.0	68.0	2.720
KH_2PO_4	34.6	8.4	0.097
S			
$(NH_4)_2S_2O_3$	26.0	90.4	7.533
$(NH_4)_2S_x$	40.0	59.2	2.960
$CaSO_4 \cdot 2H_2O$	17.0	8.2	0.247
$MgSO_4 \cdot 7H_2O$	14.0	44.0	2.687
有机质			
有机肥(Ⅰ)	20.0	112.7	4.636
有机肥(Ⅱ)	30.0	91.9	3.067

* 氮肥中的N%，磷肥中的P_2O_5%，钾肥中的K_2O%。

** 混合肥料的盐分指数，是各肥料单位养分的盐分与其在混合肥料中的比例的乘积之和。

同等级盐分指数的化肥混施后的盐分指数会因肥料种类而产生较大变化。在获得等量的养分情况下，养分有效含量高的肥料产生的盐害低于养分有效含量低的肥料。此外，假定肥料使用量一定，行间距增加每行施用肥料量也相应增加。

(3)撒施　撒施通常包括大量的辅料(氧化钙和养分)以方便施用。养分撒施有以下优点：①大量施用化肥而不会对作物产生危害，②如果对土壤进行翻耕，翻耕层养分的重新分布可促进根系更好地接触水分和养分，③方便、简单。撒施使得化肥施用季节延长，秋季，冬季和早春都可施用。该方法可作为一种持续施肥的措施，尤其适用于草料作物和免耕作物系统。撒施也有缺点：①在少耕系统中，表土附近的养分仍很难利用，②地表覆盖度高的系统中N肥撒施会加大N的截留、挥发和反硝化作用，③在地表覆盖度低时养分撒施会增加水土流失风险。

(三)施肥时间

土壤、气候、养分和农作物类型决定了施肥时间。但是，实际上施肥时间可能会受到价格、劳动力以及许多其他因素的影响，因此不一定是农学上最有效的施肥时间。除此以外，还应该考虑提高农作物对养分的累积吸收量和降低养分流失带来的环境压力。

1. 氮

施肥时间的选择必须考虑氮素流失机制。最佳的施肥时间是农作物最需要氮素的时候，但同时要综合考虑土壤中的氮素运移和降雨的时空分布。如果农作物的长势不好或者是植被不是很好的免耕农地，土壤氮素淋失会随年降雨的增加而增加。秋季种植的谷物，大部分在夏末或者秋季施肥，在温暖、湿润地区，氮素的渗漏和挥发使肥效略低于晚冬施用。但是，冬天地表太干不利于机器操作，拔节期之前施春肥有利于谷物对氮肥的吸收。

2. 磷

总的来说，磷肥不易于利用，应该在农作物移栽前或移栽时施用。根据土壤的磷固持能力决定施用量。如果土壤的磷固持能力低至中等，对于春播作物，秋季施磷能有效提高磷利用率。条施磷肥是最有效的。如果土壤的磷固持能力中至高等，条施或穴施比较有效。

3. 钾

在农作播种前或播种时施用钾肥比追施有效性更高，这是由于钾的移动性不强，追施的钾肥几乎不能移动到作物的根区。另外，秋季施用钾肥比施用氮、磷肥更有效。在许多作物系统中，可能会撒施钾肥一到两次。对于钾素肥效较明显的作物，如玉米、豆类等，通常在秋季混合使用钾肥。而饲料稻的护养施钾可以在任何时间进行。秋季施钾比较好，因为钾有足够的时间移动到根区。

4. 叶面喷肥和灌溉施肥

(1)叶面喷肥

可溶于水的肥料可以直接喷施于作物的地上部分。营养物质必须经过叶片的表皮或气孔才能进入细胞。虽然叶面喷肥肥量少、肥效短，但能提高肥料利用率，相对于土壤施肥更容易快速地矫正缺素问题。不同的环境因素(温度、湿度、光强等)会影响叶面营养物质的吸收和运移。为了提高效率，在识别缺素类型基础上，短时间内喷施2～3次是必要的，特别是缺素引起作物严重营养不良的时候。

叶面施用N、P和K的难点在于施肥适度，谨防因为施用量或者施用次数过多导致叶片灼伤。微肥的叶面喷施是最重要的叶面施肥，因为作物的需要量少。果树和其他农作物的叶面喷施微肥比土壤施用高效速倍，如缺Fe时在高pH的土壤中施用铁肥是无效的，因为碱性条件下会生成$Fe(OH)_3$沉淀物。但是单纯利用叶面施肥方法很难解决缺素问题，这是由于对于许多农作物来说可能缺少不止一种营养物质。

(2)滴灌施肥

滴灌施肥主要是指在灌溉水中溶解氮、钾和硫素。滴灌施肥的优点有：纠正当季缺素问题；提供营养物质，特别是氮(与谷物需氮量同步)；减少土壤施肥的田间操作。磷的滴灌施肥并不常见，因为磷在高钙、高镁的水中易生成沉淀。向含有钙、镁和碳酸氢盐的灌溉水中加入无水NH_3或其他无氨氮源，会产生碳酸钙和碳酸镁沉淀，导致灌溉器械的堵塞。但是，可以通过添加硫酸或其他酸溶液解决这一问题。

由于可溶的营养物质会在水溶液中转移，营养物质均衡的滴灌施肥需要结合合理的灌溉系统和有效的灌溉管理。营养含量低时，淹灌和沟灌系统会使营养分布不均，大部分营养物质会堆积在沟灌系统的入口。为了避免营养物质渗漏至根区下部或累积在土壤表面，不能在灌溉中期开始滴灌施肥，并且要在灌溉结束前迅速终止滴灌施肥。

三、肥料利用经济学简述

作物产量越高，单位产量的生产成本降低的可能性就越大。农民可以通过改变土地、肥料、劳力、机械和其他等的投入来获得一定的产量。在实际生产中，各种投入的选择取决于相对成本与收益。生产成本每年都在变动，且表现出逐渐上涨的变化趋势。农业生产中许多投入的相对成本已经超过了肥料和化肥的成本。农业生产资料价格的上涨而增加的生产

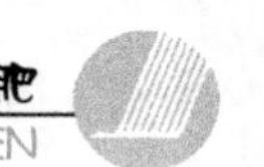

成本经常超过农产品涨价带来的收益。因此,提高农业生产资料的使用效率,以保证农民的增产增收变得更为重要。

1. 最大经济产量

最大经济产量随土壤和管理水平而变化,对大多数农民来说,不论哪种土壤,最大经济产量比通常想象的要高得多。为获得最大收益必须实现高产,但是获得最高产量并不一定会使单位投资的收益最大化。

2. 产量水平和单位生产成本

由于高产农田用于整地、播种及栽培的花费与低产地上的一样,因此,提高作物单位面积产量一般能降低作物的单位生产成本。为提高产量而增加的投入在生产总成本上升的同时,降低了每单位的成本,而使净利润提高。不论产量高低,土地、建筑、机械、劳力和种子都大致相同。这些固定成本与产量无关。而可变成本随总产量而变动,包括肥料、农药、收获、处理等。

3. 单位土地回报率

当生产者拥有足够的现金或贷款时,可以选择能赚取单位面积最大收益的投入水平。一般来说,提高某种养分的施用量,单位成本的收益就会降低。这是因为在给定条件下,作物产量对每一后续投入增加的响应下降的结果,最终使产量对该元素的增加不再表现出正响应,即“报酬递减率”。当一种土壤养分缺乏时,最先加入的养分将大幅度提高产量,其后加入的养分也能增产,但其增幅不如上次投入养分的增幅大,此后追加肥料的效果继续递减,直至最后的产值增量正好等于投入的成本,这一施肥量便能产生最大利润。

在确定推荐氮肥施肥量时作物的目标产量十分重要,但即使作物的目标产量也有较大变化。施肥过量时的经济损失往往没有施肥不足带来的作物损失大。施肥时必须考虑肥料的后效,它可补偿增施肥料的花费。多年的试验结果表明,虽然在一些不利年景中施肥量大于最佳施用量才能获得最高产量,但最佳肥料施用量可获得最佳收益。虽然单位养分成本会上下波动,但其变幅远小于农产品价格波动。

为了计算最大产量和最大效益的养分用量,需要对施肥的产量效应进行数学描述。我国某地水稻氮肥的产量效应模型公式为:

$$Y=6490+27X-0.0552X^2$$

其中 ,Y 为水稻谷粒产量(kg/hm^2),X 为施氮量(kg/hm^2);则有最大产量施氮量就是求解方程的一阶导数为零时的施氮量 X,即

$$dY/dX=27-0.1104X$$

$$0=27-0.1104X$$

$$X=27/0.1104=245\ kg\ N/(hm^2\cdot a)$$

最大利润施氮量:

设定产量效应方程的一阶导数等于化肥费用(如尿素价格为 2 元/kg,折合纯氮价格为 4.35 元/kg)和稻谷物价格(平均现价为 2.40 元/kg)的比例,求解最大利润施氮量 X。

$$dY/dX=27-0.1104X=4.35/2.4$$

$27-0.1104X=1.81$

$X=(27-1.81)/0.1104=228\ kg\ N/(hm^2 \cdot a)=496\ kg(尿素)/(hm^2 \cdot a)$

当然，最大利润所需的养分用量取决于肥料成本和农产品价格。当肥料成本增加的比例和农产品价格增加的比例相等，最大收益的养分数量就会下降。当农产品价格增加的比例和肥料成本增加的比例相等时，最大收益的养分数量就会上升。这些数据也表明，虽然有差异性，但农产品价格和肥料成本的改变会对最大收益的养分用量有一定程度的影响。最佳施氮量的最大差异表现在农作物价格低而肥料成本高与农作物价格高和低肥料成本两种情况的比较。由于在施肥时很难预测农产品的价格，因此推荐使用最大产量时的施肥量对农产品价格和肥料成本因素不作考虑。

4. 肥料的残效（后效）

低肥力水平土壤不可能使作物高产，土壤养分是个较易控制的植物生长因子。然而，如果仅从一年而不是长期投资来看，将土壤养分从低水平提到高水平的初期花费会使农民望而却步。以往施用的肥料残效应该是施肥经济学的一部分。通常肥料的全部成本都算在当季种植的作物中，然而石灰成本可以分摊成 5～7 年。施肥量高时残效更显著。如果没有渗漏到根层以下的话，最佳施肥量时约有 20%～30%的氮对翌年的作物有残效。磷肥和钾肥的残效变幅在 25%～60%之间。当干草和秸秆被收走时，肥料的残效应取低值。移动性差的养分累积可被视为一种可分摊在一定年限内的固定资产投资。

5. 肥料价格

农民关心最经济的肥料来源，但他们已习惯于按每吨肥料而不是每吨植物养分的成本购买。不同肥料中植物养分元素的成本各异，其他因子如施用成本、次级元素含量等也应予以考虑。农民常需要决定是否全部选用复合肥料，还是复合肥和单质肥兼用，还是全部选用单质肥。因此，了解计算成本的方法极为重要

除考虑肥料实际成本外，农民还应考虑运输、贮藏和施肥时劳动力的成本。这些成本可能难以估价，但如果两个来源的养分实际价格相同，那种植者应采用最省劳力的那个。较高养分含量的肥料施用时单位养分所需的劳力和施用成本较低。

(1)石灰　只有按照土壤和植物的需要撒施石灰才能获得最大的肥料报酬。当需要时施用石灰，即使收益会随着石灰用量、石灰成本、产量对撒施石灰的反应和农产品价格等变化，仍可获得较高的回报。虽然施用石灰的收益很高，但在施肥方案中却常被忽视。这是因为：(1)除非土壤很酸，一般作物对石灰的反应不如对 N、P、K 等养分的反应那样明显；(2)其效果持续很长时间，而其收益并非全在第一年体现。

(2)畜禽粪便　施用有机肥的好处除了能增加土壤中的大量元素和微量元素外，还在于有机质能改善土壤结构和水分状况、增加磷钾和微量养分的移动性及微生物活性等。粪肥因贮存和处理不同而存在较大差异。尽管如此，在现行养分、劳力和设备成本等条件下，农民施用畜禽粪肥仍然是有利可图的。由于粪肥主要是一种含 N-P-K 的肥料，水分含量较高，施在非豆科作物上可以获得最佳报酬。粪肥用在离畜舍较近的地块可减少运输成本，而商品化肥则可施于较远地块。堆肥能显著降低运输成本，便于运输到更远的地方。

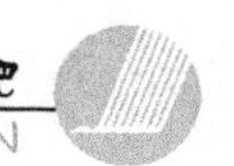

6. 土壤养分对土地价值的影响

农田土地的价值有高有低。对于农地而言，通常高价值土地的生产力状况和肥力都较好，并有较好的改善设施。低价值的土地如果没有严重侵蚀和其他物理性限制因子，实际上也可能是很有价值的，但这样的土地中的土壤一般较贫瘠，可能需要相当多的养分投入。根据土壤测试结果并结合其他措施，施足肥料，可能很快提高土壤的生产水平。这种培肥地力的投资可视为土地成本的一部分，所以为培肥土壤而投入一定的资金是值得的。良好的管理措施也可提高土地生产力及其价值，而且这些成本可分摊在一定年限中。

7. 最大利润产量其他收益

(1)提高能效：在农业生产中，高产是提高能效的有效途径。高产需要对单位面积农地投入更多的能量，但是，由于有些成本无论产量高低都一样多，因此，高产情况下每千克或每吨产量的能量成本则相对较低。

(2)降低土壤侵蚀：雨滴以惊人的力量冲击土壤，冲走土粒，增加土壤侵蚀。然而，作物根冠和残茬可以缓解雨滴的冲力，增加植物吸水，减少径流和土壤损失。作物及残茬的存在也可以减轻风蚀的破坏作用。高生产力的作物体系由于作物根冠发展比较繁茂，且拥有更多的地上部分和根系残体，有利于保护土壤及其生产力。保护性耕作措施，如免耕和凿耕等，会比犁耕留下更多的作物残茬。然而无论哪种耕作措施，残茬越多土壤侵蚀则越少。

(3)提高土壤生产力：土壤有机质只能经过较长时间才会有所提高。然而提高有机质对产量的益处是非常显著的。在高温低湿地区很难提高土壤有机质含量。但有机残体的大量分解可保持良好的土壤物理性状、增加水分入渗并改善植物的水分利用效率，从而减少水分流失和侵蚀。

(4)降低粮食含水量：植物养分充足并使作物足够的成熟，可降低收获时的籽粒含水量，这样能够降低干燥成本。

(5)改善作物品质：植物养分充足可改善作物品质，无论是粮食还是牧草均是如此。例如施氮可提高小麦籽粒蛋白质含量并提高市场价格。对低钾土壤增施钾肥，不但可提高大豆产量，还可减轻种子的病害及霉变。

第三节 测土配方施肥技术介绍

如上所述，肥料推荐使用量模型(公式 2—3)，在理论上很好地说明了该如何确定肥料的使用量；但实际上，怎样确定土壤供氮能力(N_{SOIL})、土壤有机质矿化速率有多大(N_{OM})、肥料的利用率又到底是多少(N_{MN})，这些问题长期以来困扰着施肥模型的实际应用。

我国经过几代土壤肥料科学工作者的努力，发展了具有我国特色的适合于实际推广应用的测土配方施肥技术。测土配方施肥是以土壤测试和肥料田间试验为基础，依据作物需肥规律、土壤供肥性能和肥料效应，提出氮、磷、钾，及中、微量元素等肥料的施用品种、数量、施用时期和施用方法。2005 年首次把"推广测土配方施肥"写入党中央一号文件，此后，每年的中央一号文件都强调要加强测土配方施肥工作，并作为落实科学发展和推进新农村建设的重大举措。

一、术语和定义

根据农业部2006年发布的《测土配方施肥技术规范》(试行),对测土配方工作的一些术语和定义做出了明确的解释。以下是几个最重要的名词:

(1) 测土配方施肥(Soil testing and formulated fertilization)。测土配方施肥是以肥料田间试验和土壤测试为基础,根据作物需肥规律、土壤供肥性能和肥料效应,在合理施用有机肥料的基础上,提出氮、磷、钾及中、微量元素等肥料的施用品种、数量、施肥时期和施用方法。

(2) 空白对照(Control)。无肥处理,用于确定肥料效应的绝对值,评价土壤自然生产力和计算肥料利用率等。

(3) 配方肥料(Formula fertilizer)。以土壤测试和肥料田间试验为基础,根据作物需肥规律、土壤供肥性能和肥料效应,用各种单质肥料和(或)复混肥料为原料,配制成的适合于特定区域、特定作物的肥料。

(4) 地力(Soil fertility)。是指在当前管理水平下,由土壤本身特性、自然背景条件和基础设施水平等要素综合构成的耕地生产能力。

(5) 耕地地力评价(Soil productivity assessment)。耕地地力评价是指根据耕地所在地的气候、地形地貌、成土母质、土壤理化性状、农田基础设施等要素相互作用表现出来的综合特征,评价耕地潜在生物生产力高低的过程。

二、肥料效应田间试验

1. 试验目的

肥料效应田间试验是获得各种作物最佳施肥数量、施肥品种、施肥比例、施肥时期、施肥方法的根本途径,也是筛选、验证土壤养分测试方法、建立施肥指标体系的基本环节。通过田间试验,掌握各个施肥单元不同作物优化施肥数量,基、追肥分配比例,施肥时期和施肥方法;摸清土壤养分校正系数、土壤供肥能力、不同作物养分吸收量和肥料利用率等基本参数;构建作物施肥模型,为施肥分区和肥料配方设计提供依据。

2. 试验设计

肥料效应田间试验设计,取决于研究目的。推荐采用"3414"方案设计(表2-6),在具体实施过程中可根据研究目的采用"3414"完全实施方案和部分实施方案。"3414"是指氮、磷、钾3个因素、4个水平、14个处理。4个水平的含义是:0水平指不施肥,2水平指当地推荐施肥量,1水平=2水平×0.5,3水平=2水平×1.5(该水平为过量施肥水平)。为便于汇总,同一作物、同一区域内施肥量要保持一致。如果需要研究有机肥料和中、微量元素肥料效应,可在此基础上增加处理。

表 2-6 “3414”试验方案处理(推荐方案)

试验编号	处理	N	P	K
1	$N_0P_0K_0$	0	0	0
2	$N_0P_2K_2$	0	2	2
3	$N_1P_2K_2$	1	2	2
4	$N_2P_0K_2$	2	0	2
5	$N_2P_1K_2$	2	1	2
6	$N_2P_2K_2$	2	2	2
7	$N_2P_3K_2$	2	3	2
8	$N_2P_2K_0$	2	2	0
9	$N_2P_2K_1$	2	2	1
10	$N_2P_2K_3$	2	2	3
11	$N_3P_2K_2$	3	2	2
12	$N_1P_1K_2$	1	1	2
13	$N_1P_2K_1$	1	2	1
14	$N_2P_1K_1$	2	1	1

该方案除可应用 14 个处理进行氮、磷、钾三元二次效应方程的拟合以外，还可分别进行氮、磷、钾中任意二元或一元效应方程的拟合。

考虑到不同区域土壤养分特点和不同试验目的要求，满足不同层次的需要，试验氮、磷、钾中某一个或两个养分的效应，或因其他原因无法实施“3414”完全实施方案，可在“3414”方案中选择相关处理，即“3414”的部分实施方案。如有些区域重点要试验氮、磷效果，可在 K_2 做肥底的基础上进行氮、磷二元肥料效应试验，但应设置 3 次重复。

在肥料试验中，为了取得土壤养分供应量、作物吸收养分量、土壤养分丰缺指标等参数，一般把试验设计为 5 个处理：空白对照(CK)、无氮区(PK)、无磷区(NK)、无钾区(NP)和氮、磷、钾区(NPK)。这 5 个处理分别是“3414”完全实施方案中的处理 1、2、4、8 和 6。如要获得有机肥料的效应，可增加有机肥处理区；试验某种中(微)量元素的效应，在 NPK 基础上，进行加与不加该中(微)量元素处理的比较。试验要求测试土壤养分和植株养分含量，进行考种和计产。试验设计中，氮、磷、钾、有机肥等用量应接近效应肥料函数计算的最高产量施肥量或用其他方法推荐的合理用量。

3. 试验实施

试验地应选择平坦、整齐、肥力均匀，具有代表性的不同肥力水平的地块；坡地应选择坡度平缓、肥力差异较小的田块；试验地应避开靠近道路、堆肥场所等特殊地块。田间试验应选择当地主栽作物品种或拟推广品种。为保证试验精度，减少人为因素、土壤肥力和气候因素的影响，田间试验一般设 3～4 个重复(或区组)。采用随机区组排列，区组内土壤、地形等条件应相对一致，区组间允许有差异。同一生长季、同一作物、同类试验在 10 个以上时可采用多点无重复设计。大田作物和露地蔬菜作物小区面积一般为20～50m^2,密植作物可小些,中耕作物可大些;设施蔬菜作物一般为20～30m^2,至少5行以上。小区宽度:密植作物不小于3m,中耕作物不小于4m。多年生果树类选择土壤肥力差异小的地块和树龄相同、株形和产量相对一致的成年果树进行试验,每个处理不少于4株。

三、肥料配方设计

1. 基于田块的肥料配方设计

基于田块的肥料配方设计首先确定氮、磷、钾养分的用量,然后确定相应的肥料组合,通过提供配方肥料或发放配肥通知单,指导农民使用。肥料用量的确定方法主要包括土壤与植物测试推荐施肥方法、肥料效应函数法、土壤养分丰缺指标法和养分平衡法。

(1) 土壤、植物测试推荐施肥

该技术综合了目标产量法、养分丰缺指标法和作物营养诊断法的优点。对于大田作物,在综合考虑有机肥、作物秸秆应用和管理措施的基础上,根据氮、磷、钾和中、微量元素养分的不同特征,采取不同的养分优化调控与管理策略。其中,氮肥推荐根据土壤供氮状况和作物需氮量,进行实时动态监测和精确调控,包括基肥和追肥的调控;磷、钾肥通过土壤测试和养分平衡进行监控;中、微量元素采用因缺补缺的矫正施肥策略。该技术包括氮素实时监控、磷钾养分恒量监控和中、微量元素养分矫正施肥技术。

a. 氮素实时监控施肥技术

根据目标产量确定作物需氮量,以需氮量的30%～60%作为基肥用量。具体基施比例根据土壤全氮含量,同时参照当地丰缺指标来确定。一般在全氮含量偏低时,采用需氮量的50%～60%作为基肥;在全氮含量居中时,采用需氮量的40%～50%作为基肥;在全氮含量偏高时,采用需氮量的30%～40%作为基肥。30%～60%基肥比例可根据上述方法确定,并通过"3414"田间试验进行校验,建立当地不同作物的施肥指标体系。有条件的地区可在播种前对0—20 cm土壤无机氮(或硝态氮)进行监测,调节基肥用量。

$$\text{基肥用量}=\frac{(\text{目标产量的需氮量}-\text{土壤无机氮量})\times(30\%\sim60\%)}{\text{肥料中养分含量}\times\text{肥料当季利用率}} \tag{2-4}$$

其中:土壤无机氮(kg/hm^2)=土壤无机氮测试值(mg/kg)×0.15×校正系数

氮肥追肥用量推荐以作物关键生育期的营养状况诊断或土壤硝态氮的测试为依据,这是实现氮肥准确推荐的关键环节,也是控制过量施氮或施氮不足、提高氮肥利用率和减少损失的重要措施。测试项目主要是土壤全氮含量、土壤硝态氮含量或小麦拔节期茎基部硝酸盐浓度、玉米最新展开叶叶脉中部硝酸盐浓度,水稻采用叶色卡或叶绿素仪进行叶色诊断。

b. 磷钾养分恒量监控施肥技术

根据土壤有(速)效磷、钾含量水平,以土壤有(速)效磷、钾养分不成为实现目标产量的限制因子为前提,通过土壤测试和养分平衡监控,使土壤有(速)效磷、钾含量保持在一定范围内。对于磷肥,基本思路是根据土壤有效磷测试结果和养分丰缺指标进行分级,当有效磷水平处在中等偏上时,可以将目标产量需要量(只包括带出田块的收获物)的100%～110%作为当季磷肥用量;随着有效磷含量的增加,需要减少磷肥用量,直至不施;随着有效磷的降

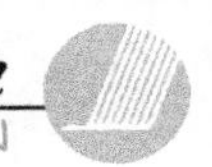

低，需要适当增加磷肥用量，在极缺磷的土壤上，可以施到需要量的150%～200%。在2～3年后再次测土时，根据土壤有效磷和产量的变化再对磷肥用量进行调整。钾肥首先需要确定施用钾肥是否有效，再参照上面方法确定钾肥用量，但需要考虑有机肥和秸秆还田带入的钾量。一般大田作物磷、钾肥料全部做基肥。

c. 中微量元素养分矫正施肥技术

中、微量元素养分的含量变幅大，作物对其需要量也各不相同。主要与土壤特性（尤其是母质）、作物种类和产量水平等有关。矫正施肥就是通过土壤测试，评价土壤中、微量元素养分的丰缺状况，进行有针对性的因缺补缺的施肥。

（2）肥料效应函数法

根据“3414”方案田间试验结果建立当地主要作物的肥料效应函数，直接获得某一区域、某种作物的氮、磷、钾肥料的最佳施用量，为肥料配方和施肥推荐提供依据。

（3）土壤养分丰缺指标法

通过土壤养分测试结果和田间肥效试验结果，建立不同作物、不同区域的土壤养分丰缺指标，提供肥料配方。

土壤养分丰缺指标田间试验也可采用“3414”部分实施方案，详见4.2.2。“3414”方案中的处理1为空白对照（CK），处理6为全肥区（NPK），处理2、4、8为缺素区（即PK、NK和NP）。收获后计算产量，用缺素区产量占全肥区产量百分数即相对产量的高低来表达土壤养分的丰缺情况。相对产量低于50%的土壤养分为极低；相对产量50%～75%为低；75%～95%为中，大于95%为高，从而确定适用于某一区域、某种作物的土壤养分丰缺指标及对应的肥料施用数量。对该区域其他田块，通过土壤养分测试，就可以了解土壤养分的丰缺状况，提出相应的推荐施肥量。

（4）养分平衡法

基本原理与计算方法　根据作物目标产量需肥量与土壤供肥量之差估算施肥量，计算公式为：

$$\text{施肥量}=\frac{\text{目标产量所需养分总量}-\text{土壤供肥量}}{\text{肥料中养分含量}\times\text{肥料当季利用率}} \tag{2-5}$$

养分平衡法涉及目标产量、作物需肥量、土壤供肥量、肥料利用率和肥料中有效养分含量五大参数。土壤供肥量即为“3414”方案中处理1的作物养分吸收量。目标产量确定后因土壤供肥量的确定方法不同，形成了地力差减法和土壤有效养分校正系数法两种。

地力差减法是根据作物目标产量与基础产量之差来计算施肥量的一种方法。其计算公式为：

$$\text{施肥量}=\frac{(\text{目标产量}-\text{基础产量})\times\text{单位经济产量养分吸收量}}{\text{肥料中养分含量}\times\text{肥料利用率}} \tag{2-6}$$

基础产量即为“3414”方案中处理1的产量。

土壤有效养分校正系数法是通过测定土壤有效养分含量来计算施肥量。其计算公式为：

$$\text{施肥量}=\frac{\text{作物单位产量养分吸收量}\times\text{目标产量}-\text{土壤测试值}\times0.15\times\text{土壤有效养分校正系数}}{\text{肥料中养分含量}\times\text{肥料利用率}} \tag{2-7}$$

有关参数的确定

a. 目标产量

目标产量可采用平均单产法来确定。平均单产法是利用施肥区前三年平均单产和年递增率为基础确定目标产量，其计算公式是：

$$目标产量(kg/hm^2)=(1+递增率)\times 前3年平均单产(kg/hm^2)$$

一般粮食作物的递增率为10%～15%为宜，露地蔬菜一般为20%左右，设施蔬菜为30%左右。

b. 作物需肥量

通过对正常成熟的农作物全株养分的分析，测定各种作物每100 kg经济产量所需养分量，乘以目标产量即可获得作物需肥量。

$$作物目标产量所需养分量(kg)=\frac{目标产量(kg)}{100}\times 100kg产量所需养分量(kg) \quad (2\text{-}8)$$

c. 土壤供肥量

土壤供肥量可以通过测定基础产量、土壤有效养分校正系数两种方法估算：

通过基础产量估算（处理1产量）：不施肥区作物所吸收的养分量作为土壤供肥量。

$$土壤供肥量(kg)=\frac{不施养分区农作物产量(kg)}{100}\times 100\ kg产量所需养分量(kg) \quad (2\text{-}9)$$

通过土壤有效养分校正系数估算：将土壤有效养分测定值乘一个校正系数，以表达土壤"真实"供肥量。该系数称为土壤有效养分校正系数。

$$土壤有效养分校正系数(\%)=\frac{缺素区作物地上部分吸收改元素量(kg/hm^2)}{改元素土壤测定值(mg/kg)\times 0.15} \quad (2\text{-}10)$$

d. 肥料利用率

一般通过差减法来计算：利用施肥区作物吸收的养分量减去不施肥区农作物吸收的养分量，其差值视为肥料供应的养分量，再除以所用肥料养分量就是肥料利用率。

$$肥料利用率(\%)=\frac{施肥区农作物吸收养分量(kg/hm^2)-缺素区农作物吸收养分量(kg/hm^2)}{肥料施用量(kg/hm^2)\times 肥料中养分含量(\%)}\times 100\% \quad (2\text{-}11)$$

上述公式以计算氮肥利用率为例来进一步说明。

施肥区（NPK区）农作物吸收养分量（kg/hm^2）："3414"方案中处理6的作物总吸氮量；缺氮区（PK区）农作物吸收养分量（kg/hm^2）："3414"方案中处理2的作物总吸氮量；肥料施用量（kg/hm^2）：施用的氮肥肥料用量；肥料中养分含量（%）：施用的氮肥肥料所标明的含氮量。

如果同时使用了不同品种的氮肥，应计算所用的不同氮肥品种的总氮量。

e. 肥料养分含量

供施肥料包括无机肥料与有机肥料。无机肥料、商品有机肥料含量按其标明量，不明养分含量的有机肥料养分含量可参照当地不同类型有机肥养分平均含量获得。

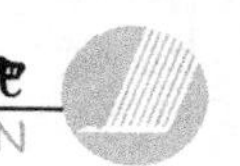

2. 县域施肥分区与肥料配方设计

在GPS定位土壤采样与土壤测试的基础上，综合考虑行政区划、土壤类型、土壤质地、气象资料、种植结构、作物需肥规律等因素，借助信息技术生成区域性土壤养分空间变异图和县域施肥分区，优化设计不同分区的肥料配方。

基于区域土壤养分分级指标，以GIS为操作平台，使用Kriging等方法进行土壤养分空间插值，制作土壤养分分区图。针对土壤养分的空间分布特征，结合作物养分需求规律和施肥决策系统，生成县域施肥分区图和分区肥料配方。在肥料配方区域内针对特定作物，进行肥料配方验证。

四、配方肥料合理施用

在养分需求与供应平衡的基础上，坚持有机肥料与无机肥料相结合；坚持大量元素与中量元素、微量元素相结合；坚持基肥与追肥相结合；坚持施肥与其他措施相结合。在确定肥料用量和肥料配方后，合理施肥的重点是选择肥料种类、确定施肥时期和施肥方法等。

（1）配方肥料种类　根据土壤性状、肥料特性、作物营养特性、肥料资源等综合因素确定肥料种类，可选用单质或复混肥料自行配制配方肥料，也可直接购买配方肥料。

（2）施肥时期　根据肥料性质和植物营养特性，适时施肥。植物生长旺盛和吸收养分的关键时期应重点施肥，有灌溉条件的地区应分期施肥。对作物不同时期的氮肥推荐量的确定，有条件区域应建立并采用实时监控技术。

（3）施肥方法　常用的施肥方式有撒施后耕翻、条施、穴施等。应根据作物种类、栽培方式、肥料性质等选择适宜施肥方法。例如氮肥应深施覆土，施肥后灌水量不能过大，否则造成氮素淋洗损失；水溶性磷肥应集中施用，难溶性磷肥应分层施用或与有机肥料堆沤后施用；有机肥料要经腐熟后施用，并深翻入土。

五、耕地地力评价

要求采用比例尺1∶50000地形图、第二次土壤普查成果图（最新的土壤图、土壤养分图等）、土地利用现状图、农田水利分区图、行政区划图及其他相关图件；应用第二次土壤普查成果资料，基本农田保护区划定统计资料，近三年种植面积、粮食单产与总产、肥料使用等统计资料，历年土壤、植物测试资料。

1. 确定耕地地力评价因子和评价单元

根据耕地地力评价因子总集（表2-7），选取耕地地力评价因子。选取的因子应对耕地地力有较大的影响，在评价区域内的变异较大，在时间序列上具有相对的稳定性，因子之间独立性较强。用土地利用现状图（比例尺为1∶5万）、土壤图（比例尺为1∶5万）叠加形成的图斑作为评价单元。评价区域内的耕地面积要与政府发布的耕地面积一致。

表 2-7　耕地地力评价因子总集

气象	≥0°积温		质地
	≥10°积温		容重
	年降水量		pH
	全年日照时数		CEC
	光能辐射总量		有机质
	无霜期		全氮
	干燥度		有效磷
立地条件	经度		速效钾
	纬度		缓效钾
	海拔		有效锌
	地貌类型		有效硼
	地形部位		有效钼
	坡度		有效铜
	坡向		有效硅
	成土母质		有效锰
	土壤侵蚀类型		有效铁
	土壤侵蚀程度		有效硫
	林地覆盖率		交换性钙
	地面破碎情况		交换性镁
	地表岩石露头状况	障碍因素	障碍层类型
	地表砾石度		障碍层出现位置
	田面坡度		障碍层厚度
剖面性状	剖面构型		耕层含盐量
	质地构型		一米土层含盐量
	有效土层厚度		盐化类型
	耕层厚度		地下水矿化度
	腐殖层厚度	土壤管理	灌溉保证率
	田间持水量		灌溉模数
	冬季地下水位		抗旱能力
	潜水埋深		排涝能力
	水型		排涝模数
			轮作制度
			梯田类型
			梯田熟化年限

2. 耕地地力评价

(1) 评价单元赋值

根据各评价因子的空间分布图或属性数据库，将各评价因子数据赋值给评价单元。对点位分布图，采用插值的方法将其转换为栅格图，再与评价单元图叠加，通过加权统计给评价单元赋值；对矢量分布图(如土壤质地分布图)，将其直接与评价单元图叠加，通过加权统计、属性提取，给评价单元赋值；对线形图(如等高线图)，使用数字高程模型，形成坡度图、坡向图等，再与评价单元图叠加，通过加权统计给评价单元赋值。

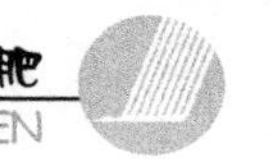

(2)确定各评价因子的权重

采用特尔斐法与层次分析法相结合的方法确定各评价因子权重。对定性数据采用特尔斐法直接给出相应的隶属度;对定量数据采用特尔斐法与隶属函数法结合的方法确定各评价因子的隶属函数,将各评价因子的值代入隶属函数,计算相应的隶属度。

(3) 计算耕地地力综合指数

采用累加法计算每个评价单元的综合地力指数。

$$IFI = \sum(F_i \times C_i) \tag{2-12}$$

式中,IFI 为耕地地力综合指数(Integrated Fertility Index);F_i 和 C_i 为分别为第 i 个评价因子的隶属度和权重。

根据综合地力指数分布,采用累积曲线法或等距离法确定分级方案,划分地力等级,绘制耕地地力等级图。依据《全国耕地类型区、耕地地力等级划分》(NY/T 309—1996),归纳整理各级耕地地力要素主要指标,形成与粮食生产能力相对应的地力等级,并将各等级耕地归入全国耕地地力等级体系。依据《全国中低产田类型划分与改良技术规范》(NY/T 310—1996),分析评价单元耕地土壤主导障碍因素,划分并确定中低产田类型、面积和主要分布区域。

第四节 长期施肥对土壤养分的影响

合理施肥会显著提高当季农作物的产量和收益,但长期施肥会对土壤肥力的变化有什么影响?不同的施肥方式的影响又会怎样?土壤肥力的演变规律和发展趋势是土壤改良的理论基础,特别是在人类活动强度越来越大,大量化肥的施用等对土壤过程的干涉越来越强烈而导致土壤退化风险也越来越大的今天,更是我们控制和调节土壤肥力发展必不可少的基础知识和指导理论。本节采用徐明岗等(2006)对国内几十个土壤肥料长期定位试验资料的总结为基础,介绍长期施肥条件下土壤有机质和养分的变化规律。

一、农田土壤有机质的演变

1. 土壤总有机质含量变化

长期施肥对土壤有机质的影响很大。连续 15 年以上不施肥,土壤有机质下降;但施用化肥特别是平衡施用 NPK 化肥,有机质维持平衡或稍有增加;有机肥与无机肥配合施用,土壤有机质增加明显,15 年后增加 1 倍以上。几种典型土壤的变化情况如下:

(1) 灰漠土 有机肥与化肥配合施用加速了耕层土壤有机质的积累,年均增加 1.0 g/kg;秸秆还田配施化肥的土壤有机质在试验前几年增加不明显,随着试验年限的延长呈现持续提高的趋势;连续耕作 15 年后,单施化肥的耕层土壤有机质均开始下降;长期不施肥的土壤有机质含量逐年缓慢下降,由 15.2 g/kg 降到 12.1 g/kg。连续施化肥 22 年,土壤有机质较初始对照(1982)降低 22.5%~37.2%,施用 NP 和 NPK,土壤有机质与对照相比,分别增加 28.0%和 22.7%。

(2) 均壤质潮土　有机质矿化率在2.2%～4.9%之间，平均为3.1%。不施肥、单施化肥土壤有机质呈下降趋势，0～20 cm土层10年内下降了0.09%～0.33%；有机肥与无机肥配合施用的土壤有机质略有上升；单施高量有机肥的土壤有机质含量明显提高，10年后增加了0.59%。

(3) 轻壤质潮土　施有机肥及秸秆还田能明显增加土壤有机质含量，施肥15年后(2005)土壤有机质含量较基础值增加3.9～5.8 g/kg；施NP和NPK土壤有机质略有增加；施NK土壤有机质含量比较稳定；不施肥的CK、施N和PK土壤有机质含量变化呈降低趋势。秸秆还田及施用有机肥是提高土壤肥力的重要措施。

(4) 黑土　20年长期不施肥，土壤有机质由26.6 g/kg下降到23.3 g/kg，下降了3.3 g/kg，单施氮磷钾化肥土壤有机质下降到25.3 g/kg，单施有机肥土壤有机质没有下降，有机肥与化肥配合施用，土壤有机质略有增加。

(5) 红壤　经15年施肥耕种后，土壤有机质均有所上升。单施化肥土壤有机质增加较少，配合施NPK化肥的土壤有机质比开始增加了87%；施用有机肥(M和NPKM)的土壤有机质从11.5 g/kg上升到24.3 g/kg，比不施肥对照增加9.4g/kg，比起始值增加了110%。

(6) 水稻土　经过20年的耕种施肥，不施肥、施PK和NK土壤有机质呈明显下降趋势，不施肥的土壤有机质年下降0.27 g/kg，施PK和NK年下降0.145 g/kg，施用NPK化肥的略有增加，年增加量仅0.02 g/kg，有机肥与化肥配合施用，土壤有机质年增加0.32～0.49 g/kg，且随着有机肥配施比例的增加而增加。化肥NPK配合施用不会降低土壤有机质含量，有机肥与化肥配合是有效增加土壤有机质的重要措施。

(7) 塿土　长期施肥后土壤有机质均呈现富集趋势。所有施肥的土壤有机质随着种植年限的延长而增加，其中施入有机物质的NPM、NPS和M土壤有机质增加幅度最大，依次为0.284 g/kg、0.271 g/kg和0.203 g/kg。单施化肥NP和N也增加土壤有机质，但增加较少，只有0.076 g/kg和0.036 g/kg。长期不施任何肥料的土壤有机质并没有下降，而是以0.031 g/kg的速率增加。单施化肥和不施肥土壤有机质的增加与每年根茬返还农田有关。

2. 土壤活性有机质含量的变化

连续10年不施肥不耕种的红壤有机质含量虽增加7.4%，但土壤活性有机质(能被$KMnO_4$氧化的有机质)有所下降，即在自然休耕情况下，红壤有机质性质并不能得到明显改善。塿土休耕10年土壤有机质和活性有机质均下降；轻质潮土和黑土土壤有机质和活性有机质都有所上升。以下6种典型土壤不施肥时，活性有机质都下降，红壤总有机质和活性有机质分别下降8.0%、39.0%；塿土总有机质增加13.7%、活性有机质下降58.0%；灰漠土有机质和活性有机质分别下降10.8%和40.6%；黑土有机质和活性有机质分别下降9.3%和10.8%；褐潮土有机质有所上升，但活性有机质下降48.8%；轻质潮土有机质下降2.9%，活性有机质下降36.4%。不施肥对黑土活性有机质影响相对较小，对其余5种土壤活性有机质影响较大。

施用化肥(N和NPK)10年后所有土壤的活性有机质均下降，但下降幅度在不同土壤上有所不同。红壤上两种施肥的土壤总有机质下降4.0%，活性有机质下降19.3%；塿土总

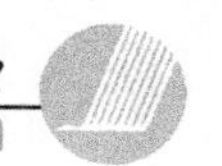

有机质增加16.0%，但活性有机质下降20.0%；灰漠土有机质仅降低3.5%，但活性有机质降低25.0%；黑土中，有机质和活性有机质均降低5.0%左右；褐潮土中，总有机质增加20.0%，但活性有机质下降了17.0%；轻质潮土总有机质保持不变，但活性有机质下降20.0%。

三、农田土壤氮素养分的演变

1. 长期施肥土壤全氮的变化规律

土壤氮素的变化主要决定于生物累积和分解作用的相对强弱，全氮在土壤剖面上的分布表层含量最高，其次是犁底层，60 cm以下变化趋于平缓。不同施肥水平下，作物生长不同，土壤全氮的变化也不同；配施有机肥的土壤全氮在40 cm以上特别是在耕作层积累明显。

灰漠土长期连续耕作施肥，有机肥与化肥配施土壤全氮提高较快，15年提高了30%；秸秆还田土壤全氮提高次之，为8.7%；均衡施肥土壤全氮有所提高但幅度不大；不均衡施肥耕层土壤全氮均有不同程度的下降，下降速率较慢，在10%以内；不施肥土壤全氮下降较快，比初始值降低了23%。

轻壤质潮土经过15年施肥后，各施肥处理之间土壤全氮的差异增大，土壤全氮和有机质的变化趋势相似。有机无机肥配合施用土壤全氮含量呈现增加的趋势，施肥15年后(2005)土壤全氮含量较起始值增加0.2～0.33 g/kg；种植大豆对提高土壤肥力具有非常明显的效果；不施肥土壤全氮含量变化呈降低趋势；施N、NP和NPK土壤全氮略有增加。

20年不施肥黑土全氮由1.47 g/kg下降到1.21 g/kg，下降幅度为17.7%，单施化肥全氮为1.45 g/kg，基本保持平衡，而单施有机肥下降到1.35 g/kg，下降幅度为8.2%。有机肥与化肥配合施用，土壤全氮则有所增加，由1.47 g/kg增加到1.69 g/kg，增加幅度为15.0%，增加明显。

红壤全氮与土壤有机质变化趋势基本一致，试验开始5年，土壤全氮呈下降趋势，随施肥年限的延长，土壤全氮逐年上升。土壤全氮的年度增加量，在不施氮土壤中仅增加0.002 g/kg；在施N、NP、NK和NPK土壤中增加0.02～0.03 g/kg；在NPKM、1.5NPKM、$NPKM_2$和M中，全氮年上升0.05～0.06 g/kg，有机肥氮在土壤中容易积累。褐潮土不施肥、单施化肥以及低量有机肥的土壤全氮含量下降；秸秆过腹还田土壤全氮含量增加。

水稻土经过20年的种植后，不施肥和施PK土壤全N年下降量分别为5.5 mg/kg和2.5 mg/kg；NP、NPK全N略有增加，年增加分别为4.5 mg/kg和6.0 mg/kg；化肥与有机肥配施全N增加明显，年增加9.1～19.5 mg/kg。

2. 长期施肥土壤碱解氮(速效氮)的变化规律

长期施用不同肥料对土壤碱解氮的影响较大，一般施用氮肥和有机肥，土壤碱解氮明显升高，而未施氮肥的土壤碱解氮则有所降低。化肥氮在土壤中难于保存积累，有机肥或有机无机肥配合施用，土壤碱解氮的增加明显优于单施化肥。

灰漠土施氮耕层土壤碱解氮含量平均增加10%以上，不施肥土壤碱解氮下降幅度较大，为 26.8%；配施有机肥和秸秆还田土壤碱解氮提高了 14.9%～43.0%。

红壤碱解氮的变化在不同施肥之间有极大差异，不施 N 的 CK 和 PK 由试验开始的 79 mg/kg 降低到 60 mg/kg，11 年下降了 24%；施化肥氮的土壤碱解氮基本变化不大，维持在 75～79 mg/kg；而在 NPKM 和 M 中，土壤碱解氮分别为 118.5 mg/kg 和 103.6 mg/kg，比试验开始时上升 50%和 31%。

水稻土经过 20 年的耕种后，不施肥、施 PK 土壤碱解氮变化不大；施 NK 土壤碱解氮先有所增加，后基本与开始时持平；施 NP、NPK 的土壤碱解氮明显增加，增加幅度为 55.6%～63.0%；化肥与有机肥配施土壤碱解氮增加更明显，增加 67.9%～110.8%。

3. 长期施肥土壤硝态氮的变化规律

土壤硝态氮的含量与分布，既受施肥的影响，也与降雨和作物生长等土壤环境有关。灰漠土在 0～300 cm 土层中，施氮土壤 NO_3^--N 积累显著增加，，积累的峰值基本上在 0～100 cm 的土层中，200 cm 开始积累逐渐减弱。单施氮肥土壤 NO_3^--N 从 150 cm 开始逐层增加，不施氮肥土壤 NO_3^--N 总量为 7～217 mg/kg，其中不施肥的最低(7 mg/kg)，不施肥不耕种的积累量最高(217 mg/kg)；配施有机肥明显降低了土壤 NO_3^--N 在剖面上的积累，只在表层有一定积累，总量平均为 64 mg/kg，秸秆还田土壤 NO_3^--N 总量高于配施有机肥，为 168 mg/kg，在 80～180 cm 土层积累量有所增加。

不施肥和施低量化肥，褐潮土剖面硝态氮贮量降低；施氮量超过 120 kg/hm^2 后，硝态氮在土壤中有明显累积，单施化肥随氮肥施用量的增加，土壤剖面硝态氮贮量增加，以硝态氮形式残留在土壤剖面中的氮量占到总施氮量的 23.9%～44.6%；单施高量有机肥也可以导致土壤硝态氮的累积。施不同化肥土壤剖面硝态氮贮量峰值出现在 60～140 cm 土层，随施肥量的增加土壤硝态氮贮量的峰值越高。不同的施肥时期和施肥方式，对土壤硝态氮的贮量和分布规律也有一定影响。春施肥 NO_3^--N 累积总量比秋施肥高，春施肥 0～20 cm NO_3^--N 累积少，主要累积在 20～100 cm 土层；秋施肥 0～20 cm 累积量较多，是春施肥相应累积量的 1.32～4.28 倍。

红壤耕层，不施氮肥(CK_0、CK、PK)的土壤 NO_3^--N 变化在 1.1～2.2 mg/kg 之间；而单施 N 肥，土壤 NO_3^--N 为 26.2 mg/kg，是 CK 的 11.8 倍；NP、NK、NPK、NPKM 等施肥条件下，其 NO_3^--N 比 CK 增加了 2～3 倍。秸秆还田(NPKS)，由于秸秆腐烂要消耗一定的氮源，不利于硝化细菌的快速繁殖，硝化作用也较慢，土壤中的 NO_3^--N 较低。土壤 NO_3^--N 的剖面分布，施化学氮肥(N、NP 和 NK)的土壤中 NO_3^--N 逐层增加，而配施有机肥的 NPKM 或 1.5NPKM 区 NO_3^--N 含量是上层积累多，往下减少，由于作物生长良好而降低 NO_3^--N 往深层移动，有利于减少氮素的淋失和地下水体的污染。

长期施肥对灌漠土 NO_3^--N 积累和淋溶具有显著的影响。单施 N 肥作物收获后土层中 NO_3^--N 积累大量增加；种植玉米的土壤中积累的 NO_3^--N 显著高于小麦。化肥配施(NP 和 NPK)、有机无机配合施用可显著提高氮素利用率，对应的土壤剖面中积累的 NO_3^--N 也显著降低。但连续施用有机肥后，引发 NO_3^--N 向更深土壤剖面移动，施肥对土壤环境的潜在污染不容忽视。

4. 长期施肥土壤氮素表观平衡与利用率的变化

根据氮肥施入量和作物吸收量计算氮素盈亏及利用率，不同施肥氮素盈亏状况发生明

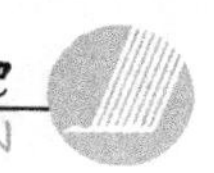

显变化，施用氮肥显示出有大量盈余，盈余量占施用量的38%～60%，而土壤氮素并没有大量积累。原因是氮肥施用量过大，造成大量盈余损失，损失的具体途径有待继续研究。

在灰漠土上，不施肥作物年收获量很少，平均每年亏缺的氮为42.8 kg/hm^2，这部分氮素主要来自土壤。15年不施氮土壤全氮下降了23%，平均每年亏缺氮达到60.5 kg/hm^2，施氮平均每年盈余氮量为124 kg/hm^2，氮素表观利用率为11.1%～13.5%；均衡施肥平均每年盈余氮量为83 kg/hm^2，氮素表观利用率为30.4%～33.2%，是不均衡施氮的2.5倍以上；低量有机肥能提高氮的利用率。

轻壤质潮土的自然供氮量平均每年为84.4 kg/hm^2，接受外源氮素24 kg/hm^2。不施氮肥土壤氮素平均每年亏缺59～64 kg/hm^2，导致土壤全氮含量降低。施氮肥土壤氮素盈余，其中1.5NPKM盈余最多，平均每年为418 kg/hm^2，占氮素收入量的75%，其次为施N平均每年盈余303 kg/hm^2，NK为291 kg/hm^2，占氮素进入量的78%。施用N、NK的土壤氮素累积利用率为14.1%～20.7%，残留在土壤的氮比率为35.8%和10.9%；施用NP、NPK的土壤氮素累积利用率分别为47.8%和48.8%，残留率为9.7%；施有机肥的氮素利用率最高，NPKM和1.5NPKM的氮利用率分别为44.3%和38.1%，随有机肥增加，氮素利用率下降。

红壤旱地长期施肥，不同施肥的氮素利用率有很大的差异。连续耕种13年，单施氮肥的作物吸收氮年平均仅为26.4 kg/hm^2，化肥氮素利用率仅为8.0%；在NP、NPK的氮素利用率为25.7%和33.5%，比单施N高出3～4倍，施用磷钾肥极大地促进了氮肥的效益。施NK的氮素利用率仅为12.7%，与单施氮肥的差异不显著。NPKS中，氮素利用率为39.8%，比NPK高出6.4%，在红壤旱地实行秸秆还田，对提高氮素利用率有促进作用。施NPKM、1.5NPKM，氮素利用率44.1%～47.7%，有机无机肥料配合施用可显著提高肥料氮的利用率，减少氮的损失。

对红壤旱地施用化学氮肥（N、NP、NK和NPK）平均每年盈余氮量分别为253.6 kg/hm^2、202.4 kg/hm^2、241.3 kg/hm^{2}和178.8 kg/hm^2。由于大量的氮素盈余，造成土壤严重酸化，同时可能对环境造成不利的影响。平均每年挥发的氮量达到85～135 kg/hm^2，氮素利用率也逐年降低，施肥耕作13年后，其化肥氮利用率普遍低于30%。施用有机肥及有机肥化肥配合，作物年支出氮量基本维持平衡，其中NPKM氮素利用率达到45%以上。

水稻土经过20年的种植后，不施氮肥的CK及PK，水稻年收获量前10年逐渐减少，后10年略有增加，水稻产量趋于平稳，由于长期得不到氮素补充，土壤氮素严重亏损，平均年亏损氮达到86.6 kg/hm^2。施用不同化肥，作物年支出氮量显著下降，土壤表观氮平衡表现为上升趋势，施用化学氮肥（NP、NK和NPK）平均每年盈余氮量分别为89.8 kg/hm^2、80.3 kg/hm^{2}和66.6 kg/hm^2，有机肥和化肥配施土壤表观氮平衡与NPK基本相当。以上结果表明，有机肥料或化肥配合施用，氮素利用率明显高于氮肥单施，这种施肥方式既能提高作物产量和节约成本又能减少肥料对环境污染，有利于创造一个良好的人类生存环境。

四、农田土壤磷素的演变

1. 长期施肥典型农田土壤全磷含量的变化

磷的移动性较差，损失相对较少，土壤全磷的增减主要取决于农田磷素的收支状况。长期不施磷，土壤全磷一般下降，而施用磷肥，土壤全磷表现为增加；NPK 化肥与有机肥配合施用，土壤全磷增加较为明显；相同施肥条件下，不同土壤全磷变化程度不同。15 年不施肥，黄棕壤和塿土全磷无明显变化，而红壤全磷下降 10%左右，灰漠土降低 12.5%，紫色土下降 14%，黑土下降 37.4%。

灰漠土全磷含量较高，化肥配施有机肥 15 年土壤全磷提高了 10%，施用 PK 肥的土壤全磷提高 14%。褐潮土年施用 P_2O_5 37.5 kg/hm^2 可以维持并提高土壤全磷和有效磷含量。

黑土长期不施磷肥，土壤全磷下降明显，单施氮肥下降 29.0%，NK 下降 26.2%；而施磷肥土壤全磷都有明显的积累，与原始土壤相比增加了 53.9%～65.7%。

红壤全磷含量随施磷年限的延长而逐年增加；施肥 13 年后 1.5NPKM 土壤全磷已超过起始值的 3 倍以上，NPK 和 NPKM 的也在 2 倍以上；而没有施用磷肥的 CK、N 土壤全磷下降 10%左右。

2. 长期施肥典型农田土壤速效磷含量的变化

不施磷的土壤，速效磷下降很快；常年施用磷肥，土壤速效磷可维持平衡或明显增加；化肥与有机肥配合施用，土壤速效磷含量明显增加；随施磷年限的延长土壤速效磷含量逐渐增多。15 年连续施用 NPK、NPKM，红壤速效磷明显上升，增加幅度达几倍到几十倍；紫色土和黄棕壤性水稻土长期施用磷肥，土壤速效磷每年平均增加 2.5 mg/kg。

灰漠土长期施磷土壤速效磷明显增加，而未施磷土壤速效磷均降低。施 PK 肥的耕层土壤速效磷增加最明显，增加了 68%，平均每年增加 1.95 mg/kg；配施有机肥，土壤速效磷增加 65%，配合秸秆还田增加 48%；不施磷土壤速效磷平均降低 6%。

黑土 24 年长期不施肥，土壤速效磷下降了 60%，长期仅施有机肥土壤速效磷下降 23%，不施磷肥土壤速效磷下降也十分明显。而施磷肥土壤速效磷都有显著的增加，比不施肥的增加 6～15 倍。

长期施肥红壤速效磷变化更明显，不施磷肥（CK、N、NK）的土壤速效磷从开始时 10.8 mg/kg 下降到 2003 年的 4.9 mg/kg、3.8 mg/kg 和 4.1 mg/kg，下降幅度超过 50%，土壤达到极缺磷的严重程度。而施用有机肥和施磷的土壤速效磷明显上升，增加幅度达几倍到几十倍，1.5NPKM 土壤速效磷含量达到 155.2 mg/kg。有机肥与磷肥的配合施用是提高供磷水平的重要措施。

3. 长期施肥典型农田土壤磷形态的变化规律

土壤磷素包括无机态磷和有机态磷两大类，施肥深刻地影响着它们的相对含量与转化。无机磷（Pi）几乎全部为正磷酸盐，包括各种形态的磷酸钙、磷酸铁、磷酸铝和闭蓄态磷等；有机态磷含量与土壤有机质含量呈正相关。

灰漠土无机磷占全磷的 86%，无机磷中又以钙磷为主，其中 Ca_{10}-P 和 Ca_8-P 占无机磷总量的 81.5%，Ca_2-P 仅占 2.3%，O-P、Al-P、Fe-P 分别占 6.1%、5.9%和 4.2%。Ca_2-P 是灰漠土速效磷的主要来源，其次是 Al-P 和 Fe-P，Ca_{10}-P 和 Ca_8-P 是灰漠土的磷库。

在轻壤质潮土上，不施 N 肥，残留土壤中的磷主要是以 Ca_2-P 和 Ca_8-P 的形态存在，比不施肥对照增加了 6 倍和 2.5 倍，说明磷肥施入土壤后在相当长的时间里主要是向 Ca_8-P

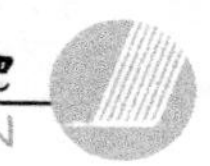

转化。施用有机肥能明显增加速效磷 Ca_2-P 的含量。

黑垆土施肥 15 年后，在不施肥的对照和施氮区，Ca_2-P、Ca_8-P、和 Ca_{10}-P 下降，O-P 变化不明显；施磷均显著提高了 Ca_2-P、Ca_8-P、Al-P 和 Fe-P 的含量，尤以 Ca_8-P 增加幅度最大，O-P 的变化很小；Ca_{10}-P 在各施肥间差异较大。

黑土无机磷以 Ca_{10}-P 为主，其次为 O-P、Ca_8-P、Ca_2-P 含量最低，施用磷肥对有效性较高的 Ca_2-P、Ca_8-P、Al-P 影响较大，施用磷肥可使 Ca_2-P 增加 4～15 倍，Ca_8-P 增加 3.5-11 倍，Al-P 增加 2.8～10 倍，Fe-P 增加 1.7～2.9 倍，O-P 增加 1.1～2.2 倍，Ca_{10}-P 增加 1.2～1.6 倍，施用磷肥使不同形态的无机磷均增加。

红壤连续施肥 10 年后，无机磷组成中 Ca-P 占 17.1%，Al-P 为 14.9%，Fe-P 为 28.1%，O-P 为 40.5%；长期施用磷肥无机磷的组分向 Ca-P、A l-P 方面累积（Al-P 显著上升，增加 5.1～17.1 倍，以 NPKM 升高最多，Fe-P 增加 1.3～2.9 倍），有利于土壤有效磷的提高，特别是 Ca_2-P、Ca_8-P 增加显著。

紫色土中，无机磷的组成以磷酸钙盐和闭蓄态磷为主，分别占 48.5%和 35.5%，其他形态磷仅占 16%；其中磷酸钙盐（Ca_2-P、Ca_8-P、Ca_{10}-P）占无机磷总量的 54.6%，磷酸铁铝盐（Al-P、Fe-P、O-P）占 45.4%。在中性紫色土水旱轮作系统中，Ca-P 体系和 Al-P、Fe-P 体系共同控制着磷素的转化。

在水稻土，不施磷的 CK 和 NK，Ca_2-P、Al-P、Fe-P 减少幅度较大；施用 P 和 NPK，Ca_{10}-P 增加幅度最大，其次是 Al-P、Ca_2-P、Fe-P。化肥和有机肥配合施用，Al-P＞Ca_2-P＞Fe-P＞Ca_{10}-P 施有机肥均能显著提高 Ca_2-P 的含量，提高磷素的利用率。

4. 长期施肥典型农田土壤磷的平衡与利用率变化

施用化学磷肥和有机肥均可提高作物磷吸收量。磷在土壤中累积明显，具有显著的后效，当季利用率一般较低，但累积利用率较高，且累积利用率逐年提高。磷肥的当季利用率一般为 10%～30%，但连续施肥 10 年，黄棕壤中施 NP 肥磷的累积表观利用率为 89%，NPK 为 93.6%，有机肥为 53%，有机肥配施高量磷肥为 32.4%～42.4%；塿土中磷累积利用率，NPK 为 60%，NP 为 53%，NK 为 22%。

灰漠土长期不施肥作物每年带走 5.25kg/hm^2 磷素；单施磷肥磷素有盈余，平均每年盈余的磷素为 40 kg/hm^2，盈余量占磷肥施入量的 74%，磷肥的当季表观利用率很低（仅为 5.5%）；NPK 均衡施用平均每年盈余磷量为 34 kg/hm^2，磷肥表观利用率为 15%；化肥配合高量有机肥磷素盈余量较大为 64 kg/hm^2，磷肥利用率为 59.0%，低量有机肥的磷肥利用率为 78.1%，高量有机肥只能增加土壤磷素积累，对提高磷肥利用率作用不大；化肥配合秸秆还田土壤每年盈余磷量为 34.5 kg/hm^2，磷肥利用率为 29%。配施有机肥能显著提高磷肥利用率。

轻壤质潮土 15 年连续施用无机磷肥（NP、PK、NPK），小麦的吸磷量高出玉米 10%左右，有机无机配合（NPKM、1.5NPKM 和 NPKS）小麦玉米吸磷量基本相等。施无机磷肥（NP、NPK）小麦的磷累积利用率明显大于玉米；施用有机肥（NPKM 和 1.5NPKM）的玉米磷利用率分别为 36.1%和 26.5%，明显高于小麦。

长期不同施肥红壤中作物吸收磷的数量产生很大的差别，不施肥的 CK，13 年玉米和小麦平均每年从土壤带走磷（P_2O_5）仅为 10.8 kg/ hm^2，说明红壤旱地土壤磷供给能力弱，为缺磷的土壤。在施用磷肥的 NP、PK、NPK、NPKM、1.5NPKM 和 NPKS 中，磷肥的平均利用率分别为 20.9%、9.0%、29.3%、34.2%、27.6%和 36.5%。施用有机肥和秸秆还田，对提高磷肥利用率有积极作用。

水稻土经过 20 年种植施肥后，不施肥的 CK，由于长期得不到磷素补充，土壤磷素严重亏损，平均年亏损磷达到 38.2 kg/hm^2，NK 土壤磷素亏损更严重，平均年亏损磷达到 90.0 kg/hm^2。施用磷肥（PK、NP 和 NPK）的土壤磷表现为盈余，平均年盈余磷量分别为 62.3 kg/hm^2、54.6 kg/hm^2 和 23.6 kg/hm^2；有机肥和化肥配施土壤磷盈余，有机肥配施比例越高，土壤盈余磷量越低。20 年 40 季平均化肥肥效每 kg P_2O_5 增产稻谷 5.5 kg，化肥与有机肥配合施用肥效每 kg P_2O_5 增产稻谷 11.6 kg。

五、农田土壤钾素的演变

1. 长期施肥土壤全钾的变化

不施钾肥，由于作物吸钾量较大，土壤全钾含量略有下降；化肥和有机肥配合，可缓解土壤全钾的下降趋势，尤其是在北方地区；施用高量钾肥则可基本维持全钾平衡。

轻壤质潮土 10 年连续耕种，不施钾的 CK、N、NP 土壤全钾明显下降；而施钾肥（K_2O 82 kg/hm^2），土壤全钾仍呈下降趋势。钾素表观平衡结果，土壤钾除 PK 外皆亏缺，说明钾肥施用量偏低，不能维持土壤钾素平衡。

红壤不施钾肥的 CK、N、NP、M，耕层土壤全钾从 1990 年起始值的 16 g/kg 分别降到 2003 年的 15.1 g/kg、15.1 g/kg、14.7 g/kg 和 15.6 g/kg，分别下降了 5.9%、5.9%、8.3%和 2.6%；在施用钾肥的 PK、1.5NPKM、NPKS 中，土壤全钾有所上升，分别上升 12.2%、7.9%和 3.6%。其余施肥（NK 和 NPK）土壤全钾基本持平，降低或增加都不大。

2. 长期施肥土壤速效钾的变化

长期不施钾肥，土壤速效钾含量下降，尤其是在南方地区；施用一定量钾肥，土壤速效钾可维持原有水平；化肥与有机肥配合，土壤速效钾则明显增加。长期施肥不同土壤速效钾含量随时间的变化趋势不同。

灰漠土施钾肥土壤速效钾仍下降，施用 NPK 15 年，土壤速效钾平均下降 5%；不施钾肥土壤速效钾则平均下降约 16%；只有配施有机肥和秸秆才能维持或提高土壤速效钾平衡或增加，秸秆还田配施化肥土壤速效钾增加了 10%。

轻壤质潮土，长期不施钾肥（CK、N 和 NP）土壤速效钾含量到 2005 年较起始值下降了 16.4～19.5 mg/kg，下降幅度为 24.7%～26.3%；施 NPK 土壤的速效钾前期变化较小，但后期（2003 年）增加速率明显，2005 年速效钾含量为 105.1 mg/kg。施钾肥及有机无机配施土壤速效钾到 2005 年增加 55.9～156 mg/kg，平均每年增加 3.72～10.4 mg/kg。

黑土钾素含量相对丰富，钾素对产量的贡献率低于氮肥和磷肥，长期不施肥和不施钾肥，土壤速效钾逐年下降，而施钾肥的钾素呈缓慢下降，黑土潜在缺钾。

红壤不施钾肥（CK、N 和 NP）的土壤缓效钾逐渐下降，由试验开始（1990 年）的 267 mg/kg 分别下降到 2005 年的 196 mg/kg、196 mg/kg 和 215 mg/kg，下降幅度分别为

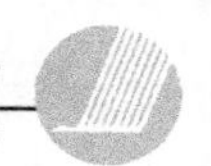

26.6%、26.6%和19.5%。施用有机肥或化肥钾，土壤缓效钾含量逐年上升，缓效钾增加最多的为施用M和1.5NPKM，年递增30 mg/kg和46 mg/kg。长期不施钾肥，土壤钾亏损；施用有机肥，增加土壤钾以及有机肥分解促使土壤矿物钾释放，使矿物钾向缓效钾和有效钾转化。土壤速效钾具有类似的变化趋势，不施有机肥或化学钾肥的CK、N、NP，土壤速效钾逐年减少，每年分别减少1.0 g/kg、2.7 g/kg和1.8 g/kg；施用有机肥或配施化肥钾，土壤速效钾提高，每年递增10～14 mg/kg，而单施化肥钾的NPK区每年仅递增2.7 mg/kg，施用有机肥或有机肥配合化肥钾能维持和提高土壤钾的供应能力。

水稻土20年种植后，不施钾肥的土壤缓效钾逐渐下降，年下降分别为0.60 mg/kg和1.8 mg/kg；土壤速效钾也逐渐下降，年下降分别为0.15 mg/kg和0.45 mg/kg。施K肥使土壤速效钾均有所增加，PK、NK、NPK年增加分别为2.35 mg/kg、1.95 mg/kg和1.35 mg/kg，单施钾素化肥土壤有效钾增加明显，化肥与有机肥配施土壤有效钾增加不明显。

3. 长期施肥土壤钾的平衡与利用率的变化

长期不施钾肥，土壤钾出现亏缺，尤其是在土壤全钾含量低的南方地区；而施用钾肥及配合有机肥，会抑制土壤钾的亏缺甚至使土壤钾素出现盈余。钾在土壤中以离子状态存在，易随水流失，所以钾的损失在南方地区较严重。

轻壤质潮土连续施钾15年后，土壤钾素盈余，其中NPKS盈余最多，平均每年积累在土壤中222 kg K/hm^2；其次是1.5NPKM，每年平均积累123 kg K/hm^2。不施钾肥的土壤钾素全部亏缺，平均每年亏缺55.4～100 kg/hm^2。

红壤由于土壤含钾量低、作物对钾的需求量大，一般处于缺钾状态。13年连续种植，不施肥(CK)的土壤年仅供给作物钾30.1kg/hm^2(K_2O)，在缺氮(PK)和缺磷(NK)的施肥中，钾肥的利用率分别为16.9%和24.1%，而养分平衡施用的NPK、NPKM、1.5NPKM和NPKS中，钾肥平均利用率分别为86.7%、73.9%、75.8%和71.2%。

水稻土20年种植后，不施钾肥的CK及NP，由于长期得不到钾素补充，土壤钾素严重亏损，平均年亏损K分别达到113.2 kg/hm^2和135.0 kg/hm^2。养分不平衡的PK和NK，土壤钾素盈余，平均每年盈余量分别为101.2 kg/hm^2和9.0 kg/hm^2，施用NPK由于生物产量较高，带走的钾量更多，土壤钾素亏缺，平均每年亏缺量为25.5 kg/hm^2。20年40季平均化肥肥效每kg K_2O增产稻谷6.9 kg，化肥与有机肥配合施用肥效每kg K_2O增产稻谷9.3 kg，化肥与有机肥配合施用有利于提高钾肥的增产效应和钾素养分利用效率。

长期施肥14年，土壤钾素贡献率均呈现出下降的趋势；对小麦，降低速率顺序为：红壤＞紫色土＞塿土＞轻壤质潮土，紫色土和红壤下降显著；对玉米或水稻，降低速率顺序为：红壤＞塿土、轻壤质潮土和紫色土，红壤土降低极显著。

六、农田土壤pH值的变化

施肥能改变土壤pH值，长期施用氮肥导致土壤明显酸化和pH值降低，单施氮肥时这种变化更明显，施用有机肥或有机无机肥配合施用，能维持良好的土壤pH值。

长期施氮肥24年，黑土施常量氮肥土壤pH值下降0.7个单位左右，施2倍量氮肥土壤pH值下降1.5个单位左右，酸化明显。

红壤连续耕作施肥13年，不施肥的土壤pH值只降低0.2个单位，施用化肥的N、NP、NK、NPK、NPKS的土壤pH值从开始的5.7降到4.5左右，降低了1.2个单位，土壤趋向于强酸性，特别施用N、NK，土壤的pH值降低到4.2，已到玉米和小麦等作物不能生长的程度。在红壤旱地上施用化学氮肥明显加速了土壤酸化。而施用NPKM、M，土壤的pH值则有所增加，因此，施用有机肥料可防止土壤酸化。

水稻土连续耕作施肥20年，所有施肥或不施肥的土壤均明显酸化，pH值均从开始的6.5下降到6，特别是后10年土壤酸化更严重，这可能与南方酸雨等环境变化有关。

第五节　高产土壤培肥

为了保证作物生长有良好的土壤条件，必须不断培肥土壤。已经有大量的试验研究表明，农作物在土培条件下吸收的养分多数来自土壤而不是肥料，产量越高，土壤供应养分的比例也就越高；要获得农作物的高产稳产，首先要培育肥沃的土壤，没有一个肥沃的土壤条件，光靠肥料难以实现高产稳产。因此，重视农田基本建设和建立高产稳产的农田，是获得作物高产的关键性措施。经验表明，虽然不同地区肥沃土壤的特征和标准有一定差异，但也具有许多共同点。肥沃的土壤一般有深厚的、质地适中的、耕性良好的和富含养分的耕作层，具有保水、保肥而又不妨碍作物根系发育的犁底层，通常还应具有水分状况良好的心土层。整个土体的构造既能为作物提供良好的环境条件，又能较全面、适时、适量并协调地提供作物生长所需的水分和养分。它既具有较强的自我调节（缓冲）能力，又易于通过人为措施加以控制。对于作物来说，肥料少些也能生长良好，肥料多时也不疯长，既“饿得”又“饱得”。当遇到旱涝等不良条件时，表现出既耐旱又抗涝，抗逆能力强。总之，在各种不利条件下，都能获得作物较高的收成。为了培育肥沃的土壤，必须创建构造良好的土体，特别是肥沃的耕作层，并根据作物的需要，对土壤肥力进行调节。

一、建设良好的土体构造

生产实践表明，良好的土体构造是肥沃土壤的基本前提。整个土体大致可分为耕作层、犁底层、心土层和底土层。

耕作层是整个土体中最为重要的层次。不但在作物生长前期根系几乎全部分布于这层之中，而且在生长后期，也有60%甚至80%以上的根系密集于这一层。耕作施肥等农业措施主要对这一层发生影响。因此在大多数情况下，这层土壤的量（厚度）和质（肥沃程度）是决定作物产量的基本条件。

紧接耕作层的厚约数厘米至十余厘米的是犁底层。这一土层不但分布有相当数量的根系，而且对于整个土体中水分、养分和空气的迁移起着承上启下的作用。适度发育的犁底层有利于保水保肥，特别对于灌溉土壤更是如此；但是，犁底层过紧可阻碍土壤中的物质迁移并影响根系的伸展。东北的调查材料表明，当将容重达1.4的犁底层破坏后，小麦可大幅度增产。

厚约20～40 cm的心土层中仍分布有10%～30%的根系，对于作物后期的供肥起着相

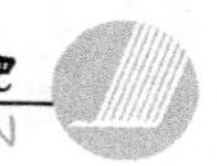

当重要的作用。心土层通过犁底层与耕作层相联系，它对于作物所需的水分和养分起着蓄、保、供的作用，因此也是一个重要的土层。

底土层与作物生长的直接关系虽然不如上述土层那样密切，但是它对整个土体的水、肥、气、热状况仍然有一定影响。

在人为措施、自然条件和作物的共同影响下，土壤的各种性质总是处在不断变化之中。但是各土层所受环境条件的影响程度不同，因此变化的情况也不相同。如果以呼吸强度作为土壤微生物活动强度的一个综合性指标，则上层土壤的活动性较强，一年中的变幅也较大，而下层土壤则较弱，变幅也较小。

我国土壤类型繁多，土体构造千差万别。在质地排列上，有上砂下黏、上黏下砂、中间黏两头砂等等；在水分状况方面，有自全层排水良好至全层渍水的各种水分类型；在养分方面，有的肥土层厚达数十厘米，有的耕作层以下即养分含量极低；在毒质方面，有的全层含有大量盐分，有的仅在某层集积；有的土壤甚至在某一土层具有影响根系伸展的铁盘、铁子、砂姜等。为了创建良好的土体构造，重要的是使土体具有适宜的质地层次和水文层次，其中适宜的质地层次是良好的土体构造的基础。例如，华北地区的"蒙金土"的良好的生产性能，就与其上砂下黏的质地层次排列有关。为此，各地可以结合农田基本建设，用砂掺泥、泥掺砂的办法，使各层土壤的质地分别按水田和旱地的不同情况满足作物的要求。除了质地以外，水分往往起着沟通整个土体中各层次之间肥力因素的相互关系的作用。因此，在旱作地区，除盐土需要较深的地下水位外，一般土壤最好在一定深度有潮湿层。在水田地区，不但种植旱作时需要地下水位维持在一定深度以下，而且对水稻来说，"良水型"土壤也是有利的。新中国成立以来，各地通过兴修水利，灌排结合，使大面积土壤的水文状况发生了根本的改变，在保证作物高产稳产方面发挥了极为重要的作用。

二、培育肥沃的耕作层

深厚的耕作层有利于根系的伸展，它能扩大根系吸收养分的吸收范围，并增强抗旱抗涝的能力，为作物生长提供重要的条件。耕作层的厚度一般要有 16.7～20.0 cm。

丰富的养分是作物高产的物质基础。肥沃的耕作层含有丰富的有机质和矿质养分，养分的供应容量和强度都较大，而且能协调供应，肥劲稳而长。

良好的耕性是肥沃土壤的另一个重要指标。砂粒、粉粒与黏粒比例适当、结构好的土壤疏松多孔，通透性好，便于耕作，保肥供肥性能良好，作物生长期间易于调节。

为了培育深厚、肥沃和耕性良好的耕作层，一般采取以下措施：

(1)施肥是培肥土壤的中心环节。大量施用有机肥料是我国培肥土壤的优良传统。有机肥不但养分丰富、全面，而且对改善土壤耕性等也有良好的作用。

(2)在进行土壤培肥时，必须考虑物质平衡、土壤有机质的保持与提高是物质平衡中的一个重要问题。对于同一地区的同类型土壤，有机质含量是一个有较大代表性的肥力指标。一般有机质含量高的土壤，氮的储量也高。在提高土壤有机质和氮含量的各种措施中，绿肥特别是豆科绿肥的种植具有重要意义。

(3)在土壤的物质平衡中，除了有机质以外，还应考虑各种养分的收支状况。作物每年从土壤中带走大量养分，而且还有些物质从土壤中损失(挥发、渗漏等)，因此应采取措施，使参与土壤中物质循环的物质数量不断增加，以达到肥力水平的不断提高。

(4)精耕细作是培肥土壤的重要措施。耕翻一般可使土壤容重降低 0.1～0.2 g/cm^3，孔隙率增加 3%～8%，持水量增加 2%～7%，其中以黏重土壤的改变较大。冻垡和晒垡能使大土块变小，土壤变疏松，还可促进养分的矿化。对质地黏重、耕性差、潜在养分高的土壤，冻晒的效果特别好。此外，耙耱、镇压等措施可保蓄土壤水分和调节土壤松紧度，为作物出苗创造良好的环境。

(5)合理的轮作，用养结合。由于作物的生物学特性以及耕作管理措施的不同，各种作物对土壤营养条件和环境条件的影响是各不相同的。例如各类作物吸收养分和水分的深度、利用难溶性养分的能力和遗留的根茬量不同，因而对土壤肥力的影响各异；豆科作物对土壤氮素的积累有良好的作用；种植中耕作物能使土壤疏松，通透性得到改善；水田中绿肥连作虽可积累养分，但对土壤物理性质不利等等。在生产实践中，应利用作物与土壤肥力之间的相互关系，充分用地，积极养地，用养结合，因地制宜地采用各种轮作、套作、间作，合理搭配各种作物，以在提高复种指数、增加产量的同时，不断提高土壤肥力。

三、调节土壤肥力

具有良好的土体构造和肥沃耕作层的土壤是作物高产的基础。但由于作物的不同生长阶段对土壤环境的要求不同，还必须运用调节手段来协调作物需要与土壤供应之间的关系。所谓调节，包括促进与控制两个方面。

耕作可以改变土壤的垒结状况和孔隙性，从而影响土壤环境条件和营养条件。例如水田中采用的“肥土少耕粗耙、瘦土多耕细耙”，就是因为肥土易烂，而瘦土则难碎且养分含量少，须多耕细耙，以使土块破碎并提高早期养分供应水平。耕作还可直接影响根系生长和根系的吸收能力。据试验，小麦返青期中耕后，半个月内根系增重比对照减少 44.1%，吸收产量减少 63.5%，但由于根系经中耕受伤刺激后发生较多新根，一个月和一个半月后根量反而分别比对照多 9.9%和 20.2%，吸收 P 量也增加 12.7%，有效地实现了返青期“蹲苗控苗”。又如棉花苗期的多次中耕有利于保蓄水分，提高土温，促进养分的释放，因此群众说“锄头底下有水，锄头底下有火”。

合理施肥可以直接促控作物的生长。一般可根据作物的需肥特点，通过改变有机肥和化肥的配合比例、施肥期、施肥量和施肥部位等来调节养分的供应强度和持续时间，以协调供求关系。如对生育期短的双季早稻，为了早发早熟，在施肥上采取“一轰头”，而对生育期较长的单季晚稻或棉花等，为了养分供应稳长，则要注意各个时期施肥的合理搭配。施肥还可起到动员、活化土壤中原有养分的作用。如紫云英翻入土壤后，由于易分解的组分含量较高，在其分解的同时，加强了土壤有机质的矿化。

当通过耕作等措施造成一定的孔隙状况以后，水分往往是控制其他肥力因素的主导因素。因此，通过灌溉和水浆管理，可以积极地干预土壤温度、通气和养分释放状况，以促控作物的生长。对水稻水浆管理的具体要求虽因熟制和品种而异，但总的要求是以水调节肥、气、热等肥力因素，使之最大限度地适应水稻各生育期的需要。在旱地也可以通过水分管理有效地调节土壤肥力。

我国农民在看天、看土、看庄稼，灵活调节土壤肥力方面积累了极为丰富的经验。例如

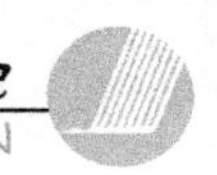

稻田的"土烂苗旺要烤田","肥田重烤,瘦田轻烤或不烤",以及根据作物叶色的"黄、黑"变化看苗诊断,并采取相应措施等。还注意在作物的关键时期加以调节。例如,小麦倒伏是造成减产的一个重要原因,因此在返青期通过肥水措施进行蹲苗,以控制第二节间的伸长;为了协调棉花的营养生长与生殖生长的关系,在苗期蹲苗和花铃期促进;而水稻则在分蘖末期加以肥水控制。

土壤肥力是不断发展和变化的。在各个地区或各种土壤上,都可以通过适当措施,使土壤肥力不断提高,培育出越来越多的高度肥沃的土壤,为农业发展提供良好的土壤条件。

第六节 农田土壤氮、磷损失及其对环境的影响

农田土壤氮磷养分的损失,即是土壤肥力和农业生产力的损失,更是造成环境污染的重要原因。土壤中损失的氮素和磷素最终都会进入水体。但这里要特别说明的是,我们不能把迁移出田间的氮磷的量就看做是水体面源污染的负荷量,这是一个常见的错误。迁移出田间的氮磷还要经过一系列的迁移转化才能最后进入水体,成为水体污染物的负荷量。本节讨论的主要是农田土壤中氮磷的损失,而不是河流、池塘、湖泊、近海等水体的非点源污染负荷问题。

一、农田氮素损失及其对环境的影响

1. 氮素的气态损失

农田氮素气态损失主要是通过氨挥发和硝化一反硝化损失的损失(朱兆良,2000)。氮素气态损失可能造成大气降雨中氮素成分变化,也可能改变大气成分,如增加温室气体(N_2O)含量,从而对全球气候变化产生影响(1PCC,2007)。

(1) 稻田氨挥发。东北下辽河平原和太湖地区的稻田在稻季的3次施肥期(基肥、分蘖肥和孕穗肥)都有明显的氨挥发损失,氨挥发损失随施氮量的增加而增加。太湖地区稻季氨挥发损失量为15~40 kg N/hm^2,占施肥量的2%~18%,平均为10%。下辽河平原氨挥发损失量为11.5~28 kg N/hm^2,占施肥量的1.5%~12.6%,平均为7.7%。

(2)农田土壤氮素硝化、反硝化损失。农田土壤的硝化作用是微生物将铵氧化为硝酸,一般在好氧条件下发生,而反硝化作用则基本上是在通气不良条件下硝化过程的逆向反应,是将硝酸转化为氮气的过程,这两个过程均有气态氮损失,其中N_2O具有环境敏感效应。不施肥情况下,N_2O排放量较低,为1.29~2.39 kg N/hm^2;施肥后排放量显著地增加,为4.34~7.15 kg N/hm^2,N_2O排放的气态损失占施氮量的1.3%~4.0%。不施肥情况下反硝化损失量也较低,为4.11~4.35 kg N/hm^2;施肥后反硝化损失量极显著地增加,为10.02~14.27 kg N/hm^2,反硝化损失量占施氮量的2.4%~6.6%。

2. 农田土壤硝酸盐淋溶与累积

农田土壤中氮素淋溶和NO_3^--N积累,既影响了作物氮素吸收,也可能导致地下水

NO_3^--N 污染，并影响土壤向大气排放 N_2O 的数量。我国南北方主要旱地农田土壤剖面硝态氮累积十分普遍，但南方和北方农田生态系统硝态氮累积的特点并不相同。黑土(黑龙江海伦)硝态氮主要累积在40—60 cm 土层和180—200 cm 土层，夏季两个土层中硝态氮含量分别达到2.4和5.9mg N/kg，前者是当季施肥的结果，后者是长期积累的结果。太行山前平原褐土(河北栾城)硝态氮累积主要表现在180 cm 土层，土壤硝态氮含量高达10 mg/kg，随着施肥量的增加，硝态氮累积深度下移。黄土高原塬地(陕西长武)在麦季土壤硝态氮累积主要表现在0—100 cm 均匀累积，随着夏季降雨，雨季土壤硝态氮累积到100—140 cm。总体上，北方旱季土壤硝态氮有明显累积，而夏季随降雨入渗，硝态氮累积层次下移，达到100 cm 以下。长武和栾城的研究还发现，土壤硝态氮累积深度可以达到400 cm，但地下水硝态氮监测结果并未发现大量的硝态氮超标现象。这是由于北方旱地土层深厚，地下水水位较深，硝态氮可以长期在土壤剖面深层累积，降雨和灌溉水量不足以将其淋失到深层地下水中。

南方紫色土和红壤坡地(四川盐亭和江西余江)硝态氮在小麦季主要累积在0—60 cm 土层，但雨季土壤剖面硝态氮含量明显下降，硝态氮向下迁移。对地下水硝态氮含量的监测结果表明，紫色土和红壤坡地区域浅层地下水硝态氮含量偏高，40%～50%的测点硝态氮含量超标(汪涛等，2006)。这是因为南方降雨丰富，雨季土壤硝态氮淋溶进入浅层地下水层中，导致地下水硝态氮污染；同时夏季降雨引起的蓄满产流特征十分明显，土壤壤中流发育，土壤剖面中累积的硝态氮通过壤中流携带进入地下水，造成大面积浅层地下水硝酸盐污染。

3. 土壤氮素随径流向水体的迁移

(1)侵蚀径流引起的悬浮颗粒态氮损失

土壤侵蚀造成土壤氮素随土壤颗粒的搬运而损失，是一个普遍的现象；而土壤侵蚀强度主要取决于坡面径流强度和土壤性质。与侵蚀有关的土壤属性主要指土壤的质地，质地粗、团聚体结构好的土壤渗透性能也好，可减少径流量。土壤板结和有机质含量低会降低土壤的渗透作用，从而会增加径流量。地面起伏的山区丘陵较地势平坦的平原容易发生径流而且量大，坡度大的部位径流引起的破坏作用较坡度小的部位强等。降低流速的措施有合理灌溉、种植绿肥、人工覆盖、平整土地、合理耕作等。土壤颗粒可由农田中大量的人工小沟和排水系统带入地面水中。虽然改良耕作方式(如免耕和表面覆盖)可在一定程度上降低土壤侵蚀，使悬浮态氮素损失减少，但溶解态损失却增加了。

(2)径流中可溶性氮的损失

水体中溶解态氮要比悬浮颗粒物态氮对水质量的影响大得多。水体中溶解态氮素的形态包括硝酸盐、亚硝酸盐、铵盐和一些可溶性有机氮。硝酸盐是移动性最强的土壤氮素形态，也是地表水和地下水中的主要氮素污染物。虽然水稻土对铵态氮有较强的吸附能力，但是在稻田耕翻、灌溉淹水和施肥初期仍然可观测到田面水中有较高的铵态氮，有时达25～100 mg/L(Takamura et al,1976;Cao et al,1984)。稻田灌溉淹水和施肥初期土壤表层铵态氮含量较高，可能会引发过量降水或移栽前排水造成的铵态氮随径流流失。

在太湖地区宜兴市侧渗水稻土上的田间小区试验中，田面水中氮的形态以铵态氮为主，硝态氮浓度较低(图2-1)。施基肥和追肥后第1天，田面水中氮浓度很快上升，铵态氮的浓度可达30 mg/L左右，但硝态氮浓度的最高值约出现在施肥后第3天；与铵态氮相比，硝态

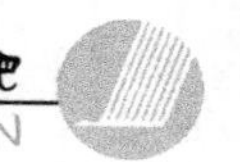

氮浓度始终较低，反映了本区域稻田土壤一田面水系统硝化作用较弱的特点，也表明存在铵态氮随径流流失的风险。

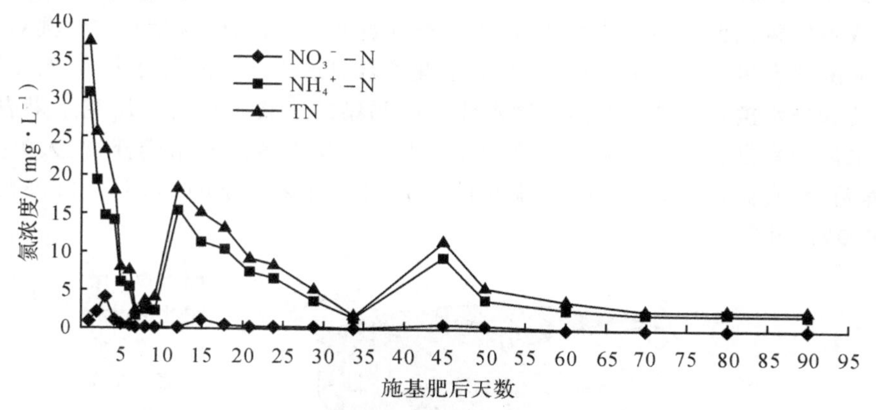

图 2-1 太湖地区侧渗水稻土(宜兴)田面水中不同形态氮浓度的变化

(3)土壤氮素径流流失量的估计

田间灌溉方式与氮素的损失密切相关，常规淹水灌溉条件下，稻田氮素损失较大，平均氮素损失为 17.24 kg/hm^2，而间歇灌溉和湿润灌溉条件下，稻田氮素损失明显降低，分别为 8.48 kg/hm^2 和 7.41 kg/hm^2，且比淹水灌溉的水稻产量分别增长了 4.1%和 7.2%；由于水稻幼苗期降水不集中，田面产流少，施肥后较长时间才产生降水径流，因此径流水样中氮素浓度较低。采用常规施肥、基肥在泡田后无水层混施整田和不施基肥三种施肥方式，氮素的径流和渗漏损失有逐步降低的趋势，但损失量相差不大，平均氮素损失分别为 12.76 kg/hm^2、11.19 kg/hm^2 和 9.19 kg/hm^2。如果施肥后遇到较大的产流降水，不合理的施肥方式有可能导致氮素径流损失。

旱坡地农田土壤氮素的径流损失，随坡度、土壤、植被和施肥管理等因素的影响很大，很难给出一个确切的范围。

二、农田磷素损失及其对环境的影响

农田土壤磷素向地表水体迁移的途径有横向的地表径流和纵向的淋洗，还可能由剖面中侧渗水的曲线运动或地下水的运移汇集到达地表水体。一般认为渗漏液和侧向渗漏流所携带的磷素量不大，因为其迁移速度很慢，运移的距离很短(曹志洪等，1987；Lagreid et al，1999)，因此土一水之间磷素交换的主渠道应是横向的地表径流。另外，水体底泥(淤泥)中的磷素可自下而上向上覆水体扩散迁移，这是磷素在土一水间迁移的另一种形式，但属于“水下的土壤”自下而上的扩散运动。

1. 农田土壤磷素经由地表径流向水体迁移

我国磷肥的施用已有 50 余年的历史，特别是 20 世纪 60 年代“以磷增氮”技术的大力推广，使磷肥施用量、施用面积大幅度上升。到 80 年代，磷素平衡已出现了较大的盈余。1991 年盈余 31%，1994 年达 85%，有部分耕地(如经济发达的东部地区)和经济作物(如蔬菜和烤烟)的土壤磷素累积更是突出。有的土壤全磷达 1.7 g/kg,速效磷高达 80～100 mg/kg(鲁如坤,1998;黄锦法等,2003)。从土壤肥力质量的角度看,磷素累积高的土壤,即使若干年内少施或不施磷肥也不会影响生产;但对生态环境而言,有效磷含量高的土壤对附近水域富营养化的威胁会更大。对于旱地、牧场等土壤磷素向水体迁移的研究表明,农田、牧场、放牧地的径流和排水携带的磷已经是周边水体中磷污染的主要贡献者。研究结果表明,每年注入太湖水体的来自农业农村的磷总量为 14118.3 t,其中畜禽养殖废弃物、人类生活废弃物、水产养殖、水底淤泥扩散、农田径流和排水分别占总输入量的 55.1%、29.8%、2.9%、6.2%和 6.0%(图 2-2)。

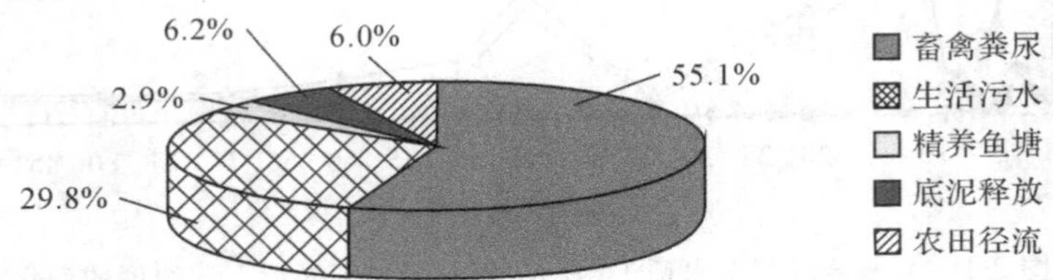

图 2-2　苏南太湖流域水体农村磷素污染的组分的相对贡献率

2. 农田径流携带磷素的形态及其生物有效性

随径流流失的磷素即总磷(TP)包括水溶性总磷(DTP)和颗粒磷(PP)两大部分。水溶性总磷是指溶解于径流水中的磷,又可细分为水溶性无机磷(DIP)和水溶性有机磷(DOP)两部分,水溶性磷当然都是生物有效态的。已有研究表明,水溶性有机磷与水溶性无机磷具有相似的营养效应,水生植物、浮游生物、细菌对水溶性有机磷的利用有直接吸收和通过碱性磷酸酶降解后间接吸收两种途径。颗粒磷是指径流中不能通过 0.45 μm 滤膜的泥沙吸附的或沉淀的无机磷以及不能通过滤膜的有机磷。

对太湖地区水稻土径流中各种磷素形态的测定结果表明,颗粒磷占总磷的 80%～95%,水溶性磷仅占总磷的 5%～20%。其中水溶性有机磷和水溶性无机磷在稻季径流中各占一半左右。溶解无机磷应随磷肥用量的增加而略有增加,因为当一次使用大量速效磷肥时(TP 300 g/hm^2)土壤中水溶性无机磷会大幅度提高。不同季节、不同土壤上溶解有机磷的比例也会有所差异。一般施磷肥量下,径流携带的农田磷中水溶性有机磷也占很大的比例。

表 2-8　磷施用量对稻季径流溶解磷中无机磷、有机磷含量的影响

磷肥处理/(kg/hm^2)	无机磷/(kg/hm^2)	有机磷/(kg/hm^2)	溶解磷/(kg/hm^2)	占溶解磷比例(%)	
				无机磷	有机磷
0	29.3	32.2	61.5	47.7	52.3
30	18.2	32.4	50.6	35.9	64.1
70	37.7	41.2	79.2	47.6	52.0
150	40.4	49.5	89.9	44.9	55.1
300	158.5	45.4	203.9	77.7	22.3

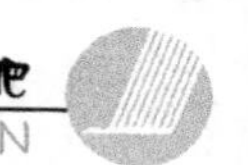

三、农业面源污染控制

面源污染源，又称非点源污染，是指溶解的或固体的污染物从非特定地点，随着降水和径流冲刷过程，而汇入受纳水体（如河流、水库、湖泊、海湾等）所引起的水污染。水污染物的种类繁多，最普遍的是耗氧污染物（可生化降解的有机物）和植物营养类物质（主要指氮素和磷素），当这两类物质进入水体的量超过水体的自净能力时，分别会导致水体中低溶氧和富营养化的发生。低溶氧条件将严重影响水生生物的生存和繁殖，最终出现腐臭现象；而富营养化过程也会诱使水生态系统发生一系列的变化，如水生植物包括各种藻类的大量繁殖，水生动物却因缺氧死亡；一些藻类还会产生有毒物质，严重影响水质。当排入水体的污染物是其他有害物质时，更会直接引起水质的恶化。但实际上在自然条件下，各种物质随水迁移和转化的过程，本来就是十分重要的生物地球化学循环过程；农业面源污染的实质，就是在高强度和集约化的农业生产活动的干涉下，正发生在水系中的生物地球化学循环的环境效应恶化。

因此，控制农田氮磷流失，是水体富营养化防治的重要方面。

1. 控制肥料过量投入

过量使用氮肥不仅对作物的增产不利，还增加了成本又引起养分供应的不协调，K、Mg、Si 和其他中微量元素的缺乏，降低了土壤肥力质量。过量氮肥还导致氮素反硝化和 NH_3 挥发增加，不仅使氮肥流失，增加对水环境污染的影响，而且释放大量 NO_x 等温室气体污染了大气，是酸雨的成因之一。

2. 合理利用畜禽废弃物

畜禽废弃物是最主要的磷素来源。畜禽废弃物曾经是宝贵的肥料之一。但随着我国肥料工业的发展，商品无机肥料既便宜又省事，既速效又卫生，新一代农民不愿意去干传统的厩肥积制那种农活了。因此，大量畜禽废弃物便被直接排入河道等水体中，有的还作为养鱼的饵料被大量投放，使得局部水体的严重污染就不可避免。随着畜禽养殖的规模化、集约化，畜禽废弃物的处理必须从法律的角度去规范和制约，与对工业废弃物的处理要求一致起来。

3. 生态处理农村生活污水

大中城市生活污水的处理至今仍是大问题，面广量大的城镇乡村的污水处理问题更大，除少数示范点外，基本都未经处理，部分用于蔬菜地，大部分直接进入水体。城市污水处理的技术和工艺早已成熟，问题是处理的费用一直无法解决。不少人目前还只注重将污水处理成符合排放标准的废水，这仅仅是一半工作，对另一半工作即处理污水后产生的污泥处置问题并没有引起重视。常常是简单填埋或在农村随意堆放，有的还放在河道湖岸边上，被雨水淋洗后很快就进入水体。大量的污泥若不开发利用，势必成为二次污染源。

4. 稻田是环境友好可持续利用的生态系统

稻田是一种典型的人工湿地生态系统，是世界上第二大的湿地类型。曹志洪(2010)认为水田系统有五大生态优势：第一，稻作农业有利于水土保持；第二，涵养水源，减少地面沉降；第三，调节气候，减少城市的“热岛效应”；第四，有机质的储存库和天然的“生物氮肥厂”。稻田生态系统淹水时间长，使土壤中 O_2 不足，主要呈还原状态。土壤有机质的积累大于分解，其生产力要比本区旱地高 3～4 倍。第五，稻田生态系统受到水旱轮作、人工灌排等人为活动的强烈影响，兼具湿地和旱地生态系统特点的是该地区环境友好、生态安全的最佳系统。

5. 环湖(沿河)水陆交叉区生物缓冲带的建设

农田和陆地系统的氮、磷、农药等有机污染物及大多数无机污染物都是由径流携带进入水体的，而70％以上的这些污染物是被径流携带的颗粒所包裹、吸附、固持的，因此一切减少径流量或能阻截径流中的颗粒物进入水体的措施都将有利于减少对水体的污染，有利于水环境的保护和水质量的提高。国内外应用生物隔离带治理水土流失的经验被成功移植到环河、环湖、环海岸水陆交叉区建立生物缓冲带以减少径流量，阻截径流中携带的污染物。北欧的挪威和瑞典、芬兰、立陶宛、波兰、德国等波罗的海沿岸国家，沿海岸种植 5 cm 宽的草带作为生物缓冲带，有效减少了磷素进入波罗的海。但主要是减低了约 45％～80％的土壤颗粒所携带的磷，对溶解磷的阻滞作用不大；而海滩、湖滩、河滨湿地的水生植物则可有效地阻滞溶解磷进一步向水体移动。15 cm 狭长的湿地可使水体中的总磷下降 25％～60％。

3

农业水资源与农田灌溉基础

第一节　农业水资源

水资源是人类赖以生存和发展的基础物质之一，是不可替代和不可缺少的自然资源。关于水资源的含义，国内外文献中有多种提法，至今没有形成公认的定义。《中国大百科全书(气海水卷)》中将水资源定义为“地球表层可供人类利用的水，包括水量(水质)、水域和水能资源，一般指每年可更新的水量资源。”从开发和调度水资源的实用角度出发，世界各国普遍将水循环期短、更新快、可以恢复的地表径流和地下水视为水资源。“中华人民共和国水法”第二条规定：“本法所称水资源，是指地表水和地下水”。可见，水资源可以分为广义的和狭义的两种概念(李广贺等，1998)，广义的水资源是指人类能够直接或间接利用的各种水，包括生活和生产中具有使用价值和经济价值的所有形态的水；狭义的水资源是指在当时的经济、技术和社会条件下能够直接利用的淡水资源。从农业生产和生态环境角度来看，地表水、地下水和土壤水是水资源不同的存在形态，大气降水是它们的总的补给来源，四水相互转化，构成了水资源的循环系统(见图3-1)。

一、农业水资源的构成

对水资源的认识同对所有事物的认识一样，都有一个逐渐深化的过程。从水资源的用途分类，通常把水资源分为农业用水、工业用水、城市生活用水和区域生态需水；从水资源的赋存形式分类，又可以把淡水资源分为地表水资源、地下水资源和土壤水资源等。早期人们仅把多年平均地表径流量作为流域或区域的水资源量；20世纪70年代以来，我国北方开发利用地下水在工农业生产中所占比重日益加大，开始促使人们把地表径流量和参与水循环的地下水量一起看作区域水资源。20世纪70年代后期，苏联地理学家李沃维奇在《世界水资源及其未来》一书中首次使用了“土壤水资源”一词，指出了土壤水资源是淡水资源的组成部分。1983—1985年，苏联水文学家布达哥夫斯基连续就土壤水资源的概念、评价原则和提高土壤水资源利用效率的途径和措施作了较为全面和科学的论述。他认为，一个区域的降水量在理论上可作为天然水资源，在通常情况下它等于可恢复的地表水资源、土壤水资源

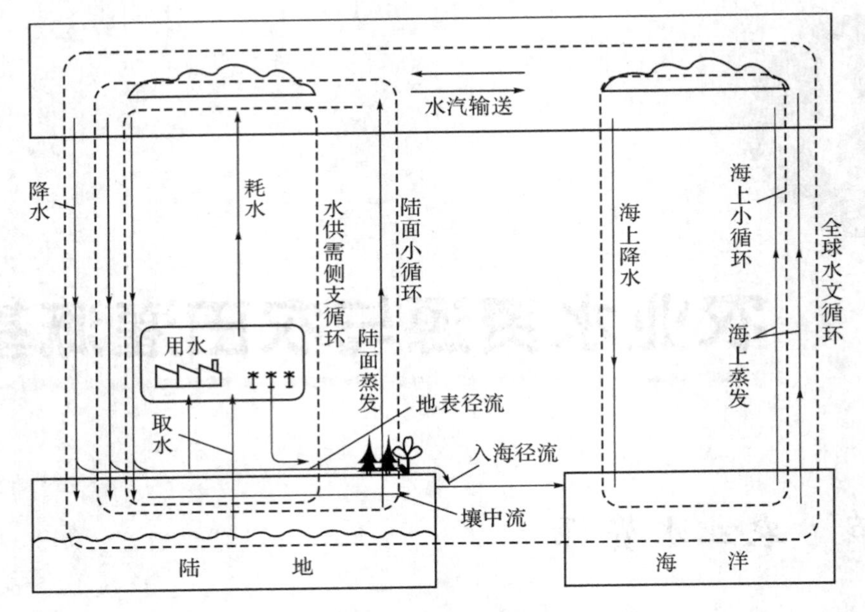

图 3-1 自然界水的分布和水循环概念模型

与地下水资源之和。在我国,土壤水是农业水资源的观点已日益得到重视,并广泛开展了土壤水分运动规律、能量转换等方面的试验研究,已取得了不少成果。

土壤水既具有水资源的基本特征,又与重力水资源有区别,具有不可调度性、不可开采性,只能就地为植物利用和直接耗于蒸发返回大气。土壤水基本是自然利用,不需要耗费昂贵的工程投资。据专家们指出,在我国北方地区,土壤水资源占降水资源的60%~70%。试验表明,在小麦生育期内,土壤水利用量可占全部耗水量的1/3,但是多数地区未能得到充分利用。所以,土壤水将是今后农业水资源开发利用的主要对象。

此外,利用城市废污水灌溉可有效利用污水中的植物所需养分,故经过必要的净化后的污水,也正日益被作为一种重要的农业水资源。大气降水被陆地植物截留的部分也应视作农业水资源,但因其量很小,往往被忽略不计。

二、水资源评价

水资源评价的主要任务是对水资源的数量、质量、时空分布特征和开发利用条件进行分析评价,为水资源合理开发利用、管理和保护提供依据。水资源评价的重点对象是可以更新、恢复和补充的淡水资源,主要包括地表水资源和地下水资源。水资源的开发利用价值,不仅取决于水量,亦取决于水质。因此,在评价水资源数量的同时,还应根据用水要求,对水质进行评价。

(一)水资源量计算

1.降水量计算

大气降水是陆地上各种形态水资源总的补给来源,它是一个流域或封闭地区当地水资源量的极限值,降水量的多少基本反映出水资源的丰枯状况。降水量的计算主要依靠气象

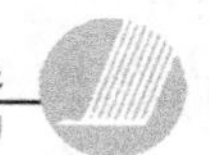

站、雨量站和水文站的实测降水量资料进行统计分析。

一个站点的降水量比较简单，可以根据实测记录统计月、年或多年平均降水量，亦可直接利用站点的统计数据。若计算区范围较大，区内有多个站点，且分布比较均匀，可采用算术平均法计算月、年和多年平均降水量，即：

$$\overline{X} = \frac{\sum_{i=1}^{n} X_i}{n} \tag{3-1}$$

若站点分布不均匀，可采用以站点控制面积（常用泰森多边形法推求）为权重的加权平均法：

$$\overline{X} = \frac{\sum_{i=1}^{n} X_i f_i}{\sum_{i=1}^{n} f_i} \tag{3-2}$$

式中：$\overline{X}$ 为计算区平均降水量；X_i 为第 i 个站点的降水量；n 为站点个数；f_i 为第 i 个站点的控制面积。

若计算区内无雨量站点或计算区范围较大而雨量站点稀少，可利用区域等雨量线图，以相邻两条等雨量线间的面积为权重，推求计算区的平均降水量。

2. 地表水资源量计算

地表水资源通常用河川多年平均径流量表示，它包括当地地表产水量和上游径流流入量。一般可通过水文测站观测资料分析计算地表水资源量。

河川径流量的计算，多采用代表站法和径流深等值线法。代表站法在计算区内选择有代表性的水文测站，根据实测资料对径流量进行频率分析，计算不同频率的径流量和多年平均径流量，再按面积加权法计算研究区域的平均径流量，即：

$$\overline{R} = \sum_{i=1}^{n} \frac{F_i}{f_i} \overline{R_i} \tag{3-3}$$

式中：$\overline{R}$ 为计算区多年平均径流量；$\overline{R_i}$ 为第 i 个代表站控制范围内多年平均径流量；f_i 为第 i 个代表站的控制面积；F_i 为计算区内与第 i 个代表站条件基本相似的面积，$\sum F_i = F$，其中 F 为计算区的总面积。

若计算区内的自然条件差异性较大，而代表站数量较少，应在以面积为权重进行计算的基础上，综合考虑降水量和下垫面对产水量的影响，对计算结果进行修正。当计算区没有水文测站时，可利用包括计算区在内的区域径流深等值线图进行计算。

3. 地下水资源量计算

地下水资源的计算一般包括补给量和排泄量的计算，有时也需计算地下水的可开采量和可供水量。根据地形地貌特征可分为山丘区水资源的计算和平原区水资源的计算。平原区地下水的总补给量包括：降雨入渗补给量、河道渗漏补给量，山前侧向流入补给量、渠系渗漏补给量、水库（湖泊、闸坝）蓄水渗漏补给量、渠灌田间入渗补给量、越流补给量、人工回灌补给量等。平原区地下水的总排泄量包括潜水蒸发量、人工开采净消耗量、河道排泄量、侧向流出量和越流排泄量等。

（1）补给量的计算　补给量是指在天然状态或人工开采条件下，单位时间内由大气降水及地表水体渗入、山前侧向径流及人工补给等流入含水层的水量。

① 降雨入渗补给量　降雨入渗补给量是指降水(包括地表坡面漫流和填洼水)渗入到土壤,并在重力作用下渗透补给含水层的水量。降雨入渗补给量计算公式为:

$$U_P = 10^{-5} FP\alpha \tag{3-4}$$

式中:U_p 为降雨入渗补给量(亿 m^3);F 为接受降雨入渗补给的面积(km^2);P 为多年平均年降雨量(mm);为多年平均年降雨入渗补给系数。

② 河道渗漏补给量　河道渗漏补给量是指当江河水位高于两岸地下水位时,河水渗入补给地下水的水量。它可以通过水文分析法直接确定,也可以用地下水动力学法来计算。

③ 山前侧向流入补给量　山前侧向流入补给量,系指山丘区山前地下径流补给平原区浅层地下水的水量,可以采用地下水稳定流计算法分段进行计算。

④ 渠系渗漏补给量　渠系渗漏补给量,是指灌溉渠道水位高于地下水位时,渠道水补给地下水的水量,渠系渗漏补给量一般只计算到干、支、斗三级渠道。常见的计算方法有地下水稳定流计算法、经验公式法和渠系入渗补给系数法。渠系入渗补给系数法计算公式为:

$$U_{渠渗} = mW_{渠首} = (1 - \eta_{渠系})W_{渠首} \tag{3-5}$$

式中:$U_{渠渗}$ 为渠系渗漏补给量(亿 m^3);m 为渠系入渗补给系数;$W_{渠首}$ 为渠首引水量(亿 m^3);γ 为渠系渗漏补给地下水系数;$\eta_{渠系}$ 为渠系有效利用系数。

⑤ 水库(湖泊、闸坝)蓄水渗漏补给量　水库(湖泊、闸坝)蓄水渗漏补给量系指当水库、湖泊、闸坝蓄水的水位高于岸边地下水位时,水库等水体对地下水的渗漏补给量。计算方法有剖面法和出入库(湖泊、闸坝)水量平衡法。

⑥ 渠灌田间入渗补给量　渠灌田间入渗补给量主要指灌溉水进入田间(包括农排、农渠、毛渠)后,经过包气带渗漏补给地下水的水量。计算公式为:

$$U_{渠灌} = \beta_{渠} W_{渠田} \tag{3-6}$$

式中:$U_{渠灌}$ 为渠灌田间入渗补给量(亿 m^3);$\beta_{渠}$ 为渠灌田间入渗系数;$W_{渠田}$ 为渠灌进入田间的水量(亿 m^3),可由渠首引水量乘以渠系有效利用系数而得。

⑦ 越流补给量　当相邻两含水层之间有足够的水头差时,水头高的含水层通过弱透水层补给水头低的含水层,这种现象称为越流补给。一般情况下,越流补给强度较小,但由于越流补给面积大,因此越流补给总量可能很大。单位时间内通过单位面积的越流补给量 q 可依据达西定律求得:

$$q = K\frac{\Delta H}{L} \tag{3-7}$$

式中:K 为弱透水层的渗透系数($m \cdot d^{-1}$);ΔH 为相邻两含水层的水头差(m);L 为弱透水层的厚度(m)。

人工回灌补给量一般相对较小,且资料不易齐全,故可忽略不计。

一个地区的地下水补给量常常是由多种补给来源组成。根据不同年份、不同时期计算的各项补给量,按对应时段进行统计计算,则可得出各时段的地下水总补给量,由此可以统计出逐年、多年平均的地下水总补给量。该总补给量即为该区域的可用地下水资源量。

(2) 排泄量的计算　按排泄形式可将排泄量分为潜水蒸发、人工开采净消耗、河道排泄、侧向流出和越流排泄量等项。

①潜水蒸发量　在土壤毛细管作用的影响下,浅层地下水沿着毛细管不断上升,形成了

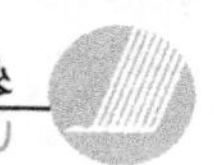

潜水蒸发量。潜水蒸发量的大小，主要取决于气候条件、潜水埋深、包气带岩性以及有无作物生长等。常用的计算方法有地中渗透仪实测法、经验公式法、潜水蒸发系数法等，

②人工开采净消耗量 人工开采净消耗量包括农业灌溉用水开采净消耗量和工业、城市生活用水开采净消耗量。根据农业灌溉用水量和工业、生活用水量及井灌回归系数、工业用水回归系数可算出人工开采净消耗量。

(3) 可开采量的计算 可开采量是指在经济合理、技术可行的条件下，不致造成水质恶化和水位持续下降等不良后果时可开采的浅层地下水量。地下水可开采量计算方法较多，但一般不宜采用单一方法，而应同时采用多种方法将其计算成果进行综合比较，从而合理地确定可开采量。常用的方法有实际开采量调查法、开采系数法、多年调节计算法、平均布井法及传统水文地质学方法等。

为了检验地下水补给量计算结果的准确性，可对计算区排泄量(潜水蒸发、开采量、地下径流流出和地下水溢出)进行计算，对补排进行平衡分析。

(二)水资源评价

水资源评价主要是对水资源的水质和可利用量进行评价。

1. 水质评价

自然界所有水体中都含有来自自然界和人类活动中产生的各种物质，水中所含的物质种类和数量决定了水的性质。不同用途的用水对水质有不同的要求。水质评价可按用途或水体类型等进行分类。按用途分为生活饮用水、工业用水和农田灌溉用水等；按水体类型可分为地表水、地下水和矿泉水等。应根据国家颁布的水质标准对水质进行评价。国家颁布了两个有关农业用水的水质评价标准，即国家“生活饮用水卫生标准(GB 5749－85)”和“农田灌溉水质标准(GB 5084－92)”，见表 3-1 和表 3-2。

表 3-1 我国生活饮用水水质标准(GB 5749－85)

项目		标准	
感官性状和一般化学指标	色度	色度不超过 15 度，并不得呈现其他异色	
	浑浊度	不超过 3 度，特殊情况不超过 5 度	
	嗅和味	不得有异臭、异味	
	肉眼可见物	不得含有	
	pH	6.5～8.5	
	总硬度(以碳酸钙计)	450	$mg \cdot L^{-1}$
	铁	0.3	$mg \cdot L^{-1}$
	锰	0.1	$mg \cdot L^{-1}$
	铜	1.0	$mg \cdot L^{-1}$
	锌	1.0	$mg \cdot L^{-1}$
	挥发酚类(以苯酚计)	0.002	$mg \cdot L^{-1}$
	阴离子合成洗涤剂	0.3	$mg \cdot L^{-1}$
	硫酸盐	250	$mg \cdot L^{-1}$
	氯化物	250	$mg \cdot L^{-1}$
	溶解性总固体	1000	$mg \cdot L^{-1}$

续表

项目		标准	
毒理学指标	氟化物	1.0	$mg \cdot L^{-1}$
	氰化物	0.05	$mg \cdot L^{-1}$
	砷	0.05	$mg \cdot L^{-1}$
	硒	0.01	$mg \cdot L^{-1}$
	汞	0.001	$mg \cdot L^{-1}$
	铜	0.01	$mg \cdot L^{-1}$
	铬(六价)	0.05	$mg \cdot L^{-1}$
	铅	0.05	$mg \cdot L^{-1}$
	银	0.05	$mg \cdot L^{-1}$
	硝酸盐(以氮计)	20	$mg \cdot L^{-1}$
	氯仿*	60	$\mu g \cdot L^{-1}$
	四氯化碳*	3	$\mu g \cdot L^{-1}$
	苯并(a)芘*	0.01	$\mu g \cdot L^{-1}$
	滴滴涕*	1	$\mu g \cdot L^{-1}$
	六六六*	5	$\mu g \cdot L^{-1}$
细菌学指标	细菌总数	100	个 $\cdot mL^{-1}$
	总大肠菌群	3	个 $\cdot L^{-1}$
	游离氯	在与水接触30min后应不低于0.3 $mg \cdot L^{-1}$。集中式给水除出厂水应符合上述要求外，管网末梢水不应低于0.05 $mg \cdot L^{-1}$	
放射性指标	总α放射性	0.1	$Bq \cdot L^{-1}$
	总β放射性	1	$Bq \cdot L^{-1}$

表 3-2　农田灌溉水质标准(GB 5084－92)　　($mg \cdot L^{-1}$)

序号	项目		水作	旱作	蔬菜
1	生化需氧量(BOD_5)	≤	80	150	80
2	化学需氧量(COD_{cr})	≤	200	300	150
3	悬浮物	≤	150	200	100
4	阴离子表面活性剂(LAS)	≤	5.0	8.0	5.0
5	凯氏氮	≤	12	30	30
6	总磷(以P计)	≤	5.0	10	10
7	水温(℃)	≤	35		
8	pH值	≤	5.5～8.5		
9	全盐量	≤	1000(非盐碱土地区);2000(盐碱土地区);有条件的地区可以适当放宽		
10	氯化物	≤	250		

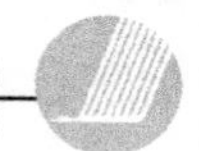

续表

11	硫化物	≤	1.0		
12	总汞	≤	0.001		
13	总镉	≤	0.005		
14	总砷	≤	0.05	0.1	0.05
15	铬(六价)	≤	0.1		
16	总铅	≤	0.1		
17	总铜	≤	1.0		
18	总锌	≤	2.0		
19	总硒	≤	0.02		
20	氟化物	≤	2.0(高氟区) 3.0(一般地区)		
21	氰化物	≤	0.5		
22	石油类	≤	5.0	10	1.0
23	挥发酚	≤	1.0		
24	苯	≤	2.5		
25	三氯乙醛	≤	1.0	0.5	0.5
26	丙烯醛	≤	0.5		
27	硼	≤	1.0(对硼敏感作物,如马铃薯、笋瓜、韭菜、洋葱、柑橘等) 2.0(对硼耐受性较强的作物,如小麦、玉米、青椒、小白菜、葱等) 3.0(对硼耐受性强的作物,如水稻、萝卜、油菜、甘蓝等)		
28	粪大肠菌群数(个·L^{-1})	≤	10000		
29	蛔虫卵数, (个·L^{-1})	≤	2		

注:在以下地区,全盐量水质标准可以适当放宽:

(1)具有一定的水利灌排工程设施,能保证一定的排水和地下水径流条件的地区;

(2)有一定淡水资源能满足冲洗土体中盐分的地区。

2.水资源可利用量评价

(1)地表水资源可利用量评价　由于自然和技术经济条件的制约,不可能把地表水全部加以控制和利用,流出研究区和水面蒸发等损失是难以避免的。从地表水资源量中扣除可能的损失量后,才是可以利用的地表水资源量。地表水资源量在时间上的分配与用水要求,特别是农田灌溉用水要求,往往存在矛盾,因此,能否最大限度地拦截调蓄地表水资源是提高地表水可利用量的关键。

对没有调蓄条件的地表水资源,评价其可利用量可采用典型年法,即以丰水年(频率 $P=25\%$)、平水年($P=50\%$)、干旱年($P=75\%$)的地表水资源量及其在时间上分配与要求的用水量进行对比,确定可利用的地表水资源量。若研究区具备充分调蓄地表水资源的条件,则可利用调蓄设施把水资源在年内和年际进行再分配,枯水季节和枯水年多用,丰水季节和丰水年多蓄少用，以满足用水需求。因此，对具有充分调蓄条件的地区，可以用平水年($P=50\%$)的地表水资源量评价可利用的地表水资源量，一般按水库可供水量进行评价。

(2)地下水资源评价　地下水资源评价的主要任务是依据地下水资源计算结果，按当地的水文地质和技术经济条件，确定地下水可开采资源量。受自然和技术经济条件的制约，一般情况下，地下水资源不可能全部被开发利用，例如潜水蒸发、地下水径流流出、地下水溢出等自然消耗往往难以避免。因此，必须根据当地的具体条件，对地下水资源进行评价。

可开采水资源量是指通过经济合理的提水工程，在整个开采期内，水量不减少、水质不恶化、不危害生态环境、水位相对稳定在设计允许范围之内而不持续下降的前提下，单位时间可从含水层中开采出的最大水量。

农业开采地下水的特点是开采区面积大，井点分散，开采期无限长。因此，必须依地下水的补给量来保证农业取水，以地下水的资源量作为可开采量的上限，实行均衡开采。

以水量均衡原理，地下水可开采量表示为：

$$U_k = U_b - (U_{r2} + E_k + U_y) \tag{3-8}$$

式中：U_k 为地下水可开采量；U_b 为地下水补给总量；U_{r2} 为地下水径流流出量；E_k 为潜水蒸发量，对于承压含水层 $E_k=0$；U_y 为地下水溢出量。

(三)水资源供需平衡分析

水资源供需平衡分析就是对一个地区现状和未来水平年不同保证率的供水量和需水量平衡关系的分析，目的在于揭示现状水平和预测未来水平年不同保证率的供需盈亏状况和发展趋势，分析现存和可能出现的主要问题，提出解决供需矛盾的途径和措施，使有限的水资源更好地为国民经济建设和人民生活服务。

1. 可利用水量

可利用水量系指在一定的技术经济条件下，通过各种水利设施可以获取的地表水量和地下水量，即地表水可利用的资源量与地下水可开采资源量之和。若计算区内有污水或工业废水经过处理回用，也应计入可利用水量中。

2. 需水量

需水量指城乡人民生活和工农业生产所必需的用水。可把用水概括为三类：一是城镇生活用水；二是工业用水；三是农业用水。其中农业用水最多，占总用水量的85%以上。农业用水包括农田灌溉用水、农村人畜用水和农副产品加工用水等。

城镇生活用水和工业用水现状调查相对较容易，用水户多安装有水量计量设备，可通过典型调查，统计和确定人均用水量和工业万元产值用水量指标，以此推算城镇生活用水量和工业用水量。农村用水的取水设施分散，点多面广，精确统计十分困难。农村人畜用水量通常采用典型调查的方法，确定日人均、日畜均用水量，进而推算人畜总用水量。灌溉用水量往往占农村用水总量的90%以上，是农村用水量调查的重点。一般按不同灌区不同水源统计灌溉用水量，最常用的方法是用亩均灌溉定额推算灌溉用水总量。统计灌溉用水量的方法较多，应根据计算区的具体条件选定。

现状用水量是预测未来某时期需水量的基础和依据。预测未来某时期需水量的方法有相关分析、趋势线法、比例增长法、灰色系统分析和模糊数学法等。

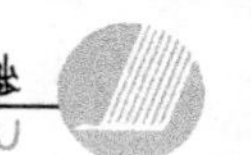

3. 水量余缺分析

对水资源的可利用量和需水量进行平衡分析，若供大于需，则为“正均衡”，反映水资源比较丰富，或该区经济尚不发达，对水的需求量尚小，水资源还有一定潜力；若供需基本平衡，表明该区水资源开发适度，可持续开发利用；若供小于需，即“负均衡”，则反映该区水资源已开发过量，可能导致生态环境恶化。

水资源供需平衡通常采用分区、分阶段（现状和中、长期）分析。根据自然、社会和经济条件，结合行政区划，把研究区分成若干分区，按不同水文年型（频率 P=25%、50%、75%），对现状和中、长期的水资源供需平衡进行分析和预测。

三、我国水资源概况和缺水问题简析

1. 水资源概况

地球上总水量为 13.6 亿 km^3，但是淡水仅占 2.59%，而人类可利用资源不到 0.1%（图 3-2）。据估算，全球人类取水用水总量大约为 3800 km^3/a，河流储水量为 2000 km^3，农地和牧场蒸腾蒸发量 7600 和 14400 km^3/a，而全球年陆地水循环总量为 45500 km^3。尽管人类取水用水量只占全球水资源总量不到 10%（T. Oki 和 S. Kanae，2006），但全世界都在感受水危机，其根本原因是有效水资源在时间和空间分布上的不均匀性和强烈的变异性，特别是水资源与土地资源分布的不匹配。同时，水资源时间分布不均匀性也十分突出。因此，对农业以及所有的人类活动来说，水资源总量是基础，而水资源时空分布的不均匀性则是水资源有效性的根本限制因素。

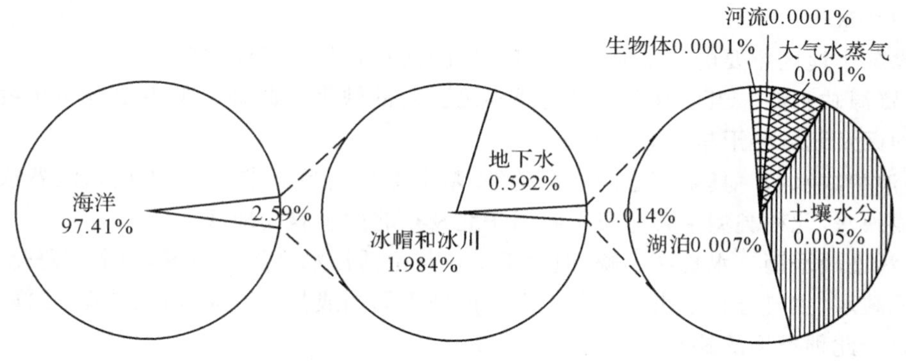

图 3-2 全球水分布

（引自关伯仁，环境科学基础教程）

我国多年平均降水量为 6.19 万亿 m^3，形成河川径流 2.71 万亿 m^3，地下水资源 0.83 万亿 m^3，两者重复量为 0.73 万亿 m^3。我国水资源具有几个显著的特点：

（1）总量大而人均少。我国的水资源总量虽在世界各国中排名第六，人均占有量却只相当于世界人均占有量的 22%，地均占有量是世界地均占有量的 76%，总体上属水资源不丰富的国家；

（2）空间分布不均。我国长江及以南的地区，面积约为全国的 36%（耕地 37%），水资源总量占全国的 83%；

（3）时间变异大。水资源在时间分配上受季风气候的影响，多水年与少水年的水量相差

2～8倍;年内汛期4个月的水量约占全年水量60%～80%;在赣东北地区,尽管年降水量高达1675 mm/a,但7、8月蒸发量高于降雨量1倍以上,雨养农田极易遭受旱灾而歉收;实际上江南低丘红壤地区湿热不同步、季节性缺水问题相当严重。

(4)北方(尤其是西北)资源型缺水,南方水环境问题突出。

目前,缺水是我国普遍存在的问题,不仅在干旱的西北,而且出现在湿润的东南发达地区,解决这一问题的关键在于如何根据水资源的特点,促进资源、环境、人口、经济的协调发展,以及人为有效地调控水资源在时空分布上的不均匀性,以保证经济的持续发展。从现状来看,我国的缺水问题是比较严重的,但只要采取适当而有力的对策,缺水问题定会逐步缓解,以使水资源达到供需的基本平衡,实现我国城乡的持续发展。

2.缺水原因及类型

我国缺水原因主要为:一是水资源的调控能力差。由于我国水资源与其他资源,如土地、矿产等资源,在空间分布上不一致,用水与天然来水在时间上不协调,因此,人为的调节与控制以改变这种不利条件显得十分重要。目前我国水资源的利用程度仅为17.8%(发达国家可达25%～30%),说明大部分水资源,白白地流入海洋或蒸发掉,因此,我国水资源开发的潜力还很大,但调控不足。二是管理水平低,浪费严重。农业用水浪费最为严重,全国平均的毛灌溉定额为9975$m^3 \cdot km^{-2}$,特别是西北地区,如新疆、甘肃等地,平均更高达近15000 $m^3 \cdot km^{-2}$,比标准定额多0.5～1.5倍;其次为工业用水,全国平均万元产值用水量是发达国家的10～20倍,重复利用率除少数大城市,如青岛、大连、北京、天津等,已达到70%外,一般仅为30%～40%,而发达国家在20世纪80年代就已达到75%～85%;城市居民用水与国外相比,虽然定额不高,但在一些大城市里,生活用水的浪费(包括"跑、冒、滴、漏")也很严重。

根据各个地区主要的缺水原因,可将全国的缺水划分为四种类型。

(1)资源缺水型　当地水资源贫乏或不足引起的缺水。此种类型主要分布于我国西北部干旱地区及北方半干旱半湿润地区。

(2)浪费缺水型　具备一定的水源条件.基本上可满足要求,但由于用水浪费或调配不当而形成缺水,此种类型主要分布于我国华北及东北的半湿润地区。

(3)污染缺水型　水资源不缺,但由于工业与生活污水排放于河道,使水质恶化,不能使用而形成缺水,主要分布于南方工业较发达的城市周围或其下游地区,如蚌埠、上海、宁波等城市都属于此种类型的缺水。

(4)工程设施缺水型　水资源丰富,但因无工程或设施不健全、不配套,无法利用而造成缺水,我国南方,如重庆、武汉等城市的缺水都属于此种类型。此外,在一些新兴的城市或地区,由于其发展速度与水资源的开发利用不相适应而产生缺水,也可列入此种类型。

应该说明的是,无论哪种类型的缺水,常常不是单一的原因造成的。缺水问题与人类需求有关,即使在东南沿海的多雨地区,城市需水超过了当地水资源承载力,便会出现缺水问题,反之,在西北干旱沙漠的无人烟地区则无解决缺水问题之急。总体来看,特别是从自然条件来看,我国是个缺水的国家,但目前严重缺水区的面积也仅占国土的1/5～1/6,因此近期内,我们必须把主要的人力与物力放在这些地区,并采取相应的对策,使我国地域缺水问题分期、分步骤地得到解决。

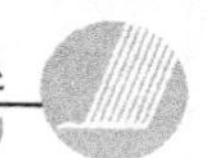

第二节 农田水文学基础

一、降雨及其经验频率

1. 经验频率

降雨和其他的自然现象一样，由于形成和影响因素复杂，无论在数量上、时间和空间分配上变化都很大，如降雨强度、降雨时间、降雨历时、径流大小等，在不同地区、不同年份都有很大的不同，它们在时间和数量上，都不可能完全重复，这种现象称为随机现象。随机现象可以用一个变量来表示，这种变量称为随机变量。随机变量虽然有其不确定的一面，但是在多次试验或长期观察的大量现象中，人们还是可以发现其具有规律性的。这种规律与其出现的机会联系着。这种规律称为统计规律。例如某河流今后若干年内通过某断面的年径流量多少，我们现在不能预知，但根据过去大量观测资料的分析，可以发现年径流量的变化是有一定规律性的，即出现数值很大的年径流量和数值很小的年径流量都是比较稀遇的，即出现的机会比较少，而中等数值的年径流量则比较常遇，即出现的机会比较多。

在数理统计中称被研究的随机变量的全体为总体，总体中的一部分(往往是很小的一部分)称为样本。水文现象的总体，是无法取得的，实际应用时是通过实测的样本来推估总体的规律，就要通过频率计算法来求得某水文要素(例如年径流量、年降雨量等)的样本统计规律(又称频率分布规律)，以样本分布规律来作为总体统计规律(又称概率分布规律)的估计。由于水文实测资料的局限性，进行水文计算得到的数据只能是相对的近似值。频率计算的基本出发点就是把降雨、径流等各个水文要素视为随机变量，找出这些随机变量的统计规律，并利用它来为水利工程规划、设计、灌溉、排水等服务。

样本的大小是资料代表性高低的一个重要标志，当水文资料年限相当长时，所求得的样本统计规律就比较稳定，反之，如果所用水文资料年限很短，只有几次实测资料，那么所求得的统计规律就很差，误差很大. 所以在实际水文计算中，总是希望能取得年限较长的资料。

根据一定年限实测资料，用数理统计的方法算出各个实测资料的频率，都属于经验频率。设某水文要素的系列(样本系列)共有 n 次，按由大到小的次序排列为 $X_1, X_2, X_3 \cdots X_m \cdots X_n$，则在系列中等于及大于 X_1 的变量出现机会为 $1/n$，等于及大于 X_m 的变量出现机会为 m/n，其余类推。$1/n$ 为水文要素等于和大于 X_1 的频率，m/n 为水文要素等于和大于 X_m 的频率(以百分比表示)。

根据上述分析，经验频率可用下面公式来计算，

$$P = m/n \times 100\% \tag{3-9}$$

式中：P 为等于和大于 X_m 的水文要素的经验频率；m 为 X 的序号，即等于和大于 X_m 的次数；n 为样本系列的总次数。

根据上式来计算经验频率有许多不合理的地方，例如，当 $m=n$ 时，$P=100\%$，它的意思是将来再也不会出现比实测最小值还要小的数值，这显然是不合理的，如果观测年数增多，很可能会有更小的数值出现。因此，必须对上式予以修正，以符合客观实际规律。目前我国

常用的计算经验频率的修正公式为：

$$P=m/(n+1)\times 100\% \tag{3-10}$$

2. 经验频率曲线

经验频率曲线绘制和使用方法频率计算(表 3-3)和作图如下，

1. 按年序将相应的年降雨资料写入表中第(1)和第(2)栏内。

2. 把年降雨量按大小重新排列，写入表中第(3)和第(4)栏内.

3. 按经验频率公式 $P=m/(n+1)\times 100\%$ 计算系列中各年降雨量相对应的经验频率，写入表中第(5)栏内。

4. 以第(4)栏中的年降雨量为坐标，以第(5)栏中的经验频率 P 为横坐标，将年降雨量及相应的经验频率值点绘于坐标纸或专用频率格纸上，然后通过点连成的曲线，即得某地水文年降雨量经验频率曲线，如图 3-3 所示。有了经验频率曲线图，便可在曲线上查得指定频率的年降雨量，例如设计频率为 5%的年降雨量由图查得为 2590 mm，意为年降雨量等于或大于 2590 mm 的机会为 5%。

表 3-3　某水文站年降雨量经验频率计算表

年份	年降雨量(mm)	序号	按大小排列的年降雨量(mm)	经验频率(%)
(1)	(2)	(3)	(4)	(5)
1958	2302	1	2817	3.8
1959	2005	2	2337	7.6
1960	1687	3	2302	11.5
1961	2337	4	2159	15.4
1962	1899	5	2143	19.2
1963	2090	6	2141	23.1
1964	1748	7	2090	26.9
1965	1256	8	2022	30.8
1966	1796	9	2005	34.6
1967	1108	10	1899	38.5
1968	1531	11	1796	39.3
1969	1176	12	1748	46.2
1970	2022	13	1694	50.0
1971	1466	14	1678	53.9
1972	2159	15	1628	57.4
1973	1239	16	1563	61.5
1974	1347	17	1531	64.4
1975	2141	18	1469	69.2
1976	2718	19	1336	73.1
1977	1563	20	1347	76.9
1978	1366	21	1290	80.8
1979	1649	22	1256	84.6
1980	1628	23	1239	88.5
1981	2143	24	1176	92.3
1982	1290	25	1108	96.2

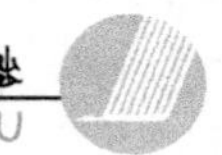

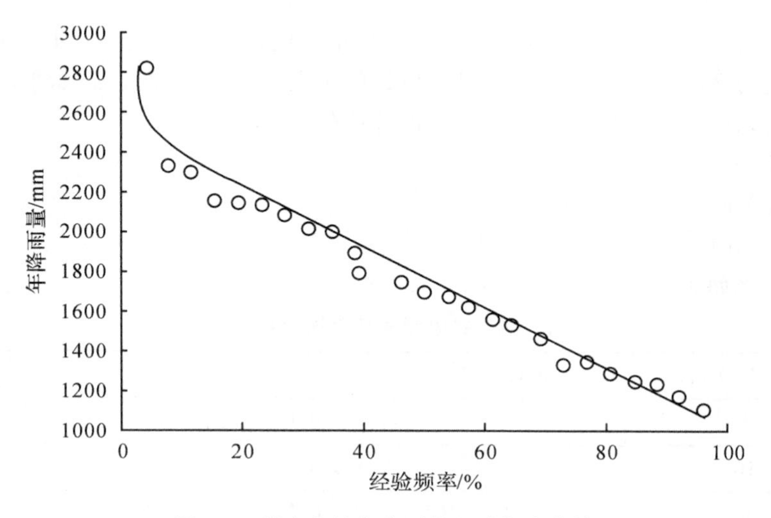

图 3-3 某水文站年降雨量经验频率曲线

水利工程上指定的频率为设计频率。设计频率(即设计标准)的大小根据国家规范按工程规模的重要性及建筑物的级别而定。从图 3-3 的经验频率曲线可以看出,经验频率愈大,其相对应的降雨量的绝对值愈小,经验频率愈小,其相对应的降雨量的绝对值越大。所以在利用河川流量或水库蓄水量作为灌溉用水的设计计算上以及在制定灌溉制度时又将经验频率换为保证率概念。所谓灌溉保证率,是以灌溉设施供给灌溉用水全部获得满足的年数占总年数的百分率表示的。它综合反映了灌区用水及供水两方面情况,如灌溉设计保证率为80%,是指水源(或水库)在长期供水中,平均 100 年中有 80 年的用水得到保证,只有 20 年供水不足或中断。灌溉设计保证率的高低直接影响到灌溉工程的规模和农业生产,因此设计时,要进行综合比较,从中确定出合理的灌溉保证率。降水是农业用水的重要来源,一般把保证率为 25%的降雨年份作为湿润水文年,50%保证率的降雨年份作为中等水文年,75%保证率的降雨年份作为干旱年,而把接近 100%保证率的年份作为特别干旱年。

3. 重现期

频率是一个抽象的数理统计用语,在水文学的实际应用中常以重现期(T)代替,所谓重现期就是平均多少年出现一次(或多少年一遇)。例如,经验频率为 5%的年降雨量为 2590mm。表示年降雨量等于或大于 2590mm 出现的机会为 5%,即平均每 100 年中可出现 5 次,或者说每出现一次平均间隔 20 年,故又称为 20 年一遇。由此可见,频率(P)和重现期(T)之间为倒数关系,即

$$T=1/P \tag{3-11}$$

在上例中 $P=5\%$,则 $T=1/(5/100)=20$(年)

在防洪工程、水库的溢洪道的规划设计中,常要推求的是稀遇的洪水或降雨量,而这些径流量或降水量,都位于 $P<50\%$的曲线上;而在以发电、灌溉等为目的的规划设计中所推求的径流量、降雨量,又都位于 $P>50\%$的曲线上。例如当 $P=95\%$时,等于和大于此年径流量的几率为 95%,而等于和小于此年径流量的几率则为 5%,即($1-P$),所以在以用水为目的的频率计算上,频率与重现期的关系则为下式:

$$T=1/(1-P) \tag{3-12}$$

上例中 $P=95\%$，则 $T=1/(1-95\%)=20$(年)，此即为等于或小于此年径流量或年降雨量的重现期为 20 年一遇，按此径流量所设计的水电站规模或灌区面积，平均 20 年中只有一年供水不足，其余 19 年中有等于或大于设计值的水量供应。

把上面的公式归纳之后则为：

当 $P\leqslant 50\%$ 时　　$T=1/P$

当 $P>50\%$ 时　　$T=1/(1-P)$

其具体意义如表 3-4 所示。

表 3-4　经验频率与重现期对照表

经验频率 P(%)	重现期 T	意义
1	100	平均百年一遇的多水年
10	10	平均十年一遇的一般多水年
50	2	平均两年一遇的中水年
90	10	平均十年一遇的一般少水年
99	100	平均百年一遇的少水年

必须指出，上面所讲的频率是指多年平均出现的机会，重现期也是指多年中平均若干年出现一次的可能性。例如，百年一遇的洪水，不是一百年正好出现一次，而是在无限长的时期内，平均一百年有可能出现一次，对于某一具体一百年也许出现几次或一次也不出现。

二、径流形成过程(产流和汇流)

1. 产流过程

降落到流域内的雨水，一部分损失，另一部分形成径流。降雨扣除损失后的雨量称为净雨。显然，净雨和它形成的径流在数量上是相等的，但两者的过程却完全不同。净雨是径流的来源，而径流则是净雨汇流的结果；净雨在降雨结束时就停止了，而径流还要持续很长一段时间。把降雨扣除损失成为净雨的过程称为产流过程，净雨量也称为产流量，对应的计算称为产流计算。降雨不能产生径流的那部分降雨量称为损失量。在前期十分干旱情况下，降雨产流过程使流域包气带含水量达到田间持水量对应的损失量称为最大损失量。

在分析流域径流形成过程中可以将流域下垫面分为三类：一是与河网连通的水面；二是不透水地面，如屋顶、水泥路面等；三是透水地面，如草地、森林等。降雨开始后，降落在与河网连通的水面上的雨水，除少量消耗于蒸发外，直接形成径流。降落在不透水地面上的雨水，一部分消耗于蒸发，还有少部分用于湿润地面，被地面吸收损失掉，剩余雨水形成地表径流。降落在透水地面上的雨水，一部分滞留在植物枝叶上，称为植物截留，截留量最终消耗于蒸发。当植物截留量得到满足后，降落的雨水落到地面后将向土中下渗。当降雨强度小于下渗能力时，雨水将全部渗入土中；当降雨强度大于下渗能力时，雨水按下渗能力下渗，超出下渗的雨水称为超渗雨。超渗雨会形成地面积水，积蓄于地面上大大小小的洼地，称为填洼。填洼水量最终消耗于蒸发和下渗。随着降雨持续进行，满足了填洼的地方开始产生地表径流。形成地表径流的净雨，称为地面净雨。下渗到土中的水分，首先被土壤吸收，使包

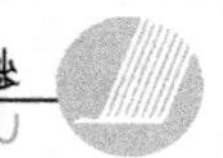

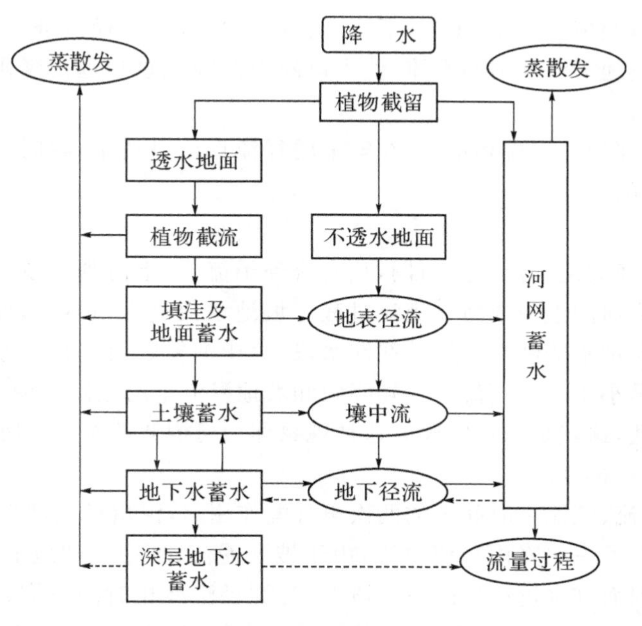

图 3-4 河川径流形成过程示意图

气带土壤含水量不断增加，当达到田间持水量后，下渗趋于稳定，逐渐过渡到稳定下渗阶段。继续下渗的雨水，沿着土壤孔隙流动，一部分会从坡侧土壤孔隙流出，注入河槽形成径流，称为表层流或壤中流。形成表层流的净雨称为表层流净雨。另一部分会继续向深处下渗，到达地下水面后，以地下水的形式补给河流，称为地下径流。形成地下径流的净雨称为地下净雨，包括浅层地下水(潜水)和深层地下水(承压水)。

2.汇流过程

汇流过程指净雨沿坡面从地面和地下汇入河网，然后再沿着河网汇集到流域出口断面的整个过程；前者称为坡地汇流，后者称为河网汇流。两部分过程合称为流域汇流过程。

(1)坡地汇流过程

坡地汇流分为三种情况：一是超渗雨满足了填洼后产生的地面净雨沿坡面流到附近河网的过程，称为坡面漫流。坡面漫流是由无数时分时合的细小水流组成，通常没有明显的沟槽，雨量很大时可形成片流。坡面漫流的流程较短，一般不超过数百米，历时也较短。地表径流经坡面漫流注入河网，形成地表径流。大雨时地表径流是构成河流流量的主要来源。二是表层流，径流沿坡面侧向表层土壤孔隙流入河网，形成表层径流。表层流流动比地表径流慢，到达河槽也较迟，但对历时较长的暴雨，数量可能很大，成为河流流量的主要部分。表层流与地表径流有时可互相转化。例如，在坡面上部渗入土壤中形成的表层流，可在坡地下部流出，以地表径流形式流人河槽，部分地表径流也可在坡面漫流过程中渗入土壤中成为表层流。三是地下净雨向下渗透到地下潜水面或浅层地下水体后，沿水力坡度最大的方向流入河网，称为坡地地下汇流。深层地下水汇流很慢，所以降雨后，地下水流可以维持很长时间，较大河流可以终年不断，是河川的基本径流，简称基流。

在径流形成过程中，坡地汇流过程是对净雨在时程上进行的第一次再分配。降雨结束后，坡地汇流仍将持续很长一段时间。

一次降雨过程，经植物截留、填洼、下渗、蒸发等损失，形成径流进入河网的水量显然比降雨量少，且经过坡地汇流和河网汇流，使出口断面的径流过程远比降雨过程变化缓慢，历时也长，时间滞后。

必须注意的是，降雨、产流和汇流，在整个的径流形成过程中，在时间上并无明显界限，而是同时交替进行的。

(2)河网汇流

各种径流成分经坡地汇流注入河网，从支流到干流，从上游到下游，最后流出流域出口断面，这个过程称为河网汇流或河槽集流过程。坡地水流进入河网后，使河槽水量增加，水位升高，这就是河流洪水的涨水阶段。在涨水段，由于河槽贮蓄一部分水量，所以对任一河段，下断面流量总是小于上断面流量。随降雨和坡地漫流量的逐渐减少直至完全停止，河槽水量减少，水位降低，这就是退水阶段。这种现象称为河槽调蓄作用。河槽调蓄是对净雨在时程上进行的第二次再分配。

经历了流域产流、汇流在时间上的两次再分配作用后，河川径流过程与降雨过程就大不相同了，图 3-5 绘出了一次降雨径流过程，由于坡面漫流、壤中流和地下径流汇集到出口断面所需时间不同，因而洪水过程线的退水段上，各类径流终止时间不同；直接降落在河槽水面上的雨水所形成的径流最先终止，然后依次是地表径流、壤中流、浅层地下径流，最后是深层地下径流。

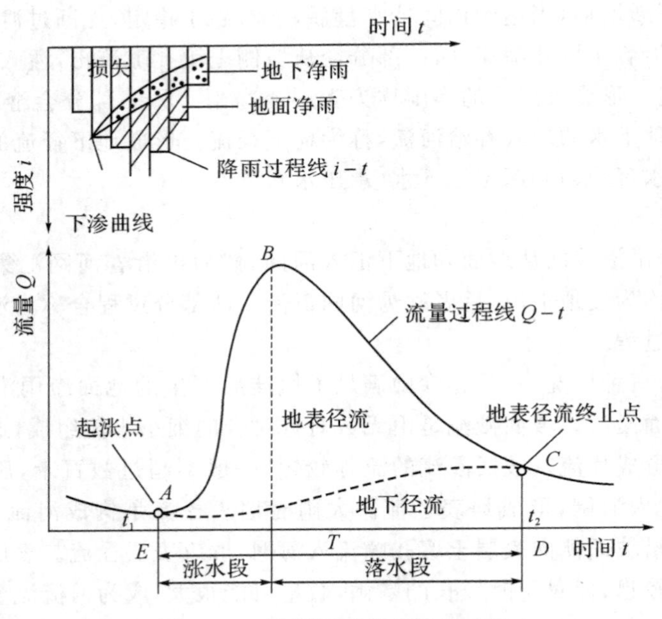

图 3-5　一次降雨过程径流示意图

由图 3-5 还可以看出降落在流域上的降雨过程与经过流域下垫面的作用后形成的流量过程之间具有明显的差异，具体表现在：①次降水量大于相应的次洪径流深。降落在流域上的雨水必然有部分消耗于植物截留、填洼、下渗以及蒸发等损失，使得最后流出流域出口的水量小于降落在流域内的水量。②两条过程线的形状不同。降水过程变化剧烈而不规则，流量过程则相对较平缓光滑。降落在流域内的雨水受流域下垫面的调蓄，类似于一个没有闸门的水库，使得出流过程较入流过程平缓。③流量过程的起始时刻、洪峰、重心等出现的

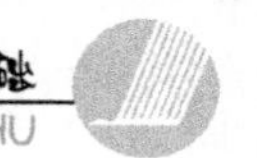

时间均滞后于降水过程。④流量过程的总历时要比降水历时长很多。

以上四方面的差异在各个流域均存在，只是随着流域面积的大小、流域下垫面条件以及流域所处的气候条件和降水特征等的不同，这种差异的程度有所不同，因而研究时要依据流域的具体情况进行分析。

三、土壤入渗

降雨或灌溉后，一部分水形成径流，另一部分则进入土壤中。入渗就是指水分进入土壤的过程，它通常是(但不是必须的)从土壤表面垂直向下地进入土中。这个过程十分重要，因为在暴雨期间，正是入渗的强度决定了在地面产生的径流量(从而也决定了发生冲刷的危险)。在入渗强度成为限制因素的场合，植物根层的全部水量收支就会受到影响。要把土壤和水管理好，就必须具备关于入渗过程与土壤性质及供水方式的关系的知识。

1. 入渗过程

持续在土壤表面加水，迟早将会出现供水强度超过土壤吸水能力，那时就会有余水在地表积成水层，或作为径流，顺坡漫流(图 3-6)。流经地面进入土壤剖面的水通量称为入渗速率，而所谓“入渗容量”，则是指地表与处在大气压之下的水体保持接触的条件下，能通过地表吸进土中的通量。只要对地表的供水强度仍小于土壤入渗性能，水就会随供水随即渗完，这时供水强度成为决定入渗速率的因素(就是说，这过程是“受通量控制”的)。然而，一旦供水强度超过土壤的入渗性能，那决定入渗速率的就是土壤的入渗性能，而变为“受土壤剖面控制”的了。

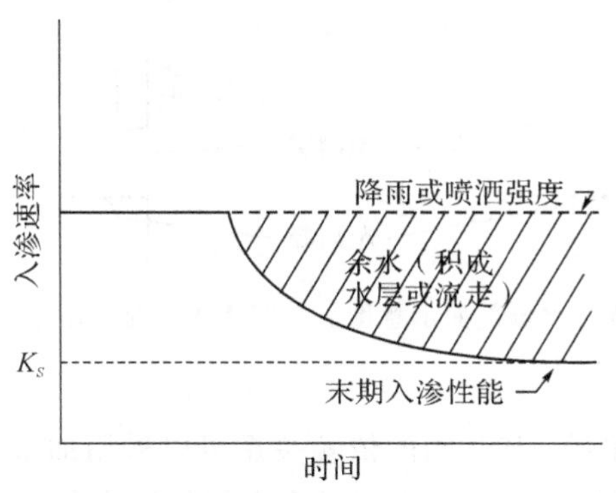

图 3-6 土壤入渗示意图

对浅水层下的入渗速率进行的许多测定表明，土壤入渗性能是随时间变化的，一般的是随时间而减小的。一般地说，在入渗的早期阶段，土壤入渗性能较高，尤其是土壤原先就相当干燥时更是如此。随后它就逐渐地以单值关系减小了，最后渐近地接近一常数强度，这个常数强度常称为入渗容量终期值。

土壤入渗从开始阶段的高速率迅速下降，首先是渗入过程中必然出现的土壤基质吸力的下降；同时还可能有下述原因：土壤结构逐渐变坏，在地表形成密实的结皮，导致土壤被局部封闭；能堵塞土中孔隙的土粒被剥离，随水移动，使孔隙堵塞；黏粒膨胀；气泡被堵在土中或由水分进入土壤取代空气时空气的进出受阻，以致土壤中空气被压缩等等。一个原先是干燥土壤的地面突然被水饱和时，在表层起作用的基质有吸力梯度，最初是很陡的，湿润层的下移使这一梯度减小；随着剖面湿润层加厚，吸力梯度终会小到接近于零。对水平向的土柱入渗速率最终趋于零，对垂直土柱的向下水流，可以期望渗透速率会近乎稳到一个由重力驱动的稳定速率。这一稳定速率实际上就等于剖面的饱和导水率。如果地表的供水强度小于饱和导水率，或是地表用别的办法维持在小于饱和的某一湿度，那时的稳定入渗速率将等于在该湿度条件下测得的不饱和导水率。

2. 土壤剖面的水分分布

均质的土壤在地表有积水情况下进行入渗时，在任一时刻检查其剖面的水分分布就可发现：土壤的表层是饱和的(也许只有几毫米或几厘米的厚度)；在这完全饱和层之下是一个称为传导层的层次，它的厚度不断增加，湿度均一并接近饱和。在其下面是一个"湿润层"，其湿润程度随深度减少，湿度梯度则愈往下愈陡，直到湿润锋；那里湿度梯度非常陡，上面湿土和下面干土之间好像形成一个鲜明的界面，称为湿润锋面。入渗过程中的典型含水量剖面如图 3-7 所示。在入渗过程中如定期地检查水分剖面，就会发现这几乎饱和着水的传导层会不断地伸长，即向深发展，湿润层与湿润锋也不断下移，后者愈往下，斜率也愈变缓。

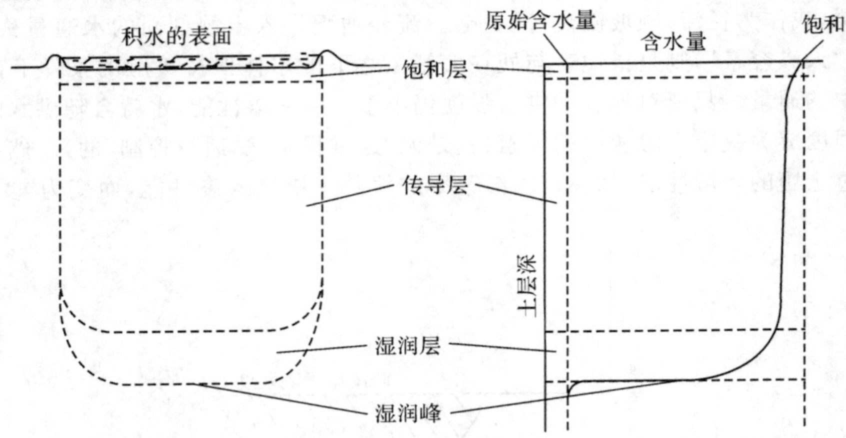

图 3-7　左图为入渗时土壤含水量剖面示意图。右图为入渗时土壤水分含量随深度变化分布曲线

3. 入渗强度与累积量

入渗强度 i 及入渗积累量 I 与时间的依赖关系可以采用加权平均扩散率 D 来表示，假定扩散率是定常函数，入渗强度 i 及入渗积累量 I 有解析解方程如下

$$i = \frac{1}{2}(\theta - \theta_i)\sqrt{\frac{D}{\pi t}} \tag{3-13}$$

和

$$I = \int_0^i i\mathrm{d}t = (\theta_0 - \theta_i)\sqrt{\frac{Dt}{\pi}} \tag{3-14}$$

上述方程都再次表明了入渗过程与时间 t 的平方根的关系。可以从方程式中消去时间 t，从而得到入渗速率 i 与入渗累积量 I 的关系

$$i = (\theta_0 - \theta_i)^2 \frac{\overline{D}}{\pi I} \tag{3-15}$$

如前所述，当水流渗入相当干燥的土壤时，常可见有显明的湿润锋。锋面实际上只是已经湿润和未湿润的土壤部分的移动边界。从上面的分析可以推论，湿润锋的陡度或清晰度

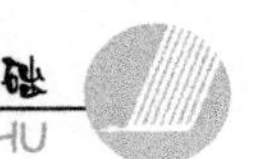

是与已湿润的土壤的扩散率(在水进入面附近)和在湿润锋之前还相对干燥的土壤扩散率二者之间的相差有关的。因此,D 值随着 θ 的减小而会较陡地下降,质地粗的土壤就会比质地细的土壤典型地呈现轮廓更显明的湿润锋。同样,水渗入干土比渗入湿土其湿润锋就更明显些。

表 3-5 几种典型土壤的稳定入渗速率

土壤类型	最终(稳定的)入渗速率($mm \cdot h^{-1}$)
砂土	>20
砂质土、粉砂质土	10～20
壤土	5～10
黏质土	1～5
碱化黏质土	<1

四、土壤水再分布

1. 土壤水再分布

在降雨或灌溉终止、地表贮水也因蒸发或入渗而消耗尽时,入渗过程即告终止。然而在土壤之内,水的向下移动却没有立即终止,而是仍然持续很长一段时间,在此时间内水在剖面中进行再分布。在入渗过程中,湿润到接近饱和程度的土层并没有保留其全部含水量,因为在重力、可能还在土壤水吸力梯度的影响下,部分的水将流到下层。在地下水位高的场合,这种渗后水分直接进入到地下水中,称为内排水。在无地下水位、或者地下水位太深、影响不到有关土层深度的场合,这种水运动称为再分布。

如图 3-8 所示,上层湿润的土层不断地排出水分,虽然排水速率愈来愈小;而下面的土层起初是增加湿度的,但是,后来也终究要开始排水了。图示此砂土中上层土壤湿度对时间的变化,这种土壤的不饱和导水率随着土壤水吸力的增加而迅速下降。显然,黏质土的导水率下降比较缓慢,再分布就延续得更久。

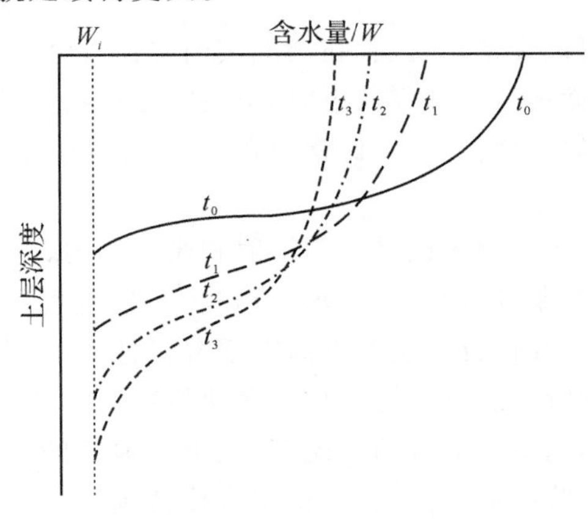

图 3-8 灌溉结束后土壤中水分在再分配过程中的分布变化。时间 $t_3>t_2>t_1>t_0$。

2. 再分布过程中的滞后现象

再分布过程牵涉到滞后作用。在再分布过程中,由于在剖面上部的土壤是处于释水的过程，而在下部的土壤是处于吸水的过程，因而在不同的深度，土壤湿度与土壤水吸力将有不同的关系，其关系即使是在质地均一的剖面中，也还可能会随时间而发生变化。土壤湿度与土壤水吸力之间的相互关系不是"唯一的"(相互单值)关系，而是有赖于土壤中每一点上发生过的湿润与干燥的历史过程。据这种关系绘成的关系曲线，将显出两条极限曲线，它分别适用于从极度干燥条件或从完全饱和条件开始的湿润(吸水)或干燥(释水)过程。在这两条湿润与干燥曲线之间，有数目无限的、可能的"扫描"曲线，各自描述从各中间湿度值起始的湿润和干燥过程。一般说来，滞后起到了延缓再分布过程的作用。

3. 地下水的排水

如前节所述，再分布主要指的是在不饱和土壤中的水分运动。但是，地下水的排水在正常情况下指的是在饱和层中的水分运动，更具体地是指把多余的水分从土中人为地排出去，一般是用降低地下水位(或防止地下水位上升)的办法。

对不饱和土壤中的水分而言，水分是强烈地处于吸力梯度影响之下的；其水分的运动受土壤湿度经常发生变化的影响，导水率也常有极大的差异。可是，对于地下水而言，其静水压总是正值的，这就使土壤成为饱和状态。因而，在地下水位以下，土壤水吸力梯度一般就不出现，土壤湿度和导水率也不变动。导水率达到其最高值，并且保持相当稳定，不随时间而变化(虽然会有位置和方向方面的变化)。

水分渗入地下水或脱离地下水可以经由地表，或以侧流方式经由渠道侧坡和经由多孔的排水管道出入。一般说来，地下水位虽并不是完全平展的，但也很少出现很大的波动(除非是在排水沟、排水管、排水井附近的地下水位降落区)。在地面发生高程变化的地方，以及在入渗水源数量在地区上发生变化的地方，地下水埋深也可能有变化，可能在一些地方、在一些时候，甚至与地表相交叉，在该处成为自由水(表积水)渗出来。

五、土壤蒸发

1. 土壤蒸发

在田野中，水分蒸发可以在植被冠层，在土地表面或在自由水面上发生。植物上发生的蒸发，称为蒸腾；当土壤表面多少为裸露状态时，蒸发除在植物上发生之外，也可同时在土壤上进行。这两过程一般难以截然分开，因此常放在一起，作为一个过程来处理，并称为蒸散。蒸腾和蒸散的问题将在下一章论述。

在没有植被的情况下，当土壤表面受太阳辐射和风的作用时，蒸发就直接地并全部地在土壤上进行。如果不加以控制，将使大量的水分损失；一年生大田作物，在整个耕耙、整地、播种、出苗及幼苗生长初期的时段内，土壤表面大部分是裸露的，蒸发可以耗尽表层土壤水分，从而在幼苗最为脆弱的阶段影响苗的生长。在幼龄果园中，地表常常在好几年中都维持在裸露无草状态；因而这问题也是尖锐的。还有，在干旱地区的旱地农业中，田地定期地休闲好几个月，以便在一个季节中汇集雨水，并把雨水保持到下一季节。对于这种情况，问题也可能是很尖锐的。

要使在一给定物体上发生的蒸发持续下去，必须有三个条件。第一，必须有不断的热能补给来满足汽化热的要求(水在15℃蒸发时，汽化热约为590cal/g水)。第二，在蒸发物体上的水汽压必须低于该物体表面的水汽压，通过水汽扩散或通过气体对流运输出去。这两

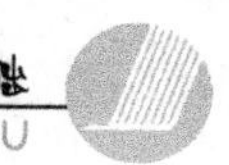

个条件都是蒸发物体的体外因素。它受气象因素气温、大气温度、风速、太阳辐射等的影响。后列几项综合起来决定了大气蒸发力。

第三个条件是要有来自或经过蒸发物体内部的水分不断地补给到蒸发场所。这一条件有赖于蒸发物体内水的含量和水势，还与物体的导水性质有关。它们共同决定了物体能向蒸发场所传导水分的最大速率。因此，实际的蒸发速率如不是决定于外界的蒸发力就是决定于土壤本身能输送水分的能力，看哪一项数量较小(因而成为限制因素)。

2. 土壤蒸发三阶段理论

从水分饱和的土壤开始，土壤蒸发使土壤变干的过程可以分为三个阶段：

(1)大气蒸发力控制阶段(稳定蒸发阶段)。开始蒸发初期，土壤几乎被水饱和，导水率高，在大气蒸发力作用下，表层源源不断地从土体内部得到水分补给，最大限度地供给表土蒸发。这时土面蒸发率保持不变，主要受大气蒸发力所控制。灌溉或降雨之后表土湿润，这个阶段可持续数日，大量的土壤水因蒸发而损失掉，在质地黏重的土壤上尤其明显，因此灌后(或雨后)及时中耕或覆盖，是减少水分损失的重要措施。

(2)土壤导水率控制阶段(蒸发率降低阶段)。在第一阶段之后，土壤水明显减少，表层更是如此。随着土壤含水量的降低，导水率则以指数函数关系降低得更快，因而向地表补给的土壤水通量逐渐变成小于大气蒸发力。这时，由下层向地表传导多少水，就蒸发掉多少，所以土壤蒸发速率为土壤导水率所控制，蒸发率随着导水率降低将逐渐减小。

(3)水汽扩散率控制阶段(蒸发率最低阶段)。当蒸发率越来越小时，土面的水汽压逐渐降到与大气的水汽压平衡，表土就接近于风干，出现一干土层。不仅这个干土层的导水率很低，接近于0，而且导热率也很小，到达地表的辐射热难以向下传导，下层的水也不能迅速向土面运行。这时的蒸发机制与前面两个阶段有所不同：水已不是从地表汽化扩散到大气中去，而是在于土层以下的稍湿土层中，逐渐吸热汽化，以气体形式通过于土层的孔隙，慢慢扩散至表层，然后散失到大气中。这一阶段的蒸发已不再是达西流方程起作用，而是属于费克定律气体扩散方程的范畴了，于是蒸发强度变得很低。

从土壤蒸发的三阶段理论可以看出，土壤表面蒸发和水面蒸发有很大的不同，土面蒸发比水面蒸发要低得多，因此，不能根据水面蒸发来简单地计算土面蒸发。

农田水文循环中还有一个很重要的过程，就是植物蒸腾，将在下一节中讨论。

第三节 作物需水

土壤缺水，是作物生产最常见的土壤障碍之一。水分在作物生长发育过程中占有重要的地位，它不仅是作物本身的主要组成部分，也是作物进行一切生命活动所必需的物质，是联系作物有机体与外界环境的重要环节。因此，作物生产与水分的关系是农田灌溉技术的基本依据，而且协调这一关系也是农田合理灌溉的目标。

一、水的作用

水分过多或不足都会导致农作物生育不良，产量降低。水分对农作物的生命及其环境的重要作用主要包括：

(1)水是作物体的重要组成部分。一般作物体都含有60%～80%的水。瓜果、蔬菜的含水量可达90%以上。处于休眠状态、生命活动非常微弱的种子，其含水量也达3%～15%。可见，作物的生命活动是以水为基础的。只有当作物细胞在充满水的时候，才能维持其正常的状态，保证各种生命活动正常进行。如果缺水，枝叶发黄，枯萎下垂，生命活动便会受到抑制；持续缺水过久，即使再供给充足的水分，但由于农作物的生命活动机能遭到破坏，也不能恢复正常生长，甚至死亡。

(2)水是光合作用的原料。作物依靠叶片吸收水分、养分和空气中的二氧化碳，并在阳光的照射下，进行光合作用，制造出它需要的碳水化合物。水分不足，就会影响光合作用的进行，使有机物的制造受到限制，作物就生育不良。水肥充足，作物枝叶茂盛葱绿，光合作用就强，产量就高。

(3)水是作物体内各种生命活动的介质。作物体内的各种营养元素和碳水化合物的输送和运转，不仅都在作物体的细胞质液内进行，许多还依赖于细胞质流完成；各种化学的、生物化学的反应，绝大多数都以作物的细胞质液为介质进行。一些精致的实验已经证明，当细胞质流被完全抑制时，植物的幼嫩部分(新生长的部分)，极易发生缺素症状。

(3)水有调节作物体温的作用。作物进行各种生命活动，需要太阳供给必要的热量，但作物体温过高也是有害的。茂密的枝叶，在阳光的照射下，从叶面的气孔蒸发掉大量的水分；为补充水分，作物根系又从土壤中源源不断地吸收。在这一过程中，不但将溶解在水中的养料输送给作物细胞、组织或器官应用，而且又带走了部分热量，从而调节了作物体温，使叶面不致因太阳强烈的照射而"烫伤"。

(4)水是调节作物生育环境的重要因素。土壤中的水分、养分、空气和热状态等环境条件对农作物的生长发育有着决定性的影响。而这些条件又是互相影响、互相制约的。通过调节土壤水分，可使土壤中的养分、空气和热状况向有利于农作物生长发育的方向发展，保证农作物的高产稳产。土壤中的有机物养料，必须通过土壤微生物的作用，转化为能被作物吸收利用的养料，溶解于水中，才能和水一起被作物吸入体内。土壤微生物的活动，又受着水分、空气和热状况的制约。土壤中水分过少，不仅作物受旱，而且养分也得不到溶解，不能为作物吸收利用。所以，土壤水分又是土壤肥效性的主要因素之一。

二、农作物的蒸腾量

在全球范围内，水是作物生产的一个最主要的限制因素。作物一生需用大量的水分。在干旱条件下，作物每生产1kg干物质大约需要500多kg的水分，其中大部分通过作物体散失到大气之中，而保持在作物体组织内的水分只有其总用水的1%左右。这部分水分虽少，但却很重要，即使其含水量的少量改变，都可造成生长停止或旺盛生长的差别，呈现出易患病虫害的衰弱植株和健壮植株的不同，造成作物的死亡与高产的区别。组织保持的水分取决于作物吸水和蒸腾失水的平衡。

作物需水量是指在作物生长季节，从生长面积上失去的水量，它包括从作物体上蒸腾的水量和组成作物体内的水量，以及从种植面积的土壤上蒸发的水量。它不包括从种植面积上以径流的形式流走的水量，也不包括从作物根系层下面渗漏的水量。在作物需水量的各

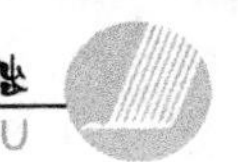

组成项中，由于组成作物体内的水量很少。多数作物一生用于组成植物体内的水分小于作物需水量的 0.2%，所以在计算和测量作物需水量时常常忽略此项。因此，作物需水量是从作物体上蒸腾的水，和株间蒸发的水之和。通常也称蒸腾量。蒸腾量有潜在蒸腾量(ET_p)、潜在作物的蒸腾量(ET_c)和作物的实际蒸腾量(ET_a)三个名称。1956 年彭曼解释了潜在蒸腾量的定义，即完全充满覆盖，高度均匀一致，充分供水的短绿草地上的蒸腾水量(典型的短农作物可以看作短草)。潜在蒸腾量主要受气象条件的影响。潜在作物的蒸腾量(ET_c)，是农作物的潜在用水量，它是在充分供水条件下的作物实际蒸腾量，它主要受气候条件和作物条件的影响。实际蒸腾量是在田间状态下实际蒸腾的水量，它主要受气象条件、作物条件和土壤条件的影响。

作物需水量受着“土壤一作物一大气”综合体系中诸多因素的影响，影响因素较多，而且错综复杂。当然，作物产量是各种因子共同作用的结果，只有当水是限制因子时，增加供水量才能增产；如果是其他因子限制产量的增加，盲目增加供水量，反而会导致减产。因此产量与水量消耗的关系，只有当供水不能满足作物需水是主要限制因子时，所消耗的水量多少才与产量成正相关，即随消耗水量增加，产量相应提高；当水分已满足作物需要时，产量提高则需改善其他起限制作用的因素，如增施肥料，改善土壤结构等而不是增加水量。

上述这种规律已被过去和现在大量资料所证实。同时也证明，随着供水量增加，其增产作用逐渐减少，乃至最后消失。这不仅表现在产量与水量的绝对量上，更明显地表现在每 kg 籽粒所消耗的水量上。

综上所述，作物需水量受多种因素影响，其关系是相互联系、错综复杂的。所以各种作物在不同地区、不同水分年份、不同栽培措施下，田间需水量是不相同的。然而尽管田间需水量变化很大，但其仍有一定的变化规律和大致的变化范围，表 3-6 所示为我国几种主要作物的田间需水量的大致范围。

表 3-6 我国几种主要作物的田间需水量 ($m^3 \cdot hm^{-2}$)

作物	地区	年份		
		干旱年	中等年	湿润年
双季稻(每季)	华中、华东、华南	4500～6750	3750～6000	3000～4500
	华南	4500～6000	3750～5250	3000～4500
冬小麦	华北北部、华北南部	4500～7500	3750～6000	3000～5250
	西北、华中	3750～6750	3000～6000	2400～4500
	华东	3750～6750	3000～5250	2250～4200
春小麦	东北	3000～4500	2700～4200	2250～3750
	西北	3750～5250	3000～4500	
棉花	西北	5250～7500	4500～6000	3750～6000
	华北	6000～9000	3750～7500	4500～6750
	华中、华东	6000～9750	4500～7500	3750～6000

作物在全生育期内的不同时段(或发育阶段)消耗的水量是不同的。如作物生长初期，主要是以株间蒸发为主，田间需水量较少，而作物生长盛期，田面几乎全部被覆盖。这时是以叶面蒸腾为主，田间需水量达最大值；以后随着作物接近成熟，枝叶枯落，田间需水量又逐

渐减少。需水量在作物全生育期内不同时段(或发育时期)的变化和分配规律,即为田间需水规律,通常以作物各生育阶段的田间需水量占全生育期田间需水量的百分数表示。田间需水规律一般由田间试验实测得出,使用中亦可采用类似地区资料。

作物任何生育时期(或阶段)缺水,都会对作物的生发育产生不良的影响,但不同生育时期作物对缺水的敏感程度不同。通常把作物在整个生育期中对缺水最敏感,需水最迫切以致对产量影响最大的生育期,称为需水临界期或需水关键期,各种作物需水临界期不完全相同,但大多数出现在从营养生长向生殖生长的过渡阶段。例如小麦在拔节抽穗期,棉花在开花结铃期,玉米在抽雄至乳熟期,水稻为孕穗至扬花期,谷子为拔节至抽穗期等。作物如在需水临界期缺水,必须进行灌溉,以及时满足作物对水分的需要。

三、作物水分生产函数

作物产量与需水量之间的函数关系被称为作物水分生产函数。需水量一般用三种指标代表:灌水量、田间总供水量(灌水量+有效降水量+土壤贮水量)、实际蒸发蒸腾量。由于前两种指标代表的水量不一定都能被作物所利用,因此,目前最常用的是作物实际蒸发蒸腾量。

1.作物产量与全生育期总蒸发蒸腾量的关系

大量试验观测结果表明,作物产量 Y_a 与全生育期总蒸发蒸腾量(ET)的关系一般多呈二次抛物线关系,在某一产量范围内,随着产量的增加,作物需水量也随之增加,二者之间成正比关系,但当产量增加到某一范围后,随着需水量增加,产量增加幅度开始变小,当达到产量极大值时,需水量再增加,产量不但不增加反而有所减少,呈现出“报酬递减”规律。由于作物生长发育受环境因素的影响相当复杂,在不同年份 Y_a 与 ET 的关系也可能有较大变异。为了反映作物产量对蒸发蒸腾量变化的敏感程度,可用产量反应系数(K_y)来描述相对产量的变化($1-Y_a/Y_m$)与相对蒸发蒸腾差异($1-\mathrm{ET}_a/ET_m$)之间的关系:

$$1-\frac{Y_a}{Y_m}=K_y\left(1-\frac{ET_a}{ET_m}\right) \tag{3-16}$$

式中:Y_m、ET_m 分别为充分供水时的最高产量和全生育期总的蒸发蒸腾量;Y_a、ET_a 分别为缺水条件下的实际产量与全生育期总的蒸发蒸腾量。

式(3-16)反映了作物减产程度与全生育期总的缺水程度之间的关系。一般就整个生长期而言,缺水增多时,像苜蓿、花生、甜菜等作物的减产比例小些($K_y<1$),而像香蕉、玉米、甘蔗等作物减产的比例则要大一些($K_y>1$),表 3-7 是联合国粮农组织对无实测资料地区推荐使用的 K_y 值。

表 3-7 部分作物的产量反应系数(K_y)

作物	冬小麦	春小麦	玉米	棉花	高粱	大豆	苜蓿	花生	甜菜	香蕉	甘蔗	柑橘
K_y	1.0	1.15	1.25	0.85	0.9	0.85	0.9	0.7	0.8	1.27	1.2	0.8~1.1

上述作物的两种产量与总蒸发蒸腾量的关系,为灌溉水量有限条件下的水量最优调控决策提供了一定的依据。但由于作物在不同生育阶段缺水对产量的影响不同,尽管全生育期的总缺水量相同,但这些缺水量如果发生在不同的生育阶段,对产量的影响程度则不相

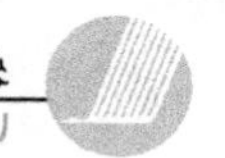

同。而产量与全生育期总蒸发蒸腾量的关系却掩盖了这样的事实，这是此类模型的不足之处。

2.作物各生育阶段缺水影响产量的反应系数和缺水敏感系数

式(3-16)除可表示全生长期缺水对作物产量的影响外，它也可以表示各生育期缺水对作物产量的影响。假如其他阶段正常供水，作物没有遭受水分胁迫，而只有第 i 阶段缺水，则(3-16)式可改写为：

$$1-\frac{Y_i}{Y_\mathrm{m}}=K_{yi}\left(1-\frac{ET_i}{ET_\mathrm{m}}\right) \tag{3-17}$$

式中：Y_i 为作物第 i 阶段受旱时的产量；ET_i 为作物第 i 阶段供水不充足时的实际蒸发蒸腾量；K_{yi} 为第 i 阶段缺水的产量反应系数；$ET_{\mathrm{m}i}$ 为第 i 阶段充分供水的最大蒸发蒸腾量。Y_m 为各阶段均正常供水时的作物产量。

那么，如果在生育期中，有几个时段缺水又该怎样计算呢？实际上这个问题的更理论化的描述是如何把有限的灌溉水量浇到最适宜的阶段才能获得最大的经济效益的问题。在干旱、半干旱地区，这是一个十分有意义的课题，国内外均有很多研究，模型的形式也很多。归纳起来，大致可分为相加模型和相乘模型两类。相加模型，比较典型的形式为：

$$\frac{Y_i}{Y_\mathrm{m}} = \sum_{i=1}^{n}[1-K_{yi}(1-\frac{ET_i}{ET_\mathrm{m}})] \tag{3-18}$$

式中：n 为全生育期划分的阶段数；其余符号意义同前。

从上式可以看出，用相加模型考虑了多生育阶段蒸发蒸腾对产量的影响，比产量 — 全生育期总蒸发蒸腾模型向前进了一步，但它把各生育阶段出现的水分亏缺对产量的影响孤立开来，认为是相互独立的，而事实上作物在不同生育阶段缺水对产量的影响是相互联系的。比如作物在任一阶段因缺水而死亡，不管其他时期如何，最终产量为零，而相加模型得出的结果并非如此。因此，相乘模型就在一些方面显示出它的合理性，即作物在某生育阶段遭受的水分亏缺不仅对本阶段内的作物生长产生影响，同时还对以后阶段产生影响。詹森(Jensen，1968) 提出了下列模型：

$$\frac{Y_\mathrm{a}}{Y_\mathrm{m}}\prod_{i=1}^{n}\left(\frac{ET_i}{ET_{\mathrm{m}i}}\right)^{\lambda_i} \tag{3-19}$$

式中：λ_i 为作物第 i 生长阶段的缺水敏感指数，其余符号意义同前。

詹森模型不仅可以表示出不同阶段缺水对产量的影响不同，而且能表示出各阶段缺水不是孤立的，而是相互联系地影响最终产量的这一客观现象，尤其是能利用自然降雨条件下获得的灌溉试验资料，用一般的回归分析统计法，求出模型参数。这就在众多推荐的模型中，显示出其求解与应用的独特优点。

作物各阶段缺水敏感指数 λ_i 值与不同生育期缺水减产的关系，可以通过作物缺水减产的两个方面的原因得到解释。第一，因缺水产生水分胁迫，减少了作物叶面蒸腾量，从而影响了作物体内的代谢过程，抑制了干物质的转化和积累，最终导致减产；第二，因缺水造成作物生理活动过程紊乱和植物器官功能衰退，影响正常发育，使作物减产。第一种情况往往发生在根叶生长为主的营养器官生长期(苗期)，以及生殖器官基本建成后的产品形成期，即灌浆(或吐絮) 以后，这两个时期缺水减产程度较轻，所以值一般较小。第二种情况缺水，可抑制幼穗分化，使穗抽不出，棉花则是严重落蕾，特别是开花授粉期(抽穗 — 灌浆或开花。吐絮)

受旱，常使花蕊受损伤，造成授粉不良，或不能授粉，极易形成空穗秕粒，落蕾落铃，减产损失最大，所以这一阶段的值也最大。

研究田间需水量的目的是为了揭示作物的水分生理现象及其需水规律，以便适当的水量及时地供给作物和土壤，满足作物生长发育对水分的需要，也可以说，只有在明确作物需水量、需水规律的基础上，才能科学地制定灌溉制度，才能正确地安排用水计划，适时适量地供给作物以必需的水分。

四、田间需水量的测定

关于田间需水量的确定，在生产实践中，一方面是通过田间试验直接测定；另一方面，也常常采用某些估算方法进行估算，两者互为条件，互相补充。

1.旱作物需水量的测定

测定旱作物的田间需水量有筒测、坑测和田测三种。除为专门细致研究需水变化规律外，一般不用筒测法。坑测法是在农田中埋设一测坑。坑的面积多为4～1.2 m^2，坑在地面上以下的深度视作物而定，如棉花为1～1.5 m，小麦为0.6～1.0 m。为了使坑内土壤水分条件与大田情况接近。坑底应铺设一滤水层(一般可用砂碎石铺成)，并设置可以开关的底孔。测坑材料可以是混凝土、砖或塑料等。无论用什么材料，最基本要求是不漏水。有条件时坑外应设地面径流池，用以计算坑内有效雨量。坑内种植作物与大田一致。

在地下水埋深较大(2～3 m)时，作物耗水不受地下水补给的影响，地下水埋深小于2 m时，地下水作物补给量较大，用田测法时要考虑地下水补给量。

无论坑测或田测，均是在其中选择3～5个位置，在每个位置上，在根系吸水层深度范围内，自地表起，每隔10～20 cm取一个测点，定期(5或10天一次)观测各位置上测点的土壤含水率，并于灌水前后、降雨前后加测。无灌水及降水时，可用前后两次测定的土壤含水率之差计算出该时段内蒸腾量；若两次测含水率之间有降水，则需加上有效降雨量才是蒸腾量；有效降水量为降水量减去地面径流量和深层渗漏量，观测此两项需要有特定设备，否则较难测准，故一般应根据天气预报或当地天气变化情况，尽量能在降雨前加测土壤含水率，取得降雨前、后的土壤含水量资料。这样，可使计算时段内的蒸腾量不受降雨的影响，从播种时起至收获时止，各阶段蒸腾量总和，即为全生育期蒸腾量。

一般进行旱作物田间需水量的测定常为灌溉制度的试验结合进行，其处理设计可以有以下三种：(1)保持土壤湿度在田间持水量与最低含水量之间(最低含水量为适宜含水率下限)；(2)按照计划的最优灌溉制度与灌水技术来灌水；(3)若为了寻求不同条件(如不同灌溉制度或土壤含水率，不同的农业措施等)下的需水规律，针对这些条件，分别安排不同的处理，对各种处理测定田间需水量。需水量的试验的每一个处理，不宜少于三次重复，否则难以满足成果精度要求。

2.水稻田需水量的测定

水稻田需水量包括蒸腾量与渗漏量两部分。影响蒸腾量与渗漏量的主要因素不同，为便于分析和应用成果。蒸腾量及渗漏量应分别测出。

水稻田耗水量的测定也有筒测、坑测和田测三种方法。筒测法及坑测法系将水稻种植在有底的测筒及测坑内进行试验；田测法则直接在试验田内进行观测。由于测筒内作物生

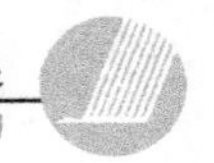

长环境及需水条件与大田实际情况差异较大，所测得的蒸腾量及产量成果往往与实际情况不相符合。水稻田耗水量试验最好以田测为主，在试验田内直接测出耗水量(蒸腾量与渗漏量之和)，而辅之以坑测法，从测坑内测出蒸腾量，二者测定值之差即为渗漏量。

五、田间需水量的估算

作物蒸腾的本质是植株体内以及株间农田中的液态水变成气态水进入大气，也就是水气扩散。作物冠层的水汽压力和作物上空的空气水汽压力差决定着扩散通量，也就是蒸腾速度，它是地区水量平衡的组成部分，由于液态水变成气态水的转化需要消耗一定的能量，所以也是土壤表层能量平衡的组成部分，因此计算方法是从水量平衡，水汽扩散和热量平衡方面研究的。

作物需水量的计算方法有三种类型。第一种是经验公式法，它是以试验资料为依据，用统计分析的方法，直接建立起推算作物需水量的经验公式，这类方法是过去分析计算作物需水量的主要方法，至今也是常用的方法。第二种是理论计算法，它是运用分子运动理论、水汽乱流扩散理论及热量平衡理论来计算作物需水量的。第三种是理论分析和经验方法相结合的方法，即半经验公式法。在计算作物实际蒸腾量时，又可分为直接计算法和参考作物法。直接计算法是用经验公式，直接计算出作物的实际蒸腾量。参考作物法也称作物系数法，它是用气象资料先计算出参考作物的潜在蒸腾量(ET_p)，然后再乘以作物系数 K_c，即为作物的实际蒸腾量。

作物蒸腾量计算的三类方法中，计算公式非常之多，几乎举不胜举，这里仅对国际上使用得最多，影响也较大的彭曼公式作一简要的介绍。

20 世纪 40 年代末期，英国人彭曼，把作物蒸腾量和农田的辐射能净通量与田面上空气动力的作用联系起来，推导出计算潜在蒸腾量的方程式，该公式为理论和经验相结合的半经验法。此后，由于联合国粮农组织(FAO)的极力推荐和国际灌排委员会(ICID)等组织的有效工作，修正后的彭曼公式(Penmen-Monteith 公式)在全球得到推广应用。1990 年，FAO 邀请全球最有影响的 26 名专家在罗马对作物蒸发蒸腾量的计算进行了专题研究，会上推荐的公式为：

$$ET_p=\frac{0.408(R_n-G)+\gamma\frac{900}{T+273}U_2(e_a-e_d)}{\Delta+\gamma(1+0.34U_2)} \tag{3-20}$$

式中：ET_p 为作物蒸发蒸腾量($mm\cdot d^{-1}$)；R_n 为农田的净辐射($MJ\cdot m^{-2}\cdot d^{-1}$)；$G$ 为土壤热通量($MJ\cdot m^{-2}\cdot d^{-1}$)；$\gamma$ 为湿度计常数，其值一般用 0.66；U_2 为 2 米高处的平均风速($m\cdot s^{-1}$)；e_a 和 e_d 分别为平均气温的实际水汽压与饱和水汽压(kPa)；Δ 为气温与饱和水汽压关系曲线上的斜率($kPa\cdot ℃^{-1}$)。

农田的净辐射 R_n 和土壤热通量在无实测资料时可用经验公式计算，即：

$$Rn=0.77(0.19+0.38\frac{n}{N})Ra-2.45\times10^{-9}(0.1+0.9\frac{n}{N})(0.34-0.14\sqrt{e_d})[(T_{max}+273)^4+(T_{min}+273)^4] \tag{3-21}$$

$$G=\begin{cases}0.38(T_i-T_{i-1}) & (\text{计算第 } i \text{ 日 } ET_p \text{ 时})\\ 0.14(T_n-T_{n-1}) & (\text{计算第 } n \text{ 月 } ET_p \text{ 时})\end{cases} \tag{3-22}$$

式中：n 和 N 分别为实际日照时数和最大可能日照时数（$h \cdot d^{-1}$）；R_a 为地面上空大气层顶接收的太阳辐射能（$MJ \cdot m^{-2}d^{-1}$）；T_{max} 和 T_{min} 为日（时段）最高和最低气温（℃）；T_i、T_{i-1}、T_n 和 T_{n-1} 分别为第 i 天、第 $i-1$ 天、第 n 月和第 $n-1$ 月的平均气温（℃）；其余同前。

用彭曼法首先求出的是参考作物蒸腾量（也就是潜在蒸腾量，ET_p），并不是各种具体作物的田间需水量。欲求得田间需水量还应该根据作物系数与参考作物蒸腾量的关系进行计算。

$$ET_c = K_c ET_p \tag{3-23}$$

式中：ET_c 为某种作物的田间需水量，即作物潜在蒸腾量；ET_p 为参考作物蒸腾量，即潜在蒸腾量；K_c 为作物系数，是作物需水量与参考作物蒸腾量的比值，随作物种类、生育阶段及各主要季节的气候条件等而变化。

确定作物系数（K_c）时，应注意影响作物系数的主要因素，如作物种类、作物种植时期、作物发育阶段、全生育期内主要气象条件、降水及灌水等重要影响因素。

一般根据作物生长状况，常常如下划分，对干旱田作物常划分为四个阶段：①初期：包括出芽期和生长前期，此期地表未被植物覆盖或覆盖很少（<10%）；②生长期：从初期末到地表开始完全覆盖（覆盖率达 70%～80%）；③中期：从地表完全覆盖开始到开始成熟（即已经有枯叶出现）；④后期：从中期未到完全成熟或收割。对于水田常划分为三个阶段：①初期：第一个月及第二个月的时期之内；②中期：从初期末到收获前的四星期；③后期：最后四星期。不同时期有不同的 K_c 值，下表可参考（表 3-8 和表 3-9）。

ET_c 是某种作物的最大蒸腾量，也就是作物需水量。如果以计算作物需水量为目的，则无需进一步计算作物的实际蒸腾量，因为人们通常不会以土壤缺水作为确定作物需水量的目标。若出于其他的需要，要进一步计算作物实际蒸腾量时，则必须考虑土壤水分的供应状况。(1)土壤水分充足时，$ET_a = ET_c$；(2)土壤水分不足时，$ET_a < ET_c$，此时，一个简单的方法是用土壤含水量修正系数来计算，即：$ET_a = K_s ET_c$。(3)土壤含水量修正系数 K_s 的取值，往往需要针对具体的作物由试验来确定。

表 3-8　不同湿度与风速条件下，旱地作物与蔬菜在中期和收获期（完熟期）的作物系数（K_c）

作物	湿度	$Rh_{min}>70\%$		$Rh_{min}<70\%$	
	风速（$m \cdot s^{-1}$）	0～5	5～8	0～5	5～8
玉米	中期	1.05	1.1	1.15	1.2
	后期	0.55	0.55	0.6	0.6
棉花	中期	1.05	1.15	1.2	1.25
	后期	0.65	0.65	0.65	0.7
花生	中期	0.95	1.0	1.05	1.1
	后期	0.55	0.55	0.6	0.6
薯类	中期	1.05	1.1	1.15	1.2
	后期	0.7	0.7	0.75	0.75
大豆	中期	1.0	1.05	1.1	1.15
	后期	0.45	0.45	0.45	0.45

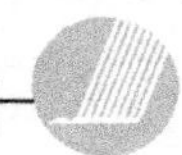

续表

作物	湿度	$Rh_{min}>70\%$		$Rh_{min}<70\%$	
	风速($m \cdot s^{-1}$)	0～5	5～8	0～5	5～8
小麦	中期	1.05	1.1	1.15	1.2
	后期	0.25	0.25	0.2	0.2
十字花科植物	中期	0.95	1.0	1.05	1.1
	后期	0.80	0.85	0.9	0.95
黄瓜	中期	0.9	0.9	0.95	1.0
	后期	0.7	0.7	0.75	0.8

表 3-9 水稻的作物系数(K_c)*

条件		作物系数 K_c		
季节	风力	第一个月及第二个月*	中期	最后四星期
湿(雨)季	弱至中等强	1.1 1.15	1.05 1.1	0.95 1.0
旱季	弱至中等强	1.1 1.15	1.25 1.35	1.0 1.05

* 因水稻在移植后的1个月内的覆盖率不高，与直播基本相同。又因品种不同其生长期不同，故中期应进行调整，初期有的可能是1个月，有的品种则可能是2个月，所以初期是一个范围的期限。

六、水稻田的渗漏量

水稻田渗漏包括田面水层渗漏和田埂渗漏两部分。田面水层渗漏决定于土壤、地质、水文地质和水田的位置等条件。而田埂渗漏仅决定于田硬的质量及养护的状况。在水稻田面积较大的情况下，田埂渗漏的水量只是从一个格田进入另一个格田，对整个灌水地段来说水量并无损耗，一般可忽略不计。

高产水稻土壤，需要有一个适宜的“垂直日渗漏量”。过大则会漏肥，过小将引起有毒物质积聚，恶化土壤环境，导致烂根早衰。稻田的垂直日渗漏量可使水田土壤环境更新，同时又保证了一定的肥水供应，这就是高产水稻土壤所必须具有的爽水特性。一般要求日渗漏量在10 mm左右，浅水发棵期间低些，约在4 mm左右；烤田以后高些，约在10～15 mm。

根据广东省水利水电科学研究所六年试验结果，认为稻田适宜渗漏量指标为：早稻生育前期8～10 $mm \cdot d^{-1}$，中后期18～20 $mm \cdot d^{-1}$；晚稻生育中期8～10 $mm \cdot d^{-1}$，生育后期18～20 $mm \cdot d^{-1}$，此可供南方渍水稻田改良参考。

第四节 农田灌溉制度

灌溉制度是指在一定的气候、土壤等自然条件下和一定的农业技术措施下，为使作物获得高而稳定的产量所制定的一整套田间灌水制度，它包括作物播种前（或水稻插秧前）及全生育期内的灌水次数、灌水日期和灌水定额及灌溉定额。灌水定额是指一次灌于单位灌溉面积上的灌水量。农作物在整个生育期要进行多次灌水，全生育期各次灌水定额之和称为灌溉定额。灌水定额与灌溉定额常以 $m^3 \cdot hm^{-2}$ 或 mm 表示。

灌溉制度是灌溉工程规划设计的基础，已成为灌区编制和执行用水计划、合理用水的重要依据；也关系到灌区内土壤肥力状况和作物产量、品质的提高，以及灌区水土资源的充分利用与灌溉工程设施效益的发挥。

灌溉制度随作物种类、品种和自然条件及农业技术措施的不同而变化。而且灌溉制度是在尚未建设灌区的规划、设计阶段或在已成灌区的管理工作的灌水季节之前加以确定的；因此，总带有些估计特征，在以后的执行过程中很可能要依“看天”（气候条件）、“看地”（农田水分状况）、“看庄稼”（作物生长状况和需水特征）的原则进行适当的修正。可见，正确确定灌溉制度是件非常复杂而深入细致的工作，必须以作物需水规律和气象条件（特别是降水）为主要依据，从当地具体条件、多年气象资料出发，针对不同水文年份，即按作物生育期降雨频率，拟定湿润年（频率为 25%）、一般年（频率为 50%）和中等干旱年（频率为 75%）及特旱年（频率为 95%）四种类型的灌溉制度，一般在灌溉工程规划、设计中多采用干旱年的灌溉制度作为标准，但在灌溉管理工作中则应根据中、长期气象预报选用相应的灌溉制度。

一、旱地作物灌溉制度

以水量平衡原理确定旱田灌溉制度，常用图解法进行。用这种方法其时间范围为作物由播种到收获的全生育期，其空间界限为土壤计划湿润层以上，研究该土层内土壤储水量的盈亏变化，要求土壤储水量的变化能适应各时期作物生长发育所需要的最适宜的土壤水分状况。

土壤计划湿润深度是指在实施灌溉时，计划调节、控制土壤水分状况的土层深度，它主要决定于作物根系活动层的深度，但也要考虑土壤性质、地下水埋深和土壤微生物活动等因素。根据实际经验，几种主要作物的计划湿润层的深度如下：

冬小麦：幼苗期 0.3～0.4m；分蘖期 0.4～0.5m；拔节期 0.5～0.6m；抽穗期 0.6～0.8m；灌浆成熟期 0.8～1.0m。

玉米：幼苗期 0.3～0.4m；拔节期 0.4～0.5m；孕穗期 0.5～0.6m；抽穗期 0.6～0.8m；成熟期 0.8m。

棉花：幼苗期 0.3～0.4m；现蕾期 0.4～0.6m；开花结铃期 0.6～0.8m；吐絮期 0.6～0.8m。

根据上述时、空界限，在全生育期任何一个时段（Δt）内，土壤计划湿润层（H）的储水量变化可用下列水量平衡方程式表示：

$$W_t - W_o = W_T + P_o + K + M + E \tag{3-24}$$

式中：W_o 和 W_t 分别为时段初和时段末土壤计划湿润的储水量；W_T 是由于计划湿润层的增加而增加的水量；P_o 是保存在土壤计划湿润层内的有效降雨量；K 为时段 Δt 内的地下水补给量，即 $K = k\Delta t$，k 为 Δt 时段内平均每昼夜地下水补给；M 为地段 Δt 的灌溉水量；E 是时段 Δt 的作物田间需水量，可以 $E = e\Delta t$ 求得，e 为 Δt 时段内平均每昼夜作物田间需水量。

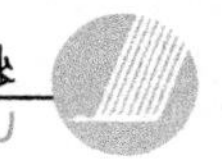

以上各值均用 m^3/hm^2 或 mm 计。

为了满足作物正常生长的需要，任一时段内土壤计划湿润层储水量必须经常保持在一定的适宜范围内，即通常要求不少于允许的最小储水量（W_{min}）和不大于作物允许的最大储水量（W_{max}）。在天然情况下，由于各时段内田间耗水量是一经常连续性的消耗，而降雨则是间断的补给，因此，当在某些时段内降雨很少或没有降雨时，往往使土壤计划湿润层内的储水量很快降低或接近于作物允许的最小储水量，此时即需要灌溉，以补充土层中消耗掉的水量。

如果某时段内没有降雨。当土壤储水量降低达到作物允许的储水量时，此时段的水量平衡方程式则可写为：

$$W_{min}=W_{o}-E+K=W_{o}-\Delta t(e-k) \tag{3-25}$$

式中：W_{min}为土壤计划湿润层内允许最小储水量。

通常，每次灌溉时的灌水定额 m 和两次灌溉时间间距 Δt 是灌溉制度所要确定的两个重要参数。如果时段初土壤储水量已知为 W_{o}，则由上式可的推算出开始灌水时的时间间距为：

$$\Delta t=\frac{W_{o}-W_{min}}{e-l} \tag{3-26}$$

而这一时段需要的灌水定额为：

$$m=W_{max}-W_{min}=SH(\beta_{max}-\beta_{min}) \tag{3-27}$$

或 $$m=10\gamma H(\beta'_{max}-\beta'_{min})$$

式中：m—灌水定额（$m^3\cdot hm^{-2}$）；S—计划湿润层内土壤的孔隙度（以占土壤体积的%计）；H—该时段内土壤计划湿润层的深度（m）；β_{max}、β_{min}—分别为该时段内允许的土壤最大含水率和最小含水率（以占土壤孔隙体积的%计）；γ—计划湿润层内土壤的干容重（$t\cdot m^{-3}$）；β'_{max}、β'_{min}—同 β_{max}、β_{min}，但以占干土重%计。

这就是求算作物各生育时段的灌水时距与灌水定额的一般方法，由此可确定出作物全生育期内的灌溉制度。实际上，虽然公式的符号很多，它们的意义却是非常明确和简单的，即：

灌水定额＝灌水土体体积灌溉需要增加的土壤含水率（体积百分数）
＝一亩田的面积计划湿润层深度灌溉需要增加的土壤含水率（体积百分数）

在进行水量平衡计算或图解分析法之前，必须首先确定方程中的各项数据，这是拟定灌溉制度正确与否的关键。

1. 土壤最适宜含水率及允许的最大、最小含水率

土壤最适宜含水率（β适）是确定旱作物灌溉制度的重要依据，它随作物种类、生育阶段的需水特点、施肥情况和土壤性质（包括含盐状况）等因素而异，一般应通过试验或调查总结群众经验确定，下面给出的冬小麦、棉花和玉米各生育阶段要求的土壤最适宜含水率（以占田间持水量的%计），可供参考。

（1）冬小麦：发芽出苗期和分蘖期稍大于 70%；越冬期 70%左右；返青到拔节期为 60%～70%；拔节以后应保持在 70%～80%。

（2）棉花：播种期 70%以上；苗期 55%～70%；现蕾期 60%～70%；开花结铃期 70%～

80%；成熟期55%～70%。

(3)玉米：播种期60%～80%；苗期55%～60%；拔节孕穗期60%～70%；抽穗开花期70%～75%；灌浆成熟期70%左右。

由于田间作物需水的持续性与农田灌溉或降雨的间歇性，土壤计划湿润层内的含水率不可能经常保持在某一适宜含水率数值不变。为了保证作物生长，土壤含水率应控制在允许最大和允许最小含水率之间变化。土壤允许最大含水率(β_{max})一般以不产生深层渗漏为原则，所以采用$\beta_{max}=\beta_{田}$，$\beta_{田}$为土壤田间持水量，土壤允许最小含水率(β_{min})应大于凋萎系数，根据经验一般取$\beta_{min}=2/3\beta_{田}$比较适宜，小于此值时土壤水分不易为作物吸收，不同土壤的凋萎系数与田间持水量大致如表3-10所示，无实测资料时，可供选用参考。

表3-10　各种土壤的凋萎系数与田间持水量

土壤质地	土壤容重($t\cdot m^{-3}$)	凋萎系数		田间持水量	
		重量(%)	体积(%)	重量(%)	体积(%)
砂土	1～45	—	—	16～22	26～32
砂壤土	1.36～1.54	4～6	5～7	22～30	32～42
轻壤土	1.40～1.52	4～9	6～12	22～28	30～36
中壤土	1.40～1.55	6～10	8～15	22～28	30～35
重壤土	1.38～1.54	6～15	9～18	22～26	32～42
轻黏土	1.35～1.44	15.0	20.0	28～32	40～45
中黏土	1.30～1.45	12～17	17～24	25～35	35～45
重黏土	1.32～1.40	—	—	30～35	40～50

2.有效降雨量(P_{o})

降雨量根据设计经验频率选择相应的等值年及干旱年的雨量，分别进行计算。

有效降雨量一般可认为是设计降雨量减去面径流量与深层渗漏量之和，保持在土壤计划湿润层内可为作物吸收利用的水量，即

$$P_{o}=P-P_{径}-P_{渗} \tag{3-28}$$

式中：P—设计降雨量；$P_{径}$—形成地面径流的降雨量，即地面径流量；$P_{渗}$—由于降雨过多水分下渗至计划层以下的深层渗漏水量。

但在生产实践中常采用下列简化方法求得，即

$$P_{o}=\sigma P \tag{3-29}$$

式中：σ为降雨有效利用系数。其值与一次降雨量、降雨强度、降雨延续时间、土壤性质、作物生长、地面覆盖和计划湿润层土层深度等因素有关，一般应根据资料确定。

3.地下水补给量(K)

地下水补给量系指地下水借毛细管作用上升至作物根系活动层内而被作物利用的水量，其大小与地下水埋藏深度、土壤性质、作物种类、作物需水强度、计划湿润层土壤含水量等有关。地下水利用量(K)随灌区地下水动态和各阶段计划湿润层深度不同而变化，应根据当地或条件类似地区的试验、调查资料估算。目前由于试验资料较少，只能确定其总量大小，如内蒙古灌区春小麦地下水利用量，当地下水埋深为1.5～2.5m时，利用量为600～1200m^3/hm^2；河南省人民胜利渠在1957、1958年观测表明，冬小麦生长期内地下水埋深1.0～2.0m时，地下水利用量可占田间需水量的20%(中壤土)。由此可见，地下水补给量

是很可观的，在设计灌溉制度时，应根据当地或条件类似地区的试验、调查资料对此作出估算。

4. 由于计划湿润层增加而增加的水量

在作物生育期内计划湿润层是变化的，计划湿润层深度的增加，使增加的土层内储存的水分交得可利用，其数量 W_T 可以下式计算：

$$W_T(\mathrm{m^3/hm^2})=(H_2-H_1)A\beta \tag{3-30}$$

或 $$W_T(\mathrm{m^3/hm^{-2}})=100(H_2-H_1)\gamma\beta'$$

式中：H_1—计算时段初计划湿润层深度(m)；H_2—计算时段末计划湿润层深度(m)；β—为(H_2-H_1)深度土层中的平均含水率，以占孔隙的%计，一般 $\beta<\beta_田$；A—土壤孔隙率，以占土体积的%计；β'—同 β，但以占干土重的%计；γ—土壤干容重($\mathrm{t/m^{-3}}$)。

5. 旱作物播前灌水定额的确定

播前灌水的目的在于保证作物种子发芽和出苗所必需的土壤水分，如播前土壤水分过低，则应进行灌水补充，通常播前灌水只进行一次，可按下式计算：

$$M_1=H(\beta_{max}-\beta_o)(\mathrm{m^3/hm^2}) \tag{3-31}$$

或 $$M_1=100(\beta'_{max}-\beta'_o)rH(\mathrm{m^3/hm^2})$$

式中：M_1—播前灌水定额($\mathrm{m^3/hm^2}$)；H—土壤计划湿润层深度(m)，按播前灌水标确定；A—相应于 H 层内的平均土壤孔隙率，以占土壤体积的%计；β_{max}——一般为田间持水量，以占孔隙率的%计；β_o—播前 H 土层内的平均含水率，以占孔隙率的%计；β'_{max}、β'_o—同 β_{max}、β_o，但以干土重的%计；γ—土壤干容重($\mathrm{t\cdot m^{-3}}$)。

二、水稻的灌溉制度

水稻的耕作栽培方法与旱作完全不同，但其按水量平衡原理确定灌溉制度的方法与旱作物的基本相同。所不同的是，水稻在不同生育阶段要求田间维持一定深度的水层，土壤水分基本上处于饱和状态，且在一定时期要进行晒田排水；因此，确定灌溉制度时，不是以土壤计划湿润层土壤水分变化为依据，而是以淹灌水层深度变化为依据。

我国水稻栽培主要采用育秧移栽方式，故水稻田灌溉分为秧田灌溉和本田灌溉两种，而本田灌溉又有泡田灌溉与生育期内灌溉两类。关于秧田灌溉应根据灌区当地条件采用先进育秧方法确定，属于水稻栽培措施，在此不作介绍。

水稻本田的灌溉定额包括泡田定额 M_1 与生育期灌溉定额 M_2 两部分。

1. 泡田定额(M_1)

泡田期灌溉用水量(M_1)可用下式确定：

$$M_1=100a_1+10(s_1+e_1t_1-p_1) \tag{3-32}$$

式中：M_1—泡田定额($\mathrm{m^3\cdot hm^{-2}}$)；$a_1$—插秧时田面所需水层深度(cm)；$s_1$—泡田期的渗漏量，即开始泡田到插秧期间的总渗漏量(mm)；t_1—泡田期日数；e_1—t_1 时期内水田田面平均蒸发强度(mm/d)，可用水面蒸发量代替；p_1—t_1 时期内的降雨量(mm)。

通常，泡田定额按土壤、地势、地下水埋深度和旱耕深度相类似，田块上的实测资料决定，一般在 a_1 为 3～50cm 条件下，泡田定额大约为下述数值：黏土和黏壤土 750～1200$\mathrm{m^3/hm^2}$；中壤土和砂壤土 1200～1800$\mathrm{m^3/hm^2}$(地下水埋深大于 2m 时)或 1050～1500$\mathrm{m^3}$/亩(地下水埋深小于 2m 时)；轻砂壤土 1500～2400 m^3/hm^2(地下水埋深大于 2m 时)或 1200～1950m^3/hm^2(地下水埋深小于 2m 时)。

2.生育期灌溉定额(M_2)

在水稻生育期中任何一个时段(t)内，农田水分的变化，决定于该时期的来水或耗水之间的消长，它们之间的关系，可用下列水量平衡方程式表示：

$$h_1 + p + m - E - c = h_2 \tag{3-33}$$

式中：h_1—时段初田面水层深度；h_2—时段末田面水层深度；p 时段内降雨量；c—时段内排水量；m—时段内灌水定额；E—时段内田间需水量。式中各值均以 mm 计。

如果时段初的农田水分处于适宜水层上限(h_{max})，经过一个时段的消耗，田面水层降到适宜水层的下限(h_{min})，这时如果没有降雨，则需进行灌溉，灌水定额即为：

$$m = h_{max} - h_{min} \tag{3-34}$$

若该时段内有降雨 P，则在降雨后田面水层回升，如降雨很大，超过适宜水以上限，则多余的水需要排除，即为排水量 C。因此，当确定了各生育阶段的适宜水层 h_{max}、h_{min} 与水稻生育阶段的需水强度 C_1 后，便可用图解法或列表法推求水稻的灌溉制定，在此介绍列表法步骤：

(1)确定水量平衡方程式中的各项数值

①阶段耗水强度 e_1，等于作物田间需水强度与渗漏强度之和，已在前两节中叙及。

②降雨量：可从气象资料中查得。

③田面水层：控制调节田面水层，是水稻栽培措施中水浆管理很重要的一项技术，通过控制、调节水层可以满足作物对外界环境的要求。因此，田面水层的深度除通过科学试验亦可根据当地高产、省水的先进经验确定。目前各地较普遍采用“浅灌深藏”的灌水方式，即实行浅水灌溉，遇雨深蓄，但深蓄以不影响水稻生长为限。超过允许蓄水深度则进行排水。表 3-11 中列出的各种水层深度可供参考。

表 3-11　水稻各生育阶段浇灌水层的深度(mm)

	生育阶段						
	返　青	分蘖期	分蘖末	拔节　孕穗	抽穗开花	乳熟	黄熟
早稻	10～30～50	20～40～70	20～50～80	30～60～90	10～30～80	10～30～60	10～20
中稻	10～30～50	20～40～70	30～60～90	30～60～120	10～30～100	10～20～60	落干
晚稻	20～40～70	10～20～70	10～30～90	20～50～90	10～30～50	10～20～60	落干

表 3-11 中数字顺序为：田面适宜水层下限－适宜水层上限－限雨后最大允许深度。

(2)列表进行水量平衡计算

列表计算水稻灌溉制度步骤：

①早稻生育期及各生育阶段耗水强度。

②生育期降雨量。

③各生育阶段适宜水层深度，可参考表 3-11。

将此计算表整理后，即可得出表 3-12 所示的灌溉制度。

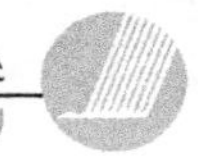

表 3-12 某灌区某年早稻生育期设计灌溉制度表

灌水次序		1	2	3	4	5	6	7	8	9	10	合计
灌水日期(月/日)		5/10	5/23	5/27	5/31	6/5	6/11	6/17	6/20	6/24	6/29	
灌水定额	mm	30	30	40	40	40	40	30	30	30	30	340
	$m^3 \cdot hm^{-2}$	300	300	400.5	400.5	400.5	400.5	300	300	300	300	3405

如前所述，拟定灌溉制度是为了满足规划设计及有关部门编制用水计划所必需。但在每年实际进行灌溉时，则必需根据当年气候变化状况而进行调整。国内一般是根据天气预报(尤其中短期预报)及土壤墒情预报来调整灌水次数、日期及数量。其次，有条件地则根据作物的生理指标调整灌水次数与日期。科学试验证明，作物水分不足时，会首先反映在作物水分生理上，利用各种水分生理指标来作为灌水的指标，能更及时合理地保证作物正常生长发育和它对水分的需要，从而获得较高产量，当前灌溉上采用的水分生理指标，主要有下面三种，而且我们还没有针对这三种更多的系统研究资料，仅有的几项作为参考。

细胞液浓度：在干旱条件下，作物吸水困难，叶片组织细胞液浓度相对提高，当增高到一定数值时，就将抑制作物的生育。此时就应进行灌溉，细胞液浓度可用阿贝折射计或手持折光仪测定。

叶组织吸水力：作物细胞吸收水分的能力叫细胞吸水力。它的大小随不同的作物的生理特性及其含水的程度而变化。当作物缺水时，吸水力增大，对生长发育就产生不利影响，故可测出开始影响作物正常生理活动的吸水力，作为适时灌水的生理指标。

气孔开张度：水分充足时，叶片上的气孔是张开的，随着水分的减少，气孔的开张度逐渐缩小，甚至完全关闭，为了保证作物的正常生理需要，就在气孔缩小到一定程度时进行灌溉。

此外，也有些国家利用张力计进行观察土水势的变化，根据土水势的变化状况决定灌水时间与数量。

第五节 地面灌溉渠系

一、灌溉渠道

(一)灌溉渠道系统的组成和布置

一个完整的灌溉系统是及时合理灌溉排水，使农作物高产稳产的重要保证。它包括下面几个重要组成部分：

(1)水源和引水部分。主要包括水源(河流、湖泊、水库及井等)及适应于该水源条件的引水建筑物(如具有调节能力的闸坝及抽水站)等。

(2)输水配水系统。它是从水源把水按计划输送分配到各个田块的各级渠道系统，这类渠道是常年保存的，称为固定渠道。根据我国的习惯，把这类渠道一般分为总干渠、干渠、支渠、斗渠、农渠。由于灌溉面积和地形条件的不同，渠道的分级也不尽相同，渠道的名称可命名为一干、二干；一支、二支；一斗、二斗等。其编号顺序按水流方向自上而下，先左后右。

(3)田间渠道系统。它是直接将水输送到田，调节土壤水分状况的临时灌水系统，具体指的是农渠以下的毛渠、输水垄沟、灌水沟、灌水畦在这类系统中的小型建筑物等。

(4)排水泄水系统。它是完整的灌溉系统不可缺少的一个部分，排水泄水系统的任务在于排除因降雨过多而形成的积水和多余的灌溉水，以及降低地下水位以保证灌区土地的持续生产能力。

排水泄水系统由田间排水沟、排水农沟、斗沟等沟道和容泄区组成。排水泄水系统和灌溉系统一样，可分干、支、斗、农、毛几级，并随对应的灌溉渠道加以命名，通常称为干沟、支沟、斗沟、农沟及毛沟，容泄区即容纳排泄出去的多余水量的场所，根据地形可以是河流、湖泊、池塘、水库或井孔等。

渠系的布置是一项极为重要的工作，渠系布置的优劣影响着灌溉水和土地的利用率的高低；影响着工程造价和现代农业的发展，因此对于不同地区应根据不同的条件进行合理的渠系布置，做到因地制宜。

渠系布置应注意的问题有：①必须因地制宜；②尽可能全部自流灌溉，并应使渠道线路最短；③同时考虑内部的排水要求；④尽可能减少工程量和输水损失；⑤与土地利用规划结合布置；⑥考虑综合利用，以充分发挥渠系的效用。

输水系统的布置形式

(1)平原地区的布置　平原地区的输水系统，一般干渠沿等高线、垂直等高线与等高线斜交布置。支渠从干渠的一侧或两侧引出。

(2)山区丘陵地区的布置　干渠可沿分水岭或垂直等高线布置。支渠从干渠的一侧或两侧引出，基本上与干渠垂直。沿分水岭布置的干渠与天然河沟交叉少，因而渠道建筑物也少，可节省工程；沿等高线布置的干渠适用于等高线大致与河流平行的狭长地带。垂直等高线布置的干渠，坡度较陡，需修建较多的建筑物，但有利于水力水能的利用。

(3)圩垸(滩地、三角洲)地区的分布　这类地区一般分布在沿江沿湖滩地和滨海三角洲地区，地形平埋低洼，多河湖港汊、水网密集、地下水位经常较高。除沿海和地方部分地区外，地下水矿化度不高，无土壤盐碱化现象，由于降雨的不均，也常出现干旱。有些地区汛期外河水位常高于两岸农田。因而降雨产生的径流难以向外排出，存在外洪内涝的威胁。

这类地区为防止江河洪水侵袭，四周筑有堤防，形成独立的区域，成为圩垸。多见于我国南方河流的下游沿江滨湖地区、三角洲水网地区及北方洼淀地区。

除涝和控制地下水位是圩垸区的首要问题。因此其灌溉系统的布置都首先考虑除涝和控制地下水位。以排为主，兼顾灌溉，排灌分家，各成系统，其灌溉渠系的布置是在合理布置排水系统的基础上进行的；在考虑排水时尽量创造自流排水的条件，因而应实行高低分开，高水自排；在规划排水沟道时一般都考虑了一定的内河和内湖面积，一般为总排水面积的5%～10%，作为滞涝容积，以加快田间排水和减少堤排设备。无自流排灌的地区，普遍实行滴排滴灌，面积较大的圩垸，可一圩多站，分区灌溉，统一排涝。在北方这类地区往往由于当地地面水渠的不足，需要利用河道和排水引水蓄水，在保证能控制地下水位的前提下，采用排、灌、蓄结合的深沟河网系统，而在地下水质较好的地区，则可发展井灌。

当灌排渠系布置方案确定之后，接着进行渠道线路的选定，一般分四步进行，即初步查

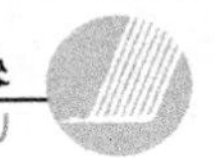

勘、复勘、初测和图纸上定线、定线测量和技术设计。

(二)田间渠系的布置

各地区的自然条件不同,田间灌排渠的组成和规划布置也有很大差异。下面概括为两种情况,供参考。

1. 平原和圩区的田间渠系

(1)斗、农渠的布置形式　在平原和圩区的田间区系,根据渠沟的相对位置和不同作用,主要有以下三种基本布置形式。

①灌排相邻布置:灌排渠道和排水系统相邻平行布置。这种布置形式适用于地形有单一的坡向,灌排方向一致的地区,如图 3-9。

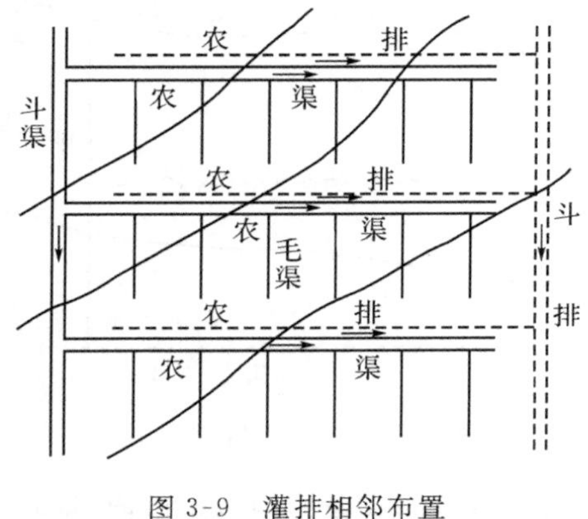

图 3-9　灌排相邻布置

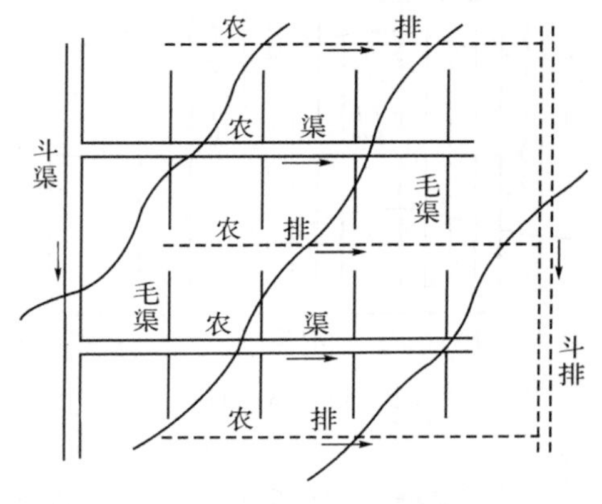

图 3-10　灌排相间布置

②灌排相间布置:灌溉渠道向两侧灌水,排水沟承泄两侧的排水,这种布置形式适用于地形平坦或有一定波浪状起伏但起伏不大的地形,灌溉渠道布置在高处,排水沟布置在低处。如图 3-10。

以上两种都是"灌排分开"的形式,其主要优点是有利于控制地下水位,同时有利于及时灌溉和排水,这种形式应积极推广。

③灌排合渠:灌溉和排水共同用一条渠道的布置形式,只有在地势较高,地面有相当坡度的地区或地下水位较低的平原地区才适用。布置这种形式的前提是不需要控制地下水位,灌排矛盾小,在这种形式下,格田之间有一定的高差,灌排两用渠沿着最大地面坡度方向布置(可根据地面坡度和渠道比降,分段修筑渠道),控制左右两侧的格田,又灌又排,这种形式减少占地面积和节省工程量。

(2)条田内部的渠系布置　条田内部的渠系一般包括灌溉毛渠、输水沟和灌水沟、畦等在水田地区还包括格田和田埂,根据不同的地形条件,条田内部的渠系布置有以下两种基本形式。

①纵向布置:毛渠的布置与灌水沟、畦的方向一致,灌溉水从毛渠流经输水沟,然后进入灌水沟、畦。毛渠的布置要注意有利于控制向沟、畦输水。根据地形条件,毛渠可以布置成双向控制(即毛渠两侧布置输水沟)或单向控制(即只在毛渠一侧布置输水沟),如图 3-11 所示。毛渠一般是垂直于等高线方向布置,以使灌水方向能与最大地面坡度方向一致。给灌水创造有利条件,但在地面坡度较大(大于 0.01)而又需要采用畦灌方式时,为避免造成田

面冲刷，毛渠的布置可以和等高线斜交以减缓坡度。这种形式一般用在地形复杂、土地平整差的地区。

②横向布置：毛渠布置与沟、畦方向垂直，灌水时，水从毛渠直接流入灌水沟、畦，省去了输水沟，从而减少了田间渠系的长度，节省了土地和灌溉水的损失。在这种形式中，毛渠一般沿着地面较小的坡度方向布置，这样可以使灌水沟、畦沿最大地面坡度方向布置，有利于灌溉。这种形式一般用在地形平坦、坡度较小的地区(图 3-12)。

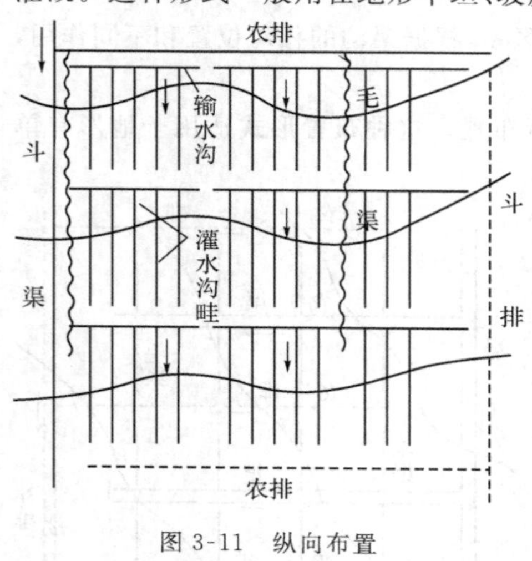

图 3-11　纵向布置

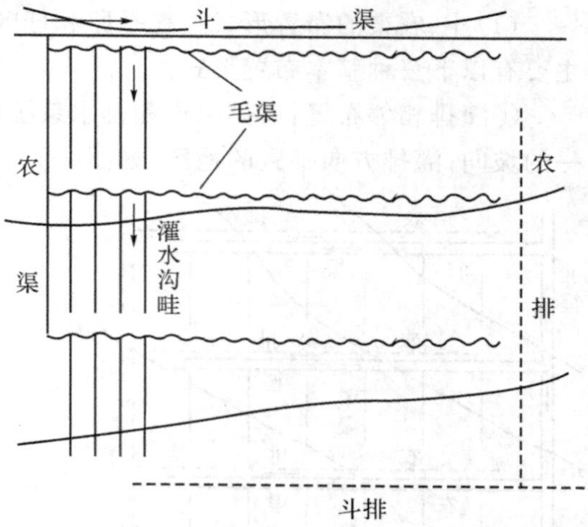

图 3-12　横向布置

(3)水稻区的田间渠系布置　水稻区的田间渠系布置的特点是在条田内修筑田埂，将其分成许多格田，格田面积约 3～5 亩，格田宽度 20～40 m，长约 60～100 m，格田的长边一般沿等高线方向，每个格田有进水口，由农渠直接供水，并设有排水口，可将废泄的水排入农沟。

2. 山区、丘陵区的田间渠系

山区、丘陵区坡陡谷深，岗冲交错，地形起伏变化大，一般情况下排水条件好，而干旱往往是影响农业生产的主要问题。但在山区之间的冲田，地势较低，多雨季节山洪汇集，容易造成洪涝灾害。另外，冲、谷处的地下水位一般较高加之地形位置的影响，常常形成冷浸田和烂泥田。因此对于山丘区田间渠系的布设必须注意解决旱涝、渍的危害。

山丘区的农田，按其地形部位的不同，可分为岗、冲、榜、畈等类型，岗地位置高，榜田位于山冲两侧的坡地上，冲田在两岗之间地势最低处，冲沟下游和河流两岸，地形逐渐平坦，常为宽广的平畈区。

山丘区的支、斗渠，一般沿岗岭脊线布置，农渠垂直于等高线，沿榜田短边布置，由于榜田是层层梯田，两田之间有一定高差，农渠上修筑跌水相接，榜田地势较高，排水条件好，所以农渠多是灌排兼用，每一个格田都有单独的进出水口，以消灭串灌串排。山丘区的田间渠系的一般布置形式如图 3-5。

山丘区的冲垅地形条件不同，冲内的田间渠系因地制宜，常见的有以下两种布置形式：

(1)狭长的山冲　当冲垅的宽度小于 100 m，可在山坡来水面较大的一侧沿山脚布置排水沟，排泄山坡径流、田面废泄水和地下水等，在山坡来水较小，冲田地势较高的一侧，布置以灌溉为主灌排两用渠，兼排水洪径流。若山坡来水面积较大，应另开挖排洪沟(又称撇洪

沟)拦截山洪,对于冷浸严重的冲田,应在山冲中间布置一条排水沟,降低地下水位,如图3-13。

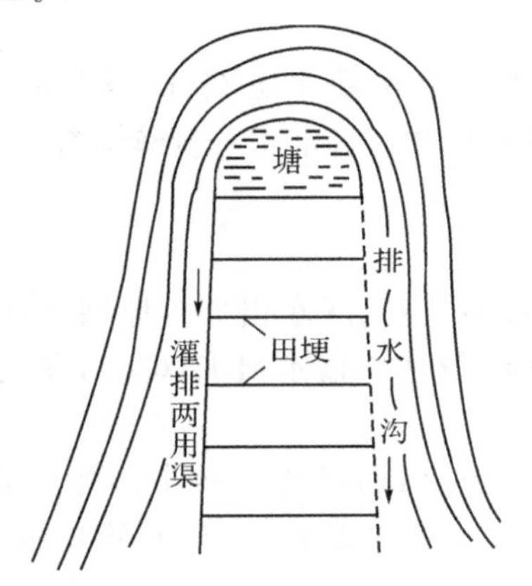

图 3-13 狭长山冲的渠沟布置

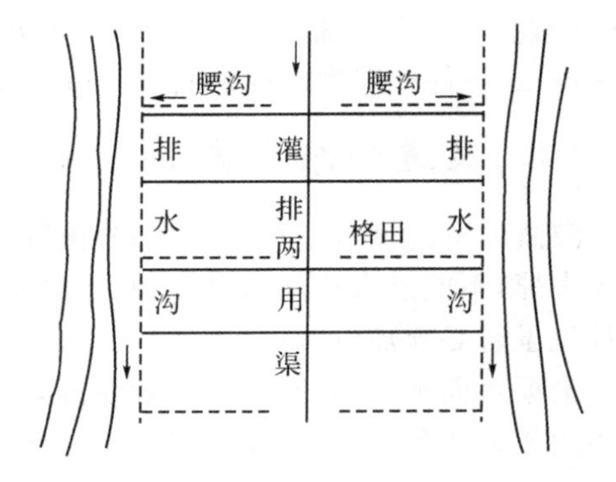

图 3-14 开阔冲垅

(2)开阔的冲垅 对于比较开阔的冲垅,可以在左右两侧坡脚布置排水沟,冲的中间布置灌溉为主的灌排两用渠,成双向控制,以灌溉左右两侧的格田;沿坡脚的排水沟,一方面承接来自岗上的地面径流,同时又起到拦截地下水流,降低冲垅地下水位的作用。因此,这种排水沟的深度大,沟底要低于田面 1.0m 以上,为了提高排水效果,还可在垂直冲垅方向,每隔一定距离加开横向排水沟(又称腰沟),分级拦截渗水,降低地下水位,如图 3-14。

沿坡脚的排水沟断面,主要决定于地面径流的排水量。冲垅内部的灌排两用渠,主要用做灌溉,兼起排除地面水和废泄水的作用,其断面尺寸主要决定于灌溉的需要。

二、灌溉设计流量

设计各级渠道时,首先要确定它们应有的最大过水能力,这个过水能力叫做渠道的设计流量。各级渠道的设计流量的确定和它们所控制的灌溉面积上种植的作物种类以及作物的灌溉制度有关。

设计流量必须定得恰当,过小则引水量不能满足灌溉用水的要求,过大会使渠系上各级建筑物的工程量增大,渠道占用耕地面积也增多,土方量加大,造成浪费。

在实际工作中,渠道的设计流量是由分别计算渠道所控制范围内农作物的灌溉净流量和渠道损失流量后求之和确定的。

(一)渠道净流量

渠道的净流量,是根据渠道所控制范围内作物种植面积,作物的灌溉制度计算求得的,其计算公式如下:

$$Q_{净}=\frac{m\omega}{86400T} \tag{3-35}$$

式中:$Q_{净}$—渠道设计净流量($m^3 \cdot s^{-1}$);m—作物的灌水定额($m^3 \cdot hm^{-2}$);ω—作物种植面积(hm^2);T—允许灌水的延续天数(昼夜)。

如果这条渠道灌溉的是多种作物,则该渠道的净流量为各种作物所需净流量之和,其计算公式如下：

$$Q_{总净}=\frac{m_1\omega_1}{86400T_1}+\frac{m_2\omega_2}{86400T_2}+\cdots\cdots+\frac{m_n\omega_n}{86400T_n} \tag{3-36}$$

式中：$Q_{总净}$—渠道的总流量($m^3\cdot s^{-1}$)；m_1、$m_2\cdots m_n$—各种作物的灌水定额($m^3\cdot hm^{-2}$)；ω_1、$\omega_2\cdots\omega_n$—各种作物的种植面积(hm^2)；T_1、$T_2\cdots Tn$—各种作物允许灌水的延续天数。

(二)渠道的损失流量

灌溉渠道的输水过程中，有部分流量由于渠道渗漏、水面蒸发、漏水损失等原因而在沿途损失掉，不能进入田间为农作物所利用。这部分损失的流量称为输水损失($Q_{损}$)，在确定设计流量时必须加以考虑。

沿渠水面蒸发掉的水量，一般在渗漏损失水量的5%以下，因而可忽略不计。漏水损失是指由于地质条件，生物作用或施工不良而形成漏洞或裂隙所损失的水量，以及管理不善、工程失修建筑物漏水等原因造成的水量损失，这是在施工、管理中完全可以防止并避免的，因此在计算渠道损失流量时一般也不予计入。

渗漏损失是通过渠道底部和两侧的渠堤中的土壤孔隙而流入地下的水量，是输水中主要的损失水量。

渠道输水损失，一般通过实测确定，在无实测资料情况下，也可通过理论或经验公式估算。

经验公式计算

$$Q_{损}=\frac{\sigma\times L\times Q_{净}}{100} \tag{3-37}$$

式中：$Q_{损}$—渠道的输水损失($m^3\cdot s^{-1}$)；$Q_{净}$—渠道的净流量($m^3\cdot s^{-1}$)；L—渠道的长度(km)；σ—每km长渠道损失占所通过净流量的百分比

$$\sigma=\frac{A}{Qm_{净}} \tag{3-38}$$

式中A和m是与土壤透水性有关的参数。参阅表3-13。

净流量，毛流量是渠道流量推算中两个常用的名词，它们具有相对概念。径流上、下断面的流量各为$Q_{上}$、$Q_{下}$，则$Q_{上}$为该渠道的毛流量，而$Q_{下}$为该渠段的净流量；对于渠系而言，干渠同时向各支渠分水，渠首流量为Q_0；各支渠分水流量相应为Q_1、Q_2、Q_3。那么，对于干渠而言，Q_0为干渠毛流量，($Q_1+Q_2+Q_3$)为干渠净流量；但对各支渠而言，Q_1、Q_2、Q_3则分别是一、二、三支渠的毛流量(图3-15)。

表3-13　土壤透水参数表

渠床土壤	透水性	A	m
重黏土及黏土	弱	0.7	0.3
重黏壤土	中下	1.3	0.35
中黏壤土	中等	1.9	0.40
轻黏壤土	中上	2.65	0.45
砂壤土及轻砂壤土	强	3.4	0.50

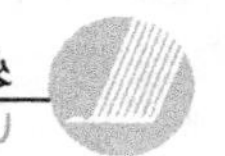

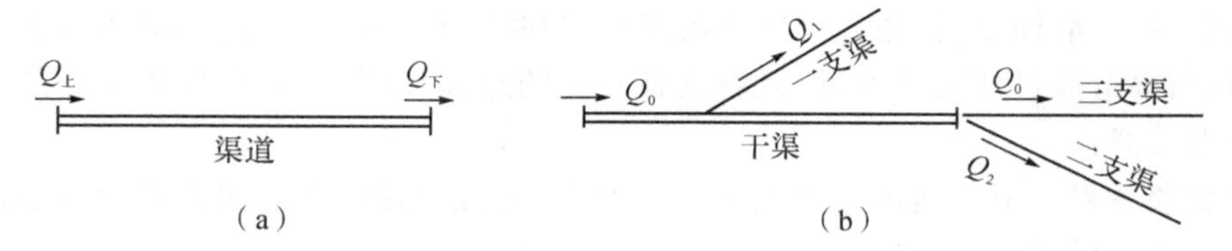

图 3-15 渠道净流量、毛流量关系示意图

其渠道的净流量与毛流量的比值称为该渠道的渠道水利用系统(η 渠道),即:

$$\eta_{渠道}=\frac{Q_下}{Q_上}=\frac{Q_净}{Q_毛} \tag{3-39}$$

渠系水利用系数反映了从渠首到农渠的各级输配水渠道的输水损失,表示了整个渠系水的利用率,其值也等于各级渠道的渠道水利用系数的乘积,即

$$\eta_{渠系}=\eta_干\ \eta_支\ \eta_斗\ \eta_农 \tag{3-40}$$

农渠以下(包括临时毛渠直至田间)的水的利用系数叫田间水利用系数 η,在田间工程配套齐全,质量良好、灌水技术合理的情况下,一般为 0.95～0.98,与旱田地区相比,水田地区的田间水利用系数较高。

全灌区的灌溉水利用系数($\eta_水$),为田间所需的净流量(或净水量)与渠道引入流量(或水量)之比,或等于渠系水利用系数和田间水利用系数和乘积,即:

$$\eta_水=\frac{Q_{田净}}{Q_首}=\frac{W_{q净}}{Q_首} \tag{3-41}$$

或
$$\eta_水=\eta_{渠系}\ \eta_田 \tag{3-42}$$

渠系水利用系数综合地反映了渠道工作状况和灌溉管理水平,是衡量灌区管理水平的重要指标。在规划设计渠道时,应根据灌区大小、渠床土质、渠道长度、防渗措施和管理水平等因素,选用一个合适的渠系水利用系数。

我国目前在管理水平高的灌区渠系的有效利用系数($\eta_系$)可达 0.75－0.85,管理水平低的灌区渠系有效利用系数($\eta_系$)仅达 0.4 左右。一般管理水平下,干道 $\eta_干$＝0.5－0.7;支渠 $\eta_支$＝0.6－0.8;斗渠 $\eta_斗$＝0.85 左右。

(三)渠道设计流量

当得到渠道的净流量($Q_净$)和渠道的损失流量($Q_损$)之后,即可求得渠道的设计流量($Q_损$)。

如果知道了渠道的有效利用系数(η),则渠道的设计流量($Q_设$)也可以利用下式求出。

$$Q_设=\frac{mW}{86400T_\eta} \tag{3-43}$$

以上求出的设计流量称为渠道的正常设计流量,它是确定渠道各水力要素和设计渠道断面以及渠系建筑物的依据。此外,在设计渠道时,还应考虑非常情况下渠道应能通过的加大流量和最小流量。

(四)渠道加大流量和渠道最小流量

1. 渠道加大流量

渠道加大流量是考虑到今后的管理运用中可能出现规划设计未能预料到的变化(如种

植比例变化，扩大灌面积，稀遇的干旱气候等）和短时加大输水的要求，为在设计上留有余地而设立的，当渠道通过加大流量时，渠堤应有一定的超高。所以，渠道加大流量是设计堤顶高程的依据。即：

渠堤堤顶高程＝渠道通过加大流量时的水位＋堤顶超高，渠道加大流量是在设计流量的基础上加大，具体按下式确定，即：

$$Q_{加大}=(1+加大系数)Q_{设} \quad (m^3 \cdot s^{-1}) \tag{3-44}$$

加大系数因设计流量的大小而异，一般采用以下数值：

当$Q_{设}<1\ m^3 \cdot s^{-1}$时，加大系数取20%～30%

$Q_{设}=1\sim10\ m^3 \cdot s^{-1}$时，加大系数取15%～20%

$Q_{设}>10\ m^3 \cdot s^{-1}$时，加大系数取10%～15%

应该指出，丘陵山区干渠多盘山而行，沿途将与溪沟交叉，或截断坡面径流，对于山坡洪水可分为入渠和不入渠两种情况。一般情况下，不应让洪水入渠，而设置交叉建筑物引洪过渠，泄入排水沟；对于小面积分散的汇流坡面，往往要暂时入渠，经渠道就近从泄洪闸入天然排水沟。对于这种有撇洪任务的渠道，设计时，一般应使入渠洪水流量不大于渠道加大流量，否则应适当加大渠道过水断面或增加泄洪闸。

2. 渠道最小流量

在灌区内，有时需要对种植面积较小或灌水定额较小的作物单独供水，此时出现渠道的最小流量（$Q_{最小}$）。渠道流量的最小值还可能出现于河流水源不足的时候，这时应根据渠道可能引入的流量，作为渠道的最小设计流量，并用以校核下一级渠道的水位控制条件和确定修建节制闸的位置。

对于同一条渠道，其设计流量（$Q_{设}$）与最小流量（$Q_{最小}$）相差不要太大，否则在用水过程中，有可能因水位不够而造成引水困难。为了保证对下级渠道正常供水，目前有些灌区规定，渠道最小流量以不利于渠道设计流量的40%为宜；也有的灌区规定渠道最低水位等于或大于70%的设计水位，在实际灌水中，如某次灌水定额过小，可适当缩短供水时间集中供水，以使流量大于最小流量。

灌溉渠道设计流量确定以后，即进行渠道纵断横断面的设计。渠道纵横断面的设计是互相制约，互相关联的。纵横断面设计的主要要求，一个是具有足够的水位，以控制整个灌溉面积内地面高程；另一个是使渠道有足够的输水能力，并具有稳定的渠床，在实际的设计中二者相互交替，反复计算比较，从中找出一个合理的满足纵横断面各自要求又互相统一的设计方案。为了叙述方便，将渠道设计分为横断面结构设计与纵断面结构设计两部分予以介绍。

三、渠道设计简述

按渠道挖填方的情况来分，有以下三种：

(1)挖方渠道。即渠道完全置于地面以下，一般多用于干渠输水工作段，或在遇到高地或经过斜坡时采用。

有些大型渠道，当渠道挖深大于5m时，为了防止边坡坍塌以及便于施工管理，大渠道内坡每隔3～5m高处设置一道平台，平台宽约1.0～2.0m，如平台上需通过车辆，其标准可按交通要求而定。在平台的内侧修建排水沟,汇集和排除坡面雨水,防止渠道冲刷和雨水渗入岸坡,影响边坡稳定。这种断面形式也叫复式断面,复式断面之上下两部分,视具体条件而定,其内坡边系数(m)可相同亦可不同。

(2)填方渠道。即渠道完全置于地面以上,一般当渠道通过低洼地段或坡度很小地区时采用。

(3)挖填方渠道。即渠道断面一部分在地面以下,一部分在地面以上,这种断面形式应用最为广泛,它有利于下级渠道的分水而且工程量小,挖出的土方即可修筑渠堤,因此最好为挖方断面和填方断面相一致。在山区修建盘山渠也常采用这种形式。为了增加边坡的稳定性,减少渗漏损失,防止滑塌失亭,多将正常水位放在挖方断面以内。

渠道横断面的主要设计要素是:

(1)渠底宽。渠道底部的宽度,以米计。

(2)渠道边坡。渠道边坡一般用 1 : m 表示,1 表示斜坡的垂直高度,m 表示斜坡的水平长度,叫边坡系数,m 越大,边坡越缓,反之则陡。对于矩形断面 m 等于零(图 3-16)。

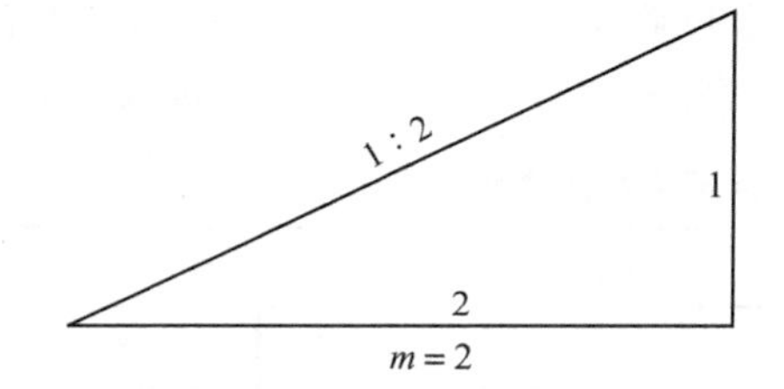

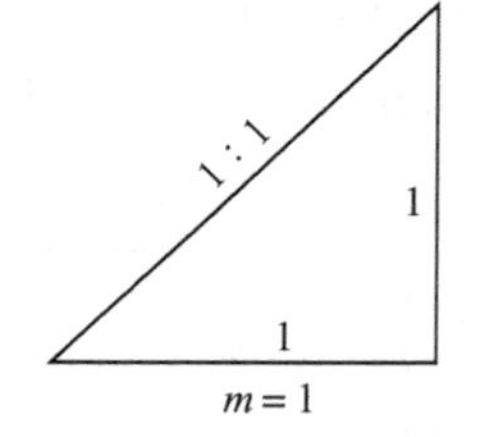

图 3-16 渠道边坡示意图

渠道断面内的边坡一般称为内边坡,简称内坡,渠堤外的边坡称为外边坡,简称外坡。

渠道的最小边坡系数 m 应根据土壤,地质、水文地质和渠道的填挖方情况以及渠道水深等因素来确定。

对于挖方渠道:当挖方深度大于 5m,水深大于 3m 时,其边坡系数应在进行土壤或岩石稳定分析后确定。当渠道挖方深度小于 5m,渠道水深小于 3m,最小边坡系数可采用表3-14数值。

表 3-14 挖方渠道最小边坡系数表

渠道土壤条件	最小边坡系数		
	水深 $h<1$m	水深 $h=1\sim2$m	水深 $h=2\sim3$m
稍胶结的卵石	1.00	1.00	1.00
夹砂的卵石和砾石	1.25	1.50	1.50
黏土重黏壤土和中黏壤土	1.0	1.0	1.25
轻黏壤土	1.25	1.25	1.50
砂壤土	1.50	1.50	1.75
砂土	1.75	2.00	2.25

对于挖方渠道遇到混合土壤:其边坡系数应按稳定性较差的土质选定。

对于通过岩石的挖方渠道:其边坡系数根据岩层性质确定。风化岩层采用 0.25~0.75,完岩层采用 0~0.25。

对于填方渠道:当填高在3m以上时,应通过稳定分析确定,填高在3m以下时,最小边坡系数可采用表3-15的数值。

表3-15 填方渠道最小边坡系数表

渠道土壤种类	最小边坡系数							
	$Q>10m^3\cdot s^{-1}$		$Q=10\sim2\ m^3\cdot s^{-1}$		$Q=2\sim0.5\ m^3\cdot s^{-1}$		$Q<0.5\ m^3\cdot s^{-1}$	
	内坡	外坡	内坡	外坡	内坡	外坡	内坡	外坡
黏土、重黏壤土、中黏壤土	1.25	1.00	1.00	1.00	1.00	0.75	1.00	0.75
轻黏壤土	1.50	1.25	1.25	1.00	1.25	1.00	1.00	1.00
砂壤土	1.75	1.50	1.50	1.25	1.50	1.25	1.25	1.00
砂土	2.25	2.00	2.00	1.75	1.75	1.50	1.50	1.25

(3)渠道安全超高。为了保证渠道正常供水,或者在一些特殊情况下(如临时加大水量等),不致使渠道中的水溢出来,因此在渠道水位确定之后,应加一个高度,这个高度称为安全超高,它的大小与渠道的级别和流量的大小有关,安全超高的数值可按表3-16选取。

表3-16 渠道堤顶宽度及安全超高表

渠道类别	田间毛渠	渠道流量($m^3\cdot s^{-1}$)					
		0.5	0.5～1.0	1～5	5～10	10～30	30～50
堤顶宽度	0.2～0.5	0.5～0.8	0.8～1.0	1.0～1.5	1.2～2.0	1.5～2.5	2.0～3.0
超高(m)	0.1～0.2	0.2～0.3	0.2～0.3	0.3～0.4	0.4	0.5	0.6

(4)渠堤宽度。渠道两边堤顶宽度可依据流量及渠堤的高度而定,如果堤顶不结合道路,堤顶宽度可按表3-9中选取,如果堤顶与道路结合,应按交通要求修筑。

节水农业与节水灌溉技术

第一节　节水农业概述

节水农业是充分合理利用各种可用水源，采取水利、农业、管理等技术措施，使区域内有限的水资源总体利用率最高及其效益最佳的农业，即节水高效的农业。农业用水主要是指种植业灌溉、林业、牧业、渔业以及农村人畜饮水等方面的用水，其中种植业灌溉占农业用水量的90%以上。由于不同学科所强调的重点不同，有"农业节水"(强调的是节水)、"节水农业"(强调的是农业)和"节水灌溉"等概念。2006年发布实施的国家标准《节水灌溉工程技术规范》(GB/T 50363－2006)中对"节水灌溉"的定义为：根据作物需水规律和当地供水条件，高效利用降水和灌溉水，以取得农业最佳经济效益、社会效益和环境效益的综合措施。

20世纪50年代，我国开始建立灌溉试验站，开展灌溉制度试验研究，平整土地；20世纪50—70年代，开展渠道防渗和喷灌；20世纪80年代，推广喷、微灌技术，对泵站机井进行节水技术改造；20世纪80—90年代，大力发展低压管道输水灌溉；20世纪90年代至今，推广普及节水灌溉技术。我国节水灌溉取得举世瞩目的成效。截至2005年底，全国工程节水灌溉面积达到3.2亿亩，占有效灌溉面积(8.5亿亩)的36%。其中渠道防渗面积1.45亿亩，占49%；管道输水面积9933万亩，占33.6%；喷灌面积4184万亩，占14.2%；微灌面积931.7万亩，占3.2%；推广水稻控制灌溉、抗旱播种和保苗措施等非工程措施近2亿亩。我国以占耕地面积43.5%的有效灌溉面积，生产着75%的粮食、90%的经济作物。灌溉面积上的粮食平均亩产是全国平均亩产的1.8倍，是旱地的2.9倍，而且相对稳定。由此可见，我国农业高度依赖于灌溉。

农业用水主要是指种植业灌溉、林业、牧业、渔业以及农村人畜饮水等方面的用水，其中种植业灌溉占农业用水量的90%以上。农业用水的水源主要包括降水、地表水、地下水、土壤水以及经过处理后符合水质标准的回归水、微咸水和再生水等。

根据《全国节水规划纲要及其研究》统计，农业用水量1940年只有956亿 m^3，1990年达到高峰，为4434亿 m^3。1990年以后，农业用水量控制在3800亿 m^3 左右。2005年用水量为3580亿 m^3。根据《中国水资源公报》及有关的统计，我国在农田实灌面积亩均用水方面，1980年为583 m^3/亩，2003年降至430 m3/亩，下降26%；2004年为450 m^3/亩；2005年为448 m^3/亩。农田实灌面积亩均用水量总体呈下降趋势，但有小幅波动。

1949年农业用水量占总用水量的比重为92.7%，1980年为83.4%，2000年为68.8%。2003年农业用水（含林业、湿地等）占总用水量的比重已由1980年的83.4%下降到64.5%，2005年为63.6%。

根据《农业节水"十一五"规划》，在2005—2010年期间，全国新增节水灌溉面积1.5亿亩，其中渠道衬砌9000多万亩，低压管道灌溉3000多万亩，喷灌2000多万亩，微灌900多万亩。这使全国节水灌溉面积达到4.5亿亩，灌溉水有效利用系数由目前的0.45提高到0.50以上，在灌溉用水总量不增加的情况下，新增灌溉面积2000万亩，使灌溉面积达到8.7亿亩，节水灌溉面积占有效灌溉面积比重达到50%以上。

节水灌溉是科学灌溉、可持续发展的灌溉，包括工程措施、农艺措施、管理措施等三个方面。

一、工程措施

1.水资源开发

农业水资源包括降水、地表水、地下水、土壤水和经过净化处理的废污水。农业水资源的合理开发，是指采用必要的工程技术措施，对天然状态下的水进行有目的的干预、控制和改造，在维护生态平衡条件下，为农业生产提供一定水量的活动。我国多年平均降水总量为61900亿 m^3，约合水深648 mm，目前约有56%消耗于陆面蒸发与植物的蒸腾，进一步开发利用的潜力很大。

在地下水资源条件较好的地区打井，开发利用地下水，发展节水型井灌区，是我国北方地区加强农业基础设施建设，提高抗旱能力，增加农业产量的一项重要措施。我国多年平均可更新地下水资源量为8290亿 m^3，其中与地表水重复部分为7300亿 m^3，目前地下水的直接利用量为898亿 m^3，其中约53.1%用于农田灌溉，我国井灌面积目前约占全国粮食灌溉面积的25%，并且多为旱涝保收的高产稳产田。但是，由于长期开采地下水，一些地区已因严重超采地下水，引发一系列生态平衡问题，合理开发地下水资源已成为当务之急。

在干旱半干旱地区，土壤水也是相当重要的农业水资源。土壤水既具有水资源的基本特征，又与重力水资源有区别，具有不可调度性，不可开采性，只能就地为植物利用或直接耗于蒸发返回大气。据调查，在我国北方地区，土壤水资源占降水资源的60%～70%，约360～420mm。有试验结果表明，在小麦生育期内，土壤水利用量可占全部耗水量的1/3，但在多数地区却未能得到充分利用。因此，有人预测，土壤水将是今后水资源开发的主要对象。

劣质水包括生活与工业污水以及微咸水，也是一种可开发的农业水资源。我国1993年城镇生活与工业污水排放量高达636亿 m^3，但污水的处理率及其利用率很低，目前污水回用约为27亿 m^3。我国还有相当数量的咸水和微咸水资源，仅华北平原浅层地下咸水面积就约占平原总面积的60%，其中矿化度2～3 g/l的微咸水面积约为3.6万 km^2，占咸水区面积的40%。据计算，华北平原浅层地下咸水天然资源量为75亿 m^3/a，其中矿化度2～3 g/l的微咸水资源量为36亿 m^3/a，大于3g/l的咸水资源量为39亿 m^3/a。但是，我国目前微咸水的灌溉技术比较落后，利用水平也较低，因此亟待研究采用新技术，加大开发利用的力度。

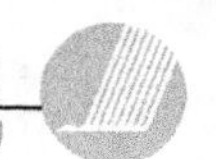

2. 高效输水

从水源引水输送到田间是通过修建输水工程来实现的，渠道是我国农田灌溉最主要的输水工程。但传统的土渠输水渗漏损失大，约占到输水量的50%～60%，一些土质较差的渠道输水损失高达70%以上。据有关资料分析，全国各级渠道渗漏损失水量达1790亿m^3/a。

输水损失中既包含渗漏、蒸发损失，也包含泄水、退水以及工程失事后造成的跑水损失，故渠系水利用系数既反映了输配水工程质量，也反映了水源调度及渠系管理运行的质量。渠系水利用系数越低，表明灌溉水从水源输送至田间过程中的水量损失越大，反之亦然。我国目前灌区的渠系水利用系数还很低，据统计分析，全国平均渠系水利用系数约为0.55。实践证明，采用渠道防渗或管道输水可大幅度减少输水损失，显著提高渠系水利用系数。据测定，浆砌石防渗较土渠减少渗漏损失50%～60%；混凝土防渗较土渠减少渗漏损失60%～70%；塑料薄膜防渗较土渠减少渗漏损失70%～80%，低压管道输水的渠系水利用系数可高达0.95。但我国渠道防渗和低压管道输水所占的比例很低，大力发展渠道防渗和低压管道输水是我国节约灌溉用水的主要技术措施。

3. 节水灌溉

引入田间的水，均匀地被分配到指定的面积上，贮存在土壤中转化为土壤水，这是通过田间灌溉工程技术来实现的。目前，一般采用沟灌、畦灌、格田灌等传统地面灌溉技术；间歇灌、水平畦田灌等改进地面灌溉技术；喷灌、微灌等先进灌溉技术。无论采用何种田间灌溉工程技术，将引入田间的灌溉水转化为土壤水的过程中都会有水量的损失，如蒸发漂移、深层渗漏和地面径流等损失。田间灌溉水有效利用程度与土地平整、土壤质地、耕作措施以及采用的田间灌溉工程技术等密切相关。据有关统计分析，我国目前灌区的田间水利用系数平均约为0.75～0.80。

从水源引水到田间灌水这两个环节为节约灌溉用水所采取的技术措施，称为水利工程措施，也简称为工程措施。衡量从水源引水到田间形成土壤水过程中，灌溉水有效利用程度的指标用灌溉水利用系数来表示。它是从渠首引进灌溉水量扣除渠系和田间损失水量后与总引进灌溉水量的比值，是集中反映灌溉工程质量、灌溉技术水平和管理水平的一项综合性指标。根据统计分析，我国灌区目前灌溉水利用系数平均为0.4左右，也就是说，从水源引水到作物根层约有一半以上的灌溉水在这个过程中因渗漏、蒸发和管理不善等原因而损失了，没有被作物利用。因此，工程节水措施尽管不与作物形成产量直接发生关系，但却是当前节水农业技术措施的主要方面。

节水灌溉的方式与技术主要包括：畦灌、沟灌、漫灌、格田灌溉、喷灌、滴灌、微喷灌、地下灌溉（渗灌）、涌灌、雾灌、波涌灌溉、膜上灌、绳索控制灌溉、闸管灌溉、非充分灌溉、调亏灌溉、精准灌溉、坐水种，等等。

二、农艺措施

根据当地水源条件，采用适水种植，调整作物种植结构，种植耗水少、耐旱品种；采取平整土地，深耕松土，增施有机肥，改善土壤团粒结构，增加土壤蓄水能力；采用塑料薄膜或作物秸秆覆盖以及中耕耙耱、镇压等措施保墒，减少水分蒸发损失。此外，施用抗旱保水剂也有显著的节水效果。

作物从农田土壤中获取水分到形成产量，是通过作物对土壤水的吸收、运输和蒸腾来完成的。根系是作物吸水的主要器官，它从土壤中吸收大量的水分，满足作物生长发育的需要。根的吸水主要在根尖进行，在根尖中，以根毛区的吸水能力最大。水在作物体内的运输是首先进入根部；经过皮层薄壁细胞，进入木质部的导管和管泡中；然后水分沿着木质部向上运输到茎或叶的木质部；再从叶片木质部末端细胞进入气孔下腔附近的叶肉细胞的细胞壁的蒸发部位；最后水蒸气通过气孔蒸腾出去。作物从土壤中吸收的水分，只有极小部分用于代谢，通过光合作用和作物体内复杂的生理、生化过程转化成经济产量，绝大部分都以蒸腾的形式散发到体外。在作物吸收的总水量中，能利用的只占1%～5%。作物的蒸腾过程和光合作用是同步进行的，当水汽通过开着的气孔扩散进入大气时，光合过程需要CO_2同时通过气孔进入叶片；当供水不足而使气孔部分关闭导致蒸腾受阻时，CO_2的吸收也同时受阻，从而使光合作用减弱，作物产量降低。因此，作物的蒸腾是必不可少的。对于节水农业来说，就是要提高蒸腾的效率，即在保证作物必要的蒸腾条件下，尽可能提高作物的产量。在任一土壤水分条件下的作物需水量也称作物耗水量。对于水稻田，必要的农田水分消耗除了蒸发蒸腾外，还包括适当的渗漏量。通常把水稻蒸发蒸腾量与稻田渗漏量之和称为水稻田耗水量。衡量农田水分利用效率程度的指标是水分生产率，它是单位面积平均产量与单位面积平均净灌溉水量和有效降水量及地下水补给量之和的比值，也即是作物产量与水分投入量的比值。这里的水分投入量也就是蒸发蒸腾量，对于水稻田还包括适当的渗漏量。因此，水分生产率是集中反映作物对水分的利用效率的一项综合性指标，是农艺措施产生的节水效果。为提高水分生产率，应采取措施提高作物的蒸腾效率，减少蒸发和渗漏。为此，可采用栽培、耕作、覆盖、施肥、选育品种以及施用化学制剂等节水增产的农艺技术措施。

三、管理措施

管理节水是节水农业的重要组成部分，实践证明，灌溉节水潜力的50%是在管理上。因此，从水源到作物产量形成的整个用水过程中，都要做好管理工作，采用先进的节水管理技术，这些技术包括制定鼓励节水的政策、法规，调整水价，用经济的办法促进人们节水，用节水型的灌溉制度指导灌水，完善基层用水管水机制，健全节水规章制度，落实节水责任制等。

总之，节水农业技术不是单一技术，而是由工程节水技术、农艺节水技术和管理节水技术组成的一种技术体系。实施这种技术体系的根本目的是最大限度地减少从水源通过输水、配水、灌水直至作物耗水过程中的损失，最大限度地提高单位耗水量的作物产量和产值。当前，发展节水农业已成为我国农业生产的一项重要国策，各级政府已对发展节水农业工作给予极大的重视，为节水农业技术的发展提供了良好的社会环境，今后我国节水农业将会迅速发展，一个大规模发展节水农业的高潮已经到来。

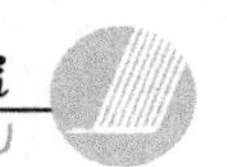

第二节 渠道防渗

渠道输水是我国农田灌溉的主要输水方式，但传统的土渠输水渗漏损失达50%～60%，有的高达70%，每年渗漏损失的水量达1700多亿m^3，占我国总用水量的1/3，浪费严重，因此防治渠道渗漏是节约用水的主要措施。渠道防渗除可提高水的有效利用系数，还具有防止渠道冲刷、淤积和坍塌，缩小输水时间和灌水周期，节省管理养护用工和管理费用，节约耕地，防止土壤次生盐渍化、沼泽化的作用。

一、渠道防渗工程的类别及适用的条件

(1)土料防渗。土料防渗是指以黏土、灰土、三(四)合土等为材料修建的渠道。土料防渗每天每m^2的渗透量为0.06～0.17 m^3，是一种技术简单、造价低廉的防渗技术，能就地取材，施工简便，缺点是冲淤流速难于控制，抗冻能力差，维修养护工程量大。因此，只适用于气候温和地区的中小型渠道。

(2)水泥土防渗。水泥土防渗是将土料、水泥、水拌和而成，其渗漏量与土料防渗效果一样。水泥土防渗因施工方法不同分为干硬性和塑性两种，能就地取材，造价较低，施工容易，但抗冻性较差，不宜在有冻害的北方寒冷地区应用，只适用于南方温和气候的无冻害地区，其寿命为8～30年。

(3)砌石防渗。砌石防渗分为干砌石块、干砌卵石、干砌料石、浆砌石块等多种形式。砌石防渗的优点是能就地取材、抗冲刷和耐磨性强，一般渠内流速可达3.0～6.0 m/s，大于混凝土防渗渠的抗冲流速，就连干砌卵石的抗冲流速也在2.5～4.5 m/s。其次，抗冻和抗渗能力也较强，每km的渗漏量在0.3%～2.0%。此方法适用于石料来源丰富、有抗冻和抗冲刷要求的渠道。

(4)膜料防渗。膜料防渗是用抗渗漏薄膜或其他复合膜料，其上设保护层的防渗方法。采用塑料薄膜或土工膜料防渗有较好的效果，一般可减少90%左右的渗漏损失，其渗漏量为每天每m^2 0.04～0.08m^3，当用土做保护层时，造价较低，但占地多，允许流速小，适用于中小型低流速渠道；当用刚性保护层时，造价较高，适合于大、中型灌区。

(5)混凝土防渗。用混凝土衬沏渠道是目前广泛采用的一种防渗技术，其防渗效果优于其他防渗措施，一般能使渗漏量减少90%～95%，其渗漏量为每天每m^2 0.04～0.16m^3，其次混凝土的防渗强度高，粗糙率小($n=0.014\sim0.07$)、允许流速高，缺点是造价高。

(6)暗管防渗。采用暗管防渗防冻是灌区输水系统中最完善的形式，防渗效果一般在95%以上，虽然一次性投资高，但使用年限长。一般可使用30年以上，用年亩投资比这一指标来分析还是经济的，由于暗管防渗不受气候因素的影响，我国近年来采用暗管防渗的工程项目不断增多。

二、渠道防渗工程新技术

(1)防渗新材料。20世纪60年代以来国内大量采用塑膜作防渗材料，效果较为理想，

一般可减少渗漏量90%以上，由于埋入地下的塑膜避免了紫外线和阳光的照射，大大延缓了老化速度，延长了使用寿命，一般可用20～30年。近年来，一些地方采用聚苯乙烯泡沫塑料板铺于砌石和混凝土板防渗层下，起到了保温和防渗的作用，解决了多年来渠道防渗难于解决的冻害问题。

(2)防冻害新技术。我国经多年的研究实践，采用"允许一定冻胀位移量"的设计标准和"适当缩减冻胀"的防冻害原则以及技术措施，大大降低了工程造价。目前，影响冻害的因素，如土质、水温、气温、渠道走向及断面形状等，我国已研究和掌握了这些因素对冻害的影响的规律，在此基础上水利部编制并颁发了SL23～91[渠系工程抗冻胀设计规范]。

(3)机械化施工。U型渠槽开挖、浇筑机。国内KU－50型和KU－80型的U型渠槽开挖机，可与D40型混凝土U型渠浇筑机配套使用。此外，水利部西北水科所研制的D40～D120型等系列的浇筑机械，一次浇筑U型渠槽断面尺寸准确、混凝土密实、施工速度快、造价较低。

(4)喷射混凝土施工技术。喷射混凝土施工方法是将压缩空气通过喷射机将水泥、沙和石子拌和料输送至喷头、与水泵送来的压力水混合后喷射至工作面的一种施工方法。

(5)暗管输水防渗防冻。国外早在20世纪五六十年代就大面积采用暗渠(管)输水防渗防冻。从使用年限来比较，暗渠(管)是一种投资少、效益大的防渗防冻的输水渠(管)，施工简便快捷，管理养护简单易行，应是旧灌区小流量明渠技术改造的首选防渗防冻技术方案。

(6)改进防渗断面渠道结构。弧形底梯形、弧形跛脚梯形、梯形、U形等混凝土防渗渠的抗冻涨变形的能力强，同时弧形底面可大大减轻冻涨开裂及消融时的滑坡蹋落破坏，现已在我国北方地区得到推广应用。

第三节　低压管道输水灌溉

低压管道输水灌溉简称"管灌"，是20世纪80年代在我国北方井灌区发展起来的一种节水灌溉技术。它是通过机泵提水(或利用水的自然落差)经过管道系统将低压水输送至田间对农田实施灌溉，管道一般在低压(工作压力不超过0.2 Mpa)状态下运行。

一、管灌的优缺点

同传统地面灌溉相比，低压管道输水灌溉具有下列优点：

(1)节水、节能　由于采用管道输水，输水损失较沟渠大大减少，输水利用系数可达95%～97%，比土渠提高30%～40%，比衬砌渠道提高5%～15%。同时，由于田间水流路径缩短，灌水比较均匀，故可减少每次灌水的水量，从而减少灌溉时的深层渗漏，在机械提水灌区，节水即节能。

(2)少占用耕地　管道埋入地下可节约沟渠占地。据井灌区统计资料，田间沟渠占地一般为机井控制面积的3%～5%，高者达7%左右。改为管道输水后，仅占地0.5%～1.0%，少占用土地2%～4%。

(3)省时、省工　管道输水速度快、不跑水、渗漏小、浇地快。据实测，440m长的土渠输

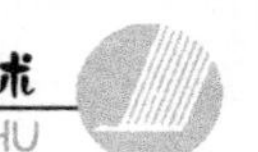

水，水从渠首到渠尾需要1.5小时，而用管道输水只要7分钟，日灌溉速度提高30%以上。管道输水灌溉一般不用巡水人员，比土渠输水少用人工1/3以上。

(4)适应性强　低压管道输水灌溉技术在机井灌区、扬水灌区和自流灌区均可适用。对不同作物、不同土壤有较好的适用性。

低压管道输水灌溉也存在一些缺点，如无法解决田间灌水过程中的费水问题，需要较多的建筑材料，自流灌区改管道后需加压，管件、设备较多等等。

二、管灌系统的组成与分类

低压管道输水灌溉系统一般由水源、水泵及动力设备、进水装置、输水管网、出水装置及管件等组成。

(1)水源 机井、水库、塘坝和河渠等均可作为低压管道输水灌溉的水源，但无论哪种水源都应符合农田灌溉水质标准。对高含沙水源要进行泥沙处理，防止堵塞管网。

(2)水泵及动力机 按用水量和扬程的大小，选择适宜的水泵(如离心泵、潜水泵、深井泵等)，动力机多选用电动机或柴油机。

(3)管道、管件 地理固定管道一般选用混凝土管、水泥沙管、双壁波纹塑料管、PVC塑料管等，工作压力为0.1～0.2 MPa，地面移动管道一般采用软质塑料管，工作压力为0.02～0.05 MPa。主要管件有三通、弯头、闸阀等。

(4)进水装置 是在水泵与地埋管道连接处设进水装置，使压力水平稳地进入管网，如水泵塔、压力水池及通气阀等。

(5)出水装置 是从地下管道取水送到田间的装置、如分水池和给水栓。

三、管灌系统的分类

低压管道输水灌溉系统一般可分为移动式、半固定式和固定式三种型式。

(1)移动式 除水源之外其他设备均可移动。水源出水量较小时，采用小机组配合小管径.塑料管使用，在有一定压力的自流灌区，可用地面移动软管从末级渠道引水灌溉。该系统的优点是成本低，效率高(1 hm^2 投资仅为450～600元)，适应性强，使用方便；缺点是软管使用寿命短，易破损；在作物生长后，高秆作物灌水时难以移动。

(2)半固定式 地面支管或毛管为可移动的塑料管，其余设备固定不动，该系统通过地埋管道将水输送到计划灌溉的地块，由给水栓取水至地面移动管道进行灌溉。它是我国目前使用较多的一种型式。

(3)固定式 该系统的管网全部埋入地下，机泵、压力池、输水管、分水池、放水池等都固定不动，灌溉时，由布置在田头的给水栓取水直接放入畦块。其投资情况见表4-1。

表 4-1 固定式低压管道输水灌溉投资 (单位:元/hm²)

管材	首部	出水口	管道	管件	施工	合计
PVC 塑料管	450～600	150～225	1200～1650	75～150	150～225	2025～2850
混凝土管	450～600	150～225	1050～1200	75～150	225～300	1950～2475

第四节 喷 灌

喷灌是利用水泵和管道系统输水,在一定压力下通过喷头把水喷到空中,散成细小水滴,像下雨一般灌溉农作物的一种灌溉方法。

一、喷灌系统的组成和分类

喷灌系统一般包括水源、动力、水泵、管道系统、喷头等部分(图 4-1)。根据组成部分安装情况及可移动程度,喷灌系统可分固定式、移动式和半固定式三种类型。

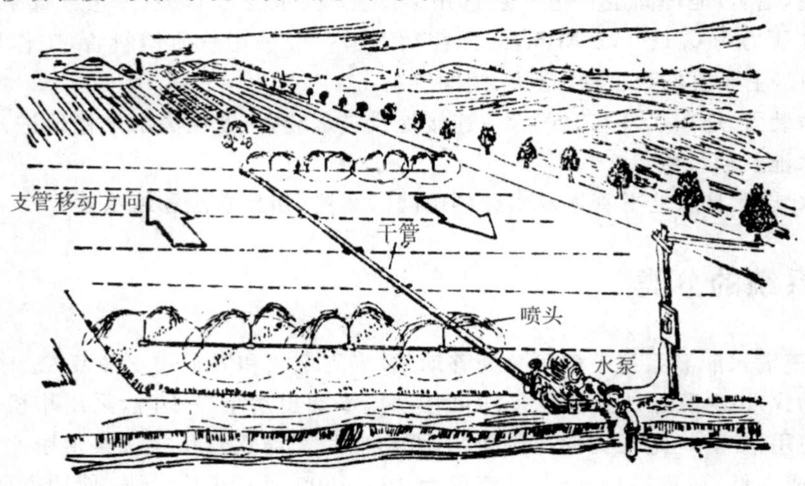

图 4-1 喷灌系统示意图

1. 固定式喷灌系统

除喷头外,所有各组成部分在整个灌溉季节中甚至常年都是固定不动的,水泵和动力构成固定的泵站,干支管多是埋在地下,喷头装在固定的竖管上,喷头根据轮灌顺序轮流安装在各固定竖轴上使用。这种系统操作方便,劳动生产率高,占地少,加之防霜冻、防干热风、施肥和喷洒农药较为方便,易于实现自动化和遥控。但其设备只能固定在一个地块上使用,需要大量管材,喷灌系统管道投资占总投资的 50%以上。

2. 移动式喷灌系统

移动式喷灌系统是目前我国应用最广的一种喷灌形式,移动式喷灌系统又可分为移动管道式和移动喷灌机两个类型。

(1)移动管道式喷灌系统 是由管道(干管、支管)、喷头、水泵及动力设备组成,它们都

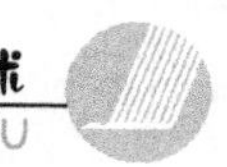

是可拆卸移动的。作业时,当在一块地喷洒完毕后,整套设备可移动至另一块农田进行喷洒。所以,要求管道移动方便、快速安装。这种系统设备利用率高,投资较低,但喷洒过程中多次移动管道,劳动强度大,且易损伤作物。

(2)移动喷灌机组成系统　是由喷灌机(由水泵、动力、喷头构成的一个整体)和田间渠道网组成,我国近几年来发展的小型轻型喷灌组均属此类。这类系统需要布置较密的田间输水渠道。这种形式简单,使用灵活,单位面积设备投资低,但管理劳动强度大,路渠占地较多。南方水田地区采用的喷灌船也属此类。

3.半固定式喷灌系统

这种喷灌系统的动力、水泵和干管是固定的(与固定喷灌系统一样),而喷头和支管是可以移动的,在干管上装有很多给水栓,一根支管一般带有2～10个喷头。支管接在给水栓上,由干管供水喷灌,喷好后移动另一个给水栓上继续喷灌。

半固定喷灌系统虽然造价比固定式低,但是要在喷灌后的泥泞地上移动支管,故比固定式工作条件差、劳动强度大、机械化程度低。为解决这个问题,每个系统可多配2～3组支管,每次喷灌后应不立即移动支管,等地面稍干后再移动,以改善作业条件。近年来,国外还出现了各种形式的自动行走式的喷灌机具,如滚移式、时针式、牵引式、平移式、绞盘式喷灌机等,这使半固定式喷灌系统的机械化程度有了很大提高。

二、喷头种类及其工作原理

喷头(又称喷灌器)是将喷灌水用压力喷到空中形成小液滴进行喷洒灌溉的一种机具,也称喷洒器,它是喷灌机与喷灌系统的主要组成部分。它的作用是把有压的喷灌水喷射到空中,散成细小的水滴并均匀地散布在它所控制的面积上。因此,喷头的结构形式及制造质量的好坏将直接影响喷灌的质量。

喷头的种类很多,按其工作压力及控制范围的大小,可以分为低压喷头(或称近射程喷头)、中压喷头(或称中射程喷头)和高压喷头(或称远射程喷头)。这种分类目前还没有明确的划分界限,但大致可按表4-2所列范围分类。目前用得最多的是中射程喷头,这是由于它消耗的功率较小而且比较容易得到较好的喷灌质量。

表4-2　喷头按工作压力与射程分类表

项　目	低压喷头	中压喷头	高压喷头
	近射程喷头	中射程喷头	远射程喷头
工作压力(kg/cm^2)	1～3	3～5	>5
流量(m^3/h)	2～15	15～40	>40
射程(m)	5～20	20～45	>45

按照喷头的结构形式与水流形状可以分为旋转式、固定式和孔管式三种:

1.旋转式喷头

绕自身铅垂直线旋转的喷头是目前使用最普遍的一种喷头形式。一般由喷嘴、喷管和粉碎机构、转动机构、扇形机构、弯头、空心轴、套轴等部分组成。压力水流通过喷管及喷嘴形成一股集中的水舌射出,由于水舌内存在着涡流,又在空气阻力及粉碎机构(粉碎丁、粉碎针或叶轮)的作用下水舌被粉碎为细小的水滴,并且转动机构使喷管和喷嘴围绕竖轴缓慢旋转,这样水滴就会均匀地喷洒在喷头的四周,田面上形成一个等于喷头射程的圆形或扇形湿润面积。

旋转式喷头由于水流集中,所以射得远(可达 80m 以上),是中射程和远射程喷头的基本形式。目前我国在农业上应用的喷头基本上都是这种形式。

转动机构和扇形机构是射流式喷头的重要部件。因此,常根据转运机构的特点对旋转式喷头进行分类,常用的形式有摇臂式、叶轮式、反作用式等。又可根据是否装有扇形机构(亦即是否能作扇形喷灌)而分成全圆周转动喷头和可以进行扇形转化的喷头两大类:在平坦地区的固定式系统一般用全圆周转动的喷头;而在山坡上和移动式系统,半固定式系统以及有风时喷灌,则要求作扇形喷灌以保证喷灌质量和留出干燥的退路。

(1) 摇臂式喷头　由摇臂撞击获得驱动旋转喷头,其喷头的转动机构是一个装有弹簧的摇臂。在摇臂前端有一个偏流板和一个勺形导水片,喷水前这偏流板和导水片是置于喷嘴正前方。当开始喷灌时水舌通过偏流板冲到导水片上,并从侧面喷出,这样由于水流的冲击力使摇臂转动 60°～120°,并把摇臂弹簧扭紧。然后在弹簧力的作用下,摇臂敲击喷体(即由喷管、喷嘴、弯头等组成的一个可以转动的整体),使喷管转动 3°～5°,于是又进入第二个循环(每个循环的周期为 0.2～2.0s 不等)。如此周而复始,就使喷头不断旋转。

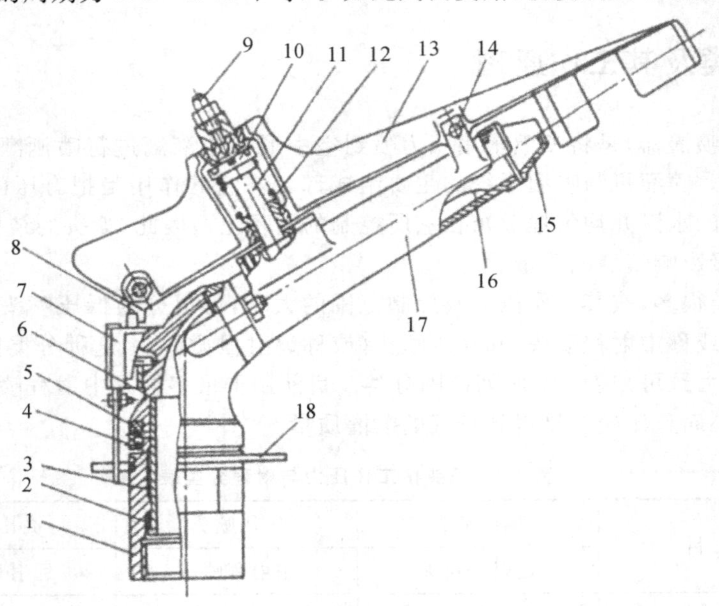

图 4-2　单嘴带换向机构的摇臂式喷头结构图

1.空心轴套 2.减磨密封圈 3.空心轴 4.防砂弹簧 5.弹簧罩 6.喷体 7.换向器 8.反转钩 9.摇臂调位螺丝 10.弹簧座 11.摇臂弹簧 12.摇臂轴 13.摇臂 14.打击块 15.喷嘴 16.稳流器 17.喷管 18.限位环

摇臂式喷头的缺点是:在有风和安装不平(或竖管倾斜)的情况下旋转速度不均匀,喷管从斜面向下旋转时(或顺风)转得比较快,而从斜面向上旋转时(或逆风)则转运得比较慢,这样两侧的喷灌强度就不一样,严重影响了喷灌的均匀性。此外,当这种喷头直接安装在手扶拖拉机上时受振动影响转动不正常,甚至不转。但是它结构简单,便于推广,在一般情况下,尤其是在固定式系统上使用的中射程喷头运转比较可靠。因此现在这种型式的喷头使用得

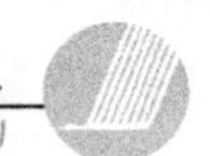

最普遍。

(2) 叶轮式喷头(又称蜗杆式喷头)是靠水冲击叶轮,由叶轮带动转动机构使喷头旋转。由于水舌流速高,叶轮的转速可高达 1000～2000r/min 以上。而喷头每转要求 3～5min,因此必须通过二级蜗轮蜗杆一级棘轮变速。这种喷头加工制造比摇臂式复杂,再加上换向机构,使整个喷头制造工艺要求较高,所以其推广受到一定限制。但它不受振动的影响,可以直接装在拖拉机上作移动式机组使用。这种喷头多半用于中高压移动式喷灌机上。

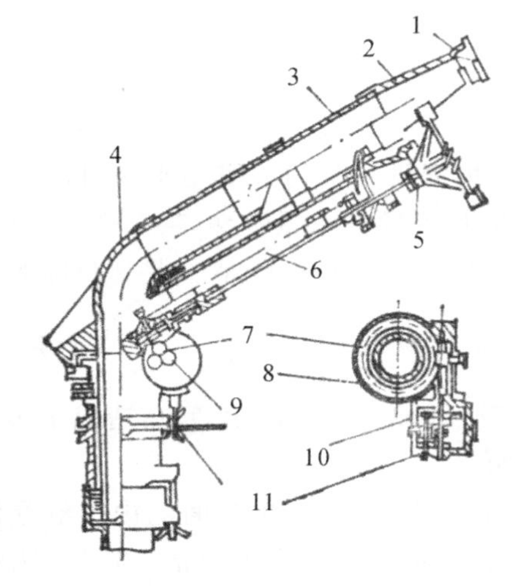

图 4-3 叶轮式喷头

1. 大喷嘴 2. 叶轮 3. 大喷管 4. 弯头 5. 小喷嘴 6. 小喷管 7. 大涡轮 8. 大涡杆 9. 小涡杆 10. 小涡轮 11. 扇形机构

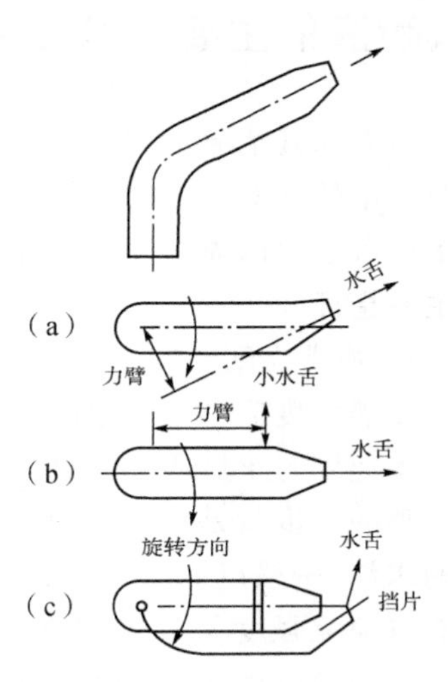

图 4-4 反作用式喷头工作原理图

(3)反作用式喷头 就是利用水舌离开喷嘴时,对喷头的反作用直接推动喷管旋转。其方式很多,可以将喷管弯成一定角度使得主喷嘴水舌的反作用力不通过喷头的垂直轴,而形成一转动力矩带动喷管旋转;也可在喷管的左侧或右侧开小孔,小水舌朝与喷管垂直方向喷出,带动喷管旋转。这类反作用式喷头结构一般比较简单,但其共同缺点是:如果反作用力矩比较大,转动太快,射程则大大降低;如果反作用力矩比较接近于喷头转动的阻力力矩,工作就很不可靠,尤其是在刚开始喷灌时更难以启动。因此,为了使转速不要太快,工作又可靠,就要使反作用力间歇作用或装上专门的限速器,使喷管在较大转动力矩作用下仍然可按较慢的速度旋转。装了限速器后工作可靠性大大提高了,但是限速器机构比较复杂,所以推广也受到很大限制。

2. 固定式喷头

也称漫射式喷头,它的特点是在喷灌过程中喷头的所有构件是固定不动的,而水流是在全圆周或部分圆周(扇形)同时向四周散开。因其水流分散,和旋转喷头相比,它射程不远,一般射程为 5～10m,喷灌强度大,为 15～20mm/h 以上,多数喷头水量分布不均匀,近处喷灌强度比平均喷灌强度高得多,因此其使用范围受到很大限制。但其结构简单,没有转动部分,所以工作可靠,在公园、菜地和自动行走的大型喷灌机上均可使用,其结构形式可以分折射式、缝隙式和离心式。

3. 孔管式喷头

它由一根或几根较小直径的管子组成,在管子的顶部分布一些小的喷水孔,喷水孔直径

1～2mm。有的孔管是一排小孔，水流朝一个方向喷出，并装有自动摇动器，使管子往复摇动，喷灌管子两侧，也有的孔管有几排小孔，以保证管子两侧都能灌到。这样就不需要自动摇动器，结构比较简单，要求工作压力低（0.1～2.0kg/cm^2）。

孔管式喷头的缺点是：喷灌强度高，水舌细小受风影响大，工作压力低，支管上实际压力受地形起伏影响大，通常只能用于平坦的土地上，孔口太小堵塞问题非常严重，杂草和颗粒细小的泥沙都会堵塞孔口，因此其使用范围受到很大限制。

三、喷灌的主要技术要求

喷灌和其他灌水方法一样，是以达到提高作物产量和节约灌溉用水为目的。喷灌时应符合一定的技术要求，否则喷灌同样会造成土壤冲刷、喷灌水量浪费，甚至作物减产，喷灌的技术要求主要以喷灌强度、喷灌均匀度和水滴打击力等参数表示，它们是评价喷灌质量高低的主要指标。

1. 喷灌强度

喷灌强度应小于土壤的入渗速度，以避免产生地面积水或产生径流，造成土壤冲刷。土壤入渗速度与土壤质地、地形、坡度及植被有关。

喷灌强度就是单位时间内喷洒在单位面积上的水量，亦即单位时间内喷洒在灌溉土地上的水深，一般以 mm/min 或 mm/h 表示。由于喷灌时水量分布常常不均匀，因此喷灌强度有点喷灌强度 ρ_i 和平均喷灌强度 $\bar{\rho}$ 两项指标。

点喷灌强度 ρ_i 是指某一时段 Δt 内喷洒到土壤表面某点的水深 Δh 比值，即

$$\rho_i=\frac{\Delta h}{\Delta t} \tag{4-1}$$

平均喷灌强度 $\bar{\rho}$ 是指在一定喷灌湿润面积上各点在单位时间内的喷灌水深的平均值，以平均喷灌水深与相应喷灌时间 t 的比值表示，即

$$\bar{\rho}=\frac{\bar{h}}{t} \tag{4-2}$$

单喷头全圆周喷灌时的平均喷灌强度 $\bar{\rho}$ 全可用下式计算

$$\bar{\rho}_{全}=\frac{1000q}{A}(\text{mm/h}) \tag{4-3}$$

式中：q 为喷头的喷水量（m^3/h）；A 为全圆周移动时一个喷头的湿润面积（m^2）。

当单喷头进行扇形喷灌时，其喷灌强度为：

$$\bar{\rho}_{扇}=\frac{1000q}{A}\times\frac{360^\circ}{a}(\text{mm/h}) \tag{4-4}$$

式中：a 为扇形喷灌范围的中心角。

在喷灌系统中，各喷头的湿润面积有一定重叠，实际的喷灌强度较上式计算的要高一些，为准确起见，可以将有效湿润面积 $A_{有效}$ 代替上式中的 A 值。

$$A_{有效}=L\times b$$

式中：L 为在支管上喷头的间隔；b 为支管的间距。

在一般情况下，平均喷灌强度与土壤透水性能相适应，应使喷灌强度不超过土壤入渗强度（渗吸速度），这样喷洒到土壤表面的水才能及时渗入土中，而不会在地表形成积水或

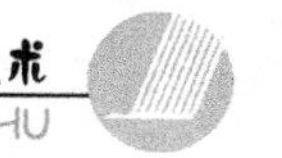

径流。

测定喷灌强度一般是与喷灌均匀度试验结合进行，具体方法是在喷头的湿润面积内，按方格或径向布置，均匀地布置一定数量的量雨筒，喷洒一定时间后，测量雨筒中的水深，量雨筒所在点的喷灌强度用下式计算：

$$\rho_i = \frac{10W}{t\omega}(\mathrm{mm/min}) \tag{4-5}$$

式中：W 为雨筒承接的水量(mm)；t 为试验持续时间(min)；ω 为量雨筒上部开敞口面积(cm^2)。

而喷灌面积上的平均喷灌强度为：

$$方格布置\ \bar{\rho} = \frac{\sum \rho_i}{n} \tag{4-6}$$

$$径向布置\ \bar{\rho} = \frac{\sum_{i=1}^{n} \rho_i}{\frac{n(n-1)}{2}} \tag{4-7}$$

式中：n 为量雨筒的数目；I 为量雨筒径向布置排列的序号。

2. 喷灌均匀度

喷灌均匀度是指喷灌面积上水量分布的均匀程度，它是衡量喷灌质量好坏的主要指标之一。它与喷头结构、工作压力、喷头布置形式、喷头间距、喷头转速的均匀性、竖管的倾斜度、地面坡度和风速风向等因素有关。

表征喷灌均匀度的方法很多，但都各有利弊，因此我们在这里介绍常用的喷灌均匀系数(CDU)表示方法。

$$CDU = 100 \times \frac{1 - \sum_{i=1}^{n} |\bar{h} - h_i|}{n \times \bar{h}} \tag{4-8}$$

式中：n 为受水雨量筒的总个数；h_i 为点喷灌水深(mm)；为平均喷灌水深(mm)。

如果在喷灌面积上水量分布得越均匀，那么 $|\bar{h} - h_i|$ 值就越小，亦即 CDU 值越大(接近于 1)。这时各点喷灌强度趋于一致，这实际上是不可能出现的。

喷灌均匀系数一般指一个喷灌系统的喷洒均匀度，单个喷头的喷洒系数是没有意义的。这是因为单个喷头的控制面积是有限的，进行大面积灌溉，必然要由若干个喷头组合起来形成一个喷灌系统。单个喷头在正常压力下工作时，一般都是靠近喷头部分湿润较多。边缘部分湿润不足，这样当几个喷头合在一起时，湿润面积有一定重叠，就可以使土壤湿润得比较均匀。为了便于测定、常用四个(矩形或方形布置时)或三个(三角形布置时)喷头布置成矩形、方形或三角形，测定它们之间所包围面积的喷洒均匀系数，这一数值基本可以代表在平坦地区无风情况下喷灌系统的喷洒均匀系数。

3. 水滴打击强度

喷头喷洒出来的水滴对作物的影响，可用水滴打击强度来衡量。水滴打击强度也就是单位喷洒面积内水滴对作物和土壤的打击动能。它与水滴的大小、降落速度及密集程度有关。但目前尚无合适的方法来测量水滴打击强度，因此一般采用水滴直径大小来衡量。

水滴直径是指落在地面或作物叶面上水滴的直径，水滴太大，容易破坏土壤表层的团粒结构并形成板结，甚至会打伤作物的幼苗，或把土溅到作物的叶面上；水滴太小，在空气中蒸发损失大，受风力影响大。因此要根据灌溉作物和土壤性质选择适当的水滴直径。

测定水滴直径的方法很多，但都不甚理想，现在我国常用的是滤纸法，就是将涂有色粉（曙红和滑石粉混合而得）的滤纸，固定在水滴接受盒中，活门快速启闭，瞬间接收若干水滴。待滤纸干后，量取滤纸上水痕色斑直径，再根据事先测定的色斑直径与水滴直径的关系曲线或经验公式求出水滴直径。

从一个喷头喷出来的水滴大小不一，一般近处小水滴多些，远处大水滴多些，因此应在离喷头不同的距离 3～5 处测量水滴直径，求出平均值，一般要求平均直径不超过 1～3mm。

四、确定喷洒方式与喷头组合形式

喷头的喷洒方式，有全圆喷洒和扇形喷洒两种（图 4-5）。一般在固定式和半固定式系统以及多喷头移动式机组中，多采用全圆喷洒。全圆喷洒允许喷头有较大的间距，而且喷灌强度低，但在以下几种情况要采用扇形喷洒：

(1)固定式喷灌系统的地边田角，要作 180°、90°或其他角度的扇形喷洒，以避免喷到界外和道路上，造成水量甚至肥料和农药（在喷肥和喷药时）的浪费。

(2)在地面坡度比较陡的山丘区，常需要向坡下扇形喷洒，以免向坡上喷洒时冲刷土地。

(3)当风力较大时，应作顺风方向扇形喷洒，以减少风的影响。

(4)不带管道和带管道的单喷头移动机组，一般都作扇形喷洒，以便给机组和移动管道留一条干燥的退路。

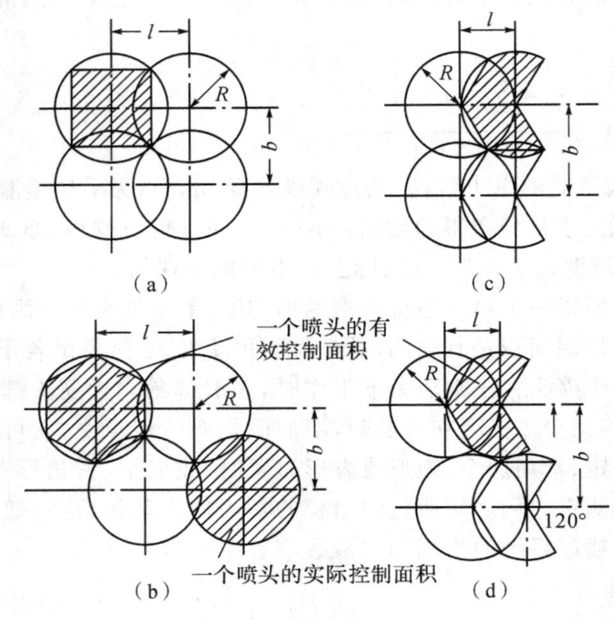

图 4-5 几种常用的喷头组合形式

对于定点喷灌的喷灌系统（不论是固定式或移动式）来说存在着各喷头之间如何组合的问题（即喷头组合形式）。在设计射程相同的情况下喷头组合形式不同，支管或竖管喷头的

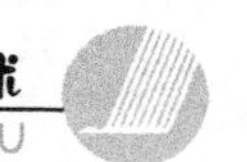

间距也就不同，喷头组合的原则是保证喷灌洒水不留空白，并有较高的均匀度(如有条件时可按照获得最高均匀度来布置喷头位置)。常用的喷头组合形式有四种(如图 4-5)。这几种组合形式的支管间距 b 和同一支管相邻喷头的间距(简称喷头间距) l 之取值根据几何作图计算列出如表 4-7 所示。由表上可以看出全圆喷洒的三角形有效控制面积最大，但是有风影响时，往往不能保证灌水的均匀性，而且常发生漏灌现象，因此在有风时，常考虑缩短支管上喷头的间距，其间距选择应考虑风力的大小和对喷灌均匀度要求的程度，这样只是多加几个竖管或吸水池，而不会增加管道投资和路渠占地。

表 4-7 中所列的 $R_{设}$ 是喷头的设计射程，应小于喷头的最大射程，因为喷头的射程受风、水力脉动、动力机转速等因素的影响，在工作中经常不可能达到最大射程。为了保证喷洒不留空白，并有较高的均匀度，就不能按最大射程来组合，而应留有一定余地，则以

$$R_{设}=KR \tag{4-9}$$

式中：$R_{设}$—喷头的设计射程(m)；R—喷头的射程(或称最大设计射程，由产品样本查得)；K—系数，是根据喷灌系统形式，当地的风速和动力的可靠度来确定的一个常数，一般等于 0.7～0.9，对于移动式喷灌系统，一般可采用 0.9；对于固定式喷灌系统，由于竖管装好后，就无法补救，故可以考虑采用 0.8；对于多风地区，可采用 0.7，也可以通过试验确定 K 值的大小，但 K 值一定要小于 1.0，否则将无法保证喷洒系统的灌水均匀度。

表 4-3　不同喷灌方式、喷灌组合形式的支管间距、喷头间距和有效控制面积表

喷洒方式	喷头组合形式	支管间距 b	喷头间距 l	有效控制面积 s	图形编号
合圆	正方形	$1.42R_{设}$	$1.42R_{设}$	$2.0R_{设}^2$	(a)
	正三角形	$1.5R_{设}$	$1.73R_{设}$	$2.6R_{设}^2$	(b)
扇形	矩形	$1.73R_{设}$	$R_{设}$	$1.73R_{设}^2$	(c)
	三角形	$1.865R_{设}$	$R_{设}$	$1.865R_{设}^2$	(d)

对于移动式机组主要考虑移动机组和移动管道的方便，所以田间渠路布置可能使组合形式略有变化。

4. 布置管道系统的原则

应根据实际地形、水源等条件提出几种可能的布置方案，然后进行技术经济比较，择优选定，布置管道系统一般应考虑以下几点原则：

(1)干管应沿主坡方向布置，在平坦地区，支管应与干管垂直，并尽量沿等高线方向布置。

(2)在平坦地区，支管的布置应尽量与作物耕作方向一致，并与田间工程规划相配合。这样，对于固定式喷灌系统，可减少竖管对机耕的影响；对于半固定式系统，则便于装卸支管。

(3)在经常刮风的地区，布置支管要与主风向垂直。这样在有风时可加密支管上的喷头，以补偿由于风造成喷头横向射程的缩短。

(4)支管上各喷头的工作压力要求接近一致，或在允许的差值范围内，当在陡坡上向下铺设支管时，则应缩小管径，增加其摩擦损失，以抵消由高差引起的过高压力；如果向上坡方向铺设支管时，坡度大于 1%～2%，则支管不宜太长，要求支管首尾压力差小于工作压力的 20%，这时喷头工作流量约差 10%，当支管需要改变直径时，其规格不宜多于两种，以便于

管理运行，另外，在不规则地块布置管道时，上一级管道布置要考虑使下一级管道长度大致相等，这样有利于保证灌溉质量。

(5)抽水站应尽量布置在整个喷灌系统的中心地点，以减少输水的水头损失。

(6)喷灌系统应根据轮灌要求设置控制设备，一般每根支管应装有闸阀。

第五节 滴 灌

滴灌是近些年来发展起来的一种新的灌水方法，是利用低压管道系统通过滴头把水一滴一滴地、均匀而又缓慢地滴入作物根部附近，借重力作用使水渗入作物根系区使局部土壤经常保持最优含水状态的一种灌水方法，其湿润土壤的模式见图4-6。另外，局部湿润的灌溉方法还有微型喷灌等，微型喷灌与滴灌一起，加上微型蓄水系统，统称为微灌。

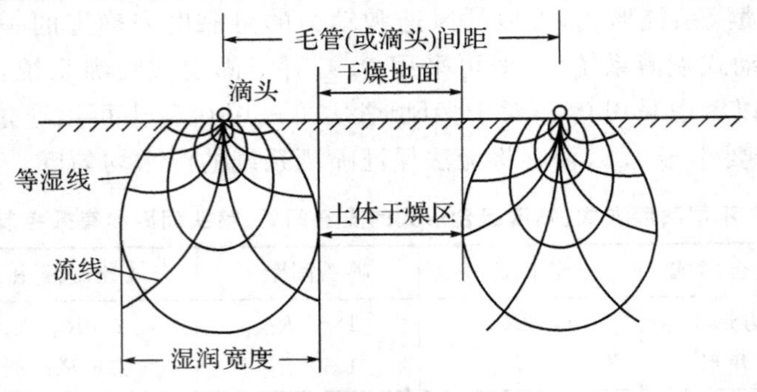

图4-6 滴灌湿润土壤模式图

一、滴灌系统组成

滴灌系统由首部枢纽、管道系统和滴头三部分组成。首部枢纽包括水泵、过滤器和肥料罐等，见图4-7。一般将肥料罐装在过滤器前面，使肥料液中未溶化的细粒不能进入管道和滴头。水泵是从水源抽水加压的设备，滴灌系统用的水泵只是要求具有1～5kg/cm^{2}的压力。过滤器是用以滤除灌溉滴水中的悬浮物，保证整个系统不被堵塞，能进行正常工作的关键设备，由尼龙纱网或砂砾过滤层组成，能从灌溉水中分离出一部分粒径大于75μm至8mm的悬浮物，要求过滤器在允许工作压力10kg/cm^{2}下和通过流量1～30m^3/h时密封性能好，并要求微孔纱网不受水的腐蚀，不变形，过滤孔总面积不小于进水口断面积的2.5倍。此外，要求过滤器能够移动，以便冲洗。

肥料罐容积约25～100L，化肥在其中溶解后，经肥料罐引出的喷嘴，均匀地注入主管道内的灌溉水内。其注入的方法有两种：一种是用小水泵将肥液压入干管；另一种是利用干管上的流量调节阀所造成的压力差，使肥液注入干管。流量调节阀稍一关闭，即形成相应的水头损失，从而引起部分水流进入肥料罐，然后再注入干管，肥料罐在承受压力时要有良好的密封性，为防止肥液倒流及滴灌系统水流掺气，可在罐的进水管上安装真空截断逆止阀。

输水管一般为聚乙烯管，管径25～100mm。塑料管因温度变化会产生伸缩，因此安装时应有伸缩接头。当管径大于10cm时，可采用石棉水泥管。干、支管一般埋设地下，覆土

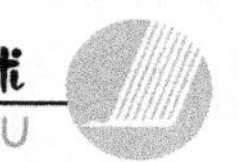

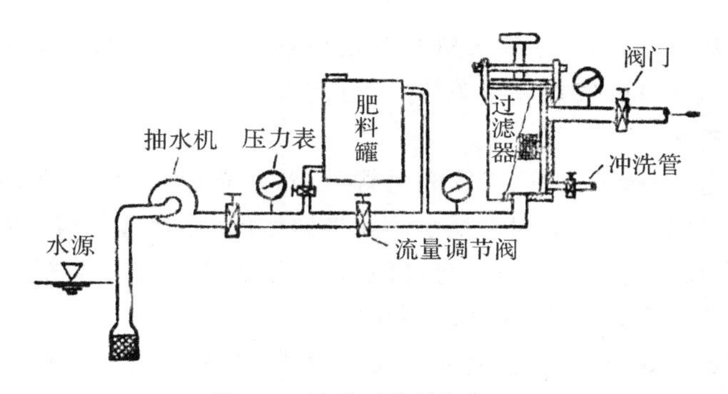

图 4-7 滴灌系统首部枢纽

层不小于 30cm,在其进水端一般都安装有流量调节器或阀门以保证干、支管能稳定地按设计流量供水。毛管多采用 10～15mm 内径的掺碳黑的高压聚乙烯或聚氯乙烯半软管,使用时一般置于地表,也可埋入地下作物根系集中层附近。

滴头是滴灌系统中的重要设备,需要的数量最多,滴头质量的好坏直接影响灌水质量。因此要求滴头能供给均匀和恒定的流量,调节流量筒,以便安装和拆下,当有堵塞时,能拆开清洗。滴头原料要求能抗老化、价廉耐用,目前大多采用聚氯乙烯和聚乙烯等制造。滴头的形式很多,按其消能方式可分为孔眼式滴头和毛管式滴头等。

(1)孔眼式滴头　这种滴头是使水流从一个小孔眼流出(见图 4-8),从而消散压力,有时还在出口上附装一条细长管,作为附加消压设备,另一种消压设施是使水流形成涡流,孔眼直径 0.5～1mm,流量为 6～12L/h。

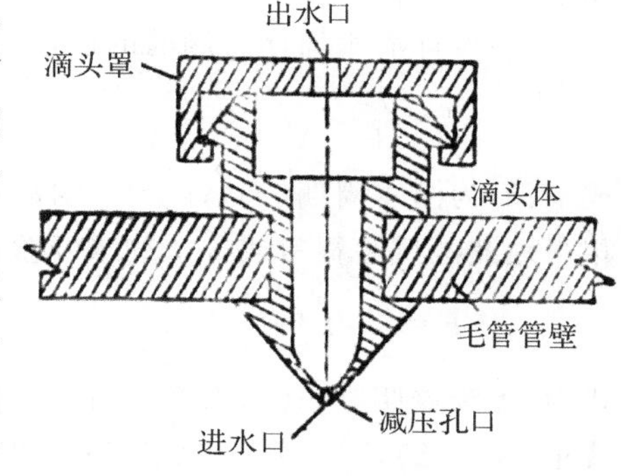

图 4-8 孔眼式滴头图

(2)毛管式滴头　它是用较长的毛管的沿程摩阻损失来消耗。毛管管径为 0.6～1.5mm，长 70～200mm,能供给 1～12L/h 流量。具体形式很多。

(3) 管间滴头　滴头作为毛管的一小段,两端与毛管相连,滴头由内外两层圆管组成,层间有螺纹,水量大部分从圆管中通过,少量水经层间螺纹消能后,由出水小口滴出。当水压为 2.5 atm 时,滴头流量为 3.8L/h。见图 4-9。

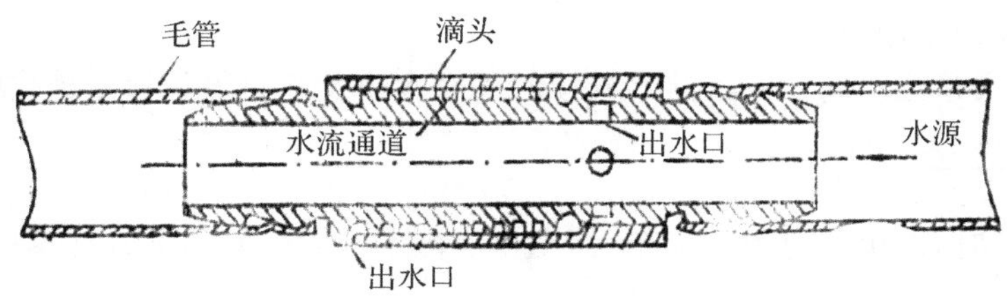

图 4-9 管间滴头

二、滴灌系统的布置和设计

为使滴灌系统经济合理、便于管理、供水均匀、灌水适当,在规划设计之前,首先应全面了解滴灌区域内的基本情况，收集有关资料和已成灌区的经验，如 1/500～1/2000 地形图、地块范围、面积、作物、土壤、气象和水源情况等资料。

1. 滴灌系统的布置

滴灌系统的管道，一般分干管、支管和毛管三级，布置时要求干、支、毛三级管道尽量相互垂直，以便管道长度最短，水头损失最小。在平原地区，毛管与垄沟方向一致；在山区丘陵地区，干管多沿山脊或较高位置平行于等高线布置，支管垂直于等高线，毛管再平行于等高线并沿支管两侧对称布置，以防滴头出水不均匀。

滴灌系统的布置形式，特别是主管布置是否合理，直接关系到工程造价的高低，材料用量的多少、管理运行是否方便等。在果树滴灌中，由于果树株行距都大，而且水果产值较高，有条件的地方可以采用固定式滴灌系统，在经济条件较差的地方，也可以采用移动式的滴灌系统。我国目前在发展大田作物滴灌时，为了降低工程造价和减少塑料管材用量，均采用了移动式滴灌系统。一条毛管总长 40～50m。其中有 5～10m 一段不装滴头，称为辅助毛管。这样，一条毛管以在支管两侧 60～80m 宽，上、下 10～20m 的范围内移动，一条毛管可以控制灌溉面积 0.067～0.133hm^2，使每 hm^2 滴灌建设投资降低到 600～750 元。

2. 滴灌的灌溉制度

(1)灌水定额　滴灌设计灌水定额是指作为滴灌系统设计依据的最大一次灌水量($h_{滴}$)。

(2)设计灌水周期　滴灌的设计灌水周期用下列式子计算，

$$T=\frac{h_{滴}}{E} \tag{4-12}$$

式中：T 为灌水周期(天)；E 为作物需水旺盛日平均耗水量(mm/d)。E 值的大小可以根据相当地灌溉试验资料或群众的水经验确定；也可根据下式计算：

$$E=\left(0.1+\frac{A}{100}L_{max}\right) \tag{4-13}$$

式中：A 为遮阴率(%)，即在垂直日光照射下，作物阴影面积与总面积之比。对大田作物和蔬菜，A 为 60%～95%；对于果树，幼树期 A 为 20%～40%，成年果树 A 为 60%～80%；L_{max}为作物需水旺盛期最大蒸腾耗水量(mm/d)。不同作物不同生育期，在不同气候条件下，L_{max}值不一样，应根据试验确定。

目前，国内各地在进行滴灌设计时，大致采用如下灌水周期(T)：果树为 3～5d，蔬菜为 1～2d，大田作物则采用 5～8 d。

(3)一次灌水延续时间　一次灌水延续时间对大田及蔬菜等行播密植作物用下式计算

$$t=\frac{h_{滴}\ S_e S_r}{q} \tag{4-14}$$

对果园滴灌时，以单株树为计算单元，则一次灌水延续时间用下式计算：

$$t=\frac{t_{滴}\ S_r S_t}{nq_{滴}} \tag{4-15}$$

式中：S_e 为滴头间距(m)；S_t 为毛管间距(m)；S_r 为果树行距(m)；S_t 为果树株距(m)；n 为个树下安装的滴头(或滴水口)的数目；$q_{滴}$ 为滴头流量(I/h)；t 为一次灌水延续时间(h)。

3. 滴灌系统的堵塞及其处理方法

滴灌系统堵塞是运行中常发生的问题，堵塞的原因主要有三方面：

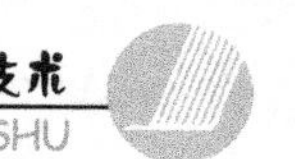

(1)悬浮固体堵塞 如由江河水中含有的泥沙及有机物引起。

(2)化学沉淀堵塞 由于温度、流速、pH 的变化,水流常引起一些不易溶于水的化合物沉积在管道和滴头中。按其化学成分来分,主要有铁化物沉淀(由铁管锈蚀引起),碳酸钙沉淀和磷酸盐沉淀等。

(3)有机物堵塞 胶体形态的有机质,微生物的孢子和单细胞,一般不容易被过滤器排除,在适当的温度、含水量以及流速减小时,常在滴灌系统内团聚和繁殖,引起堵塞。

处理滴灌系统堵塞的方法如下:

(1)酸液冲洗法 对于碳酸钙沉淀,可将 36%的盐酸加入水中,占水容积的 0.5%~2%,用 1m 水头的压力输入滴灌系统,滞留 5~15min 清洗。当被钙质黏土堵塞时,可用硝酸稀释液冲洗,除去铁的沉淀用硫酸。如滴头已被堵死,此法不适用。另外,此法对清除有机物引起的堵塞作用也不大。

(2)压力疏通法 5~10atm 的压缩空气或压力水冲洗滴灌系统,对疏通有机物堵塞效果很好。清除前,先将管道系统充满水,然后与空气压缩机连通,当所有水被排除后半分钟,关闭空气压缩机。此法有时会使滴头流量超过设计值,或将较薄弱的滴头压裂。此法对碳酸盐堵塞无效。因为要获得这样的高压有困难,这种方法在野外条件下不便采用。

在滴灌系统运行过程中,重要的是加强管理,切实采用以下防预措施:①维护好过滤设备;②设沉淀池预处理灌溉水;③定期测定滴头的流量和灌溉水的铁、钙、镁、钠、氯的离子浓度以及 pH 和碳酸盐含量等,及早采取措施;④防止藻类滋生,毛管应采用加碳黑的聚乙烯软管,使其不透阳光,或用氯气、高锰酸盐及硫酸铜处理灌溉水;⑤采用活动式滴头,以便拆卸冲洗。

第六节 间歇灌

为解决传统沟畦灌溉效率低、均匀度差的问题,20 世纪 80 年代初,美国犹他大学的学者提出了间歇水流灌溉方法,受到全球灌溉工作者的极大关注,被认为是当代地面灌的重大突破。间歇灌又称波涌灌、涌流灌,它是利用多向闸阀向沟畦间歇地供水,在沟畦中产生波涌,加快水流推进速度,缩短沟畦首尾段受水的时间差,使土壤得到均匀湿润。

一、间歇灌的特点与适用条件

1. 间歇灌的特点

试验研究及实践结果表明,间歇灌突破了传统地面灌溉的模式,具有灌水速度快、效率高、节水节能、灌水均匀度高等优点。

(1)灌水速度快 据水利部农田灌溉研究所在河北廊坊进行的对比试验,间歇灌比连续灌水流推进速度提高 18%~50%,灌水效率提高 15%~33%。节省了灌水时间,缩短了灌水周期。在相同流量下,在相同灌水周期内,可扩大灌溉面积。

(2)节水、节能 间歇灌具有明显的节水效果,其节水率大小与畦(沟)长、土壤质地和灌溉季节有关。一般情况下,间歇灌较连续灌节水 15%~30%。在提水灌区,间歇灌还能节能，降低灌溉成本。

(3)灌水均匀度高　与连续灌相比，间歇灌溉减少了畦首入渗量，避免了大量深层渗漏损失，而使畦尾入渗量增加，畦田首、尾入渗量的差距减小，灌水均匀度提高，一般可达80%以上。

2.适用范围

适于连续灌的自流灌区，提水灌区、井灌区都适合采用间歇灌；沟畦长度大、地面坡度平坦的灌区宜优先采用间歇灌；透水性较好或良好且含有一定黏粒的土质适于间歇灌。沟畦较短，地面坡度大，透水性差的黏性土和透水性过强的沙质土，间歇灌的优点不明显，不宜采用。

二、间歇灌原理

传统的地面灌溉方式是连续向沟畦输入一定流量的水流，直至该沟畦灌完。在水流推进过程中，由于沿程入渗，水量逐渐减少，但仍有一定流量维持到沟畦末端。而间歇灌溉则是以一定或变化的周期循环间断地向沟畦输水，即向两个或多个灌水沟畦交替供水。当灌水由一个灌水沟畦转向另一个灌水沟畦时，先灌的沟畦处于停水落干过程，由于灌溉水的下渗水在土壤中的再分配，使土壤导水性减小，土壤中黏粒膨胀，孔隙变小，田面被溶解土块的颗粒运移和重新排列所封堵、密实，形成一个光滑封闭的致密板结层。即田面糙率变小，土壤入渗减慢，因此水流推进速度相应变快，深层渗漏明显减少。

三、间歇灌系统组成

间歇灌系统主要由水源、管道、多向阀或自动间歇阀、控制器等组成。

水源：渠道、机井及低压输水管道均可作为间歇灌水源。

管道：含输水管和工作管。工作管为闸孔管。闸孔间距即灌水沟间距或畦宽。一般采用PVC管材。

间歇阀：是间歇灌溉系统的关键设备。常用的有两类，一类是用水或空气开闭的皮囊阀(图4-10)，在压力作用下皮囊膨胀，水流被堵死，卸压后皮囊收缩，阀门开启；另一类是用水或电开闭的蝴蝶阀(图4-11)。

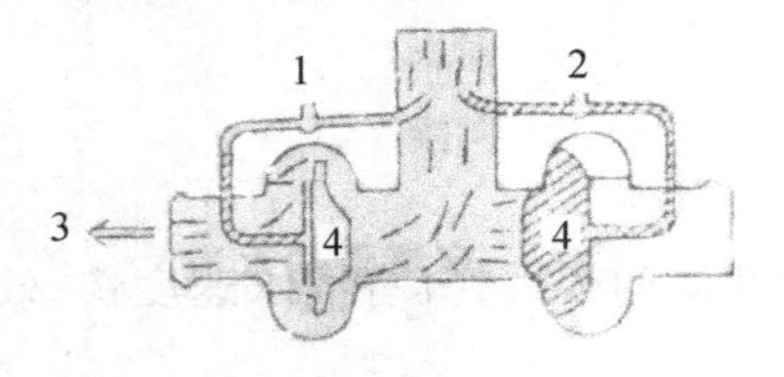

图4-10　用水压运行的皮囊阀

1.连通大气 2.供给水压 3.向左供水 4.皮囊

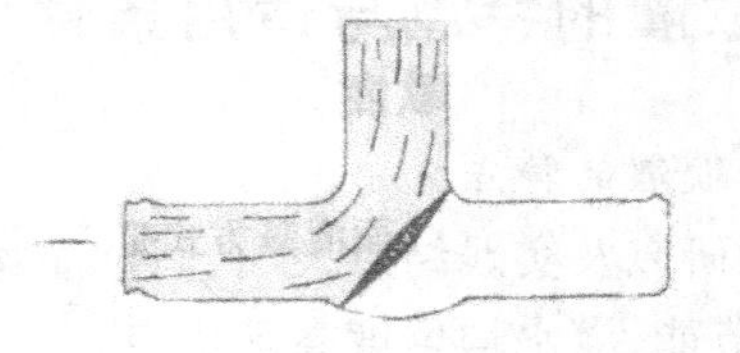

图4-11　蝴蝶阀

控制器：大部分为电子控制器，可根据程序控制供水时间。一旦确定了输水总放水时间，它能自动定出周期放水时间和周期数，并控制间歇阀的开关，为实现灌溉自动化提供了条件。

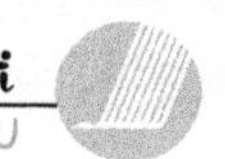

根据管道布置方式的不同，将间歇灌溉系统分为双管系统和单管系统两类。

(1)双管系统　该系统一般通过埋于地下的管道把水送到田间，然后再通过竖管和阀门与地面上带有阀门的管道相连(图 4-12)。由于这种阀门可自动在两组间开关水流，故可实现间歇供水。当这两组灌水沟畦结束灌水后，作业人员即将全部水流引到另一个放水竖管处进行下块地的灌溉。对已具备低压输水管网系统的地方，采用这种形式较为理想。

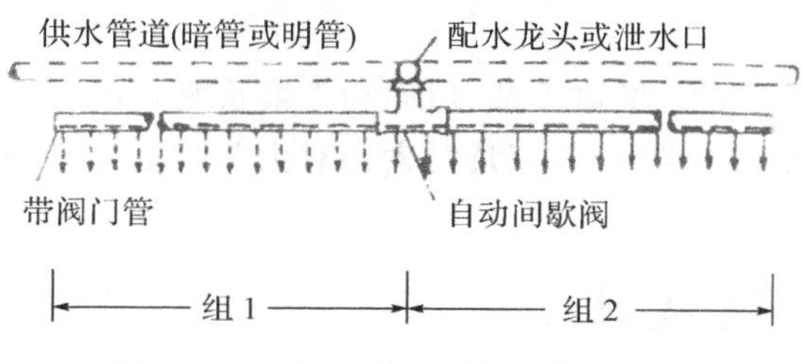

图 4-12　沟灌双管间隙灌系统示意图

(2) 单管系统 该系统由一条单独带阀门的管道与供水处相连，管上的各个出水口通过低水压、气压或电子阀控制。这些阀门以一字形排列，并由一个控制装置集中控制(图 4-13)。

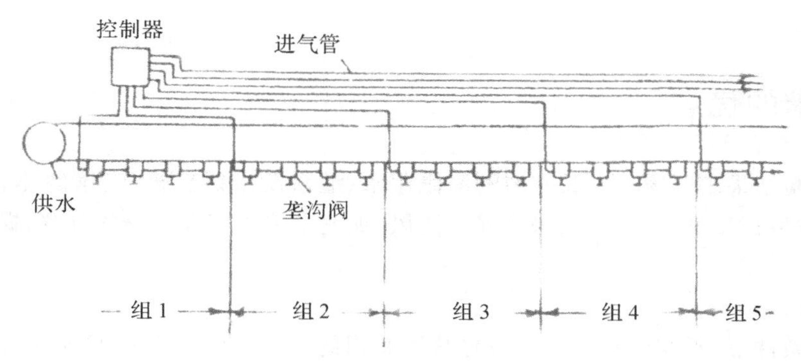

图 4-13　单管间歇灌系统示意图

四、间歇灌主要技术要素

间歇灌技术要素直接影响灌溉流量，应根据地形、土壤情况合理选定。

1. 周期和周期数

一个放水和停水过程称为周期，周期时间即放水、停水时间之和。放水、停水的次数称之为周期数。当畦长大于 200m 时，周期数以 3～4 个为宜；畦长小于 200 m 时，周期数以 2～3 个为宜。

2. 放水时间和停水时间

放水时间包括周期放水时间和总放水时间：周期放水时间是指一个周期向灌水沟畦供水的时间；总放水时间指完成灌水组灌水的实际时间，为各周期放水时间之和，其值根据计算或灌水经验估算，一般采取连续灌水时间的 65%～90%。畦田较长、入畦流量较大时取大值。

停水时间是两次放水之间的间歇时间，一般等于放水时间，也可大于放水时间。

3.循环率

循环率是周期放水时间与周期时间之比值。循环率应以在停水期间田面水流消退完毕并形成致密板结层,以降低土壤入渗能力和便于灌水管理为原则进行确定。循环率过小,间歇时间过长,田面可能发生龟裂而使入渗率增大。循环率过大,间歇时间过短,田面不能形成减渗层,间歇灌优点难以发挥。循环率一般取 1/2 或 1/3。

4.放水流量

指入畦流量。一般由水源、灌溉季节、田面和土壤状况确定。流量越大,田面流速越大,水流推进距离越长,灌水效率越高,但流量过大会对土壤产生冲刷,因此应综合考虑。

第七节　膜上灌技术

膜上灌是在我国新疆创造和发展起来的一项新的节水灌溉技术。它是在地膜栽培的基础上,把膜侧流水改为膜上流水,利用地膜输水,通过放苗孔(有时再增打专门渗水孔)给作物供水进行灌溉。膜上灌仅通过膜孔向土壤中渗水,是一种局部灌溉,其灌水效果与滴灌相似。

一、膜上灌的优点

对比试验结果表明膜上灌具有节约灌溉用水、灌水质量好、增加土壤的热容量、增加地温、改善作物生长发育生态环境、保水保肥防风、加速土壤中有效成分的分解、提高产品品质等优点。

1.节水

膜上灌条件下,平均施水面积只占总灌溉面积的 2%~3%,其余 97%~98%的面积均依靠灌水孔的旁渗浸润来进行灌溉,所以克服了灌水过程中的深层渗漏。同时由于覆膜作用,大大减少了棵间无效蒸发,节水效果明显。据新疆维吾尔自治区统计资料,膜上灌较地面灌平均节水 30%~50%。

2.灌水质量高

在相同灌水定额情况下,田间土壤平均含水量,膜上灌比膜侧沟灌高 0.81%。在膜中、苗行、膜侧五点土壤含水量的增加量是膜侧沟灌的 1.7 倍。在膜畦的纵断面上,以膜畦纵向中心线为剖面,上中下游分层取土测定含水量,结果在 30cm 厚土层内,膜中纵断面膜上灌含水量的增加是膜侧沟灌的 5.7 倍。膜上灌沿程水分分布比较均匀,灌水均匀度可达 80%~85%,比膜侧沟灌高 10%左右。

3. 增加土壤热容量

地膜栽培主要是依靠增温来实现增产。膜上灌积温(23d)比膜侧沟灌积温高 5.2℃,平均每天高 0.23℃,膜上灌不仅没有降低地膜的热效应,反而有一定提高,原因是膜上灌土壤水分集中于膜下,增大了膜下土壤的热容量,所以地温高而稳定。

4.改善作物生长发育环境

膜上灌改善了水肥气热的供应条件和生态环境,使作物生长发育良好。由于膜上灌土

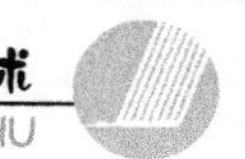

壤水分集中于主根四周，根系向四周发育庞大而均匀，有利于水分和养分的吸收。

二、膜上灌的几种形式

目前在新疆维吾尔自治区使用的膜上灌形式有以下几种：

1. 膜畦膜上灌

将塑膜铺在畦内，作物也种在畦内，灌溉时将水引入畦内，水在膜上流，由放苗孔、渗水孔和膜缝渗入土壤。根据筑埂方法不同又可分为培埂膜畦膜上灌和膜畦膜孔灌。

(1)培埂膜畦膜上灌 是将原来使用的铺膜机前平土板改装成打埂器，刮去地表 8cm 左右的土层，在膜侧筑成约 20cm 高的土埂。根据塑膜幅宽的不同，打 70～90cm 宽的畦田，膜两边各有 10cm 左右宽的渗水带。这种膜上灌形式膜面低于原田面，膜上水流不易溢出，入膜流量可达 5L/s 左右。

(2)膜畦膜孔灌 它是培埂膜畦膜上灌的改进型。由专门膜上灌铺膜机完成铺膜，将 70cm 宽的农膜置于地面，呈梯形，两侧膜翅起 5cm 埋入土埂内，畦宽仅为 40cm，作物需水靠放苗孔和渗水孔供水，入膜流量 1～2L/s(见图 4-14、图 4-15)。

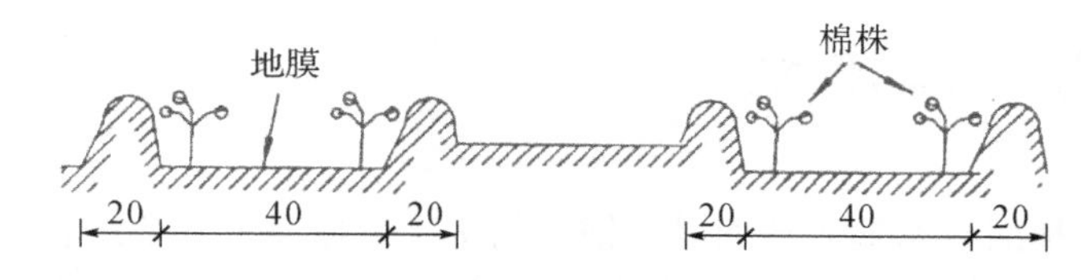

图 4-14 膜畦膜孔灌(单位：cm)

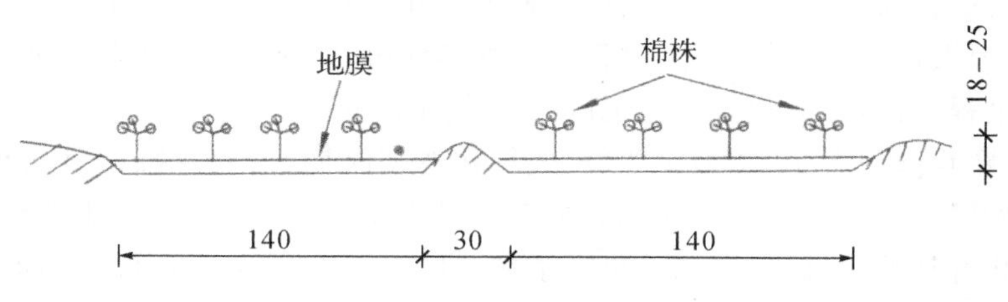

图 4-15 膜畦膜孔灌(单位：cm)

2. 膜孔沟灌(沟内膜上灌)

其做法是将土地整成沟垅相间的地块，在沟底和沟坡甚至一部分垅背上铺膜，作物种在沟坡或垅背上(瓜果类作物)。沟的规格视作物不同而异。蔬菜一般沟深 30～40cm，沟距 80～120cm，西、甜瓜沟深 40～50cm，上口宽 80～100cm，沟距 350～400cm。水流通过沟中地膜上的渗水孔渗入土壤中，再通过毛细作用湿润作物根部。渗水孔可根据土质不同打成单排孔或双排孔，轻质土宜打双排孔，重质土宜打单排孔。孔径、孔距应根据灌水量大小、土质情况确定，对于轻壤土、壤土，孔径以 5mm 为宜，孔距以 20cm 左右为宜。入沟流量以 1～5L/s 为宜。

3. 膜缝沟灌

它是膜孔灌的改进型。将地膜铺在沟坡上，沟底两膜相汇处留有 2～4cm 的缝隙，水流通过缝隙渗入土中。

4. 细流膜上灌

在普通地膜种植下，利用第一次浇水前追肥之机，用机械将作物行间地膜轻轻划破，形成一条膜缝，再通过机械将膜缝压成一条“U”字形小沟，浇水时将水放入“U”形小沟内，水在“U”形沟中流动，同时渗入土中，浸润作物，实施灌溉。它类似于膜缝沟灌，但入沟流量较小，一般为 0.5L/s 左右，适用于地面坡度较大的地面。

三、膜上灌的适用范围

凡是实行地膜种植的地方和作物，都可以采用膜上灌技术，特别是高寒、干旱、早春、缺水、气温低、蒸发量大、坡度大、土壤板结保水差的地方，更适合推广使用膜上灌。在新疆，这项技术已用于棉花、玉米、高粱、甜菜、瓜类、蔬菜、葡萄等 10 余种作物，节水增产效果显著。

膜上灌投入小，见效快。据新疆有关单位测算，每 hm^2 年增加费用仅为 15.30 元，而一般可节水 20%～30%，增产 10%～15%，棉花每 hm^2 增加收入 750～1800 元。因此，这项技术一经出现，就显示出强大的生命力和美好的推广应用前景。

第八节　地下灌溉技术

地下灌溉是指把灌溉水输入地面以下铺设的透水管或采取其他工程措施普遍抬高地下水位，依靠土壤的毛细管作用浸润根层土壤，供给植物所需水分的一种灌水方法。渗灌是地下灌溉的主要方法，同时也包括地下滴灌和地下灌排两用工程等。地下滴灌虽是将地表滴灌管或滴灌带埋入地下，但因其灌水过程已无水滴形成，其流量又受土壤含水量大小影响很大，而与渗灌过程一样，故有学者认为也应列入渗灌范畴。

地下灌溉在我国已有 1000 多年的历史，早在晋朝时期，山西省临汾就出现了以泉水为水源，在土壤耕层下铺设 0.4～0.6m 厚的卵石，作为蓄水通道进行灌溉的地下灌溉工程。此后，即距今几百年前，河南省济源又出现了在土壤内埋设由透水瓦片扣合而成“透水管道”进行灌溉的合瓦地，并兼有排涝功能。20 世纪 50 年代以来，河南、陕西、江苏等省开始了现代地下灌溉研究，地下灌溉方法更加丰富，所用材料也愈加多种多样。

一、地下灌溉的优缺点

1. 优点

(1)灌水质量较好。灌水时由于水是从土壤底层向作物根系层补给，因而能较好地调节土壤中的水、肥、气、热状况，为作物生长创造良好的生态环境。灌水后不会破坏土壤表层结构，避免表土板结、干裂。

(2)节水、节地、省力、安全。地下灌溉的管道全部埋入地下，从而减少了渠道及畦埂占地；减少了表土蒸发损失、提高水的利用率；减少了平整土地、中耕及灌水工作量；避免了光照老化和人为破坏。

(3)减少杂草和病虫害，优质增产。由于灌水后地表不会过湿，抑制了杂草生长和病虫

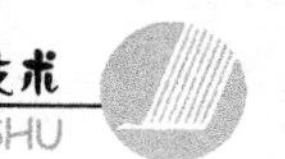

害，故减少了农药用量，从而提高了作物品质，同时还可较沟畦灌增产10%～30%。

(4)一物多用。灌水时可同时施用化肥(或作物根系灭菌剂)，即灌水施肥(或土壤消毒)可同步进行。同时兼有排水、通气、提高地温等作用。

2.缺点

地下灌溉尤其是地下管道灌溉的缺点是表土湿润较差，不利于种子发芽及幼苗和浅根作物的生长；基本建设投资大，施工技术比较复杂；管道淤塞后难于检修。

二、地下灌溉工程系统组成

1.水源部分

包括抽水泵站、量配水设备和滤水池(塔)、过滤器等。功能是保证按量供水，防止杂物进入地下管道系统形成堵塞。

2.输配水管道系统

包括干、支管系统，其作用是将灌溉水从水源引入，由阀门控制的输配水管道，并分配给透水管。

3.透水管

它是整个工程中的关键部分，直接关系到灌水质量的好坏。由于用量大，透水管在很大程度上决定着整个工程造价的高低。据各地经验来看，适宜用作透水管的材料一般有普通塑料管、混凝土管，以及利用废旧轮胎回收橡胶和添加特殊制剂制成的新型橡胶渗灌管和管壁发泡微孔塑料渗灌管等。

三、地下灌溉的技术要素

地下灌溉的技术要素包括管道埋深、灌水定额、管道间距、管道长度和坡度等。

1.管道埋设深度

影响地下管道埋设深度的因素包括土壤性质、耕作情况及作物种类等条件。适宜的埋设深度应使灌溉水既能借毛细管作用充分湿润土壤计划湿润层，又能使表层土壤达到足够湿润而深层渗漏最小的目的。一般黏质土中埋深要大些，砂性土中要小些。常规耕作田间管埋深要深于耕作要求的深度，同时还要考虑管道本身的抗压强度，不致因拖拉机或其他农业机械的行走而破损，同时要考虑作物的根系深度。目前我国各地采用的管道埋深一般为40～60cm。在采用免耕的田间管道则可浅埋，一般10cm左右即可。

2.灌水定额

灌水定额应能使相邻两管间的土层得到足够的湿润，以不发生深层渗漏为准。据农田灌溉研究所对砂壤土和黏壤土的研究成果，渗灌的最大临界灌水量值为$525m^3/hm^2$，若大于此值将产生深层渗漏。

3.渗管间距

渗管间距的大小直接影响整个渗灌工程的造价。如过大两管中间部分耕地达不到作物要求的水分，作物长势会形成波浪形，影响均衡增产；过小会增加工程造价，不经济。因此其确定要充分考虑土壤性质和供水水头的大小，土壤颗粒愈细，则土壤的吸水能力愈强，在进行渗灌时灌溉水的湿润范围也愈大，管道间距就可增大。在决定管道间距时，应使相邻两条管道的浸润曲线重合一部分，以保证土壤湿润均匀。一般砂质土壤中的管距较小，而黏重土壤中的管距较大；管道中的压力愈大，管距可以较大，而无压渗灌的间距，则应小些。据文献介绍，苏联、意大利、德国等国采用的间距一般为 1.0～3.0m。我国目前试验中采用的间距幅度较大，为 0.7～5 m。农田灌溉研究所根据试验得出的均质土壤中的合理管距计算公式为：

$$B=2mH+D \tag{4-16}$$

式中：B 为渗管间距(cm)；H 为灌水终止时管顶以上土壤水分扩散距离(cm)；m 为水平与垂直向上扩散距离之比；D 为渗管管道直径(cm)。一般大田间距为 1.5～2.5m；果树 3～4m，或根据树行布设。

4.管道长度

管道的长度与管道坡度、供水情况(有压或无压)、流量大小及管道渗水情况等有关。适宜的管道长度应使管道首尾两端土壤能湿润均匀，而渗漏损失较小。一般情况下，管道坡度陡，供水压力大、流量大时；管道长度可大；反之管道长度应小。我国采用的管道长度一般为 20～50m 左右。国外经验是无压的管道长度不大于 100m，而有压的则可达 200～400m，至于坡度应根据管长和地面坡度等而定，一般取 0.001～0.005。

地下灌溉工程的规划设计较为复杂，那种将滴灌管埋入地下的渗灌可参照滴灌的规划设计。

四、地下灌溉工程施工步骤

(1)测量放线。根据规划要求、布置形式，在施工现场进行测量放线、打桩。

(2)修建供水建筑物。按设计要求修建抽水泵站、滤水池(塔)。

(3)铺设输配水管道。按设计深度及坡度开挖管沟，铺设管道时要注意接头不得漏水。

(4)透水管铺设。按设计要求深度及坡度开挖透水管沟，然后铺管。铺管时要注意以下几点：①在管下附近无弱透水层时，可在沟底先铺一层塑料布再下管，以减少灌溉水渗漏；②当采用部分透水的透水管时，要将有渗水孔眼部分向上，无孔眼部分向下；③认真处理好每条透水管与配水管的连接；④在埋设透水管时，要避免管沟进水，以防泥浆堵塞管壁孔眼；⑤为预防停水减压后透水管被泥土堵塞，管外应采用秸秆等作外包滤料。

(5)试水、填埋。管道铺设好后，先对透水管道覆土填埋，然后试水检查输配水管道有无漏水现象，如有漏水则需进行处理，最后对输配水管道覆土填埋。

五、地下排灌两用工程

20 世纪 80 年代，根据淮北地区低洼易涝、既需排水又要灌溉的特点，农田灌溉研究所与兄弟单位及当地协作，创造出一种地下灌排两用工程系统。它是在建有排、引、蓄、灌、补相结合的河网工程的基础上，在田间铺设暗管或开挖盲沟、鼠道，通过节制闸控制田间地下水位升降实现灌、排的一种工程系统。暗管管材可根据条件选用塑料管、瓦管、水泥土管等；盲沟可充填砂砾、炉渣、秸秆、条子等，打鼠道利用鼠道犁。

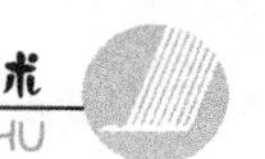

影响地下排灌两用工程技术要素的因子较多，难以用简单的计算方法确定。农田灌溉研究所根据研究提出的网格式地下灌排两用工程即暗管与鼠道组合而造成的工程，较适宜的技术要素如下：①深度：暗管0.6～0.8m，鼠道或盲沟2.5m左右；②间距：暗管20～30m，鼠道2～3m，盲沟5～10m；长度视田块长短而定，暗管一般采用100～200m；坡度根据地面坡降而定，一般为1/500～1/1000。

六、发展地下灌溉要注意的问题

1.因地、因作物制宜，合理选择工程形式

与其他灌水方法相比，地下灌溉虽具有许多优点，但因透水管也埋入地下，故其水分运动机理要比地面灌溉方法复杂得多，成本也较高。故要因地、因作物制宜，合理选择工程形式、稳步发展。有些地区之所以发展很快，是因其具有特定的条件：干旱缺水十分严重，特别是在台地上，地上和地下浅层均无水源，深层水埋深很深，井深需260m以上，成本高，单井出水量小，仅30m³/hm³左右，水价高达1元/米³以上，灌溉水供需矛盾尖锐；土质较好，土层厚，保水能力强，当地栽培措施精细，土壤保墒好等。

2.加强工程运行管理，延缓堵塞

堵塞是所有微灌都必然遇到的问题，可分为物理堵塞、化学堵塞和生物堵塞三类。与地面系统相似，崇山峻岭，地下滴灌（渗灌）增加了管内负压抽吸泥水、植物根系刺穿较薄的管壁以及根系向水性生长伸入灌水孔送入管道等堵塞因素，因此更容易堵塞。目前所有防堵设施均只能延缓堵塞时间，而无法做到不堵塞。发达国家因劳力昂贵，只能采取延缓堵塞、最后废弃再重新安装新设备的方法来恢复系统功能。如美国亚利桑那州的棉田地下滴灌埋深20cm，采用免耕，并有完善的防堵塞措施，学者认为只能正常使用2年，农户则采取5年后废弃、重新埋设的办法来重新恢复系统功能。而我国农民经济实力有限，劳动力价值却不高，因此应加强对工程运行的管理，推行定期开挖清洗来恢复功能是可取的，也是最有效的措施。据专家调查按运城地区目前的做法，预计浇3～4次水就可能出现明显的堵塞，对于棉花，目前采取种时埋管、年末收管冲洗的办法是可行的。对于果树可适当采取一些防堵塞措施，如对水池加盖，尽量少用易锈管件，安装进排气阀，加装过滤装置，毛管末端露出地面定期冲洗等则可有效延长堵塞时间，从而加长挖管冲洗的周期。

第九节　其他节水灌溉方法

一、水稻节水灌溉技术

水稻与旱作物不同，是一种喜水作物，具有适应淹水生长的本性，过去常采用深水淹灌，因而耗水量大大高于其他旱地作物。随着耕作科学技术的进步，淹灌的弊端逐渐被人们所认识，国内不少省（区）陆续对水稻需水规律和节水灌溉制度进行了试验研究，相继提出了一些新的成果，并均已很好地得到了推广应用，茆智（1997）将其归纳为以下4种模式：

1."浅、湿、晒"模式

该模式是我国应用地域最广、应用时间较久的节水灌溉模式，属于该类模式的，如广西壮族自治区大面积推广的"薄、浅、湿、晒"灌溉，北方推广的"浅湿"灌溉和浙江省等地推广的"薄露"灌溉等。

(1)广西壮族自治区推广的"薄、浅、湿、晒"灌溉，田间水分控制标准：①薄水插秧、浅水返青：插秧时为15～20mm薄水层，插秧后田间保持20～40mm的浅水层；②分蘖前期湿润：每3～5天灌一次10mm以下的薄水，保持土壤水分处于饱和状态；③分蘖后期晒田；④拔节孕穗、抽穗扬花期薄水：拔节孕穗期保持10～20mm薄水层，抽穗扬花期保持5～15mm薄水层；⑤乳熟期湿润：隔3～5天灌水约10mm；⑥黄熟期先湿润后落干：水稻穗部勾头前湿润，勾头后自然落干。

(2)北方地区(辽宁等省)所采用浅湿灌溉的田间水分控制标准：①插秧和返青浅水：保持30～50mm浅水层；②分蘖前期、孕穗期、抽穗开花期浅湿交替：每次灌水30～50mm，田面落干至无水层时再灌水；③分蘖后期晒田；④乳熟期浅、湿、干、晒交替：灌水后水层深为10～20mm，至土壤含水率降到田间持水率的80%左右再灌水；⑤黄熟期停水、自然落干。

(3)浙江省等地推广的薄露灌溉的水分控制标准：在拔节期以前及黄熟期与广西的"薄浅湿晒"方式相类似。但从拔节期起到黄熟期末，在薄水(15mm以下)湿润(土壤饱和)后再继续落干与轻晒，土壤含水率下限为田间持水率的80%～90%。

"浅、湿、晒"模式中，分蘖后期晒田是一项有利于高产、节水的重要措施。对于开始晒田的时间，应掌握苗够晒田和时够晒田，即当分蘖后稻田苗数达到栽培方案中的计划苗数或有效分蘖率达到80%～90%时开始晒田；若时间达到分蘖盛期末尾而苗数或分蘖率未达到以上标准，也应开始晒田。对于晒田的程度，一般低垄田、黏土田、肥田、禾苗生长旺盛的田要重晒，可晒5～8天，晒至土壤含水率为田间持水率的70%～80%。若是阴雨天，要延长晒田时间；对烂泥田、冷浸田，则要重晒或多晒。地势高、土壤透水性强、肥力低、禾苗生长差的稻田，要轻晒，晴天晒3～5天，遇阴雨则延长，土壤含水率达到田间持水率的80%～90%即可。

2."间歇淹水"模式

我国北方以及东南亚有些国家成功地采用了这种模式。其水分控制方式为：返青期保持20～60mm水层，分蘖后期晒田(晒田方法如浅、湿、晒模式)，黄熟落干，其余时间采取浅水层、干露(无水层)相间的灌溉方式。依据土壤、地下水位、天气条件和禾苗长势与生育阶段，可分别采用重度间歇淹水和轻度间歇淹水。重度间歇淹水，一般7～9天灌水一次，每次灌水50～70mm，使田面形成20～40mm水层，自然落干，大致是有水层4～5天，无水层3～4天，反复交替，灌前土壤含水率不低于田间持水率的85%～90%；轻度间歇淹水，一般每4～6天灌水一次，每次灌水30～50mm，使田面形成15～20mm水层，有水层2～3天，无水层2～3天，灌前土壤含水率不低于田间持水率的90%～95%，这种轻度间歇淹水方式，接近于湿润灌溉。

3."半旱栽培"模式

这是近年来通过对水稻需水规律和节水高产机理等方面进行较系统的试验研究提出的一种高效节水灌溉模式。对这类灌溉模式，在山东济宁市称为控制灌溉，在湖南零陵地区称为控水灌溉，在广西玉林地区称为水插旱管，等等。它已在这些地方有数百hm^2甚至数千

hm^2 的推广面积。国外一些水稻灌溉试验研究机构也在研究和推荐这种模式。这一模式与前述两类模式有较大差别，除在返青期建立水层，或是返青与分蘖前期建立水层外，其余时间则不建立水层，故国际上一般称这种模式为半旱栽培模式。现以山东济宁市与广西玉林地区所采用的这类模式为例，说明其水分控制标准。

山东济宁市试验成功并在较大面积上推广的水稻"控制灌溉"，其稻田水分控制方式为：稻田返青期保持 5～30mm 的薄水层，以后各生育阶段田面不保留水层，土壤湿润上限为饱和含水率，下限为饱和含水率的 60%～70%，黄熟期断水。广西玉林地区"水插旱管"的水分控制标准为：移栽时田面水层 5～15mm，返青期水层 20～40mm；分蘖前期水层 0～30mm，分蘖后期晒田，土壤湿度为饱和含水率的 70%～100%；拔节孕穗期、抽穗开花期无水层，土壤含水率为饱和含水率的 90%～100%；乳熟期无水层，土壤湿度为饱和含水率的 80%～100%；黄熟期前期土壤含水率为饱和含水率的 70%～100%，后期断水。这类灌溉模式的节水效果显著，对增产也有利。

5．蓄雨型节水灌溉模式

为了充分地利用降雨，在不影响水稻高产的前提下，尽可能多蓄雨水，以提高降雨利用率。湖北、福建等地多年来采用这种模式，水资源愈紧缺地区，这种模式应用的意义愈大。其要点是：平时可按上述各种节水灌溉模式进行灌溉，若遇降雨，不仅是当成一次灌水而且对于雨水形成的水层，可以超出灌溉水层上限的标准。这不仅减少灌水量，而且也减轻排水负担。一般在水稻生长的前期（返青、分蘖前期）和后期（乳熟期），宜浅蓄，雨后水深可超出灌溉水层上限 20～30mm，而中期可多蓄，雨后水深可超出灌溉水层上限 30～50mm。根据福建省、湖北省等地经验，这种少灌多蓄的灌溉模式，比雨后水层深度仍然保持各类节水模式规定的灌水上限，可提高降水利用率 10%～20%，节水约 10%～15%。由于这只是发生在雨后多蓄，并非长期淹水，仍保持湿润、露田的条件，对水稻生育和产量并无明显影响。水资源紧缺地区，更宜在推行前面三种节水灌溉模式的基础上，结合采用雨后多蓄的方式。

水稻各种节水灌溉模式，有以下几点共性：返青期保持薄水层，分蘖后期晒田，黄熟落干断水，其余生育阶段应避免长期连续淹水；经常露田或晒田，但土壤含水率不低于田间持水率的 70%，低于田间持水率 80%的连续历时不超过 3～4 天。在此统一的要求下，不同的灌溉模式的具体淹水、露田、落干时期与程度（标准）不同，应根据土壤质地与肥力、地势、地下水埋深、气象、水稻品种、稻禾生长情况以及水源条件等因地制宜地选用。一般土壤质地为黏土或壤土，肥力较高，地下水位较高的平原地区，宜采用重度间歇淹水模式，或浅、湿、晒模式，但有水层时应以较浅、湿润的历时较长，分蘖末期重晒；相反的条件，可用轻度间歇淹水模式，或用浅、湿、晒模式但水层稍深，湿润历时较短，分蘖末期轻晒。在采用这些模式条件下，降雨后在不影响水稻生育范围内存蓄雨水，对于水源缺乏的灌区应多蓄，蓄水深度大些。

对于特殊类型稻田应采用一些特殊灌溉方式。如对盐渍型稻田，灌溉水除满足水稻生理需水外，还要利用水的下渗以压盐，并防止返盐，故要求长期淹灌。对于冷浸型稻田，为有利于解决其长期土壤过湿、通气不足、水温土温低和有毒物质积累的问题，应在田间排水的基础上，采用间歇淹水模式，但每一灌水周期内的淹水天数短些，干、露、晒的无水层天数长些，以改善土壤通气性，提高水温、土温。

根据我国实践与试验研究结果．半旱栽培的灌溉模式可在各类土壤的稻田中使用。这种模式节水效果最高，同时也能获得高产，是值得进一步研究与推广的革新力度较大的节水灌溉模式。因为这是一种冲破了传统以水层灌溉为主的新模式,在运用和推广中,要注意解决一些新的问题,其中主要有:防草除草,在无水层条件下的追肥、补肥,防低温或高温危害,在气温低于12℃时或遇到寒露风,要及时灌水,保持适当水层,加大农田热容量,防止因土温过低而影响稻禾生长;在气温高于35℃时,也要及时回灌,防止田间高温危害稻禾生长以及防治鼠害等。这种新技术的实施有一定的风险,使用人员须掌握其中的技术,并通过试验、示范,再逐步推广。

二、水平畦田灌技术

水平畦田灌,顾名思义就是田面非常平整条件下的畦灌。由于田块面积大,四周畦埂高而厚,故也称作格田灌。其主要特点是田面非常平整,入畦水流能迅速布满整个畦块,因此深层渗漏水量少,灌水均匀度高,水的利用率可达90%以上。

水平畦田灌要求供水流量大,土地平整精度高,用传统技术显然难以实现。而必须采用现代化技术即激光平地技术。该技术在美国等发达国家被称为地面灌溉最重要的进展之一。

激光平地设备包括激光发射机和激光平地机。激光发射机可以水平旋转,并在10%坡降以内的情况下自找水平。测量数据均输入计算机并可打印出主、副坡度、复合坡度、挖方量和填方量等结果,并绘制出平地直线度图。

激光平地机分为精平与粗平两种。精平机带一个铲运斗,只能作上、下水平平整,每次挖深0~10cm,带一个接收杆;粗平机带两个铲挖运斗,双接收杆,可作90°以内的翻挖运土,每次挖深10~20cm。驾驶台上有控制杆、接收盒和指示灯,铲斗车的横梁上安装有接收杆(测量杆),自动接收来自发射器的激光束,经液压机构传导反映到接收盒上。平地时,平地机所处位置高于设计高程,最上面黄灯亮,表示需要挖;若低于设计高程,最下面黄灯亮,需要填;平整到设计高程,中间绿灯亮。

据文献介绍,使用激光平地技术每个台班可挖、填2500~5000 m^3 土方量,平整土地5~10 hm^3,其精度按美国土地保持局要求的标准是80%的畦田平均高差在1.5cm以内。在美国,实际上经激光平地后平均误差在1.5cm以内的畦田面积比例达86%,比人工提高精度10~50倍。联合国粮农组织顾问,美国犹他州州立大学的W.R沃克教授基于发达国家和个别发展中国家推广此项技术取得的经验,得出一个结论:即向发展中国家推广激光平地技术将使地面灌溉的效果得到显著提高。

三、沟畦灌改造技术

传统沟畦灌溉是通过土渠或衬砌渠将水送到田间的沟畦,水在沟畦内形成连续的薄水层或水流,边运动边借重力和毛管作用浸润土壤的灌溉方法。

畦灌试验及其水流运动分析表明,畦灌水流的推进速度随时间减小,加速度为负。即随畦长的增加,单位面积灌水时间或灌水量将不断增加。畦长过长必然导致大量深层渗漏,抬高地下水位,形成土壤次生盐碱化和沼泽化,产生土壤养分流失渗漏。单位面积灌水时间的增加也必然导致灌水劳动量的增加以及灌区管理的不便。目前乃至将来一个相当长时期,

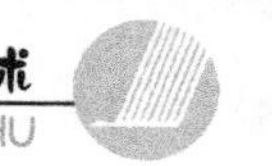

地面灌溉都仍将是我国灌溉的主体。因此，研究改进沟畦技术，无疑是一项费省效宏的节水灌溉措施。

小畦灌溉是针对我国北方一些麦区畦长过长，田间水浪费严重这一问题而通过减小畦宽缩短畦长来实现节水的一项灌溉技术。其特点是水流流程短，灌水均匀，便于管理，可显著减少深层渗漏，提高灌水均匀度和田间水利用率，减小灌水定额，实现节水、增产。小畦灌的技术要素包括畦长、畦宽、入畦流量等。确定方法有两种，一是针对不同土质、不同田面坡度；二是不同的地下水埋深，通过对比试验选择灌水均匀度、田间水利用率及灌溉水贮存率较高的灌水技术要素组合作为灌水的依据。河南省人民胜利渠引黄灌区在实验研究基础上得出的畦灌技术要素在不同土质条件下的适宜组合见表 4-14。

农田灌溉研究所通过对实验数据进行相关分析得到的各个灌水技术要素之间的回归方程式见式 4-17。

$$m=a\frac{l_{畦}^{b}}{q^{c}i^{d}} \tag{4-17}$$

式中：m 为灌水定额（m^3/hm^3）；l 畦为畦长（m）；q 为单宽流量（L/s m）；i 为沿畦长平均地面坡度（以小数表示）；a、b、c、d 各为拟合系数。由 4-17 式可以看出，当流量和地面坡度一定时，灌水定额随畦长的增加而增加，随畦长的减小而减小；当畦长确定时，灌水定额随单宽流量和坡度的增加而减小，随其减小而增加。在单井出水量确定、地面坡度变化不大的平原地区，灌水定额主要随畦长和畦宽而变化。

丘陵等其他地区，由于要考虑畦坡等因素，所以各项技术要素的最优组合要比平原地区复杂；另外，人们在实践中还提出了长畦长沟分段灌溉法、细流沟灌法等沟畦灌改造技术。

四、播种穴灌技术（坐水种）

穴灌是最古老也是最省水的灌溉方法之一，但费工费力。我国东北的黑龙江、吉林两省发展了穴灌方法这一抗旱保苗节水灌溉技术。用于玉米等掩种（穴播）作物时称坐水种，用于大豆等条播作物时称坐滤水种。因通常多用于玉米等掩种作物，故统称坐水种。其作业程序为刨掩（开沟）、浇水、点籽、施肥、覆土、镇压。

坐水种技术发展至今大体经历了人工阶段（20 世纪 60—80 年代）、半机械化阶段（20 世纪 80—90 年代）和机械化阶段（20 世纪 90 年代以来）。人工阶段具体做法是水到地头后，用桶或布水袋由人肩挑手拎进地浇掩。第二阶段前半期是水车进地再放到小水桶里，用水舀子浇掩，其进度较人工快了两倍，后半期是水车进地，水箱两侧分设 2～6 个塑料管或胶管，群众称为“二龙”或“六龙”出水，同时可浇 6～12 垅，边走边浇，其进度又有明显提高。第三阶段，即从 90 年代起，黑龙江、吉林等省的水利科研部门和中国农大等单位在总结群众经验的基础上，研制出一批可一次完成从松土、灌水、开沟、播种、施肥到覆土、镇压的自动坐水种机具，不仅起到了抗旱保苗作用，而且省时、省工、省水、省力，其作业效率提高了十几倍。坐水种的优点有：

(1)保墒提墒，促苗全、苗壮　黑龙江和吉林西部地区，春旱严重，按常规播种方法很难保证出全苗. 以玉米为例，春播期土壤水分大多在田间持水量的 60%以下，干土层达 10cm 厚，加之多风，蒸发量大，土壤水分消耗快，种子很难发芽。而坐水种可使土壤水分达到田间持水量的80%～90%，出苗率达98%以上，较不坐水出苗率提高30%左右。并且还提高了肥效，促苗齐苗壮，据资料，播种后9天观测，坐水较不坐水的根芽长度平均长0.6cm，根系长度平均长1.0cm。

(2)奠定基础，促增产增收　由于采用坐水种一般可提前7～10天出苗，增加积温70～100℃，延长了生育期，所以有利于选用中晚熟品种，有利于抗御低温早霜。为实现大幅度增产增收奠定了基础。据黑龙江肇东市调查资料，玉米坐水种可提高单产702.6～1463kg/hm^2，增产幅度16%左右，增收28%。另据吉林白城松原统计数据，近十年来，两地区产量已由15亿kg增加到50亿kg，其间推广抗旱坐水种措施功不可没。

(3)节水、节能、省工，便于推广　坐水种为局部灌溉，减少了田间深层渗漏和蒸发损失，用水量很小。灌水仅45～75m^3/hm^2，为沟灌的1/12～1/10；抽水用电12kW·h，仅为沟灌用电量的1/10；坐水种投资30～75元/hm^2，仅为喷微灌等先进灌水技术投资的十几分之一到几十分之一。并因不需要修建工程量较大的灌溉渠系和田间工程，故还可节约耕地和人力、物力，简便易行，容易被群众接受。仅吉林省西部地区，每年抗旱坐水种面积达40万～47万hm^2，近两年已超过67万hm^2，效益十分显著。

农田排水与盐碱土改良利用

第一节　农田排水的要求和标准

一、农田水分过多对农作物的影响

水是植物生长的必需的物质条件，但是如果土壤中的水分过多，水就会与土壤的另外两个肥力因子气、热发生矛盾，使土壤的理化性质变坏，并改变土壤中一些植物营养元素的形态，降低土壤肥力，影响作物生长，引起作物减产。农田水分过多是指由于降雨或洪水产生地面径流不能及时排除时的淹水状态和由于地下水位过高、土体构型不良或土质过于黏重、土壤透水性差造成的土层滞水的情况。因此水分过多，是常见的影响土壤质量和功能而需要改良的因素。

当旱田地面处于淹水状态时，土层水分过饱和，作物不能进行正常的呼吸作用，超过某一时段就会引起减产，继续淹水甚至导致作物死亡，这被称之为"淹害"。例如小麦、棉花在地面积水 10cm 的条件下淹泡一天便会显著减产，淹泡 6～7 天以上时就会死亡。各种作物的耐淹程度是不同的，同一作物不同生育阶段耐淹程度也相差很大。水稻田虽然经常需要在田间建立一水层以满足水稻生长的需要，但当该水层超过某一深度且淹泡时间超过某一时段时，水稻也同样会减产甚至死亡。

另外，虽然地表没有积水，但在作物根层的土壤水分过多空气容量不足时，会直接对作物生长产生坏的影响，这是因为作物根系长期在氧气不足的情况下进行无氧呼吸，不仅不能进行正常的养分、水分吸收等生理活动，还会因乙醇等还原物质积累而中毒，致使呼吸作用渐次下降，乃至完全停止而死亡。因此被称之为"渍害"。这种危害不仅发生在旱田，水田排水不良、渗漏量过小也会造成水稻生育不良。为了进行正常的气体交换以保证作物根系呼吸正常，在旱田根系密集层土壤未充分的非毛管孔隙量应保持在土壤体积的 10％以上，而在水田一般认为是渗漏量以 10～15mm 左右为宜。

地表淹水或耕层滞水水分过多对土壤肥力状况的影响是非常重要和十分显著的。农田长时间水分过多，会使土壤的化学性质变坏，空气少、还原作用强烈、温度低的土壤条件，不仅不利于作物根系的生长发育，也不利于土壤微生物生活，从而使得土壤有机质大量积累，作物的有效养分释放缓慢，造成土壤养分缺乏，与此同时一些有害的还原性物质却会逐渐积累起来，农田的水分状况还影响着土壤的机械物理性质，水分过多会造成土壤耕性不良，地面支持能力降低，使得农事活动不能正常进行，尤其影响机械化作业。

在干旱半干旱地区，由于地下水中溶有较多盐分，所以当地下水位较高，土壤含水量较大时，会因地面蒸发强烈而造成土壤盐渍化。

在农业生产实际中，水分过多是涝洼低产土壤生产力发挥的主要障碍因子，这些土壤往往潜在肥力很大，因而排水除涝和降低地下水位就成了改良涝洼地和盐碱地的关键性措施。所以，无论从满足农作物生长要求出发，还是从提高地力、防止土壤盐渍化以及便于农事活动方面来看，都需要通过排水措施对农田过多的水分状况进行调节。换言之农田排水的重要性不仅体现在将生产潜力很大的涝洼、盐碱地改造成高产稳产农田方面，而且在灌溉地区，尤其是在干旱、半干旱地区也需要有完备的排水条件，这已被大片灌溉农田因排水不良而次生盐渍化的事实所表明。

二、农田排水的任务和排水指标

农田排水是通过合理地采取工程、农业和生物等措施及时排除田间多余、有害的水分、降低地下水位并使之维持在一定深度范围，使作物根系层的土壤水分状况适于作物生长。排水的目的可以概括为减少洪涝淹渍为害，提高土壤肥力，实现农田的高产稳产。

开沟挖渠工程排水是改善农田水分过多状况的主要措施之一，担负排水任务的农田排水系统的排水标准有来自控制地面淹水深度、淹水时间和控制地下水位两方面的要求。

（一）地面排水指标

实践表明农作物对受淹时间和受淹水深的忍耐是有一定限度的，如果超出了允许范围，即影响作物的正常生长，轻者招致减产，重者颗粒无收（图 5-1）。因此，农田排水系统要满足作物生产除涝方面的要求，必须能够及时排除由于暴雨或洪泛引起的积水，减少淹水时间和淹水深度，以保证作物正常生长。另一方面，虽然从作物生产来说发生淹水为害时期淹水深度越小、淹水时间越短越好，但从农田排水的实际情况出发，考虑排水的经济效益，应允许田面在限定时间内有一定深度的淹水。即要求在允许时间内将淹水水层排至耐淹深度以下，该允许的时间范围和淹水深度分别被称为耐淹时间和耐淹水深，亦即地面排水指标。

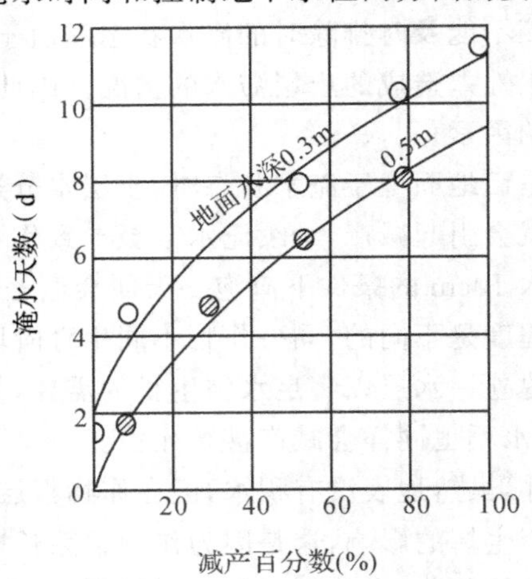

图 5-1　江苏省里下河地区水稻淹水天数与产量的关系

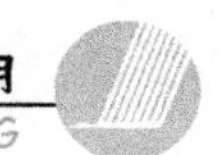

表 5-1 几种作物的耐淹时间和耐淹水深

作物种类	生育时期	耐淹时间(天)	耐淹水深(cm)
棉　花	开花结铃期	1～2	5～10
玉　米	抽　穗　期	1～15	8～12
	孕穗灌浆期	2	8～12
	成　熟　期	2～3	10～15
甘　薯	—	2～3	7～10
早　稻	孕穗期	4～5	10～15
高　粱	孕穗期	6～7	10～15
	灌浆期	8～10	15～20
	乳熟期	15～20	15～20
大　豆	开花期	2～3	7～10
水　稻	分蘖期	2～3	6～10
	拔节期	5～7	15～20
	孕穗期	8～16	20～30

农田地面排水指标亦被称为排涝指标，它是根据作物的种类及其生育时期、排水地区的水文气象条件等因素确定的。此外，农作物的耐淹时间和耐淹水深还与积水的水质，特别是混浊程度有关，混水较清水为害严重。所以地面排水指标要通过寮地调查或试验取得。目前全国各地已确定了不少适合本地区实际情况的各种作物不同生育时期的耐淹水深和耐淹时间，作为标准使用。表 5-1 是河北、山东等地根据调查资料确定的排涝指标。在资料不足时，也可参考使用邻近相类似地区的资料。

(二)控制地下水位指标

农田地下水位过高，不仅会使作物根层土壤水分含量过高而产生渍害引起减产，还会使土壤的理化性状变坏，如果地下水矿化度较高，常常还会使土壤盐渍化，因此排水降低地下水位必须满足防渍防盐的要求。

各种作物在不同生育时期都有不同程度的根系活动层及其所要求的适宜的土壤含水量，例如小麦、玉米各生育时期所要求的适宜土壤含水量大多为田间持水量(重量百分数)的 70%～90%，而棉花则为 70%～80%。如图 5-2 所示在地下水埋深较浅的情况下，地下水位的高低又和作物根系深度及其水分状况有着密切关系，即各种作物各生育时期对地下水位的要求是一致的。

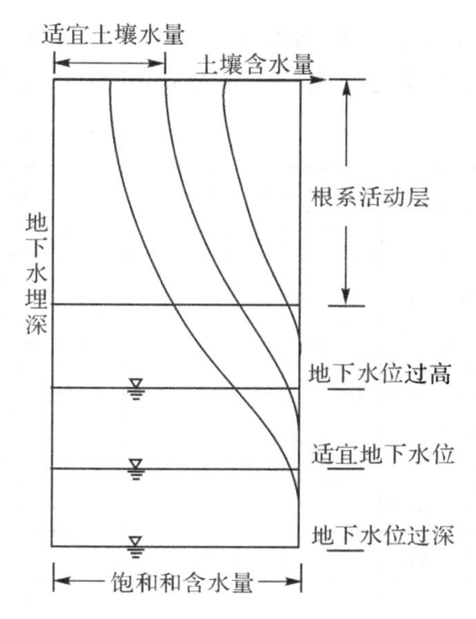

图 5-2　地下水埋深与土壤含水量的关系

就生育时期来说，大田作物在播种期和幼苗期为了利用由地下水位上升至根层的毛管水，确保全苗，地下水位应适当高些。而在其后的蹲苗期和生长旺期，则需要较低的地下水位，以利根系下扎。

适宜的地下水位不仅与作物的种类、生育时期有关，而且也决定于土壤的理化性质、土壤质地、结构性及土体构型差异。毛管水上升高度不同，相应地作物所要求的适宜的地下水位也不同。据国外试验资料指出，在不同质地的土壤上地下水位对作物产量的影响有如图5-3所示的关系。图中的所有曲线表明在地下水位过高的条件下，当地下水位下降时产量都有所增加，而且地下水位有一最优范围，当地下水位下降超过这一范围时则产量再次下降。地下水位的最优范围图土壤的质地等不同而不同，产量随地下水位升降变化的情形也各不一样。这一现象即可解释为当地下水位过高时地下水通过毛管作用或直接上升至根层，造成水分过多，气、热状况不良。相反水位过低时地下水又得不到利用，而地下水靠毛管力上升的高度又与土壤质地、孔隙及土体构型等有关的缘故。

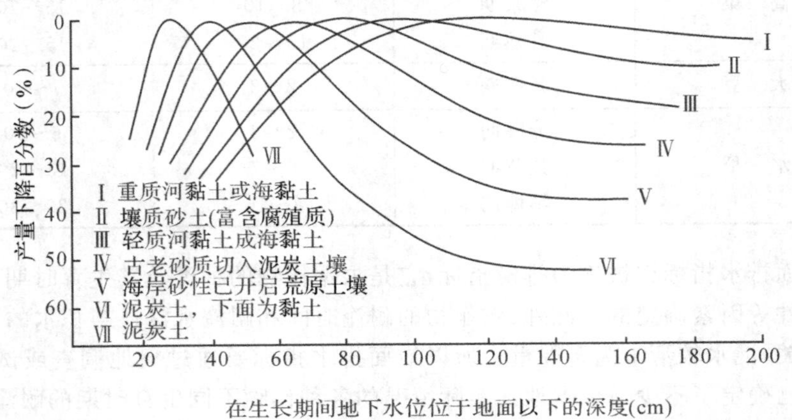

图 5-3　在各种土壤上生长季节产量随地下水位平均深度变化的关系

因此，不同地区不同土壤上各种作物不同生育时期适宜的地下水埋深应通过试验和调查分析确定。表5-2给出了我国华北地区和长江流域旱田作物的一般调查、试验结果。

表 5-2　各种作物要求的地下水埋深

作物	生长期要求保持的地下水埋深(cm)	雨后短期允许的地下水埋深(cm)	雨后降低至允许埋深的相应时间(天)	备注
小　麦	100～120	80	15	生长前期
		100	8	生长后期
玉　米		40～50	3～4	孕穗至灌浆
棉　花	100～150	40～50	3～4	生长前期
		70	7	开花结铃期
高　粱		30～40	12～15	开花期
甘　薯	90～110	50～60	7～8	
大　豆		30～40	10～12	开花期

此外，前已述及，水稻虽然需要在淹水条件下生长，但降低地下水位，适时协调稻田的水、肥、气、热条件，是进一步提高水稻产量的重要措施。适宜地下水位可以合理地调节水田

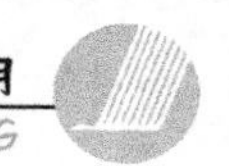

渗漏量，促进水分交换，改善通气条件，增加水稻根系活力，及时排除土壤中的有毒物质，但又使水温、地温稳定，不致过多地漏水漏肥。广东省水稻各生长期稻田的适宜地下水埋深如表 5-3。

表 5-3 稻田的适宜地下水埋深

生长期	适宜地的地下水埋深(cm)
前期	10～20
中期	30～40
晒田阶段	30～60
后期	20～40

在盐碱地或地下水矿化度高的地区，从防治土壤盐渍化、改良盐碱地的要求出发，地下水位要严格控制在地下水位临界深度以下。

三、农田排水工作中应考虑的基本事项

针对农田排水不良的原因恰当地确定排水措施，是农田排水工作中必须遵循的基本原则。在有地面径流和地下径流汇入补给的情况下，应首先通过采取工程措施的方法把排水区和补给水源隔开；在平原地区根据地形的特点主要是拓宽原有河道，增加疏通能力，或开辟新的河道加排水出路；在地势低洼地区若排水出路困难或外水顶托，应分隔内外水，建堤设置抽水站机械排水；地势不平时，应通过挖沟截流等方式，高水高排，低水低排；在田间要开挖沟渠，修筑条台田，完善田间排水系统以利于及时排除地表积水和迅速降低地下水位。另外，无论采用什么样的水利工程措施排水，而辅以改土措施改善土壤的物理性质以及化学性质，增加土壤的透水和蓄水能力都是必要的。这里所说的改土措施主要是指农田基本建设，增加土壤有机质含量，耕翻松土、平整土地以及改善土壤质地和孔隙状况等。

在进行排水规划设计时还应考虑以下事项：

(1) 区分防洪除涝排水和控制地下水位排水　在农田排水规划设计中应同时考虑排沤除涝和控制地下水位两个方面，区分二者的意义在于二者对排水沟道的要求不同。前者着眼于防止洪水在农地泛滥、积水过深和淹水时间过长，以排除地面积水为目的，故要求有足够大的沟道断面、坡降即足够的输水能力；而后者则不同，它是根据作物生长和改良盐碱地方面的需要将农田的地下水位经常维持在一适当的深度，以创造适宜的根层土壤水分状况为目的，所以输送的水量较小，但排水沟道要有足够大的深度和适当的间距，只有这样才能使地下水位下降迅速并维持在所要求的深度范围。

(2) 要极力避免有外水流入　外区来水侵入排水区，不仅增加了该地区的排水负担，使排水难以达到预期的效果，而且给设计施工及管理工作带来很大麻烦，所以应尽量避免。防止外水流量常采用在排水区周围挖截流沟的方式使来水进入截流沟后直接流走。

(3) 尽可能采用自流排水　自流排水与机械排水相比，具有节省能源费用低的优点，但受地形条件的限制可能排水能力不足，所以在规划设计上要从长计议、权衡利弊，选择适当的排水方式。

(4)排蓄结合　排水虽然是治涝的基础，但在农田排水实践中还必须考虑作物的需水条

件，尤其是在需要利用地下水地区，不能盲目地把地下水位降得过低。就大范围来说，年际间、地区间以及不同的作物生长时期雨量的分配是不均匀的，受涝地区也常有旱灾交替发生，所以应既排又蓄，排蓄兼顾，才能够较好地满足旱期灌溉用水的需要。

(5)注意排水区域内作物构成的多样性　各种作物不仅对涝渍为害的反应不同，而且对用水的要求也不一致，因此在进行排水规划和设计时，除考虑目前排水地区作物构成的多样性外，还应立足长远，考虑到农业生产的发展和作物构成的变化。此外，一些土壤排水后理化性质变化引起水量发生大的改变，也是必须要考虑到的。

排水规划设计的主要内容有确定排水区域、踏查勘测、选择防止外水浸入的措施，确定总排水口位置、确定排水指标和除涝设计标准，划分排水区内有排水小区，选择排水方法，布置排水沟道，对排水沟道进行纵横断面设计，制定排水系统的管理方案等。排水系统布置一般与灌溉系统布置同时进行，制定排水系统的管理方案等，其规划布置原则和依据设计流量、沟深等进行水力计算，设计沟道的纵横断面等内容均参见第三章，以下各节主要就排水沟的设计流量、深度和间距的确定以及各种排水方法作较为详细的讨论。

第二节　农田排水系统的设计

一、排水沟的设计流量及设计水位

1.防涝设计标准

除涝设计标准一般是用发生某一频率(或重现期)的暴雨不受灾的这一暴雨雨量和降雨历时来表示的，亦被称之为设计暴雨。通常除了设计暴雨的雨量大小和历时长短外，农田除涝设计标准还同时规定了根据作物耐淹能力确定的允许排水时间，不少地区采用一日暴雨两天或三天排除。三日暴雨三天或五天排除为标准。如湖南省洞庭湖地区的除涝设计标准为十年一遇三日暴雨三天排至耐淹深度以下，辽宁省平原地区为五年一遇三日暴雨三天排出。这些设计标准现在看来明显偏低，这与我国各地区经济发展水平密切相关。这些资料一般可在当地水利或气象部门查得。

2.排涝设计流量的计算

排水设计流量是设计排水沟道和排水设施的依据。排水设计流量又有排涝设计流量(地面排水设计流量)和日常设计流量之分。除涝设计流量系指在发生除涝设计标准规定的暴雨时，排水沟所能通过的最大流量或平均流量。可见它是由除涝设计标准及排水沟道控制的排水面积大小决定的，确定排涝设计流量常用的方法有经验公式法和平均排除法。

(1)经验公式法。降雨产生径流的流量是随时间变化的，表示流量时间变化的曲线被称为流量过程线。典型的流量过程线如图5-4所示。流量过程线的形状取决于降雨特性及降雨区的地形、植被和土壤条件等，为了保证排水通畅和排水沟道、排水设施的安全，排水系统应按发生除涝设计标准规定的暴雨所产生的最大径流量 Q_{max}(洪峰流量)进行设计，但由于以分析计算的方法很难准确地推求出 Q_{max} 值，所以实际工作中确定排水沟流量多用经验公式的方法。

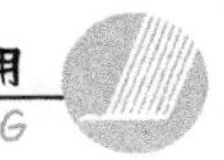

经验公式法就是在统计分析实测资料的基础上建立某区域洪峰流量和设计净雨深、集水面积之间的关系式，据此推求排涝设计流量。为了计算方便，一般是首先推求出在除涝设计标准下排水区内平均到每 km^2 排水面积上的最大排涝流量。这一单位面积上的排涝流量被称作为排涝模数。然后再以排涝模数乘以某沟道所控制的排水面积即得到该沟道的排涝设计流量，排涝模数经验计算式的形式为：

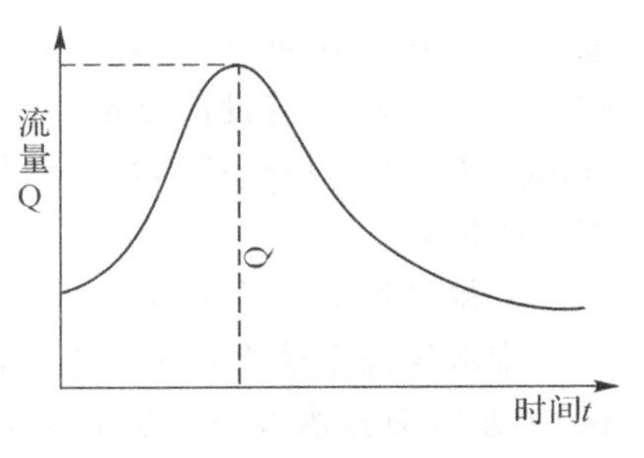

图 5-4　典型的流量过程线

$$q=KP_0^mA^n \tag{5-1}$$

式中：q—排涝模数($m^3/s/km^2$)；K—经验系数(综合反映河道、沟渠密度、比降、降雨协晨及流域形状等因素)；P_0—设计净雨量(径流深、mm)；A—排水沟设计断面所控制的排水面积(km^2)；m—峰量关系指数，平原地区 $m\leqslant1.0$，排水条件好时取大值，反之取小值；n—递减指数，为负值，说明其他条件相同时，排水面积越大，排涝模数越小。

上式中的各系数和指数值可以从各地的水文手册等材料中查得，表 3-4 给出了部分地区的这些参数值。另外上式中的设计净雨量 P_0 可以用下式计算。

$$P_0=ap \tag{5-2}$$

式中：P—根据除涝设计标准确定的设计暴雨雨量(mm)；a—径流系数，为一小数，可从各地水文手册查得。有了排涝模数 q 即可计算排水沟的排涝设计流量 $Q(m^3/s)$：

$$Q=qA \tag{5-3}$$

上述经验公式法多适用于控制大面积排水的骨干沟道，而不宜应用于农田田块等小面积排水沟道的设计。

表 5-4　几个地区的排涝模数参数值

地　区		适用面积(km^2)	K(日平均)	m	n	设计暴雨日量
河北平原地区		>1500	0.058	0.92	−0.33	—
		200～1500	0.032	0.92	−0.25	
		<100	0.400	0.92	−0.33	
河南省东部及沙颍平原区			0.030	1.0	−0.25	一日
山东省沂沭泗地区	湖西地区	2000～7000	0.31	1.0	−0.25	三日
	邱花地区	100～500	0.31	1.0	−0.25	一日
淮北平原地区		500—5000	0.026	1.0	−0.025	三日
湖北省平原湖区		<500	0.0135	1.0	−0.201	三日
		>500	0.017	1.0	−0.238	三日

(2)平均排除法。对于控制面积较小的排水沟道来说，由于在不同位置产生的径流达到排水沟的时间相差不多，且在不超过作物耐淹时间的条件下，可以允许短时内漫溢田间排水沟道，所以这时排涝设计流量不必依最大流量或最大排涝模数设计，而可以按将排水面积上设计净雨量在规定的排水时间内排出所要求的平均排涝流量加以确定，即

$$Q=P_0A/(86.4\times T) \tag{5-4a}$$

或 $q=P_0(86.4\times T)$ (5-4b)

式中：Q—平均排涝设计流量(m^3/s)；q—平均设计排涝模数($m^3/s/km^2$)；P_0—设计净雨量(mm)；T—除涝设计标准规定的排涝时间(天)，若为机械动力排水不能全天开机时，则要做相应的折算。

3.排水沟的设计水位

排水沟道系统设计一方面要满足排涝设计流量的要求，另一方面还要满足控制地下水位、养殖等对排水沟道水位的要求，大型沟道还要满足通航的要求。从土壤工作方面考虑，田间排水沟道的水位应首先满足控制农田地下水位的要求，即排渍水位的确定及推求是重要的。

排渍水位又称日常水位，即排水沟内需要经常维持的水位。与排渍水位相对还有宣泄排洪的排涝水位。排渍水位主要为控制地下水位的要求所决定，在一般情况下，排水沟内水面距离地表的深度应大于允许地下水埋深 0.2～0.3m 以上，故多大于 1.2～1.5m。而在有盐碱威胁地区在质地中等的土壤上排水沟内水面至地表表层距离大多在 2.2～2.6m 以上。由于沟道内的水面比降和局部水头损失所致，各级沟道的日常水位逐级下降，某级沟道出水口处的最远日常水位可由下式推算得出：

$$H_{日常}=H_0-D_{末}-\Sigma Li\Sigma\Delta Z \quad (5\text{-}5)$$

式中：$H_{日常}$—某级排水沟道出水口处的沟内日常水位(m)；H_0—排水区内控制点的地面高程(m)，当地面坡度大体一致时，一般取距排水口最远处的低洼地地面高程为控制点高程；$D_{末}$—最末一级排水沟的日常水位到地面的深度(m)；L—各级沟道的长度(m)；i—各级沟道的水面比降；ΔZ—各级沟道上的局部水头损失，过闸水头损失取 0.05～0.1m，上下级沟道汇流处水位的落差取 0.1～0.2m。

在自流排水情况下，按上式推求的干沟沟口的日常水位应高于外河的平均枯水位或与之相平。逐级排涝水位的推算方法与排渍水位的推算方法基本相同，推算得出的干沟排水口处的排涝水位也应高于外河的设计洪水位才能实现自流排水。

由排水沟内水面至地表的距离和排水沟的深度有如下关系：

$$H_{水面}=D-S \quad (5\text{-}6)$$

式中：$H_{水面}$—排水沟的沟内水面距地表深(m)；D—排水沟沟深(m)；S—排水沟内水深(m)。

二、田间排水沟的沟深与间距的确定

田间排水沟道系统同时担负着排除地面多余的水分和控制地下水位两项任务，从排除农田田面积水除涝的要求来说，当降雨强度超过田间土壤入渗速度时，就有径流产生，在有坡度的情况下，雨水沿坡面向下流动汇集，势必造成田块高的一端淹水深度小，低的一端淹水深度大，且淹水深度和径流速度随离高端的距离增加而增加，因此开挖田间排水沟能缩短径流路径，及时排除地表积水以减少淹水深度。要满足排除地面积水的要求，排水沟的间距及断面的诸要素应根据降水、作物的耐淹时间和耐淹水深、田面坡度及机械要求等确定，即这些因素都和排水沟的设计流量大小有关。本节将从控制地下水位的要求出发重点讨论田间排水沟的深度和间距问题。

在地下水位过高和有盐渍化威胁地区，农田排水、降低和控制地下水位，对于建设高产

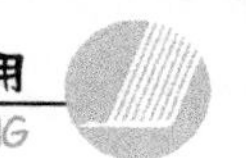

稳产农田至关重要。从控制地下水位和排除土层滞水的要求出发，确定农田排水沟的沟深和间距主要应考虑作物生长和防治土壤盐渍化所要求的地下水位高低、土壤物理性质和水文气象条件等因素。

(一)排水沟的沟深与间距的关系及其数值的确定

在一定的土地条件下，农田排水沟的深度(或间距)一定时，排水沟的间距愈小(或沟深愈深)，地下水位愈低，降雨或过量灌溉后地下水位回落得愈快，反之，排水沟的间距愈大(或沟深越浅)，地下水位就愈高，降雨或过量灌溉后地下水位回落得愈慢。所以如图 5-5 所示，为了在允许的时间内使地下水位降到要求的地下水埋深 ΔH 以下，并使之得以控制，排水沟的间距 L 愈大，则要求沟深 D 也愈深，而沟愈深施工愈困难，排水沟边坡的稳定性也较差；反之排水沟的间距愈小，要求的沟深愈浅，施工愈方便，排水沟的边坡也愈稳定，但这样单位面积土地上的排水沟数量增加，土地面积利用率降低了。因此，排水沟沟深与间距的确定不仅要考虑作物生长要求的地下水埋深，还要考虑到工程量的大小，施工的难易，边坡稳定条件，土地面积利用率的高低，机械作业的要求等因素，需分析比较，统筹兼顾。

设计排水沟时，一般是首先根据作物生长所要求的地下水埋深，排水沟边坡稳定条件、施工难易程度初步确定排水沟的深度，然后再确定相应的排水沟的间距，当作物允许的地下水埋深 ΔH 一定时，排水沟的深度 D 可表示为：

$$D=\Delta H+H_0+S \tag{5-7}$$

式中：ΔH—作物生长要求的地下水埋深(m)；H_0—两排水沟间中点地下水位降低 ΔH 时，该点地下水位距排水沟内水间的垂直高度(m)，该值的大小视排水沟间距和农田土壤质地而定，一般不小于 0.2～0.3m($hc=L/2\text{tg}\alpha$)；S—排水沟中水深，排地下水时沟内水深较浅，通常多取 0.1～0.2m。

在非盐碱化土壤地区，ΔH 是依据作物的高产要求而定的，其取值范围可参考表 5-5，通常多在 1.0～1.5m 之间，所以排水沟的沟深大都在 1.3～2.0m；而在土壤盐碱化地区为了防止矿化地下水中的盐分上升至地表，改良盐碱地，应将地下水位严格控制在临界深度以下，地下水的临界深度除受土壤质地、孔隙状况的影响外，还与气象、地下水矿化度等多种因素有关，因此这时的 ΔH 应通过实地观测和调查确定之，河南省人民胜利灌区过行调查和试

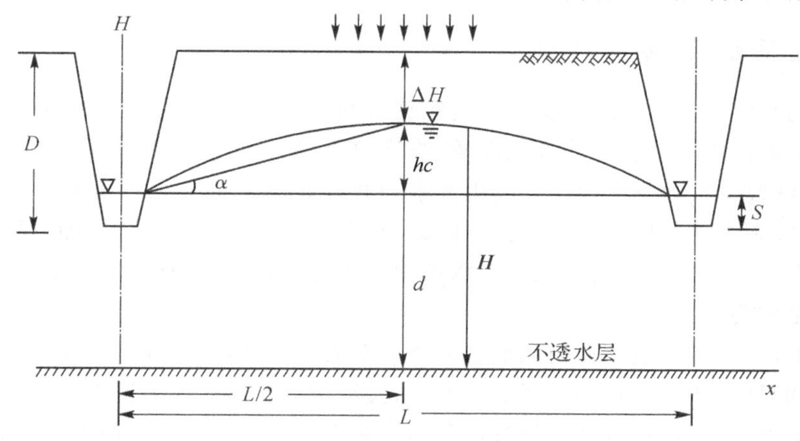

图 5-5　排水沟的间距、沟深与地下水位回落关系

验得出的该灌区的地下水临界深度如表5-5。

表5-5 地下水临界深度(m)

地下水矿化度(g/L)	砂壤、轻壤	中壤	黏质土(包括有厚黏土夹层的情形)
<2	1.6～1.9	1.4～1.7	1.0～1.2
2～5	1.9～2.2	1.7～2.0	1.2～1.4

排水沟的深度确定后,根据沟深确定排水沟的间距,亦应通过实地试验或参考相似地区的资料进行,表5-6是根据我国某些地区试验资料进行分析计算得出的不同的土质、不同沟深的满足旱田作物控制地下水位要求的排水沟间距的大致范围;表5-7是黄淮海平原北部地区改良盐碱地上采用的排水沟间距和沟深值,可作参考。

以上介绍的排水沟沟深和间距的确定方法都是经验的,在缺少实测和调查资料的情况下,也可以做理论计算,而将计算结果作为确定排水沟沟深和间距的参考。

表5-6 控制地下水位的田间排水沟间距表(m)

土壤质地 / 沟深(m)	砂土	轻砂壤土	中壤土	重壤土	黏土
1.0～1.2	>150	120～150	65	35	30
1.5～1.7	>250	200～250	130	70	60
2.0～2.2	>400	300～400	180	120	100

表5-7 盐碱地上末级排水沟的沟深和间距表

土壤质地 / 排水沟	黏质土				轻质土			
沟深(m)	1.2	1.4	1.6	1.8	2.1	2.3	2.5	3.0
间距(m)	160～200	220～260	280～300	300～340	300～340	360～400	420～470	580～600

(二)地下水位动态观测

地下水的水位、流量、水质等要素不断地随时间变化,其规律被称为地下水动态。农田的地下水动态直接影响着土壤的理化性质,决定着土壤的利用、改良方向。反过来灌溉、排水、盐碱地冲洗改良及地下水的开发利用等水利和农业措施也会给农田地下水的动态以重大影响,这种关系在盐碱地上尤为重要。因此,对农田地下水动态进行观测,找出其规律性,不仅是排水工作中确定排水沟间距和沟深试验之必需,而且对于整个农业生产的发展,进行水利建设也是重要的。

观测地下水动态,一般是在观测地区建立一系列观测井,观测井的排列方式和布设密度等须视研究的目的、要求及观测地区的地形、水文地质条件等具体情况而定。例如在研究排水沟道及灌溉渠道对地下水位的影响范围时,应在垂直于沟(渠)道方向上布置观测井,井距可取10—20—50—100m,而在观测田间地下水动态时,可按方格网形式在格点上布设观测

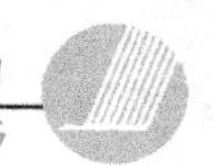

井，其中有 1～2 排为主观测井，其余的在垂直于主观测井排列方向上设辅助观测井（可采用土钻钻孔法），这时观测井的间距视地形、要求精度而定，一般为 100～200m，在地形、地质条件变化部位或根据特殊需要应增设观测井，主观测井的井壁可用木板制成，规格依地下水位的深浅而定，横截面一般为（15～20）cm×（10～20）cm。埋入观测场后要伸入地下水水面以下，地上部分亦应高出地面 1m 左右。

农田地下水动态的观测项目有水位、水温、水质、流速等。就农田地下水位动态观测来说，主要是用于掌握地下水位的变化规律。试验确定农田排水的沟深和间距。评价灌溉和排水措施对地下水位的影响以及推求土壤饱和导水率等，因此观测内容不仅要有水位的高低，还要有水位变化的速度。由于这样的原因在主观测井上应尽量使用自记水位计，以获得连续记录结果，其他观测井可根据研究目的的需要确定观测次数、时间，一般可按日变化规律施测，而在农田灌溉，排水以及降雨过程的前后和中间要适当增加测次。每一观测井均应有事先测出标高，以作为地下水位高低的基准。

第三节　排水方法

目前在世界范围内使用的排水方法大体可以分为地面排水（明沟排水）、暗沟（管）排水和竖井排水（垂直排水）几种。

一、明沟排水

明沟排水是一种在田间地面开挖沟道进行排水的方法。这种方法有利于排除地面水，也能降低和控制地下水位，投资较低；其缺点是占地多，不利于机耕和交通，沟道易于坍塌淤积，维修费工。在生产实际中，骨干排水系统都采用明沟，田间排水系统目前虽然有些地区已开始采用暗沟但仍以明沟为主。

（一）排水沟道系统的组成及其布置方法

地面排水系统由田间排水沟网、输水沟道和容泄区等部分组成，在非自流排水区还要设抽水站。农田中多余的水经由田间排水沟网汇集流入输水沟道，输水沟道分为斗沟、支沟、干沟等若干级，水流在输水沟道内逐级下泄最后经由排水口排入容泄区。调节农田水分状况，既需要灌溉，又需要排水，所以灌、排两套工程系统往往是相互适应、同时并存的。因此，排水系统的规划布置应同灌溉系统的规划布置同时进行，二者规划布置亦应遵循共同原则。下面就排水系统的主要组成部分的作用、布置形式、安排水过程的顺序予以说明。

1. 田间排水沟网

田间排水沟通常是指农沟，它是最末一级固定沟道。而农沟及其下一级的毛沟（临时排水沟）被统称为田间排水沟网。农沟是排水控制田间水分状况的主要沟道。它同时担负着排除地面水和调节根层土壤水分、控制地下水位的双重任务。农沟与农渠围成的田块通常被称为条田或地段。布置田间沟道的应与田间渠系布置相结合。沟、渠布置一般多采用相邻和相间两种形式。

排水沟和灌水渠相间布置，可以减少渠道水的渗漏损失，排水效果良好，有利于地下水位控制和土壤水分调节，防治土壤盐渍化，有利于防止排水沟边坡坍塌，有利于排水沟道的养护和管理；但施工较相邻形式不便，且只适用地形平坦地块。与相间布置相比较，相邻布置有挖排水沟的土方可用来修筑灌溉渠道和农道、土方量小和可减少弃土占地的优点；但其缺点是灌溉渠道渗水较严重，不仅会造成灌溉用水的损失，排水效果差，而且影响排水沟边坡的稳定性，给排水沟道的养护和管理带来麻烦。

除相邻和相间形式外，还有一种排灌合渠的布置形式。这种形式是灌溉和排水同用一个渠系。它只有在地势较高、地面有相当大的坡度和地下水位较低的地区才能适用。这种条件灌排矛盾较小，而一般情况不宜使用这种形式。

灌、排渠道布置形式要根据实际情况具体分析选用，做到既符合排水要求，又便于机械耕作作业和有较高的土地面积利用率。

毛沟是田间临时排水沟道，其作用是配合农沟加速排除地面积水，减少水分的土壤入渗，控制地下水位和排除耕层的多余水分。

在农沟和农渠围成的田块上，再开挖一定数量的适当深度的毛沟，就可以及时排除地面积水，降低和控制地下水位在所要求的深度以下，达到抗涝防渍的目的，采用这种排水形式的田块常被称为条田。如前所述条田田块的大小应根据排水地区的土壤质地、地面坡度、作物的耐淹和耐渍程度以及气象条件、土地面积利用率的高低确定，此外还要考虑到耕作、灌溉的要求、施工的难易及排水沟边坡的稳定性等因素，通常条田的宽度为 50m 左右，长 200～300m 左右，相应的条田上的排水沟道深 1.2m 左右。

另外，在涝洼和盐碱较重、排水要求高的地块上，常采用的除涝和治理盐碱的排水措施是修筑台田。修筑台田的做法是在耕地上挖台田沟取土抬高田面，从而相对地降低地下水位，而台田沟不仅有较高的排水能力，还可以临时蓄积部分涝水，排蓄结合，所以它能更有效地防治涝灾为害和治理盐碱。台田田面面积较条田要小，其宽度多为 20m 左右，土壤质地偏砂、盐碱较轻时可增至 30m，反之要做相应的减少；长度多在 200～300m 之间。台田田面的高度依当地一般降雨年份地面积水深度、开沟排水情况和滞蓄能力以及改土要求而定，一般可取平于或稍高于常年积涝水位，故多要求抬高田面 0.2m 左右；而在有控制地下水位在临界深度以下，创造良好表土层的改土要求的盐碱涝洼地上，田面垫高一般为 0.3～0.5m。抬高田面的垫土厚度除与台田宽度有关外，还决定着台田沟的深度。台田沟挖深一般为 1.2～1.5m 左右，为了减少占地面积，台田沟沟底应尽可能窄些，但一般在淤土地上不小于 0.5m，在轻沙壤土地上不小于 1.0m，沟坡应种草保护。

至于水田的排水沟间距则取决于格田面积的大小，即格田边长的长度，一般为 100～200m。

2. 输水沟道系统

输水沟道系统同灌溉渠道一样分为若干级，如干沟、支沟、斗沟等，从田间农沟排出的水汇入斗沟后，再经过支沟和干沟逐级下泄，最后排泄到容泄区去。

在平原地区，输水沟道要求能够实现综合利用，不仅排涝，也要临时蓄涝，排蓄结合，以满足灌溉、养殖和通航的需要，减少排水工程量，为此输水沟道不仅要沟网化，而且沟中水位要适宜，输水沟道河网化的原则是“河沟相连，沟深底平，梯级控制，分片建网，统一调度，蓄泄兼施、灌排肥航、农林副渔、全面规划、综合利用”。河网化的具体做法是在广大平原上开

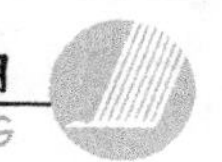

挖纵横交错的人工河道，使之与天然河流、湖泊连接，构成相互连通的河网，并按地形的高低分片分段建闸控制水流和水位，这在我国南方地区使用得相当普遍。

3. 容泄区

容泄区一般是指排水区外部的容纳排水区泄水的河流、湖泊、洼地而言，对于河网化的输水沟道来说，其本身也是容泄区，它既可容纳部分余水，又能把余水输送到外部的容泄区去。而在一些封闭洼地或洪水河道包围的低地，容泄区的水位高于输水沟道水位而不能自流排水时，则要采用机械排水，对此原则上要依地形条件进行高低分片，分别采用自流排水和机械排水，高水高排，低水低排。

(二)排水沟道的纵横断面设计

当排水沟道系统规划布置完毕和设计流量及设计水位确定后，即可进行排水沟道的纵横断面设计。排水沟断面通常是按明渠均匀流进行设计，其水力计算及设计的方法步骤同灌溉渠道的纵横断面设计，这里仅就排水沟道断面设计与灌溉渠道断面设计不同之处做简要说明。

1. 排水沟的比降 i

各级排水沟道的比降主要决定于排水沟沿线的地形和地质条件，一般要求沟道比降与沟道沿线的地面坡度相近，以免开挖工程量大，同时还应满足沟道不冲不淤的要求，排水沟道的比降一般要比灌溉渠道坡度为大，平原地区可参照以下范围选择：

干沟　　1/6000～1/20000

支沟　　1/4000～1/10000

斗沟　　1/2000～1/5000

2. 排水沟道的边坡系数 m

沟道的边坡系数主要与沟道的土壤质地和沟深有关，土壤质地越沙，沟道越深，采用的边坡系数应越大，反之应越小。另外，由于有地下水透过坡面汇入沟道和坡面径流冲刷及沟内滞蓄水波浪侵蚀等原因，排水沟容易坍塌，所以排水沟的边坡一般比灌溉渠道边坡为缓，表 5-8 可供设计时参考。

3. 排水沟道的糙率 n

由于排水沟内常年有水，沟坡湿润容易滋生杂草，且养护管理情况一般也较灌溉渠道差，所以进行纵横断面设计时应选择较大糙率，通常多用 0.025～0.03。

表 5-8　平原地区排水沟道边坡系数表

土壤质地	边　坡　系　数		
	挖深 1.5m 以下	挖深 1.5～3.0m 以下	挖深大于 3.0m
砂土	2.0～2.5	2.5～3.0	3～4
砂壤土	1.5～2.0	2.0～2.5	2.5～3.0
壤土或黏土	1.0～1.5	1.5～2.0	2.0～2.5

4. 排水沟的不冲、不淤流速

和灌溉渠道的设计一样，为了防止淤积和长草，排水沟道横断面设计上最小流速(即不淤流速)一般采用 0.2～0.3m/s，不冲洗流速主要决定于土壤质地，表 5-9 可供参考。

另外,在排水沟的纵横断面设计中,要遵守沟道的最高水位一般要低于地面0.2～0.3m以上,和下级沟道沟底不得高于上级沟道沟底以及上下级沟道衔接处要有一定的水位落差(一般为0.1～0.2m)的规定。

表5-9 排水沟不冲流速表

土壤质地	不冲流速(m/s)
淤　土	0.2
重黏壤土	0.75～1.25
中黏壤土	0.65～1.00
轻黏壤土	0.60～0.90
砂　土	0.40～0.60

二、暗沟(管)排水

(一)暗沟(管)排水的特点

暗沟(管)排水是在地面以下铺设沟(管)道进行农田排水的一种方法,这种方法是使过多的水分从暗沟(管)壁上的小孔或暗管的接头处渗入沟(管)内,再经由排水沟管逐级下泄汇集,最后排入容泄区。

近年来暗沟(管)排水在世界范围内得到广泛应用,在我国南北方地区也都有了不同程度的发展,其中以江苏、浙江两省和上海市郊区发展较快。可以预见,随着工农业生产的不断发展,生产水平日益提高,尤其是新材料的大力开发,暗沟(管)排水将会得到进一步发展。

在农田排水过程中,明沟排水开挖工程量大,占地多,机耕不便,且存在着易坍、易淤和易生杂草等问题,特别是在土质较黏重地区,排水控制地下水位困难,要满足作物高产稳定和改良土壤对排水的要求,势必要采用较小的排水沟间距和较大的排水沟沟深,所以在这样的排水地区明沟排水的弊端就越发突出。暗沟(管)排水与明沟排水相比主要有以下优点:

(1)暗沟管可埋入地下较深,密度不受耕作要求和土地面积利用率高低等因素的限制。由于暗沟(管)埋得深、密度大,所以地下水位降低得快,能较理想地调节土壤的水、气、热状况,有利于作物根系的下扎和生长发育,还能减少作物养分流失,因此暗沟(管)排水能使作物高产稳产。因此,有人认为暗沟(管)排水是目前使用的排水方法中降低农田地下水位,排除土层滞水的最好方法。

(2)暗沟(管)埋设在地下,既减少了沟道占地面积,提高了土地面积利用率,又有利于农机耕地作业,便于农事活动,也节省清淤护沟的劳力。

(3)在有条件地区干旱时可利用暗沟(管)进行地下浸润灌溉,灌排结合。

另一方面,暗沟(管)排水也有其缺点,这主要是暗沟(管)铺设成本较高,施工复杂费时,使用中出现故障(淤积堵塞等)难于查找和排除以及有时排除地面水的能力不足等。

因此,暗沟(管)排水常常同明沟排水配合使用。

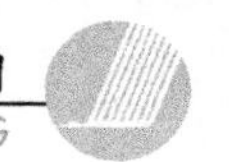

(二)暗沟(管)的类型

1. 排水管类

使用的管类中有瓦管、陶土管、混凝土管和聚乙烯塑料管等。暗管类排水效果好，铺设容易，使用年限长，养护管理较其他暗沟形式方便等优点；此外还可以进行准确的排水量计算，实行合理的计划和设计，因此这类管材在暗沟(管)排水中最为常用，这里仅就其中目前我国和世界其他国家使用较多的予以介绍。

(1)瓦管：亦称空心砖，由砖厂特制而成，有断面呈方形和圆形的两种，圆形的多由两个半圆形槽埋设时合在一起做成。江苏昆山使用的规格为长25～40cm，其他地方使用的也有另外规格的；管径的大小(或高和宽)根据设计流量而定，一般为8～9cm，管壁厚1.5～2cm。瓦管的埋设深度如第三节讨论的那样多视控制地下水位的要求而定，一般为1.2～1.5m，相应的间距为15m左右。

(2)灰土管：江苏省曾推广使用灰土排水暗管，这种管材造价较低，它是用两份新鲜消石灰和八份黏土(体积化)充分拌和后加适量的水，用模具压制而成的，一般是预制两个半圆形槽，埋设时扣在一起成管，预制件要湿养护直至埋入田内。另外，也有用模具在现场直接构筑成灰土盖排水暗管的。灰土管的尺寸与上述瓦管相仿。

(3)塑料管：随着工业生产的发展，塑料管排水的使用日趋广泛，塑料管的管材有聚氯乙烯、聚乙烯、聚丙烯和尼龙等，这些材料抗酸碱等腐蚀的能力强，使用寿命长，重量轻，而且具有一定的弹性，不易破损，便于搬运埋设，也适于机械化施工，通常使用的塑料管规格为长2.5～6m，外径4～9cm，壁厚0.8～1.4mm，管壁上有直径约3～5mm的圆形孔或宽1mm、长3cm左右的矩形洞作渗水之用。塑料管埋设深度多为1.0～2.0m。

2. 暗沟类

暗沟排水的做法是将小的石块或砂砾铺在预先挖好的排水沟内，在石块层上面覆盖一层砂或稻壳、秸秆等作过滤层，以防泥沙随水侵入沟内淤塞孔隙，然后再在过滤层上覆土整平地面。此外也有用树枝、竹竿等代替石块埋入的(图5-6)。这样做成的暗沟，土层中多余的水分可透过沟壁渗入沟道，再经过石块间的较大孔隙顺利地排至田块外。这类暗沟的特点是可以就地取材，简单易行，成本较低，也有较好的排水效果。据记载这种暗沟一般可以使用10～15年或更长。

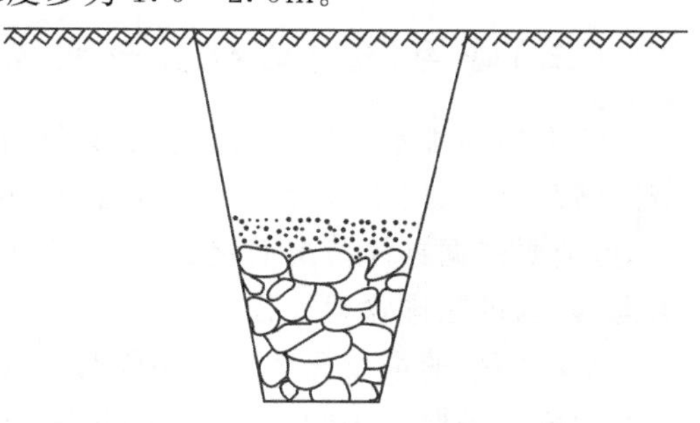

图5-6 石块填充暗沟构造示意图

暗沟的另一种形式是土暗沟。土暗沟的做法是在稻田收割后土层较湿润时，在田面先开挖宽30～40cm、深约20cm左右的方形沟槽，要将挖出的垡块放在沟旁备用，然后用特制的铁锹在沟槽的中间开挖一深约40cm、宽约6～7cm的窄沟，沟挖成后，再在上面盖上先挖出的带有稻草茬的土垡块，稻茬向下，上覆细土，踏实整平即可。这种方法有较好的排水效果，一般可以维持使用1～2年。土暗沟排水只适用于土壤质地较黏重的地块。

3. 暗洞类

暗洞排水是在田面以下一定深度利用特定机械设备打出鼠洞一样的孔洞，土层中多余的水分渗过孔洞洞壁汇集于洞内排出田外，故又有鼠道排水之称。这种方法只要用机具打洞即可，不需要其他任何材料，费用低。但受设备条件限制洞深往往达不到控制地下水位的要求，且只适用于平原地块，使用年限较短，一般只能维持2～3年，所以暗洞排水常常作为其他排水沟道的辅助系统使用而收到良好效果。

暗洞的深度一般为60～80cm，间距4～5m，暗洞的直径多在6～8cm，在布置上暗洞的出口端和排水沟道相连，洞口常理设一瓦管或其他管材以保护洞口和安装开闭洞口设施。打洞方法目前在我国使用较多的是以手扶拖拉机为动力，打洞时将动力固定在田块的一端，通过机上装的绞盘用钢丝绳将鼠道犁从田块的出水端引到另一端，这样就能在田面下硬挤出一条排水洞。另外也有用拖拉机直接带动悬挂式鼠道犁打洞的。鼠道犁为铁制，其构造如图5-7所示。和土暗沟一样，鼠道排水也只能适用于土质稍黏的地块。

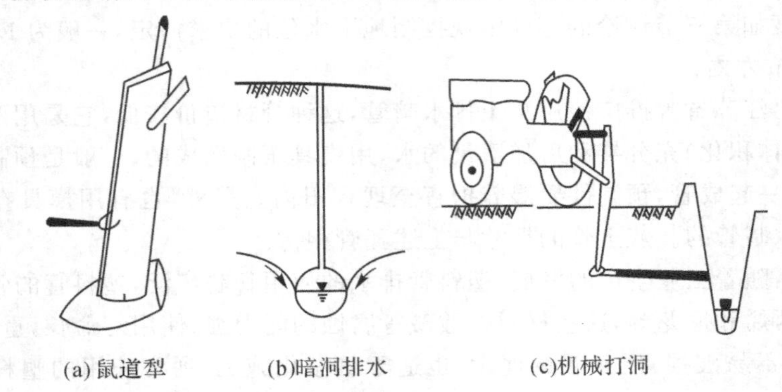

图5-7 排水暗洞及其施工示意图

（三）暗沟（管）的布置形式及其施工

暗沟（管）排水系统也可以分成数级，但暗沟（管）常常同明沟配合使用，即田块内集水用暗沟（管），输水用明沟，所以暗沟（管）使用多限于田间排水沟网部分。至于从哪级开始使用明沟，则要根据具体情况而定。另外，在铺设暗沟（管）地块上根据需要也可以开挖临时排水明沟，以利迅速排除地表径流。

暗沟（管）的埋设深度和间距除与土地条件有关外还因暗沟（管）的种类不同而异，暗沟（管）的坡降多取1/1000～3/1000，长度一般不宜过长。有关暗沟（管）的水力计算和管径的确定等内容同灌溉输水管道有专章另述，这里不予介绍。

暗沟（管）铺设施工有机械铺设和人工埋设两种方法。一般说来埋设暗管有放样、开挖、铺设和回填几个步骤。在明沟和暗沟（管）排水配合使用地区，应先修完明沟后再开始暗沟（管）施工，在地下水位高的地块上还要先修临时排水沟降低地下水位，以便施工，暗管铺设开挖土方的顺序是先出水口端后末端，而铺管的顺序则正相反，这样做的目的是为了减少地下水位高、沟中积水带来的不便，排水管铺设过程中要尽可能保证管平直，确保符合设计要求，若沟底地盘软弱要用砂石铺垫，铺设暗管时在暗管的周围要均匀地垫上适当厚度的稻壳、秸秆、砂石等物作为过滤层，以防泥沙侵入淤塞暗管，回填过程亦应注意表土复原以减少对土壤肥力的影响。

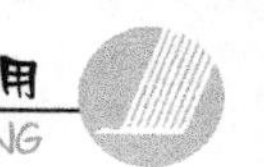

（四）暗沟（管）的养护与维修

暗沟（管）排水最易出现的问题是管道及排水口堵塞（埋没），因此，管道清淤保养工作很重要。清淤的做法各不相同，常用的有关闭暗管闸门待沟管内充满水后再开启闸门靠流速较快的水流冲洗，和用喷射高压水流冲洗等方法，这样的清淤工作每年至少应进行两次。

三、竖井排水

竖井排水是打井抽水降低地下水位，并通过地面排水系统将抽出的水输送到排水区以外的一种排水方法。如果排水地区的地下水质良好，可以结合排水进行灌溉，以灌代排、生产实践证明竖井排水是我国北方干旱、半干旱地区控制地下水位、改良盐碱地的一种有效措施。这种方法在我国使用于滨海盐土改良也收到了较好的效果。

竖井排水与明沟和暗沟（管）排水相比有一系列优点，主要表现在：

（1）地下水位下降深度大。由于竖井的深度远较明沟和暗沟（管）深度为大，抽水时周围的地下水位形成漏斗状，加大了地下水出流的角度，因此它能使地下水位降到明、暗沟排水不能达到的更大深度。

（2）地下水位下降速度快。由于竖井排水时地下水出流角度大，故排水速度要快于明、暗沟排水。试验表明，在观测点距排水沟和排水井分别为 25m 和 30m 的情况下，雨后沟排要 3 天左右才能降低地下水位至 1.5m 左右，地下水位下降缓慢，而竖井一天即可降低地下水位至 1.5m 左右，3 天达 2m 左右，且此后继续保持下降趋势。

（3）淡化地下水加速土壤脱盐进程。据江苏滨海地区试验资料指出，每口井 3 个月可排水 $2.4\times10^4 m^3$，排盐 600t，平均每亩排盐 2t。竖井排水抽咸换淡，地下水位下降得深。故在淡化地下水、改善地下水水质和促进水、盐向下运动，加速土壤脱盐改良方面具有突出效果。

（4）竖井排水的排水系统占地少，地下水质好的地区可灌排结合，运行管理方便。另一方面，竖井排水的投资大，需要查清排水地区的水文地质情况，要有打井的技术和设备条件；此外竖井排水需要动力，消耗能源，这些可谓是竖井排水与其他排水方法相比较而言的缺点。

竖井排水在国外已广泛使用，如苏联用竖井排水的方法改良盐碱地、防治土壤盐渍化等取得了较为成功的经验；美国、巴基斯坦、印度、突尼斯等国抽取地下水进行农田灌溉和控制地下水位等，也都收到了较好的效果。我国不少地区以井灌井排相结合的方式治理盐碱涝洼地也积累了经验，各地的总结材料指出，井渠结合，以井为主，以河被源，以井助排，是综合治理旱、涝、盐碱的关键性措施。原北京农业大学自 1973 年以来在河北省曲周县黑龙港地区运用“浅井—深沟”体系抽咸换淡，咸水压盐；综合治理旱、涝、盐碱，为我国北方地区改良低产农田提供了经验，他们的具体做法主要是：

（1）旱春抽水：春季为土壤返盐盛期，这一时期的地下水位较高，蒸发量大，所以这一时期结合灌溉抽水降低地下水位到返盐深度以下，对于防止土壤表层盐分积累、适时春耕播种非常重要。

（2）雨季前抽水：华北平原夏季雨量集中。因此，在雨季到来之前应将地下水位降至一年中可能降到的最大深度，腾空地下库容，为雨季接纳更多的雨水，加速土壤脱盐，防涝蓄水做好准备。

(3)雨季围蓄淡:雨季围埝蓄积淡水,可以使更多的淡水渗入土壤,从而加速土壤脱盐改碱;根据需要此时可同时进行竖井抽水排水,以利淡水入渗。

(4)秋冬季压盐和抽咸换淡:抽灌(排)咸水,引淡压盐(灌溉)等调控措施的每一环节都会对旱、涝、盐碱产生综合利用,应因时因地制宜地加以动用。

调节农田水分状况,尤其是在降低和控制地下水位方面,加强田间排水的农业措施是很重要的。

(1)平整、深翻土地,增施有机肥料,轮作绿肥,可以改善土壤的结构性,使土壤变得疏松、通透性良好,又有较强的保水、蓄水能力,水、肥、气、热诸肥力因子关系协调;另外,对于下层有黏盘等透水能力差的土壤,应通过深耕播等措施,打破障碍层次,改善土体构型,这对于排除土层滞水,提高农田的生产力常常是不可缺少的。

营造农田防护林带,种植牧草,对于降低地下水位具有积极作用,树木和牧草根系深,蒸腾量大,既能从下层土壤吸收水分,促使水分向下运动,又能通过对风的屏蔽作用,减少地面水分蒸发,因此,这样的生物措施在改良盐碱地方具有重要意义。

(2)实行灌排分开,水旱分开,不仅能有效地调控地下水分和作物根系层的水分状况,也有利于提高灌溉质量。

水、旱不分是指水、旱田交错在一起,“水中有旱,旱中有水”这样很容易造成渍害。据观测以水田为邻的旱田,由于受水田淹水的影响,靠近水田约 60m 的范围内地下水位升高,使土壤含水量增加,旱田作物因受渍淹为害而减产。

水旱分开首先是要在布局上解决旱田归片问题,水旱归并原则上高地作旱田,低地作水田;其次,如为平地,在水旱田交界处要挖深 1m 左右的隔水沟,以使水田渗水通过此沟随时排出田外而不进入旱田。

在本节结束之前,还应当着重指出,水利工程、农业、生物等多种排水措施根据排水地区的条件,予以因地制宜地相互配合使用,其综合作用的效果往往才是最好的。劳动人民在长期的同渍涝自然灾害的斗争中,积累了丰富的经验,如在修筑沟渠的同时,通过植树造林、种植牧草、改良和培肥土壤以及合理地进行耕作等。成功地调控地下水位和农田土壤水分状况,建设高产稳产田的例子就有许多,所以在排水治渍治涝工作中,很好地总结、学习和运用这些经验则是必需的。

第四节　作物盐害与土壤水盐运动

一、作物盐害

可溶性盐类对正在生长中的植物可以产生两种类型的影响:一种是由于盐类中的特殊离子对作物有毒害而引起的特殊性影响,另一种是由于盐类提高了作物根部周围溶液的渗透压所产生的一般性影响。

特殊性影响又分两种:低浓度时起作用的特殊性影响和高浓度时起作用的特殊性影响。

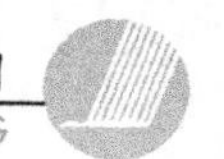

前者通常只有两种盐类是重要的：碳酸钠和可溶性硼酸盐。碳酸钠本身可能是有害的，但是，它的毒害影响更可能是由于它所产生的高 pH 的结果。因为在高 pH 条件下，一方面诸如磷酸盐、铁、锌和锰之类的许多营养料变成植物无效态；另一方面，土壤结构有变为非水稳性的趋向，引起透水性低、通气不良等状态，最后形成一种倔强的几乎是无法对付的耕性。

对于含硼量超过 0.3ppm 的灌溉水，使用时必须小心谨慎。因为硼的浓度达到这种程度就将影响到许多作物的产量；含硼量达 2～4ppm 的灌溉水则限定只能在诸如甜菜的某些品种、紫花苜蓿、一些芸薹属作物和枣椰子等耐盐作物的种植上应用。有些离子在高浓度时具有毒性效应。这种毒性效应加剧了这些离子所产生的渗透压的有害影响。例如，许多果树对高浓度的氯化钠是敏感的，而亚麻和一些禾本科草类则对高浓度的硫酸盐敏感。再有，在同样相当高的渗透压下，镁离子比钙离子更有毒，而钙离子则又可能比钠离子更有毒，尽管后一种情况通常相对容易摄取。例如，氯化钠可能妨碍作物对钾的摄取，所以几个大麦品种，要想产量不受影响，在幼苗时就要求土壤溶液中具有相当高的钾浓度。有些作物在其对高浓度盐分的反应方面，显示有很大的基因变异性。所以，这种变异性有时就可能用来培育更加耐盐的新品种。

土壤含盐量高时，其产生的一般效应是植株矮小而发育不良。但是，在田间，如果没有小块含盐量低的土壤作为对照时，这种现象常常是不易察觉的。在农民还没有看出盐害的情况下，就可能使产量降低 20％以上。随着盐分浓度的逐渐变高，作物生长受阻现象也越来越明显，作物的叶片颜色发污，常常呈淡蓝绿色，并且有蜡质的淀积物包被。此外，生长在重盐土上的许多作物，并不显出非常明显的萎蔫症状。所以，如果在作物明显呈现萎蔫时才灌溉，产量就会遭到重大损失。

土壤溶液盐分浓度或渗透压的升高，对于蒸腾作用、摄取养料以及光合作用和呼吸作用的速率的影响目前还没有完全弄清楚。因为这些过程至少部分地可能是取决于它们对植物的生长、调节物质的产生上的效应。随着土壤溶液渗透压的提高，细胞液的渗透压也增加。这两个渗透压之差仍然是一样的，细胞液的渗透压总是比土壤溶液高出 1MPa 左右；但是，细胞液的渗透压也有比土壤溶液的渗透压提高得更快的。例如，曾发现这种情况：随着外部溶液渗透压的提高，叶片的蒸腾率和气孔的阻力可能仍保持不变，直到外部溶液渗透压高达 1～1.2MPa 时，棉花的蒸腾速率和气孔阻力仍一直不变，但是，外部溶液渗透压的提高，常常使植物的生长速率和光合作用速率降低，尽管它有时会降低有时又会提高暗呼吸速率。

有几种作物的生长是受土壤水的自由能控制的，无论是由于基质势或渗透势的减小所导致的自由能的减小，都同样引起生长速率的降低。图 5-8 用菜豆证明了这个结果。植物系种植在不含氯化钠的或是加入 0.1％、0.2％或 0.4％氯化钠的壤土上，并在土壤有效水分已耗用掉二分之一、三分之二或十分之九时（以对无盐土壤的测定为准）补给水分。在田间，中等浓度的盐分对作物生长的影响。决定于土壤的水分含量——抽吸力曲线的形状。典型地说，在轻质和中等质地的土壤中，有效水的大部分是以较低抽吸力保持着的。所以，如果土壤是非盐渍化的，作物就能够在土壤基质抽吸力上升到高于 0.2～0.3MPa 之前，利用其大部分有效水。但是，如果是盐渍化土壤，则在作物耗用水分的过程中，土壤溶液的渗透压就和被耗用的水量约略地成比例增长。故存在可溶性盐时，水分的有效自由能的下降比没有可溶性盐时快得多。然而，在田间的土壤中，盐分的分布常常是不均一的，所以那些生长在其含盐量低于平均含盐量的土壤部位中的根系，就比生长在其含盐量高于平均含量的土壤部位中的根系将吸收更多的水分。

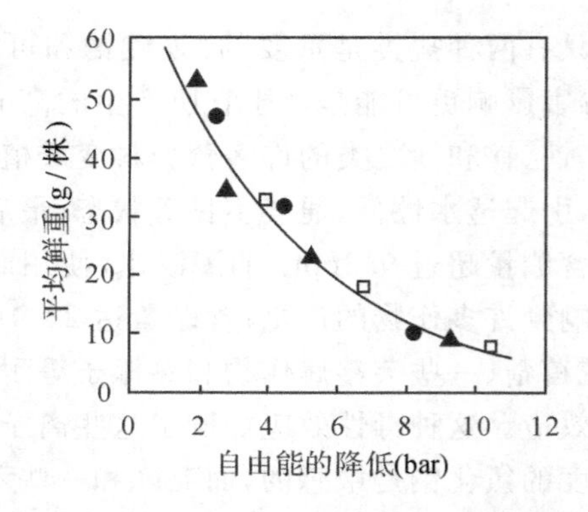

图 5-8 菜豆的鲜重和水分供应时的平均自由能之间的关系
图中三角、圆点和方块分别代表低抽吸力、中抽吸力和高抽吸力系列

各种作物在其抵抗田间盐渍度的有害影响的能力上，是各不相同的。首先，各种植物从处在凋萎含水量范围内的土壤中抽吸水分的能力是不同的。能适应盐渍化土壤的植物，在吸取凋萎含水量范围内较低的那一端的水分上，有具较大的能力的趋向，但是，耐盐力和耐旱力并不一定有联系。例如，椰子树是耐盐的，但是，对干旱却是敏感的，土壤盐渍化越强，作物由于缺水而开始受害以前，所能吸取的水分就越少。所以，含盐量相当高的灌溉土壤，需要比非盐渍化的土壤更频繁地灌溉。事实上，由于灌溉的间歇太长而使作物产量容易造成不必要的下降；这种情况是容易遇到的，正如已经指出的，因为作物可能不像生长在盐分低的土壤上那样显出明显的凋萎症状。还有一些田间证据证明，由于中等盐渍度造成的产量损失，低肥力的土壤比高肥力的土壤更严重；田间证据还证明，中等盐渍度有时能提高作物对肥料的反应，特别是对磷酸盐的反应，或许也能提高对氮的反应，磷酸盐肥的好处，在于它并不提高土壤溶液的渗透压，因为它们常常被土壤强烈吸收。

耐盐力是一个复杂的概念。植物的耐盐能力在幼苗期可能是低的，但是，当它逐渐成长后，耐盐力就高了——紫花苜蓿就是这方面的一个例子。在盐分含量高的条件下，植物虽然也可能活下去但是却不能有什么生长发育；在中等含盐量的条件下，植物也只能缓慢地生长。另外，虽然也有些植物可能在中等盐渍化的土壤上生长，但是，作为收获物的那部分物质的质量仍会受到损害。例如，谷类作物在盐分过重的土壤上会贪青徒长，不结籽粒；栽培在盐土上的糖甜菜，生产的块根糖分低，难于精炼；而饲料作物则可能因含盐分过多，不适合家畜的口味，甚或对家畜有害。此外，植物耐盐性一方面常常与碱、高 pH 和低钙的耐性有密切不可分的关系，还与对灌溉期间在碱土上通常出现的长期渍水的忍耐能力有紧密联系。

表 5-10 部分作物对盐分的相对耐盐力

耐盐力高	耐盐力中	耐盐力低
枣椰	石榴 无花果、橄榄、葡萄	梨、苹果、橙、柚、扁桃、杏、桃
大麦、甜菜、油菜、羽衣甘蓝、棉花	黑麦、燕麦、小麦 水稻、高粱 玉米、马铃薯	蚕豆、芸豆
狗牙根、加得罗草、鸟足豆	草木樨、黑麦草 草莓、三叶草 紫花苜蓿、鸭茅草	白三叶草、杂三叶草、红三叶草

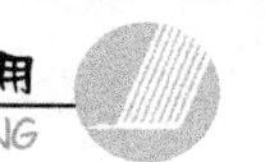

二、土壤盐分运动规律

盐分在土壤中运动的一般规律是"盐水相随"，即"盐随水来，盐随水去"。当天晴干旱，地表无覆盖时，由于表土蒸发加剧而变干燥，底土和地下水中的易溶性盐分和水分一道受土壤毛管引力作用而上升到地面，水分蒸发后，盐分就留在表土。随着表土水分的不断蒸发，盐分就不断地在表土积累，这一过程称为"返盐"。当下雨或灌水时，表土所含盐分就溶解于水，其中一部分可随地表流水带走，另一部分随水渗入底土和地下水中，使表土含盐量降低，这一过程称为"淋盐"或脱盐。

影响土壤中易溶盐类运动的因素。主要有以下几种：

1. 气候

(1)降雨使土壤淋溶，蒸发使土壤返盐。降雨的特点不同，其淋盐的效果也不同：连绵阴雨，雨水渗入土体的有效量大，能持续地把土壤盐分带到地下水中，故全土层的脱盐有效显著。暴雨骤降，能将地表一部分盐分从径流冲到排水沟中，另一部分盐分随水渗入底土或地下水，但这种洗盐时间短促，故土壤脱盐效果仍不很大，干旱之后，地表积盐较多(随土壤水分蒸发而使易溶盐积聚于地表)，此时如遇短期降雨(几小时或一二天)，除将一部分盐分随径流冲入排水沟外，还能将大量盐分淋洗到表土下不深的土层中，而使该层土壤的含盐量大增。如果盐分下移的深度刚好是作物根系分布较多的土层(容根层)，就会造成显著的盐害。若短期降雨后转为暗热的天气时，下移到一定深度土层中的盐分，又会因表土的强烈蒸发而沿土壤毛管孔隙迅速上升到表土，回复原状，甚至产生更强烈的盐渍度。所以，不同的降水强度和频度和频率对土壤脱盐或返盐有着种种不同的反映，应当细心分析。

(2)风能加速土壤水分的蒸发，促使土壤返盐。不同的风向、风速以及大气湿度不同，造成土壤水分蒸发的强弱也有差异。

(3)温度强烈地影响土壤易溶盐类的运动，一般地讲，气温高，蒸发强，返盐也强。这就是温度促进蒸发作用，从而推动盐分向上运行。另一方面，温度的升降还对不同的易溶盐类的溶解度产生不同的影响。土壤易溶盐类中的 Na_2SO_4、Na_2CO_3、重碳酸钠等，随温度的升降而大幅度地改变其溶解度，即温度上升，它们的溶解度就大大提高，另一些盐类，如 NaCl，其溶解度在不同温度下的变动极小。由于这个原因，在硫酸盐盐土区，可因气温急剧上升而产生强烈的返盐现象(如我国西北以含硫酸钠为主要盐分的盐土区)，而在东北寒冷地区酷冷季节中，Na_2CO_3 及 Na_2SO_4 可在湖泊及土壤中淀积下来，但 NaCl 则可以继续在土和水中运行。由此可见，气温的变迁对于易溶盐的运行，起着双重影响，对于含 NaCl 为主的滨海盐土来说，气温对盐分运行的影响，主要是通过对土壤水分蒸发的影响而实现的。

2. 土壤

不同质地的土壤毛细管水活动的强弱也不同。砂质土壤，其毛细管较黏质土壤粗，水盐上升速度较黏土快，故较易"返盐"，砂质土壤的地下水通过土壤水分蒸发而损耗的强度也远远超过黏土。极细砂或粉砂质土，颗粒排列极其紧密，毛管孔隙量占总孔隙量的百分数高，俗称"闭沙"或"板沙"，水分沿这种毛管孔向下移动是困难的，故它们的渗透系数小。

黏质土由于因干湿交替等作用而易形成土壤裂隙，可使地表水分迅速下渗，所以黏土有时反较粉沙质土壤的渗水性好。由于上述原因。在同一盐渍区域中，极细沙或粉沙质土壤最易于发生盐渍化，如杭州湾的沙涂，其地下水的矿化度虽小，但返盐仍很强烈，就是这个原因。

土壤剖面中的夹黏层(夹在沙质或壤质土层中的黏土层)对于土壤水、盐的向上运行有明显的抑制作用，而抑制的大小主要与黏土层的厚度和出现部位有关。据山东、河北资料，如果夹黏层厚度大于 30cm，其底部又高出地下水面 50cm 时，水、盐向上运动就受到强烈的抑制。在同样气候及地下水埋藏深度情况下，黏土层愈近地表，愈能抑制水分的向上运行。反之，黏土层出现部位愈深，土壤地下水(土滞水)因地表蒸发而损耗的强度愈大，从而随土壤地下水上升并在表土聚积的盐分数量也就愈多。因此，黏土层出现部位较深的盐土，其表土层盐分的聚积亦较多。

表土的结构性也明显影响盐分在表土中聚积。良好的土壤结构(团粒化)，使表土疏松，多大孔隙，土壤水能以汽态形式在大孔隙中上升，而向大气蒸发，毛细管水运动相对地受到抑制，所以随液态水一道上升到表层的盐分也少，故表土积盐作用就受到削弱。同时，由土壤团黏化造成的大孔隙便于渗吸降水，有利于淋盐，所以良好的土壤结构能防止或减弱返盐，又有利于洗盐。

3. 土壤地下水及地下水临界深度

在一定的气候条件下，如果无灌溉和降雨的影响，土体内的水、盐的运动，与地下水的埋藏深度有最密切的关系：地下水埋藏深，水分不易上升到表土，底土和地下水中的盐分也就不易随水上升而在表土积累；反之，浅藏的地下水，就易造成表土返盐，其次是地下水的矿化度，矿化度高，则水分运动时所带的盐分也多，就易使表土返盐，在地下水缓流区或滞流区，其地下水无出路，土中的水、盐运动以上下垂直运动占优势，易使表土返盐，而地下水排水好的地区，土壤和地下水中的盐分能被排水带走，从而减轻土壤的盐渍度，所以考查盐渍土时，应对地下水的水质(矿化度)、流动速度及去向等加以检查。

在研究地下水和土壤盐渍化的关系时，注意地下水的临界深度很重要。临界深度的含义是指有一定矿化度的地下水的最小允许埋藏深度，是土壤返盐或者不返盐时地下水埋藏深度的临界值。由于土壤是否盐渍化主要取决于土壤毛管作用的强度，而不是土壤毛管作用可能达到的高度，所以许多实践资料将地下水临界深度与毛管强烈上升高度的关系列为下式(经验公式)：

地下水临界深度＝毛管强烈上升高度＋安全值

安全值主要是指根系活动层或耕作层的深度。其数值和地下水的矿化度有关：对矿化度小于 3～5g/L 的地下水，可不加此值；对大于 5g/L 的矿质地下水，安全值至少等于作物主要根系活动层的深度，即 0.5m。

毛管强烈上升高度意味着大量的地下水凭借土壤毛管上升力的作用而上达到土层中最大的高度，对这一高度的确定，目前尚不统一，一般以土壤含水量低于“毛管联系破裂含水量”的土层所在深度。并从这一深度到地下水面的距离作为毛管强烈上升高度。而这个含水量大致相当于田间持水量的 60%～70%。

毛管强烈上升高度与土壤质地有关，一般来讲，砂壤质大于黏质土，砂质土为 1.4～1.8m，黏质土为 0.6～0.8m。

临界深度是随时间、地点、土壤及作物条件等不同而异的。许多人提出了不同的标准，它们都是在特定条件的相对稳定值。为此，在盐土治理中，应根据各个地区的情况，通过实

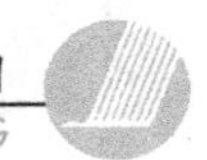

地测验，找出其适当的临界深度值，才是合理的。

4. 微地形

局部的地形起伏能影响土壤水、盐的分配。低洼的地形能容纳其他地区带来的水、盐，那里往往在雨季含盐量较高；较高的地形部位则相反，它在干旱时，高处的土壤水分蒸发损失强。低处的水分就不断移向高处补充，并将盐分带到高处，盐分蒸发后，盐分在高处积累，造成了“盐向高处爬”。因此在盐土上种稻就要切实搞好田面平整，使整大片稻田的灌溉水层易于控制(深浅均一)。这样，可以避免高墩处的稻苗受爬盐的危害，可防止低田片的盐渍水向高田片移动(当高田片落干或作旱作时)，如果在盐土地上种旱作，开沟播种是一种避盐害的措施。而垅背部分常为盐积聚之处，不利保苗。在实践中常可看到开沟条播比撒播的出苗率高。这也是受盐分高处移动的规律所影响之故。

5. 农业技术措施

良好的农业措施往往可减少土壤水分的非生产性的蒸发消耗，减轻或避免作物的盐害或土壤的盐渍化。例如修建成套的沟条(台)田，能降低地下水位；中耕松土，能切断土壤毛细管；盖草、植树造林，能减少土表蒸发；这些措施都能减轻土壤返盐强度。深耕晒，增施有机肥料，改良土壤结构性，都能加速土壤脱盐过程；灌水种稻，田面经常保持水层，表土中的盐分，一部分溶解在田水中而从田面排走，另一部分可随渗漏水移到底土和地下水中，能加速表土脱盐，而且种稻后能使地下水淡化，减轻返盐。稻田只有在排水搁烤和收割时，才有返盐过程。种稻过程中，只有灌溉水带来的盐分，才是稻田表层盐分增加的主要来源，所以开辟淡水源，注意灌溉水质极为重要。

粗放的农业措施，如有灌无排，中耕松土不及时，烂耕烂作，缺苗断垄和作物生长不良，使裸地面积扩大时，将促使土壤盐渍化的发生和发展。

第五节　盐渍土的改良技术

改良盐渍土的措施概括起来可分为四方面：水利土壤改良，包括排水、冲洗、灌溉、种稻等；农业土壤改良，包括平整土地、耕作、施肥、播种、轮作、田间套种、客土等；生物土壤改良，主要有种植耐盐作物和绿肥、植树造林等；化学改良是施用化学改良物质。现将各种主要措施的作用及其适用条件分析于后。

一、排水

土壤盐渍化是多种因素综合作用的结果，盐渍土危害作物的主要原因是土壤中含盐碱较多，并且盐分多累积于地表。而地下水位升高，促进水盐向上运行，引起土壤积盐和地表返盐。因此，要从根本上防止盐碱，必须解决水的问题。排水设施可以加速水分运行，调节土壤中盐分的运动，所以排水在改良盐碱地和防止次生盐渍化中都是一项根本性的措施。

1. 排水在防治土壤盐渍化的作用

盐渍土多分布于排水不畅的低平地区，地下水位较高，如长期灌水，将抬高地下水位，促进土壤返盐。因此，需要修建排水系统，控制地下水位，排水沟愈深，控制地下水位的作用愈大，距沟愈近，土壤水盐状况受排水沟的影响也愈明显。新疆原农二师五团农场，地下水埋深1.5～3.0m，1955年修建深度大于2.5m的田间排水系统后，地下水位一直稳定在2～3m以下，盐斑面积大大减少，农作物的产量显著提高。河南省人民胜利渠灌区东排干河的河深，1965年从原来的1～1.5m疏浚加深到4～5m，改善了地下水的出流条件，加速排水排盐，调节了水盐运动状况。在排水沟两侧200～300m范围内，地下水埋深常年在2m以下，土壤得到稳定脱盐；300～600m范围内，土壤盐碱显著减轻。原来大片的盐碱变成零星的盐斑；1000m范围内，对土壤水盐状况仍有影响。

健全的排水设施是除涝排盐的基础，不但可以排除渠道渗漏水、灌溉退水和沥涝。还可以通过雨水或灌水排除土体中的盐分，或使盐分渗入地下水中而后排出，从而起到排水排盐的作用。河南省新乡县洪门公社，由于开挖了田间排水沟（沟深1.3～1.5m，沟距200～300m），1964年在两次连续降水214mm的情况下，每km^2排出水量3.6万m^3，占降水量的17%，每km^2排盐量为150t，1米土层平均脱盐率，有排水沟的为50%，无排水沟的为25%；地下水淡化率分别为31%和7%。在排水沟控制范围内，降水或灌水抬高的地下水位，也因有排水沟而迅速回降，距排水沟愈近，回降速度愈快，有力地防止土壤返盐(图5-9)。

排水还能加大渗流坡降，提高土壤脱盐效果，阻截径流，减少对灌区地下水的补给。

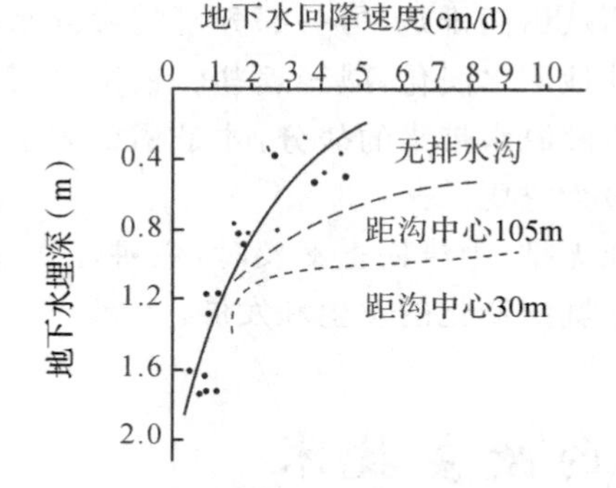

图5-9　有排水沟和无排水沟地阶地下水的回降速度

2. 因地制宜搞好农田排水

自然条件不同，地形部位不同，防治土壤盐渍化所需要的排水设施也有所不同。

明沟水平排水可分为深沟与浅沟两种。深沟是指盐渍地区能够控制地下水位在临界深度以下的排水工程，浅沟则小于地下水的临界深度。一般冲积平原的上、中部，地下水埋藏较深，水质较好，土壤无盐渍化威胁或有轻度盐渍化，排水系统的任务是平衡地下水量，防止地下水位抬高，排盐任务不大。因此，只需建立稀疏的骨干排水深沟，控制地下水位；有洪涝威胁的地区还应增设田间浅沟，以汇集和排除洪涝，防止发生和加重土壤盐渍化。在平原地区的坡地、二坡地上，地下径流不甚通畅，水质较差，盐碱较重，特别是黄淮海平原地区，又有洪涝危害，排水系统主要是排水排盐，控制地下水位。有洪涝威胁的地区，还要排洪排涝，因此需要建立干、支、斗、农配套的深沟排水系统，排水排盐，把地下水位控制在临界深度以下。黄淮海平原地区，还应增设田间排水浅沟，以加速沥涝的排除和土壤脱盐。在土壤含盐量较高或渗水性差的新疆、宁夏、内蒙古等干旱地区，为了冲洗盐碱，更需修建田间浅密排水毛沟，以加速排除洗盐水，促进土壤脱盐。

半干旱的低平盐碱地，排水困难，地下水位高，矿化度大，涝盐较重，为了除涝排盐，除修

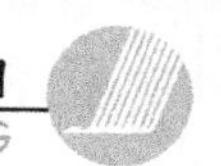

建干、支、斗、农各级排水设施外，应在农排以下开挖排水毛沟，形成由毛沟分割的条田。由于条沟间距小、密度大，既可迅速降低沥涝，又可加速高地下水位回降，促进土壤脱盐。在土质黏重的地区修建条田沟尤为必要。就是在干旱地区，虽无洪涝威胁，亦应如此。滨海低平地带，地面高程低处各河下游，上有沥水汇集，下有海潮顶托，排水不畅，而且地下水浅，矿化度高，涝盐严重，冲积平原的封闭洼地，冲积与冲积平原之间的交换洼地，地下水埋藏不深，径流不畅，有的地段常年受涝，并有盐碱威胁，这些地区修建水平明沟排水系统，由于受到地面高程的限制，自流排水不能满足除涝排盐的要求，可挖沟垫高地面，修筑沟台田，相对降低地下水位，有利于土壤脱盐和防止返盐。

除明沟排水外，在我国很多地区还进行了暗管排水试验，取得了良好的结果，但由于施工较明沟复杂，在生产中运用还不甚普遍。植树造林，建立护田林网，进行生物排水，在我国各地区已广泛推行。实践证明，一条林带的作用相当于一条排水沟，它不仅可以降低地下水位，减轻地表盐分累积，还能防止风沙危害，改善田间小气候，抑制土壤返盐，并能固土护坡，巩固和发挥河川、沟渠等排水工程效益，提高除涝排盐效果。

二、洗盐

洗盐就是用灌溉水把盐分淋洗至底土层，用排水沟把溶解的盐分排走。在重盐渍土地区，特别是滨海和西北干旱地区进行开垦种植时，首先必须进行排水洗盐。在盐渍较轻的地区，可加大灌水定额以淋洗土壤中的盐分，在华北和滨海地区，夏季降水集中，可进行伏雨淋盐或蓄淡压盐。

1. 重盐碱地的淡水冲洗

灌水洗盐要把土壤含盐量降低到作物正常生长的允许范围，这个标准与土壤盐分组成、作物种类和农业技术措施等因素有关，不同作物的耐盐能力不一样；同一作物的不同生育期耐盐能力也有差异；苗期的耐盐能力最低。在生产实践中，脱盐土层厚度一般采用1m，脱盐层允许含盐量依作物苗期的耐盐性而定。在华北、滨海半湿润地区，以氯化物为主的盐土，冲洗脱盐标准一般采用0.2%～0.3%；以硫酸盐为主的盐土，采用0.3%～0.4%，在西北干旱地区，氯化物盐土采用0.5%～0.7%；硫酸盐盐土采用0.7%～1.0%；盐化碱化土壤采用0.3%。

在单位面积上使土壤达到冲洗脱盐标准所需要的洗盐水量称洗盐定额，土壤原始含盐量、盐分组成、土壤质地、田间工程、洗盐水南等都影响土壤脱盐效果，综合各地资料，不同地区，不同盐渍类型，洗盐定额也不相同(表5-11)。内蒙古河套地区，多属硫酸盐氯化物盐土，土壤含盐量约在1.0%～2.0%之间，洗盐定额一般采用350～400m^3/亩，洗盐后土壤含盐量可降至0.3%左右，宁夏银川灌区，土壤属硫酸盐氯化物或氯化物硫酸盐类型，土壤含盐量1.0%～1.5%，采用400～600 m^3/亩；含盐量1.5%～2.0%时，采用600～800 m^3/亩的洗盐定额，可使土壤含盐量降至0.4%以下。

表 5-11 洗盐定额

地区	盐分类型	土壤含盐量(%)	洗盐定额(m^3/亩)	备注
华北	滨海氯化物	0.4～0.6 0.8～1.2 1.4～1.6 1.8～2.0	300～400 330～440 360～480 380～520	排水沟深度 2.0～2.5m,间距 200～500m
	内陆硫酸盐	0.45 0.5～0.6 0.7～0.8 1.0	300 360 450 520	排水沟间 300m
西北	硫酸盐、氯化物(库尔勒)	<3.0 3.0～5.0 5.0～7.5 >7.5	800 800～1200 1200～1600 >1600	排水沟深度 2.8m,间距 400m
	硫酸盐、氯化物(阿克苏)	1.0～1.5 1.5～2.0 2.0～4.0 4.0～8.0	600～800 300～400 8000～1000 400～600 1000～1200 600～800 1200～1200 800～1000	洗盐定额左列数字为;右列数字为粉土
	强盐化碱化土壤(北疆)	0.3～0.4 0.4～0.7 0.7～1.0 >1.0	100～200 无需专门冲洗 250～300 300～400 >400	洗盐时加施石膏,硅石膏等能降低土壤碱度

2. 盐碱耕地的灌溉特点

盐碱耕地的灌溉,既要满足作物对水分的要求,又要淋洗土壤中的盐分,调节土壤溶液浓度,使土壤水盐动态向稳定脱盐的方向发展,并通过农业技术措施,巩固和提高土壤脱盐效果。因此,必须针对土壤盐渍状况及其季节性变化,掌握有利的灌水时期和适宜的灌水方法。

冬小麦的整个生长期要经过秋、春两个返盐盛期,特别是春季返青至拔节初期,返盐对小麦生长的威胁很大,为了预防秋季土壤返盐和保苗,应进行播前灌水,亦可进行冬灌,储水保墒,春季返盐强烈,返青时应加大定额灌水,一般可大于正常灌水定额的 15%～20%,每亩加大的灌水定额不宜超过 100m^3/亩。其他生长期的灌水,可根据水源情况、土壤墒情和地下水条件等因素而定。

棉花幼苗期正处返盐盛期,关键是播前灌水洗盐,在水源条件较好的地区,应力求秋冬或春季进行储水灌溉,或春播前加大定额灌水,以淋洗土壤盐分,灌水定额为 100～120 m^3/亩,现蕾期亦是需水期,土壤又返盐,应适时适量灌水,但水量不宜大,防止花蕾脱落,一般以 40～50m^3/亩为宜。

在盐渍地区,地面灌溉仍然是主要的,一般情况下,小麦以畦灌为好,加大灌水定额,可提高洗盐效果。而田园化的小畦灌溉,畦小易平,灌水均匀,效率高,改良盐碱地见效快,棉花和其他中耕作物,宜于沟灌或细流沟灌或隔垄沟灌,但在沟背上容易积累盐分,因此在盐

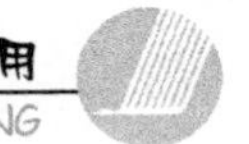

碱较重的耕地仍以畦灌为好。为了防止土壤返盐，应在灌水后适时进行锄耙。

三、种植水稻

种稻改良盐碱地是我国一种边改良边利用的传统经验。早在公元前600多年，《管子·地员篇》就有种稻改良盐碱地的记载："五之状，甚咸以苦，其物以下，其种白稻"。只要有水源，无论南方、北方、东部或西部的各种类型的盐碱地，都可进行种稻改良。

1. 种稻改良盐碱地的作用

水稻在生育期，由于田面经常保持一定的水层，淋盐能持续进行，土壤脱盐层逐渐加深。随着种稻年限的延长，脱盐程度也加大(表5-12)，但脱盐效果与土壤盐分组成、渗透性能及排水条件有关。如土壤为轻质氯化物盐土，排水又良好，则脱盐速度快，脱盐率高。

表5-12 河北军粮城灌区种稻后不同年限土壤及地下水的含盐情况

深度(cm)	含盐量(%)					
	荒地	种稻1年	种稻3年	种稻7年	种稻19年	种稻40年
0—5	5.93	0.30	0.33	0.24	0.07	0.10
5—10	1.73	0.43	0.50	0.24	0.59	0.17
10—20	1.42	0.63	0.14	0.19	0.26	0.27
20—50	1.70	0.22	0.16	0.15	0.12	0.15
50—100	2.52	0.31	0.14	0.33	0.14	0.19
100—150	2.88	0.49	0.20	0.57	0.25	0.21
150—200	2.81	1.31	0.39	0.90	0.49	0.33
200—250	2.30	1.36	0.71	1.33	0.63	—
250—300	2.25	0.19	0.90	1.33	0.83	—
地下水埋藏深度(cm)	110	100	160	100	50	72
地下水矿化度(g/L)	65.6	9.4	10.4	12.5	2.7	3.0

种稻过程中地下水的变化，直接影响盐碱地改良的成效，排水种稻，地下水回落速度快，土壤改良和作物增产效果都好，无排水种稻，地下水回落速度慢，并往往导致邻近区土壤发生盐渍化，高矿化地下水地区，种稻过程中土壤脱盐的稳定性取决于地下水位及其淡化情况，土壤含盐量高，质地黏重，排水不良，淡水层难以建立，种稻多年也不能改旱，但在良好的排水条件下，稻田淹水所形成的地下高水头，可将高矿化地下水挤压到排水沟中排出，使淡水层厚度逐渐增加(图5-10)。种稻年限愈长，淡水的补给量愈大，所形成的淡水层厚度亦愈大，土壤脱盐愈稳定。要使水稻获得高产，必须建立灌排系统，做好田间配套工程，在此基础上，搞好泡田洗盐，掌握灌水技术，加强农业技术措施。此外，要合理规划稻田，防止周边土壤盐渍化，如多年连续种稻，一则耗水量大，二则土壤肥力下降，所以必须进行水旱轮作。

2. 水旱轮作及其条件

在有机肥料不足的情况下多年连作水稻，土壤肥力将日渐降低，而且易使杂草丛生，影响水稻产量。水旱轮作可节省用水量,改变不良的土壤物理性质,还有利于养分的积累和转化。另外,水旱轮作有利于消灭田间杂草,减少病虫害及合理调配劳动力。

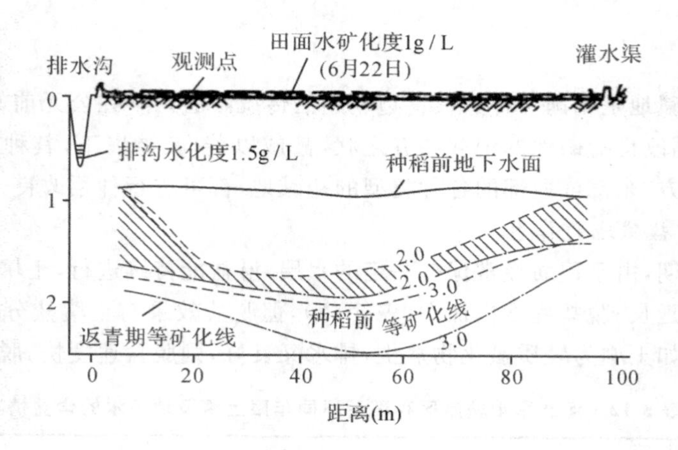

图 5-10 芦台农场种稻过程中的地下水断面
(斜线部分表示矿化度小于 2g/L 地下水淡水层增加的范围)

水稻或旱作连续种植年限和水旱轮作的时间。决定于土壤脱盐程度和地下水淡化情况。河北滨海芦台农场。原地下水矿化度大于 10g/L,经排水种稻五年,已形成矿化度小于 3g/L、厚度在 1.5m 以上的淡化层。连续三年旱作,土壤未发生返盐现象的苏北滨海地区,1m 土层含盐量在 0.1%左右,地下水矿化度小于 1~3g/L 时,可连续旱作 2~3 年不受盐害;在排水沟间距 50m,沟深 1.2~1.5m 的条件下,连续三年水稻、绿肥轮作,可使 1m 土层的盐分由 0.7%降至 0.1%以下,地下水矿化度由 25g/L 降至 5g 以内,达到旱作的标准。

水旱轮作周期及作物的搭配,应根据土壤盐碱度情况、肥力等级,排水条件等确定。盐碱较轻地区,如排水条件较好,可实行多区轮作制;排水条件较差,实行水旱换茬;劳力、肥料充足,则可稻麦连作。

此外,引洪放淤也是我国改良洼涝、盐碱、沼泽地的一项成功经验,但多结合种稻进行,目前已在黄河中、下游两岸的背河洼地及沿山一带有洪流的地区广泛采用。生产实践证明,它有抬高地面、降低地下水位、淋洗土壤盐分、改善土壤物理性状、增加土壤中养分等作用。

四、耕作与施肥

合理耕作和施有机肥料,可以改善土壤结构,提高土壤肥力,巩固土壤改良效果,也是一项重要措施。

(1)平整土地。平整土地可使水分均匀下渗,提高降雨淋盐和灌溉洗盐的效果,防治土壤斑状盐渍化。甘肃玉门的群众认为"七高八低、碱窟窿满地"的耕地,经采取"扛浮碱,平盐斑",消除局部坡洼积盐的不利因素,取得了良好的改土效果。滨海地区降雨较丰沛,可采取围堰平地蓄淡压盐的方法,使土壤逐渐脱盐。在平地的基础上筑畦打埂,可减少地面径流,增强土壤蓄水保肥能力。

(2)深耕深翻。盐碱地经过深耕深翻,可以疏松耕作层,打破原来的犁底层,切断毛细

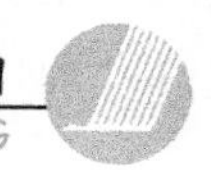

管，提高土壤透水保水性能，因而加速土壤淋盐和防止返盐的作用。深耕深度一般为25～30cm，可逐年增加耕作层深度，深翻是将含盐碱重的表土翻埋到底层，而将底层的淤土、夹黏层或黑土翻到地表，既可打破"隔离层"，又可翻压盐碱。在劳动力较少的地区，可采用条垄深翻的办法，隔沟隔年条状深翻，每两年翻完一块地。深翻深度既要考虑土层质地的排列和地下水深度，也要根据作物根系的生育特性，一般以40～50cm为宜。

耕翻的时间是冬耕宜早，春耕宜晚。华北、西北和东北地区，雨量大部分集中在夏季，雨季后盐分被淋至土壤底层，早秋耕能把表土耕松，切断毛细管，防止土壤返盐，早春气温低，地湿晒不透，表层片与犁底层连接，仍会促使返盐，适当晚春耕，耕后易形成坷垃，土壤孔隙大，可防止返盐；同时地温上升快，有利于保苗。深耕、深翻要因地制宜，如苏北壤质滨海盐土，往往是下层土壤盐分高于表层，故不宜深耕。

(3)适时耕耙。合理耕耙可使耕层疏松，减少土壤水和地下水的蒸发，防止底层盐分向上累积。耕地要适时，群众的经验是：浅春耕，抢伏耕、早秋耕，耕干不耕湿。在干旱和半干旱地区，一般春季干旱，蒸发量大，为了保墒防盐，采取浅春耕，抢伏耕是抢在夏季伏雨之前进行中耕，主要作用是破除地表板结，减缓地面径流，多积蓄一些雨水，增加土壤下渗水量以增强淋盐效果。早秋耕通常在雨季后进行，土壤盐分因降雨下淋尚未上返，尽早切断毛细管，可抑制盐分上升，秋耕晒后，通过适时耙地，才能创造和保持大小适宜的坷垃，达到防盐保墒的目的，越冬耕地一般不进行秋耙，要求早春进行顶凌耙地，以便破碎坷垃覆盖地表，抑制返盐，中耕耙次数越多，防盐效果越明显。

(4)增施有机肥料。盐碱地一般有低温、土瘦、结构性差的特点，多施有机肥料，可以疏松土壤耕作层，提高地温，改善土壤物理性质，加强淋盐作用，同时还可减少蒸发，抑制返盐。有机肥料经土壤中微生物的强烈活动，可加速营养物质的分解和转化，在分解过程中产生的有机酸，可以调节土壤的酸碱度。因此，增施有机肥料也是改良盐碱地，提高土壤肥力的重要措施。

盐渍地区，一般肥料不足，既要广辟肥源，也应采取因土施肥、集中施肥、重点施与一般施相结合的办法，使有限的肥源达到最大的改土增产效用。根据各地的经验，按作物的株、行距挖坑穴施。在施肥的坑上点播作物，使少量肥料集中于作物根际，有利于发挥肥效。

化肥肥效快，增产效果显著，但连年单施化肥，土壤容易板结，因此在盐碱地上施肥，应以有机肥料为主。

此外，合理轮作套种、铺生盖草、起碱压砂、客土等都有覆盖地面、减少蒸发、抑制返盐的效果。

五、种植绿肥

种植绿肥是改良盐碱地措施的重要一环，它既能改善土壤理化性质，巩固和提高脱盐效果，又能培肥土壤。因此，大种绿肥，用地养地，是快速改良盐碱地，促进农业高产稳产的重要措施。

(1)绿肥改良盐碱地的作用。栽培绿肥牧草，有茂密的茎叶覆盖地面，可减弱地表水分蒸发，抑制土壤返盐，由于根系庞大，大量吸收水分，经叶面蒸腾使地下水位下降，从而有效地防止土壤盐分向地表积累。新疆地区紫苜蓿整个生长期的叶面蒸腾量为每亩395m^3，约占总耗水量的67%,株间蒸发量为每亩193m^3,占总耗水量的33%,昼夜平均耗水量为每亩4.3m^3。种植三年紫花苜蓿,可降低地下水位0.9米,从而可加大土壤脱盐率,种植田菁后,土壤容重比夏闲地减少0.11,孔隙率增加3.2%,团聚体增加5%以上,从而改善土壤的物理性质,尤其是豆科与禾本科牧草混播,对改善土壤结构和通透性的效果更为显著,土层结构的改善,可减少地下水的蒸发,抑制土壤返盐。

盐碱地种植绿肥,通过耕翻进入土壤,增加有机质含量。绿色体及根茬分解,产生各种有机酸,对土壤碱度起一定的中和作用。河南省丘县种植紫花苜蓿改良瓦碱试验的结果是:pH降低0.5~1.4单位,碱化度下降7%~23%,苏打消失。

绿肥地上部分一季亩产鲜草可达1000~2500kg或更多。除地上部分外,还具有粗长的主根和繁密的支根。据测定,三年生紫花苜蓿的主根平均长达2.5m,根径约1.5cm,支根须很多,满布于地表以下2m范围内。田菁具有一定的耐盐性与耐湿性,根系亦很发达,就是在地下水埋藏较浅的土壤中,主根仍可达2.5~3.0m。田菁根瘤也很多,是目前豆科作物中少见的,每m^2有根瘤1200~3900个,重43~142g,每亩有根瘤28.5~90kg。田菁翻压试验说明,土壤有机质约增加0.2%~0.3%,活性腐殖质及水解性氮也有所增加。

(2)发展绿肥培养地力。目前,盐渍地区的绿肥有夏绿肥和冬绿肥,其中又可分为豆科与禾本科两类,有一年生,也有多年生,既可单作,也可轮作或间作套种。由于品种不同,绿肥的耐盐性能也有差异(见表5-10),为了种好绿肥,获得改土增产的效果,应选种耐盐性强的,适于当地生长的绿肥品种,并适时整地,加强田间管理。

盐渍地区种植绿肥,多无水可灌。在滨海及黄淮海地区,可利用夏季高温多雨的特点,主要种植麦基夏绿肥或间作夏绿肥,为小麦准备基肥,在盐碱较轻的土地上,应利用冬闲地种植冬绿肥,为春播作物准备基肥,也应充分利用盐荒地和闲散地,种植一年生或多年生绿肥。割青肥,以荒地养耕地,在西北地区,盐渍土面积很大,可种一年生绿肥,或多年生绿肥,以成片种植或作物轮作为主。在轻盐碱地上,也可与作物间作套种,有些重盐渍土经冲洗还不能种作物时,可先选种耐盐性较强的绿肥,用以改土培肥,西北地区,畜牧业发达,可多种苜蓿和草木樨,既可肥田改土,又是良好的饲料。

六、化学改良

农业、生物、水利措施在有灌溉和排水的条件下,对中度和轻度碱化土壤的改良是有效的,但对重度碱化土壤,还应配合施用化学改良物质,如石膏、亚硫酸钙、硫酸亚铁等,才能降低土壤碱性。石膏改良碱化土壤的大量试验,均取得一定的改土增产效果,如与水利和其他措施结合起来,改土增产作用更快。吉林省郭前旗灌区,在苏打盐土上种植水稻并施石膏,使表层土壤交换性钠明显降低,而石膏与厩肥混合施用,改土增产效果更大。

石膏、磷石膏改良瓦碱在没有灌排的条件下仍有作用,试验表明,它可降低土壤pH,消除苏打,降低碱化度,对大豆增产显著。

黑矾的主要成分是硫酸亚铁,可降低土壤碱性,苏北瓦碱地上施用后,pH降低,游离碳酸根消失,交换性钠基本消除,钙、镁离子增加。

风化煤含有相当多的腐殖酸,可以改良土壤结构,降低土壤中盐碱的危害,特别是酸性的风化煤粉,对碱化土壤的改良很有效,苏打盐土上种稻很难保苗,但施用酸性风化煤粉(含

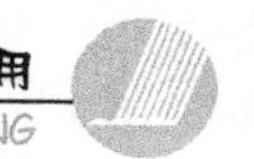

腐殖酸60%、pH4.7)二年后,交换性钠减少,碱度降低,容量减小,保苗率提高到80%以上,水稻每亩产量为45kg增至217kg。

黑龙江省土壤肥料研究所用硅藻土肥改良碱化土壤,使大豆显著增产,江苏省徐州地区农科所施用煤、石粉改良瓦碱,也有一定的效果。

第六节 滨海盐土的改良与海涂围垦

一、我国滨海盐土概况

(一)面积与分布

滨海盐土沿着我国1.8万余km海岸线呈宽窄不等的沿海岸作平行状分布,其宽度随海岸类型而异:泥质海岸地区,宽达数km至数十km;基岩港湾海岸地区,除港湾内稍宽外,岬湾处窄至数十米、数米,甚至断缺。南北之间跨越温带、暖温带、亚热带等几个生物气候带。

滨海盐土在沿海11个省(市)、自治区均有分布,总面积3171.6万亩(未包括港、澳、台地区及南海诸岛),占全国盐碱土面积的7.03%。由于各地海岸线长短、海岸类型不一,其分布面积相差很大(表5-13)。

表5-13 各省(市、区)滨海盐土的面积*

省(市)	面积(10^4 hm^2)	省(市)	面积(10^4 hm^2)
辽 宁	28.6	上 海	6.2
河 北	20.3	浙 江	39.8
天 津	8.1	福 建	21.3
江 苏	29.1	广 东	10.7
山 东	388.6	广 西	7.8

* 未包括港、澳、台地区及南海诸岛。

滨海盐土在不同地区与潮土、水稻土、潮盐土相连接。由于分布区域南北跨度甚大,加之各不同地区沿海的气候、地质、地貌等差异也很大,因而与滨海盐土相连接和伴生存在的土壤类型不尽相同,导致滨海盐土的分布各有特点。

(二)土壤形态特征

1.形态特征

(1)土壤剖面形态。滨海盐土剖面形态由积盐层、生草层、沉积层、潮化层和潜育层等明显特征层次组成。由于所处环境条件和发育程度不同,剖面形态各异。滨海盐土在其形成发育过程中,受综合自然条件和人为活动的影响,导致土壤盐分在剖面中的积累和分异发生差异,因而形成表土层积盐、心土层积盐和底土层积盐三种基本积盐动态模式,或组合成复式积盐模式。因此，滨海盐土剖面积盐的形态特点是：剖面中积盐层可以只有一层，也可以是多层；不仅积盐层盐分含量高，而且层位深厚，此点是区别于上述（草甸）盐土积盐的重要剖面特征。

（2）土壤环境形态（空间集合体形态）。滨海盐土的环境形态，在平原泥质海岸地区，由海域至陆域，首先是水下浅滩，次为滨海盐渍母质区，进而为潮滩（潮间带下带和中带）、光滩（潮间带中带和部分上带）、草滩（海岸线以内的陆域及部分潮间上带），渐次延展到广阔的滨海农区。主基岩海岸带，由于岸陡滩窄，环境形态变化急剧，可由水下浅滩盐渍母质直接过渡到草滩，甚或紧连岩岸与其他土壤类型相接。

2. 理化性状

（1）土壤盐分状况。滨海盐土含有大量的可溶性盐类（表 5-14），对作物生长行较强的抑制或毒害作用，一般农田缺苗或盐斑大于 5 成以上，或成为大片撂荒地；在非耕地上多成大片盐荒地，仅能生长盐生植物。表土含盐量一般 10g/kg 左右，有的可高达 50 g/kg 以上。

滨海盐土中的不同亚类，其盐分的组成状况则有所差异。一般是由沿海向腹地伸延，由裸地向有植被覆盖的类型过渡，特别是经常受淡水浸淋的类型，氯离子所占比例逐渐减少。

表 5-14　滨海盐土的土壤盐分状况

土壤（亚类）	0—20cm					0—100cm				
	离子总量 (me/100g)	Cl^-		$K^+ + Na^+$		离子总量 (me/100g)	Cl^-		$K^+ + Na^+$	
		含量 (me/100g)	占阴离子 (%)	含量 (me/100g)	占阳离子 (%)		含量 (me/100g)	占阴离子 (%)	含量 (me/100g)	占阳离子 (%)
滨海盐土	54.358	23.677	87.1	20.907	76.9	46.200	20.009	86.6	18.423	79.8
滨海沼泽盐土	41.970	18.042	86.0	15.110	72.0	54.570	24.123	88.4	21.404	78.1
滨海潮滩盐土	75.802	34.276	90.4	31.858	84.1	57.674	25.886	89.8	24.607	85.3

（2）土壤养分状况。滨海盐土的养分状况，除与母质原始养分状况相关外，更受后期土发育的环境条件和发育程度的深刻影响。特别是营养元素的迁移和富集，是在土壤发育过程中逐渐发生的，它是滨海盐土初始阶段的自然经济肥力（表 5-15）。

滨海盐土表层有机质的含量一般在 10 g/kg 左右。其中滨海潮滩盐土亚类，全剖面基本上尚未形成有机质积累层，上、下层多呈均态分布，且表土层含量有的可低到 3g/kg；而滨海盐土的其他两个亚类，表土层有机质多在 10g/kg 以上，部分可高达 30～50 g/kg。

表 5-15　滨海盐土的土壤养分含量*

土壤（亚类）	全盐量 ($g \cdot kg^{-1}$)	有机质 ($g \cdot kg^{-1}$)	全氮 ($g \cdot kg^{-1}$)	全磷 ($g \cdot kg^{-1}$)	碱解氮 ($mg \cdot kg^{-1}$)	速效磷 ($mg \cdot kg^{-1}$)	速效钾 ($mg \cdot kg^{-1}$)
滨海盐土	20.8	12.2	0.55	0.70	29.9	6.14	982
滨海沼泽盐土	18.4	15.8	1.22	1.06	—	2.59	775
滨海潮滩盐土	17.8	9.3	0.69	0.54	17.9	10.75	926

* 0—20cm

滨海盐土的整个土体中，钾素含量（特别是速效钾）比较丰富。微量元素的含量，多数是硼、锰相对丰富，锌、铁、铜比较贫缺。

（3）土壤质地。滨海盐土由于成土环境不同和母质的差异，土壤质地变化多样。据河

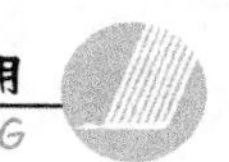

北、浙江、山东等地调查，土壤质地可以包含松砂土至重黏土。然而，在颗粒组成上，总的趋势是粉砂粒含量较高，在50%～80%之间，质地以壤质土为主，但在不同的岸区、潮带和河口处，其粉砂粒含量相差也较悬殊(表5-16)。土壤质地与养分、盐分含量明显相关，一般黏质土壤有机质、养分和盐分含量较高，壤质土居中，砂质土最低。

(4)土壤矿质化学成分与黏粒矿物。滨海盐土的矿质化学组成中多以二氧化硅和氧化铝为主，氧化钙含量是南方含量较少，北方含量稍高，如以氧化钾、钠、镁和锰等的含量比较，南北方的含量近似。

滨海盐土的黏粒矿物主要是伊利石，其含量约为70%，蒙脱石、高岭石、蛙石和绿泥石的含量各有高低，但差距不大。黏粒矿物含量的变化主要受沉积物源的影响。

表5-16 不同环境条件下土壤只粉砂粒含量的变化*

省(市)	岸区		潮带	
	岸区范围	粉砂粒(%)	潮带范围	粉砂粒(%)
上海	杭州湾	80.87	高潮带	99.54
	东海	64.91	中潮带	88.76
	崇明	77.48	低潮带	87.66
江苏	连兴—篙枝港	85.1～23.7	—	—
	东安—行航闸	82.3～7.8	—	—
	翻身—临洪河口	54.1～19.3	—	—
辽宁	辽河口	—	高潮带	19.70
		—	中潮带	18.50
		—	低潮带	18.10
山东	黄河口	—	高潮带	42.31
		—	中潮带	39.50
		—	低潮带	35.25

*根据全国海岸带调查资料。

(三)滨海盐土开发利用

我国海岸线漫长，海岸类型多样，且地跨四个气候带，自然条件以及沿岸地区的社会经济发展水平悬殊，因而在开发利用滨海盐土的方式和程度上，具有明显的地域性。

淮河以北，由于处在半湿润季风气候区，历史上就是我国的海盐主要产区。相比之下，农业较为落后，仅在水源条件较好的地段栽插水稻，或“抠窝”垦荒种植旱粮、棉花，或牧放牛羊，多粗放经营，生产水平很低。入海河口两侧河漫滩及积水洼地(滨海沼泽盐土)，多自然生长芦苇，是滨海重要经济资源。大片滨海盐土和潮滩盐土尚未开发利用。自从胜利等沿海油田的相继开发，油区附近水、电、路、堤等基础设施经多年的建设，已具相当规模，生产条件有了很大改善。特别是改革开放以来，不仅采油业有较大的发展，城镇建设、石油化工、制盐与盐化工、加工工业和农业、渔业以及农村工副业都以较快的速度发展。然而，滩涂(滨海潮滩盐土)虽然广阔，仅在个别岸段筑堤采油，或在日潮带采捕自然生殖的贝类产品，但绝大部分泥质海岸滩涂仍属光滩，尚未开发利用。

淮河以南，气候渐趋湿润，雨量丰沛，因而只需筑堤杜绝海潮继续浸淹，修建田间排水工程，经数年自然淋洗养垦，土体中盐分即降至可供农耕的浓度。民国初年苏北滨海即有成片围垦殖棉的成功实例。新中国成立后，加强了水利建设，推广培肥改土经验，使大面积滨海盐土得到改良利用。

滨海盐土一般距城镇较远，人口稀少，生产、生活条件较差，开发投资大，目前还有不少荒地和盐荒地有待开发。其中大部分将被视作后备耕地资源和畜牧业、养殖业、盐业的开发基地；一些珍禽和珍稀动物的自然栖息地，亦是滨海重要的旅游资源；部分岸段还发现具有开采价值的油、气、盐、煤等资源；有的岸段还可以修建海港、码头等等。可以预见，随着国家经济建设的发展，不久的将来，滨海盐土荒原景观将被与岸段功能相一致的多种开发利用形式所取代，成为经济发达的滨海系统工程带。

二、海涂围垦

（一）概述

以海涂围垦工作发展较快的浙江省为例，简要介绍海涂围垦。浙江省地处东南沿海，海岸线长达约 4700km（大陆岸线约 1500km，岛屿岸线约 3000km），港湾岛屿多（较大岛屿约 1800 个，占全国岛屿总数的一半以上），海涂资源丰富，全省有低潮位露出海面的海涂 420 余万亩。

该省海涂资源虽然丰富，但过去由于受社会历史条件的限制，一直没有得到开发利用。新中国成立后，海涂资源开始得到合理的开发利用，在南北海涂区，都分别进行了大量围垦工程，建立了一批国有农垦场；同时还有社队集体围垦的大片海涂，粮、棉、油及糖料、水果生产均有所发展。

新围海涂的利用，以往都要经过一段时间的抛荒，再种植田菁数年，然后垦种农作物。“围三年、荒三年、垦垦停停又三年”，利用速度很慢，远远跟不上形势的发展。近年来，大大加快了海涂围垦和利用的速度，不论水稻、旱作，都能做到当年围垦，当年种稻，当年获得一定的收成，为海涂加速利用闯出了新路做出了新贡献。

（二）围涂规划

制订围涂规划时，应掌握以下原则：

(1)近期规划面积，应以达到自然排水洗盐为主，一些涂低的海涂及水下涂面，暂不考虑。

(2)及早安排堵江促淤工程，一般优先安排低潮位以上条件较好，工程完成后可以马上围垦的海涂。

(3)统一规划，加强协作。如钱塘江围涂应与治江促淤工程相结合，根据“江水开路，潮水闯祸”的规律，要从上到下，采取因地势利导的方法，凡不影响江道治理的情况下，淤一块，围一块，种一块。同时，这期围垦要为下期围垦做好准备，水系要统一考虑，合理布局，东南沿海和岛屿区的海涂，应同时考虑军港、避风港、水产养殖等统一规划问题。

(4)要明确发展方向。合理布局农、林、牧、副、渔各类生产，处理好农盐关系。规划要相对稳定，防止一年一个样，争取在围后当年受益，加快改良利用速度。

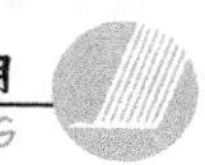

(5)落实政策,正确处理好三个关系:一是国家与集体的关系,二是集体与集体之间的关系,三是集体与个人的关系,必须贯彻"按劳分配"和"同工同酬"等政策。

规划的内容,应包括基本情况(自然条件、社会经济情况)、今后开发利用意见、规划的依据、规划的指标(面积、物资、财务、劳力等)、实现规划的措施。

(三)围筑海塘

1.堤址选择

堤址的选择,必须根据安全可靠、经济合理、工程量最省等原则,位置主要依据涂面的形状、地势和地形来决定,不能一律以涂面基标本决定。当然,所选的塘基高程太高,则将减少围涂面积,若太低,则增加了工程量,应根据情况慎重选择,大堤要尽可能平直,否则容易受冲;但在潮沟较多的涂面选择塘基时,应避开较深的潮沟地段。海塘穿过潮沟地段要加固地基(填土夯实等),否则不易施工,也不安全,在有涌潮的海边,因涂面涨坍频繁,堤址离滩涂的陡岸应有较大距离,以保大堤安全。

2.沙涂围塘

该省沙涂地区,土质粘结力弱,粉沙含量高,经不起涌潮洗刷。但沙涂的土质较实,地基承载力较大,可在其上堆高大的塘身。

在沙涂上修筑土堤时,要"一哄而起",抢快堆好塘基,以减少潮流造成的圭方损失。据萧山县经验:掌握大潮尾、小潮头之间的共七、八天时间里,用"关门打虎"的办法,首先突击堵住低洼的潮沟,使一日二潮的潮水关在门外,然后集中力量(几万人,甚至十几万人)在高潮来到之前,全面突击加高大堤;筑堤、开河、抛石一起上,做到河、堤双配套,堤成河通,便于运石抢险。

塘身:围筑海塘。在萧山一带大部分采用浆砌块石斜坡塘顶宽 6m;内坡比降 1∶3;外坡 1∶2;坡脚距内河 20～25m。

塘高:有些地方采用历史最高潮位设计,如上海市;也有用频率计算,杭州湾两岸的海塘采用的堤高一般偏低。

边坡:外坡 1∶2,内坡 1∶2～1∶3,以 1∶3 为好,对抢险运石有利。

塘顶宽:一般为 4～8m,考虑到沙塘易于坍失,采用较大的宽度还是必要的。若塘顶须用作公路,其宽度应以公路宽度的要求来定。

护塘地:在大塘内侧的塘根至抢险洒(内河)之间,要留出 20～25m 的空地。对大堤安全和堆石(堆放抢险用石块)都是有利的。沙堤的迎潮坡,要采用护面措施,将在下面讨论。

3.黏涂围塘

黏涂含黏粒多,含水量也高,一般在标高仅为 2.5～3.0m 的涂面,通常都有 20～30cm 的稀湖泥层。若涂面标高只有 1 米时,稀湖泥层厚度更大。在这种地基上筑堤,其主要矛盾是地基的承载力小,塘身极易发生沉陷和滑坡,施工也非常不便。防止沉陷和阻滑的主要措施是"换底"和做"镇压层",以提高其承载力。

换底主要是采用块石铺成,有三种形式:(1)塘的前根和后根铺三角形石:底宽 2～3m,高 1m;(2)塘中心铺石,厚 1m 以上,宽 10～15m;(3)塘根铺块石一层宽 5～6m,高 1m。塘外根铺块石宽 4～5m,高 1m,紧靠外根另外还须砌好石墙护土。

镇压层筑在石墙之外,铺块石一层,厚约 1 米,宽约 10 米。

一般黏涂面标高已达 3.5～4.0 米以上的，其地基承载力较强，可以采用单式土堤断面构筑。涂面低的，用复式断面，但要做好镇压层。

施工时，土堤第一次加土可加到 1 米，不超过 1.5 米，以后堆土进度还要减慢。一般半月(一个潮汛)加土一次。每次加土不超过 20cm。以减少沉陷和滑坡，外坡有石墙的大堤不能先筑好石墙而后堆土筑塘，用石墙填筑之后，会使塘内落淤，塘脚淀积一层稀泥，反增加施工困难。

4.堵口工程(关塘门)

堵口施工往往是筑塘成败的关键。急流堵口，主要矛盾是流速，当地群众在围堤堵口的实践中总结了一些宝贵的经验，主要是采用“集中力量，打歼灭战”和“难点”分散的办法。

据温岭县经验：有深坡的地方，集中堵口；平坦的海涂，留小口分散堵口，一般每百米留口门 10～15 米，堵口时集中力量，一起动手，一次堵成。

在集中堵口的地方要根据潮位和吞吐量来计算口门的大小，为了使一次堵口就成功，在堵口前可筑主坝，铺石到一定高度(温岭是吴淞标高 3 米)，上干砌块石做子(吴淞标高 6～6.5 米)；另在背潮面筑一付坝。此外，还要预先充分准备好石方，在一个小汛期(大汛期未开始，另一大汛前结束，约 7～8 天)集中力量堵口合拢，接着堆土闭气，堵口的方法。一般采用立堵，但在深港处，也有用平堵(船运石堵)和立堵相结合的，如象山县大塘港堵口。

萧山县在沙涂上堵口经验是：在一条有急流的河中，选择适当地点，相隔一段距离，成几条平行的土坝，以减少每个坝的水位差，这样堵口较为容易。有时，为了堵一个大的缺口，先在同一时间筑好支流的几条坝。然后在做好人力、物质准备的基础上，用石渣草包在堤的两边筑墙，堵住急流，再在堤心快速填土闭气。

第七节　碱土的改良利用

碱土是盐碱土中面积很小的类型。零星分布在东北松辽平原、华北黄淮海平原、内蒙古草原及西北宁夏、甘肃、新疆等地的平原地区。它因土壤的碱性大而得名。吸收性复合土体中代换性钠的含量占代换总量的 20%以上。小于这个指标的不属于碱土，只将它列入某种土壤的碱化类型，如碱化盐土、碱化栗钙土。这个指标也就是碱化度，是划分碱土与碱化土壤的界线和指示碱土碱性程度的依据。碱化度愈高，表示土壤的理化性状愈坏。湿时膨胀、分散、泥泞，干时收缩、板结、坚硬，通气透水适耕性能都非常差。这些不良特性主要由于钠离子具有高度的分散作用所造成。同时它又与土壤中的其他盐类发生代换作用，形成碱性很强的碳酸钠。碱土的危害作用，很大程度上是碳酸钠碱性毒害的结果。由于中国碱土零星分布在各个地区，它的形成与盐土一样，不仅地区之间的差别较大，而且在同一地区内，性状也有很大不同。

一、碱土的特点

主要是钠饱和度(ESP)比较高，一般在 20%以上，使土壤呈强碱性(pH＞9)，但各国分类标准有所不同。美国提出土壤饱和浸提液的电导率小于 4mS/cm(25℃)，ESP＞15，土壤

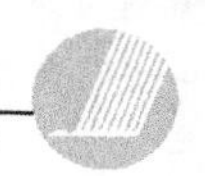

饱和泥浆的 pH 值高于 8.5 的土壤称为碱土；碱化度为 5%～15%的土壤则称为碱化土壤。我国南京土壤研究所提出的土壤系统分类则把划分碱土的 ESP 指标定为大于 20%。实际上，在质地较沙，有机质含量少，土壤胶体吸收容量很低的情况下，土壤胶体吸附少量的钠离子时，即显很高的碱化度。据南京土壤研究所研究，黄淮海平原的碱土，当 ESP 达 40%时小麦的出苗和生长受到严重抑制，故认为这可作为该地区碱土与碱化土壤的分界值，为此，第二次全国土壤普查分类系统中，将 ESP 大于 45%作碱土的诊断确定指标。

碱土与苏打盐土的区别：苏打盐土虽然也含有较多的苏打和较高的 pH 值，但苏打盐土没有碱土的剖面形态，而地下水矿化度低地下水位也较碱土为高。它与碱化土壤的区别：主要是碱化度（也叫钠饱和度 ESP）的区别，一般碱化土壤均为其他类型的土壤具有附加的碱化过程，因此其碱化度多在 5%～15%以下。它与脱碱土的区别是：脱碱土为由碱土进行脱碱化而成，虽然还具有残存剖面形态，但因上部 E 层受到强烈淋溶而使原 Btn 层的钠饱和度降至 5%以下。

二、碱土对作物的危害

1. 由于 pH 值增大，使许多土壤的作物营养元素降低其溶解度而变为无效状态，如磷、铁、锌等。而且影响土壤微生物进而影响一些土壤养分的有效性。

2. 由于土壤 pH 值过高，进而腐蚀植物根系表层的纤维素，使植物无法生活。

3. 由于大量的代换性钠离子充分分散土壤胶体，所以土壤物理形状很坏，特别是碱化淀积层（Btn），植物穿插困难，而且难于耕作。

三、改良措施

碱土与重碱化土壤由于 pH 值太高，一般的水利与生物改良措施均难以达到土壤改良的目的，因此，在改良中往往要配合施用化学物质，如石膏、磷石膏、亚硫酸钙、硫酸亚铁、酸性风化煤等，以形成一定的硫酸等酸性物质来中和土壤的碱性，称之为化学改良。

国际上改良碱土多提倡施用石膏，但价格昂贵，我国在吉林省郭前旗灌区试行种稻与施用石膏相结合已取得明显的土壤改良效果，使土壤的交换性钠明显降低。其他如江苏徐州地区在改良区碱土中施用硫酸亚铁（黑矾）、酸性风化煤（含腐殖酸 60%，pH4.7）等与种稻相结合均取得良好效果。

应当指出，所有这些碱土的化学改良措施都必须与一定的农田基本建设和水利土壤改良相结合，方可达到全面的土地改良目的。一句话，就是最后还是要靠水的淋洗，才能把 Na^+ 排出土体。

红壤改良利用

红壤类型是湿热气候条件下，强风化强淋洗的地带性土壤，广泛分布于我国热带、亚热带地区。统归为红壤系列或铁铝土纲，包括砖红壤、赤红壤、红壤、黄壤等土类，其分布范围，大致北起长江两岸，南至南海诸岛，东起台湾、澎湖列岛，西达云贵高原及横断山脉，包括广东、广西、福建、台湾、江西、湖南、云南、贵州、浙江以及安徽、湖北、四川、江苏与西藏南面的一部分，涉及 14 个省（区）。根据第二次全国土壤普查汇总结果，铁铝土纲土壤面积 10185.3 万 hm^2，占全国土壤资源总面积 11.62%。它是我国分布最广、种类最多、资源极为丰富、生产潜力最大的土壤类型之一。

我国的这片富铁铝风化的土壤，正好位于北回归线通过的南北地区。全球各地在沿南、北回归线两侧，由于受到长期下沉高压气流影响，大都形成干热沙漠；然而只有我国例外。这是由于中国的东南两面滨临海洋、季风气流不断输入湿润气团、形成高温多湿的生态环境，故有上述铁铝土各类型的形成与分布。过去由于未能合理开发利用这类综合自然资源，出现了一系列逆向生态退化问题。如能充分发挥其生态优势和土壤资源优势，将会给我国经济建设创造出丰盛的多种物质财富。我国海南三叶橡胶的引种成功，开创了合理开发利用铁铝土资源的先河。如今，全国各地都有许多红黄壤开发利用的成功例子。

第一节　红壤改良利用历史简述

本节将以低丘红壤开发较早，目前开发利用水平较高的浙江省为例，回顾红壤开发利用的历史进程。

浙江地处亚热带，红壤土类在丘陵低山区有广泛的分布。浙江多山，在山区随着海拔升高，气温降低，雨量增加，湿度增大，土壤类型也逐渐由红壤亚类，过渡到黄红壤亚类，直至黄壤土类。红壤与黄壤的大致分界线，在浙南为海拔 800～900m 之间，浙北为海拔 500～600m 之间。因坡向、母质而不同，南坡光热条件比北坡好，红壤分布的上限要高一些，而北坡接受的太阳能少，气候阴湿，在海拔较低处就有可能出现黄壤，片麻岩等变质岩类，易风化，其形成的土壤在海拔高时还具有红壤的特性。因此，红壤分布的部位也高一些。红壤是该省面积最大的一个土类，总面积达 387.22 万 hm^2，占全省土壤总面积的 39.97%。

浙江金（华）、衢（州）盆地是省内最大盆地，也是我国南方著名的红色盆地之一。盆地底部的高阶地及西侧丘陵山地均为红壤连片分布，是该省最早大规模开发和利用红壤资源的地区之一。五十年来开垦红壤12多万 hm^2，粮食总产大幅度增加。在人口增加近80%的状况下，人均占有粮食比1949年增加200多kg。该地区几十年的红壤开发利用历程在我国同类地区具有重要的典型意义。

在漫长的农业历史上，耕地集中分布于河谷平原、丘陵红壤上，植被基本处于一种自生自灭的自然状态。20世纪30年代初，有人曾通过华侨集资，试图在十里坪及十里荒山（今十里丰）一带开发丘陵红壤，营造林场。但是由于没有当时政府的支持，不能解决灌溉条件，同时由于落后的单一经营技术，几年惨淡经营，不仅一无所获反而使原有植被遭受破坏，使"十里荒山"变为"十里光山"，至1936年，开发工作已处于停滞状态。1937年抗战的爆发终使之不了了之。

真正有意义的丘陵红壤开发利用，是新中国成立以后开始的。红壤开发利用六十年历程，大体上可以分为五个阶段：

1.坡耕旱作阶段

20世纪50年代初，当地就开始了低丘红壤的零星开垦，以小麦和番薯的一年二熟制为主，产量很低。1953年开始，政府在金衢盆地营建农场，相继建立了石门、蒋堂、十里坪、十里丰、童琴果园等一批红壤垦殖场，开始较大规模的垦殖。提出"边开垦，边改良"的垦殖原则，以种植耐酸、耐旱、耐瘠的先锋作物开始，采取深冬耕、夏浅耕，畦面覆盖保水以及增施石灰和垃圾改土等红壤改良技术措施，在生产上取得了显著的成就。从总体上看，这一时期红壤开垦和改良以利用自然条件，实行坡耕旱作为主。

2.兴修水利，旱地改水田阶段

从1958年开始，在政府的支持和组织下，当地人民付出了极大的辛劳，大搞水利建设。截至1973年，先后兴建了10000万 m^3 以上的大中型水库10座，100万 m^3 的小(一)型水库90多座以及更大数量的小(二)、(三)型水库，使总库容量达到10亿多方，为该地区农业发展的飞跃奠定了坚实的基础。随着水利条件的改善，从60年代初开始，逐步实行把红壤旱作坡耕地改造为水田和梯地，部分实现了机灌或自流灌溉。从此，金衢盆地的农业开始了从雨养农业到灌溉农业的重大转折，使粮食生产向以水稻为主的耕作制度转变。同期的红壤改良科研工作成效显著，特别是广泛推行"以磷增氮"技术，发展绿肥生产等新技术，为旱改水后的单季稻改为双季稻的新耕作制度，提供了十分有效的土壤培肥措施，形成了当地粮食生产从低产田到中产田的第一次突破。粮食亩产从60年代初的1500～2250kg/hm^2 发展到60年代中后期的3750～4500 kg/hm^2 以上。全区的粮食总产从1962年的9.87亿kg猛增到1966年的15.15亿kg。

3.低丘红壤大开垦，经特产品初步开发阶段

60年代末红壤地区粮食生产的迅速发展，充分显示了红壤地区巨大的农业生产潜力。1973年，省委提出了在该地区建立该省第二个商品粮基地的设想。低丘红壤的开发进入了大力投资、大片开垦、大种粮食的大开发时期。据统计，期内国家仅就土地开垦和农田建设的投资达1710万元，全区开垦面积达5.54万 hm^2，在当时占新中国成立以来开发总面积的78%。相应地，红壤性土壤土肥力演化规律和高产土壤培肥研究工作，成绩十分突出，十里丰农科所10hm^2 大田产量从1976年以后一直稳定在12000 kg/hm^2 以上。小面积高产试验田连续10年超过15000 kg/hm^2，其中1978年后均达18000 kg/hm^2 以上。最高产量达

21627 kg/hm²(试验面积 0.069hm²)。

另一方面,尽管当时有种种限制,适宜于红壤地区的经济作物和果木的生产不可抗拒地逐渐增加,初步显示了红壤地区经特产品的开发优势。

但是在这一时期,土壤侵蚀问题更加突出,水土流失未能得到有效的控制,成为该地区农业长远利益的一大隐患。

4.追求效益,经济果园大发展阶段

20 世纪 70 年代末,大规模的红壤开垦基本停止。80 年代以来,随着农村经济体制改革和农业产业结构的调整,金衢地区的农业发展,已从较为单一的粮食生产向经特产品全面发展,农业总产值快速上升,并明显表现出农业总产值增长已不再与粮食总产增长同步的趋势。在各项经特产品中,柑橘生产尤其突出,由于撩壕种植和深沟改土技术等红壤丘陵柑橘垦殖技术的突破,仅衢州市,柑橘面积从 1979 年的 0.33 万多 hm² 发展到 1989 年的 2.67 多万 hm²,成为该省最大的柑橘生产基地和衢州市广大农村经济的重要支柱。但是,在 80 年代中后期,因普遍片面地追求经济效益,粮食生产出现了连年的滑坡,至 1988 年,金衢两市粮食总产比 1984 年下降了 14%。

5.农业结构调整,注重可持续发展阶段

20 世纪 90 年代以来,市场规律的作用得到了更为显著的体现,红壤地区种植业和农业经特产品,经历了几次由于品种过于单一而引发的产品严重相对过剩问题,迫使农业生产不得不注重大农业产业结构和种植业种植结构的调整;尽管这种调整在短时期内很难一步到位。掌握瞬息万变的市场规律也并不是农民自已容易做到的,目前,可能需要政府部门、农业产业部门、市场信息部门以及农业科研部门的共同努力,才会有所作为。“八五”和“九五”期间,红壤改良利用的科研工作开始以建立良好的红壤生态系统和协调农业资源的合理、高效利用为基本思路,综合单项技术以提高红壤生态系统的整体功能,表征着红壤改良工作的进步和向以可持续发展为目标的更高层次发展。

第二节 红壤肥力的特点

土壤肥力是土壤的物理、化学、生物等性质的综合反映。它由土壤的水、肥(养分)、气、热四个要素组成。四者是相互联系、相互制约而又相互统一的。其中水分和养分贮量是物质基础;水、气、热又是植物生长发育所必需的条件,并决定养分的有效性及供应状况。兹从有机质和养分状况、酸度状况、水分物理性质等方面对红壤肥力加以论述。

一、有机质和养分状况

1. 有机质

土壤有机质是土壤的重要组成部分,它既是作物所需的各种营养物质的源泉,又具有改善土壤物理和物理化学性质的功能,所以有机质是反映红壤养分贮量的标志,也是决定红壤综合肥力水平的基础。红壤中有机质的贮量依其植被的类型与生长好坏、垦殖利用的途径、土壤熟化程度和培肥措施等的不同而有较大的差异。在良好的常绿阔叶林或次生林下,每

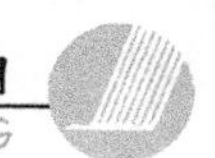

年每亩有 250～300 kg 干物质的枯枝落叶凋落于地面，形成残落物层。残落物在湿润、温凉的森林环境下腐解，表土中有机质积累起来，其含量可达 4%～5%，全氮 0.15%～0.25%，一般含粗有机质成分较多，碳氮比较宽。在广大丘陵岗地区，由于人为活动频繁，森林受反复砍伐，植被演替为疏林高草、马尾松茅草或灌丛草地，生物归还量减少，矿化增强，红壤有机质含量多降到 2%～3%。一些地区连年铲草皮积肥，表土不断更新，仅存厚度不到 10cm 的次生有机质层，含有机质 1%～1.5%。全氮 0.07%～0.09%。局部水土流失严重的坡地，表土被蚀，心土裸露，有机质含量仅 0.5%左右，氮素 0.02%～0.03%。红壤耕地的有机质水平主要受人为耕种制度和耕作措施的控制。从耕种制度来说，水耕种植比旱耕种植有机质积累速度快，绝对量也高。一般在同等耕作施肥水平下，耕层有机质含量可高出 0.5%～1.5%。这是因为土壤在淹水状况下，嫌气性微生物活动旺盛，有利于腐殖质的合成，而其矿化速率相对较旱地缓慢。故采取合理的水旱轮作，能有效协调土壤微生物活动，平衡有机质合成与分解的矛盾，实现培肥高产。在同一耕种制度下，由于耕作施肥水平不一，也有明显差异，土壤熟化度高，有机质也丰富。例如旱耕地初度熟化、中度熟化和高度熟化的有机质含量大体为 1%～1.5%，1.5%～2%，2%～2.5%；大量施用有机肥料的菜园土可超过 3%；红壤在水耕条件下的三种不同熟化度的有机质含量大致为 1.5%，2%～2.5%，3%～3.5%，氮素含量相应地变动在 0.08%～0.01%，0.01%～0.15%和 0.15%～0.20%之间。所以，合理耕作种植，广辟有机肥源，增施有机肥是红壤培肥熟化的关键。

红壤腐殖质的质量及其组成特点同样受植被类型、利用方向和土壤熟化程度的影响。山地红壤在良好的自然植被下和相对温凉湿润的生物气候条件下，不但有机质的量多，而且质量也较好。H/F 比值较高，胡敏酸光密度值较大，这说明其芳构化度和分子量都较大。自然植被破坏后的低丘荒地，在有机质量急剧下降的同时，腐殖质质量也变劣。其组成以富啡酸为主体，H/F 值在 0.5 以下。紧结合态胡敏酸占比例较大，活度较小。这种情况主要是因为原生植被下的肥沃表土层已经被侵蚀。现存表土实际上大都是亚表土，其腐殖质较为简单。

2. 氮素

红壤的氮素含量与其有机质状况基本一致。因为红壤本身固定铵的能力较差，约有 95%的氮素存在于有机质中，故土壤有机质多寡，可大体反映氮素的丰缺状况。以植被生长良好的自然红壤与耕垦后的红壤比较，其氮素含量的差异比其有机质含量的差异要小。原因是除了二者的腐殖质组成不同外，自然红壤表土中含未分解或半分解的植物残落物较多。纤维素、木质素含量较高，有机酸比例相应增大，故其 C/N 比往往较耕作红壤宽。例如植被较好如自然红壤，其 C/N 一般为 12～16，高的可达 20；耕作红壤大体是 9～12。耕作红壤的 C/N，又与耕作制的施肥种类有关，通常水田比旱田地要宽，长期施用作物秸秆等纤维素物质的 C/N 也比较宽。水解性氮含量与土壤熟化度关系较密切，熟化度低的耕层水解氮每百克土中只有 5～8mg，而肥沃的红壤稻田可高达 12～15mg 以上。

3. 磷素

红壤是我国含磷量很低的一类土壤。这是高温多雨气候下土壤本身强烈的风化和淋溶的结果。其磷素供应水平低是生产中严重的限制因子之一，特别是新垦红壤荒地，不施磷绝大多数作物生长不良，有的甚至颗粒无收。红壤的磷素含量一般为 0.04%～0.08%（以 P_2O_5 计，除另注明以下均同）之间，仅为我国温带土壤的 1/4。植被好坏、母质类型和土壤熟化度及有机质含量对磷素贮量均有较明显的影响。就成土母质而言，基性岩、紫色砂页岩和石灰岩发育的红壤，含磷量较高，而红色砂岩和砾岩红壤一般都在0.04%以下。第四纪红色黏土、砂页岩、花岗岩和片岩、千枚岩等风化物形成的红壤，含磷量大都在0.05%～0.09%之间。从植被看，凡植被生长旺盛，表土有机质含量高的，磷素也相应丰富；反之，植被遭受破坏的侵蚀土壤则含磷量很低。红壤耕地的磷素状况，除受母质影响外，主要取决于人为施肥情况。在大量施用化学或矿质磷肥，或连续施用大量有机肥的情况下，由于获得了无机和有机磷的大量补给，土壤含磷可迅速提高。因此，耕地磷素的丰缺，常与土壤熟化程度有较好的相关。熟化度高的，耕层全磷含量可达到0.12%～0.15%以上，熟化度低的则与未垦荒地无明显差异。

红壤中能直接被作物吸收的速效磷含量甚低，自然土壤和未熟化的耕地，一般每百克土中不足0.2mg(碳酸氢钠法，下同)，根本不能满足作物正常生长的需要，而熟化度高的耕地可达到0.8－1.5mg以上。全磷和速效磷之间无明显相关，全磷含量高速效磷并不一定丰富，但全磷量低一般都存在磷素供应不足的现象。从耕作制度看，水耕条件下的磷素供应状况明显好于旱耕，其原因除了水田施磷数量一般稍高于旱地外，另一个重要方面是红壤在渍水条件下，土壤处于还原状态，pH值升高，有利于难溶性磷酸铁盐的水解，提高磷的活性。同时由于土壤氧化还原电位降低，磷酸高铁被还原成可溶性的磷酸亚铁，从而促使磷素活化。

4. 钾素

红壤钾素养分的自然来源是各种含钾矿物，如云母、水云母、钾长石等，其钾素水平主要是决定于含钾原生矿物和黏土矿物的种类和数量。因此，成土母质的类型及其风化程度与土壤钾素状况有着极密切的关系。花岗岩富含云母、长石、风化度不甚深。由花岗岩风化物形成的红壤，平均全钾含量为4.12%，其次是板页岩、紫红色砂页(砾)岩风化物发育的红壤。其全钾含量分别为2.36%和2.03%。第四纪红色黏土红壤的含钾量平均为1.51%，而以红砂岩红壤的含钾量最低，平均仅0.88%。

土壤的供钾水平和潜力主要决定于速效钾和缓效钾的含量。对当季作物来说速效性钾量的高低固然直接关联土壤供钾状况，但当其接近或低于当季作物所需的钾量时，缓效性钾则可及时释放补充。因此，缓效性钾含量是土壤供钾潜力的重要标志。

不同的利用方式和培肥措施对红壤钾素状况也产生一定的影响。过去在红壤开垦利用中多不注重施钾，主要依赖土壤潜在钾素的供应，而作物每生产50kg产品需要吸收的氧化钾量是：稻谷1.3kg，麦子1.25kg，大豆1.0～2.0kg，油菜子2.2kg，花生1.0～1.9kg。随着利用年限的增长，氮、磷用量的增加，适种指数的提高和产量的不断增加，土壤暴露出钾素供应渐趋紧张，缺钾的矛盾首先在高产地块、供钾潜力低的土壤和需钾较多的作物上暴露出来。有的已成为高产的主要障碍因素。近年来各县土壤普查资料指出，缺钾土壤面积已占很大比例，例如瑞金速效钾含量(10%硝酸钠浸提，四苯硼钠比浊)低于50mg/kg的稻田有1.03万hm^2，占稻田总面积的45%。

5. 微量元素

土壤微量元素的含量和形态与土壤类型有关，特别是受成土母质的影响很突出。在红壤地区的各类成土母质中，火成岩所含的一些重要微量元素往往很少。例如花岗岩及其他酸性火成岩发育的土壤中微量元素含量就很低。在各种沉积岩所形成的土壤中，微量元素

含量比较均匀，但砂岩与页岩的微量元素含量都有很大差异。在以石英颗粒为主的砂岩中，缺乏大多数微量元素。变质岩风化物形成的土壤的微量元素含量，一般与其相应的火成岩或沉积岩形成的土壤基本相同。

土壤环境条件对微量元素的含量，特别是对其存在形态有明显的影响，其中以 pH 值对微量元素的可给性影响最大。pH 值降低，使硼、锌、铜、钴、镍、锰的可给性增大，而钼的可给性则降低。红壤中的许多微量元素，如硼、锌、铜等，既易于溶解，也易于淋失，因而这些微量元素的有效含量很低，钼则因为铁铝氧化物的固定作用，而使其可给性很小。

20 世纪 80 年代，江西省农科院作物所土肥室，对省内 8 类成土母质形成的土壤进行了主要微量元素含量的调查，认为各种微量元素的全量含量范围宽，变幅大，不同土壤类型之间的差异明显。而有效态微量元素含量变幅更大，分散频率离散，最低量与最高量相差 74～500 倍之多，变异系数高达 60%～85%。

不同母质类型发育的土壤含硼量差异很大，最高的为近代冲积物和第四纪红色黏土，平均全硼含量超过 100mg/kg，最低是花岗岩，仅 22mg/kg。各类母质含全硼的顺序是：近代冲积物＞第四纪红色黏土＞下蜀黄土＞石灰岩、紫色砂岩＞千枚岩、红砂岩＞花岗岩。水溶态硼能直接被植物吸收利用，但其含量极低。一般低于全硼量的 1%，且与母质类型无明显相关性。

红壤的全钼含量为 0.36～11.86mg/kg，与母质的关系也很密切。各种母质的含量顺序是：花岗岩(2.9mg/kg)＞石灰岩(1.9mg/kg)＞近代冲积物(1.7mg/kg)＞第四纪红色黏土(1.5mg/kg)＞千枚岩(0.8mg/kg)＞下蜀黄土、红砂岩(0.7mg/kg)＞紫色砂岩(0.6mg/kg)。有效态钼主要是 MoO_4^{2-} 阴离子。在酸性土壤中大部分被 R_2O_3 和黏粒所固定，故红壤中有效钼含量很低。施用石灰，降低土壤酸度，能提高钼的有效性。

不同母质发育的土壤的全锌含量变化趋势大体是花岗岩和石灰岩最高(全锌超过 100mg/kg)。其次是近代冲积物和紫色砂岩(80mg/kg)，而以下蜀黄土、千枚岩、红砂岩为低(70mg/kg)。土壤有效锌含量平均为 1.2 ppm(2027 个标本)，低于临界值(0.5mg/kg)的占 22.3%，故缺锌土壤远比缺硼、缺钼土壤少。土壤中锌的可给性受 pH 值等多种因素的影响：在 pH5.5～7 之间可给性最高，强酸和碱性环境都会降低锌的可给性，过量施用石灰和大量施磷，都会影响锌的可给性。

红壤中铜的含量一般认为是较适中，锰的含量一般是丰富的。全锰变动范围为 150～2500mg/kg，平均含量为 588mg/kg，以千枚岩土壤全锰量最高，为 810mg/kg，其次是下蜀黄土(750mg/kg)，最低为红砂岩土壤(200 mg/kg)，其他母质多在 400～700mg/kg。高价锰和低价锰之间的平衡决定锰的可给性，pH6.5 以下时有利于锰的还原。红壤中活性锰很丰富，代换态锰与易还原态锰、活性锰与全锰的比率都很高。水稻土在渍水条件下，水溶态和代换态锰迅速增加，而易还原态锰减少，说明红壤性土壤中锰的可给性很高。

二、酸度状况

红壤形成于高温高湿的生物气候条件下，矿物质分解彻底，淋溶强烈，特别是水溶性盐基离子大量淋失。在土壤溶液中和胶体表面上存在着大量的氢离子和铝离子，使土壤呈酸性至强酸性反应，从而成为红壤开发利用中的一大障碍因素。

1. 红壤的 pH 值

根据对红壤表土标本的统计，pH 变幅范围为 4.2～7.3。成土母质不同，利用方式不同，都对土壤 pH 产生一定的影响。从母质类型看，以石英砂岩千枚岩和花岗风化物发育的红壤酸度最高，其平均 pH 为 5.06～5.10；第四纪红色黏土，红色砂（砾）岩和板、页岩发育的红壤次之，平均 pH5.17～5.27；而以石灰岩红壤酸度最低，pH 为 6.78，基本属中性。

红壤不同母质类型之间酸度的差异，可能受多种因素的综合影响。例如母岩的物质来源和岩性的不同，矿物类型和胶体特性的不同以及植被和有机质状况的不同等，都有可能在不同程度上制约土壤酸度。但红壤的酸度本质是活性铝的存在。红壤垦殖利用后的酸度状况，往往依利用方式、耕种制度和培肥措施的不同，特别是石灰施用习惯的不同而有明显差异，但除少数例外情况，总的趋势是向着酸度降低方向发展。例如第四纪红色黏土发育的红壤经耕种后酸度得到不同程度的中和。红壤在水耕熟化中（红壤性水稻土）酸度降低更为显著，红壤淹水后 pH 值之所以升高，主要与土壤中铁、锰等物质的大量还原有关。

2. 红壤交换性酸

土壤交换性酸量是土壤酸度的数量指标，它包括土壤所含交换性氢和交换性铝的总和。从交换性酸的组成看，除 pH 较高的白里纪紫红色砂页岩、板页岩二类母质土壤的交换性氢所占比例较大（占交换性酸的 8.2%～12.9%）外，其余各类母质红壤交换性氢均只占交换性酸总量的 2%～3%以下，即交换性铝占交换性酸总量的 97%以上。可见红壤的酸度主要由铝离子引起。

铝在红壤酸度中起主导作用的原因，据研究是当由于某种原因使土壤中出现氢离子时，氢离子很容易与土壤固相的铝相互转化，从而有等当量的铝离子释放出来，转化速度主要不取决于土壤中铝的总量，而取决于铝的活化度。红壤中大量活性铝的存在，除使土壤呈强酸性反应外，还由于铝离子与土壤胶体有很强的结合力，极易取代盐基离子。这是红壤保肥性能差的重要原因之一。

3. 红壤的交换性盐基

红壤交换性盐基总量的变动范围较大，根据不同母质类型的统计，其含量为 0.45～5.28mg 当量，多数在 1.08～2.40mg 当量之间。

红壤胶体表面的永久负电荷点主要由铝离子所占驻，属于盐基高度不饱和土壤。各类母质红壤的盐基饱和度（交换性盐基占交换性阳离子总量的百分比）为 15.34%～38.19%，最低者为花岗岩和红砂岩红壤仅 15%～17%，第四纪红色黏土和千枚岩红壤为 23%左右，板页岩红壤较高，为 38.19%。至于紫红色砂页（砾）岩发育的红壤其盐基饱和度高达 71.64%，在红壤中属于极少数情况，这类土壤的交换性钙为 4.56mg 当量，数倍于其他母质发育的土壤，而交换性铝则很低。可见此类母质介于红砂岩与紫色砂页岩之间，母质本身的盐基性物质含量较丰富，并对土壤产生较深刻的影响。

三、物理性质

1. 颗粒组成

土壤颗粒的组成特性及其排列状况对土壤一系列物理、化学和生物学特性起决定作用，从而对植物的生长发育产生深刻的影响。土壤颗粒分布受生物气候条件和母质的影响很

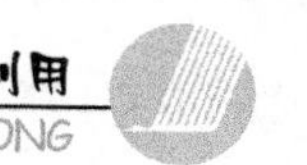

大，耕种土壤还受人为因素的影响。红壤地处高温高湿的生物气降条件，促使母岩中的原生矿物彻底分解，形成大量次生黏土矿物，且以高岭石为主。土壤颗粒特点是粗粉粒(0.05～0.01mm)含量下降，黏粒(<0.001mm)含量增加，土壤黏化趋势较明显。因此，土壤黏重是红壤的典型质地特征；对于具体的土壤来说，主要受母质类型及其风化程度的影响，同时，土壤侵蚀状况对土壤颗粒组成的影响极大。

2. 土壤结构性质

土壤结构性质是土壤肥力的重要特征，而水稳性团聚结构体的含量通常被作为土壤结构评价的主要指标。但在富含游离态氧化铁铝的红壤中，即使在表土受到严重侵蚀的情况下，有机质含量极低的心土层一旦表露，由失水老化的氧化铁铝胶结而成的核粒结构大量形成。这些核粒状结构具有很高的机械稳定性，颗粒坚硬而紧实，但不像有机无机团聚体结构那样具有良好的孔隙分布和丰富的有机质，它的某些性质与砂子相类似，所以又被称为“假砂”结构。

一般在表土覆盖下的心土层中，这种结构并不存在，而表现得非常紧实，以至于严重阻碍植物根系的生长。相对于表土覆盖下的心土层而言，表露时形成的这些核粒状结构，使土体变得疏松，有利于植物的生长；但与富含有机无机团聚体的土壤相比，远不是良好的结构性土壤。研究中发现，在垦种、熟化过程中，受侵蚀红壤表土中的核粒状结构体被破坏(有机质的还原和机械扰动作用)，然后重新团聚化，表现为水稳性团粒结构的含量在垦种过程中先急剧减少，后逐渐增加；在这个过程中土壤结构体的质量得到改善，表现为土壤总孔度和通气孔度的提高，结构体中的有机胶结物质的比例提高。

因此，在红壤中不能仅用水稳性结构体数量来判断，更重要的要考虑团粒结构质量才能真实反映土壤肥力水平。

3. 水分性质

(1)红壤的水文状况　土壤水文状况，反映土壤水分在土壤剖面上的年周期动态变化，它体现出土壤的水量平衡情况和水分循环特征。红壤的水分来源通常不受地下水的补给影响，主要来自大气降水。丘陵红壤地区受季风气候影响，年均降水量1300～2000mm，年蒸发量1000～1200mm。故总的说，水分是丰富的，但时空分配不均，有明显的干、湿季之分。1—3月降水量占全年的16%～21%；4—6月降水量占全年的42%～53%；7—9月降水量占全年的18%～27%；10—12月降水量占全年的10%～15%。在作物旺盛生长期内，4—6月为降水高峰期；7—9月降水骤减，而出现蒸发高峰期(占全年蒸发量的40%～50%)，常导致严重的伏、秋干旱。因此，季节性干旱问题，是红壤的主要肥力障碍之一。

(2)红壤的持水特性和水分有效性　土壤的持水量与土壤结构性和质地关系密切。在土壤有机质含量少的情况下，主要取决于质地。土壤颗粒越细，持水力越强。但土壤中所持有的水分并不都是对作物有效的，其中约有1/3至1/2是被土粒所束缚的高张力水，作物不能利用，通常把这一部分水叫“凋萎湿度”。由凋萎湿度至田间持水量间的水量为土壤有效水范围。土壤结构不良，孔隙性差或物理黏粒含量高，凋萎湿度则增大，有效水范围相应缩小。

黏质红壤的颗粒组成以细为主，并且有较多的稳定性微团聚体，因而持水量很高。非耕地在2 kPa时，持水量可达47%以上。耕地稍低，但其有效水含量却很低，若以15×10^5Pa为有效水下限，30kPa帕为有效水上限，由红黏土发育的红壤的有效水含量仅15%左右。

不同土层持水特性有一定差异，主要受结构和质地的影响。通常是随深度增加，土壤容重增加，孔隙度降低，田间持水量和凋萎湿度都相应增加。有效水贮量只占田间持水量的33%～52%。

(3)红壤的贮水量和不同植被下的水分利用　低丘红黏土红壤由于质地黏重，结构体小而排列致密，孔隙性差，水分下渗很慢。在10℃时，渗漏速度为每小时6cm，熟化度差的红壤旱地甚至为每小时2.9cm。雨季由于暴雨对地面的打击，破坏结构，细小的土粒可堵塞孔隙，影响雨水下渗，故降水高峰期不能使土壤出现贮水高峰。从不同植被看，柑橘贮水和耗水量均较大，水分利用率较高；其次是茶园和杉林；农用地的水分利用率只有柑橘的77%。

第三节　红壤利用改良区划

土壤利用改良区划的目的，是为了提出我国热带亚热带不同地区土壤利用改良的合理途径与方向，以便因地制宜地促进农、林、牧的全面发展。本区土壤利用改良区划的原则是以土壤特性及分布规律为基础，以土壤资源适宜性与生产力为依据，以建立整个地区良好的自然生态平衡为目标。按照这一原则，将全区区划等级分为地带及土区两级。

地带：指土壤地带。按土壤地带性原则划分。不同地带的代表性土类和一定的农业发展方向及土壤生产力相联系。全区共分3个地带。

土区：是土壤地带的一部分，按大地貌与土类或亚类组合为划分依据，同一土区其农业生产配置、大的作物布局与利用改良方向较为一致。全区共分19个土区(表6-1)。

表6-1　中国红黄地区土壤利用改良区划

分　区	10^6 hm²	(%)	分　区	10^6 hm²	(%)
Ⅰ红壤及黄壤地带	152.09	74.73	$Ⅱ_4$ 华南低山丘陵区	14.51	7.15
$Ⅰ_1$ 江南丘陵区	17.09	8.40	$Ⅱ_5$ 桂中河谷平原区	3.78	1.86
$Ⅰ_2$ 江南山地区	39.43	19.37	$Ⅱ_6$ 桂南滇东喀斯特区	6.48	3.18
$Ⅰ_3$ 两湖平原丘陵区	9.36	4.59	$Ⅱ_7$ 滇西南中山区	6.95	3.41
$Ⅰ_4$ 广西喀斯特丘陵盆地区	13.11	6.47	Ⅲ砖红壤地带	10.53	5.17
$Ⅰ_5$ 云贵高原区	17.95	8.81	$Ⅲ_1$ 台南丘陵平原区	0.56	0.28
$Ⅰ_6$ 四川盆地区	7.21	3.54	$Ⅲ_2$ 海南、雷州台地区	3.05	1.49
$Ⅰ_7$ 西部山地区	47.94	23.55	$Ⅲ_3$ 海南中、西部低丘区	2.87	1.41
Ⅱ赤红壤地带	40.91	20.10	$Ⅲ_4$ 滇南山地丘陵区	3.00	1.47
$Ⅱ_1$ 台北丘陵山区	3.20	1.57	$Ⅲ_5$ 南海诸岛区	1.05	0.52
$Ⅱ_2$ 南部滨海台地区	2.38	1.16			
$Ⅱ_3$ 珠江丘陵平原区	3.61	1.77	总　计	203.53	100.00

1. 红壤黄壤地带

位于中亚热带。面积1.52×10^6 km²，占全区75%。年均温14～18℃，≥10℃积温5400～6500℃，年雨量1000～1500 mm，植被为常绿阔叶林，地形以山地丘陵为主，母质为花岗岩、石灰岩、紫色岩及第四纪红色黏土。土壤以红壤、黄壤为主，黏粒硅铝率在2.0～2.2之间，在自然植被下，土壤有机质3%～5%，pH5.0～5.5之间。本地带是我国粮食及亚热带

经济作物的重要基地，水稻年可两熟，盛产油茶、油桐、柑橘、毛竹、杉木、樟、松等。本地带山地及丘陵占80%，山丘地的合理利用，特别是林业生产有很大潜力，西南山区森林资源在我国占重要地位。在利用上，应防治水土流失，不断提高土壤肥力，注意解决季节性干旱。此外，江南红壤丘陵的开发，云贵高原农业垂直或层状布局是利用中的重要问题。本地带共分7个土区：

(1)江南丘陵红壤、水稻土粮、经作区；

(2)江南山地红壤、黄壤林、茶、粮区；

(3)江湖平原水稻土、潮土粮区；

(4)滇、桂、黔岩溶丘陵盆地石灰土粮、林区；

(5)云贵高原红壤、黄壤粮、林、经作区；

(6)四川盆地紫色土、黄壤粮、经作区；

(7)西部山地黄壤、黄棕壤林、牧结合区。

2. 赤红壤地带

位于南亚热带，面积约$4.091\times10^5 km^2$。占全区的20.1%，年均温22～24℃，≥10℃积温6500～8000℃，年雨量1200～1800mm。植被为亚热带季雨林，有部分热带植物混生其中。地形以丘陵台地为主，母质为花岗岩、砂页岩及石灰岩。土壤为赤红壤，由于地处亚热带向热带的过渡带，水稻一年中可2至3熟，亚热带及部分热带作物均可种植。是我国发展粮食及热带、亚热带经济作物的重要地区。盛产油茶、柑橘、荔枝、龙眼、香蕉、木瓜、甘蔗等。土壤利用应注意防治水土流失、提高土壤肥力及抗灾能力。合理安排农产品与经作比例，大力发展热带、亚热带作物与林木。本地带共分7个土区：

(1)台西台东山丘平原赤红壤粮、经作区；

(2)东南沿海台地赤红壤水稻土粮、经作区；

(3)珠江三角洲丘陵平原水稻土粮作区；

(4)华南低山丘陵赤红壤林、粮、果区；

(5)桂中河谷平原赤红壤、水稻土粮、经作区；

(6)桂西、滇东南岩溶丘陵石灰土旱粮、经作区；

(7)滇西南中山谷地赤红壤林、粮区。

3. 砖红壤(磷质石灰土)地带

地处热带，面积$1.053\times10^5 km^2$，占全区5.17%。均温22～28℃，≥10℃积温8200～9200℃，年雨量1800～2500 mm。植被为热带季雨林及雨林。地形以丘陵台地为主。母质为花岗岩、砂页岩、变质岩、玄武岩、浅海沉积物等。土壤为砖红壤、水稻土及磷质石灰土等。土壤质地黏重，富铝化特征明显。总的利用方向应以发展橡胶为重点，同时大力发展热带林木及热带水果，合理安排热作与粮食、橡胶与其他热作的比例，逐步建立起以橡胶为主体的热作基地。本地带共分5个土区：

(1)台南丘陵平原砖红壤粮、蔗、果区；

(2)琼雷台地砖红壤、水稻土粮、热作区；

(3)琼东、中、西山丘台地砖红壤热作、热林、粮区；

(4)滇南山地河谷砖红壤热作、热林区；

(5)南海诸岛磷质石灰土区。

第四节 红壤改良利用技术

一、平整土地 修建梯田

(一)梯田的保土、保水效果

修筑各种类型梯田,可以有效地控制土壤冲刷。据华南热带作物科学研究院与海南阳江场的试验,在栽植橡胶树情况下,简易省工的等高环山行比不修梯田的对照区,土壤冲刷量减少94%,表层的蓄水量也明显增高。修筑梯田保持了水和土,从而土壤养分也得以保持和提高,因此胶树的茎粗增长量可相差47%~72%。对于农作物的生长,梯田也表现出这种作用,所以作物产量高。如以水平梯田的作物产量为100%,则等高坡地为70%,顺坡耕地只有60%~75%。

修建等高梯田,要因地制宜。在缓坡丘陵地,合理安排道路和排灌系统,便于机耕。灌溉渠道要尽量提高水位或引水上山,以利自流灌溉;平整土地要力求等高与等距相结合,梯田的宽度,主要决定于坡度大小和土层厚薄,又要适应机耕的需要。有的地方提出,坡度为3°~6°时,梯田的宽度以15~20米,长200米为宜,以利于机耕和灌溉。对茶园和胶园梯田来说,云南和海南岛有的农场提出,在5°以下的缓坡地,应修宽梯田,每隔一定距离(几行胶树或茶树)沿等高线修一条田埂;5°~15°的坡地,修2.5m宽以上的梯田;15°以上的坡地的开垦,必须谨慎,而对于大于25°的坡地,则应禁止开垦和砍伐,以防止水土流失而引发难以逆转的生态破坏。

此外,植被可以削弱降水和径流对土壤的冲刷,减少土壤流失量,起着保持水土的作用。据调查,人工开垦种植橡胶两年,行间保留自然覆盖者,有机质含量保持在3.3%;而顺坡开垦种植香茅者则仅1.8%,全氮含量前者可达0.17%,后者仅0.09。因此,在等高开垦或修筑梯田的基础上,必须借助间种等措施,以加强地面覆盖,防止土壤侵蚀,这对于经济林木用地更为重要。

(二)地改田的作用及其注意问题

1. 地改田的作用

在丘陵山区兴修水库、引水上山,建立排灌渠系、平整土地、山脚低丘坡地造梯田,把红壤旱地、荒地改为水田(以下简称地改田),为开发利用红壤开辟了广阔的前景。20世纪70年代后期出现了一些当年改田,当年种稻,当年获得高产的单位。例如江西南康潭口公社、广西柳州四塘农场和浙江衢县团石农场,当年改田种双季稻,有的田块平均亩产稻谷达550~750kg,稻麦三熟可高达950kg。实践证明,地改田是改良和培肥红壤的好途径。浙江衢县的试验证明,红壤荒地开垦后进行水、旱耕作十年,以荒地改水田的培肥速度最快(图6-1),作物产量的增加也最明显。

红壤旱地、荒地改为等高水平梯田,从根本上解决了水土流失问题。地改田后土壤水分

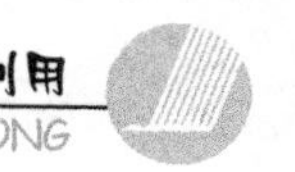

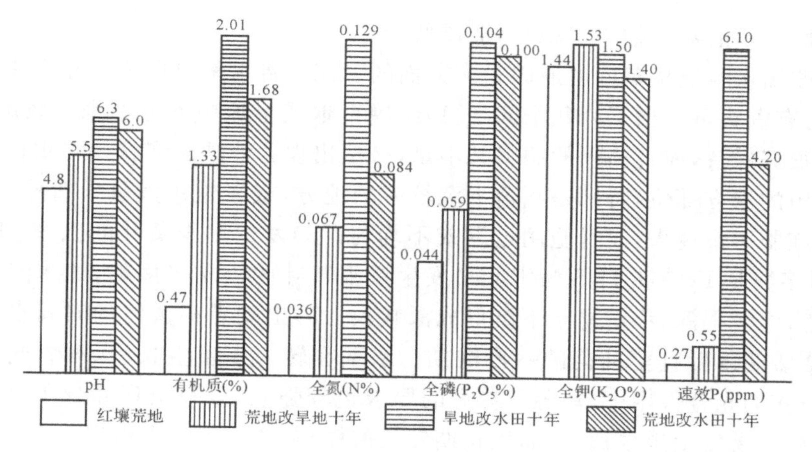

图 6-1 红壤水旱耕作对土壤肥力的影响

状况改变,有利于有机质的积累,而且通过平田整地、客土增肥等措施,加速了养分的积累,改良了土壤性质。例如浙江衢县团石农场将红壤荒地改为水稻丰产田后,经过连续几年增施有机肥,土壤有机质含量由原来的 0.50%提高到 0.96%,交换性酸量由每 100 克土 4.1mg 当量下降为 1.2mg 当量,盐基饱和度也相应提高;江西赣州地区畜牧场在改田中,连年大量施用有机肥,使土壤有机质、全氮、阳离子交换量和盐基饱和度都有提高。由于改善了土壤性质,作物产量不断上升。据统计,种旱作两年后改种水稻七年,平均每年亩产值约为连续九年旱作的 3.5 倍。地改田的前三四年产量可持续上升,其增产量幅度较大,例如浙江金华的一些场队改田前三年的增产幅度为 20%~60%,第四年的增产率就不够明显,增产幅度下降的原因是多方面的。但只要继续注意改土、耕作、施肥等措施,产量仍可继续提高,并可将红土田逐步建成高产稳产农田。

2. 要注意的问题

红壤在利用过程中,必须根据土壤的特点,加强土壤培肥,即通常所说的用地与养地相结合。在华中和华南的某些地区,新垦红壤的肥力较低,如立即种植对土壤肥力要求较高的作物,常常影响产量,而应种植适应性较强的作物(有的地方叫先锋作物)如甘薯、直立花生、绿豆、油菜、肥田萝卜菜、黑麦、荞麦、苕子、木薯、狗瓜豆和毛蔓豆等。在种植过程中要注意培养地力,在轮作中应加大豆科作物和绿肥作物的比重。例如可采取花生、甘薯与油菜、萝卜菜或苕子的三作二熟轮作制。据试验,与花生轮作的油菜比与甘薯轮作者增产 40%~60%。

红壤得到初步改良后,可栽培大豆、小麦、芝麻、马铃薯等粮食和油料作物,采取一年两熟并与绿肥轮种。在春夏季可种植甘薯、花生、大豆、高粱、玉米、芝麻、木薯等作物,在秋冬季可种植油菜、苕子、麦类、萝卜、甘蓝菜等作物,实行豆科作物与禾本科及其他作物轮作。据试验,玉米与苕子轮作较小麦甘薯换茬者高 84%。经这样轮作后,红壤基本熟化,才可种植对土壤肥力要求高的作物,如棉、麻、蔗、姜等经济作物。

对于旱地(或荒地)改为水田种植水稻的情况,则不完全如上所述,有当年改田、当年种稻、当年高产的例子。但较多的是改田初期会出现一些问题,例如,在新田中水稻可能发生黄叶黑根,尤其在幼穗分化期至抽穗期出现较多。一般的症状是稻苗从绿变黄、严重的微带褐色,以后逐渐枯死,植株茎的基部周围和根系全部或部分变黑,水稻虽可抽穗,但不能结

实，形成空秕，严重的甚至抽不出穗头，造成低产。

关于新改田水稻黑根黄叶的原因是多方面的。江西将水稻黑根黄叶分为缺素和潜毒两个类型，就已有资料可看出下列几个问题：1)红壤荒地或旱地中养分本来比较缺乏，若改田时表土未能很好保持，而且施用的肥料又不足，必然出现营养缺乏症状。2)水稻黑根黄叶多发生在新造田的填方部位，特别是稻苗下沉较多的地方，或者施用多量未腐熟的有机肥，特别是新鲜的施肥用量过大，而且施用过迟或不均匀。3)发生黑根黄叶的土壤 pH 自 5.0 至 7.5 左右，但多数是 Fe^{2+} 和 H_2S 为害。4)发生黑根黄叶的土质多偏黏，加水泡田经过耕耙后，土壤糊烂，浮泥很深，稻苗易于下沉形成深栽秧。5)出现黑根黄叶的时间多在水稻生育中期，即分蘖盛期以后直至抽穗的一段时期。水稻在转入生殖生长后，对氧气的要求更迫切，而且在旺盛的光合作用中，对各种养分的要求也较强烈，以致出现养分不足的矛盾。6)生长期较短的稻易发生黑根黄叶，而生长期较长的粳稻、糯稻则较少出现。

总之，出现黑根黄叶的原因各地不尽相同，看法不一致。但如能注意以下四项主要措施，基本上可以防止水稻黑根黄叶现象的出现：1)提高造田质量，加强耕作，促进土形成，防止漏水、漏肥。平整土地时，要做到等高平整，减少填方。填方处应层层压实。减少侧向渗水，在田块初步平整后，先干耕、干耙 2～3 次，使挖方处得到翻耕，以加深耕层。田块灌水后还要进行 3～4 次的水耕、水耙使土粒沉实，促进土初步形成，水层澄清后，再淀土浅栽，可减轻稻苗下陷，有利于发棵。有的地方为了使土层有一个自然落实过程，在土地平整后，先种 1～2 季旱作，然后再种水稻。2)施足基肥、早追氮，适当施用磷、钾肥和石灰。红壤新改稻田要施足腐熟的有机肥料作基肥。一般 hm^2 施栏粪或厩肥 450～600 担。如翻绿肥，则需提早施用，并尽可能结合施石灰及草木灰；新改田中施用磷肥，往往成倍增产，一般每 hm^2 用 225kg 钙镁磷肥沾秧根，在缺磷严重的红壤还可用 375kg 钙镁磷肥作耙面，或与氮、钾肥一起和有机肥混合后使用。有的土壤中钾含量不高，每 hm^2 施用 112～225kg 氯化钾或硫酸钾，增产作用十分显著，还对防止稻苗黄叶黑根有一定作用。新改田的土壤酸性强(pH4.6～5.0)，每 hm^2 可施 750～1125kg 石灰。3)良种壮秧，带土移栽。新改田中稻苗易与土粒一起下沉，引起水稻僵苗迟发。如选用生育较短的早熟品种，会造成减产。为了防止出现这个问题，一般是挑选生长期较长的中、迟熟品种，育成壮秧，用中苗或大苗带土移栽。4)浅灌勤搁，防治黄苗黑根。灌水的原则一般是，浅灌－露田－浅灌－晒田，干干湿湿。即在返青后进行浅灌勤灌，到发足时，则要及时搁田烤田，然后进行湿润灌溉，使苗壮叶挺，并减少病虫害，为后期增穗、增粒、增重创造有利条件。

红壤地改田两三年后，前述新改田的特殊问题逐渐消失，土壤肥力有初步提高，然后即可应用一般措施，进一步提高土壤肥力。

二、红壤高产田(地)的培肥

在红壤丘陵地区，由于风化和淋溶作用比较强烈，土壤的矿质养分含量一般偏低，酸性较强；而在自然植被破坏或开垦后。土壤中有机质的分解速率高，又易导致土壤有机质含量偏低。因此，在开垦历史长和利用集约的条件下，部分红壤耕地(田)往往存在土壤瘦酸、板结的问题；部分地(田)因经营合理，则土壤肥力水平较高，甚至还成为高产稳产的农田。可见，在红壤丘陵地的土壤利用和改良过程中。除了开始应注意修建梯田平整土地及防止可能出现的问题之外，还必须在利用过程中重视土壤肥力的培育。

（一）种好绿肥

针对部分肥力低、土壤板结的土壤，施用有机肥料以增加土壤有机质是改良和培育土壤肥力的一个关键措施。显然，种好绿肥是解决有机肥源的一个可靠途径，而且还可为实行农牧结合、发展畜牧业提供饲料。此外，秸秆还田也是解决有机肥源的另一途径。

热带和亚热带的绿肥含干物质约10%～30%。鲜草中含氮(N)0.4%～0.8%，磷(P_2O_5)0.1%～0.15%，钾(K_2O)0.3%～0.5%，一季绿肥可亩产1000～2000kg，高的可达3000～4000kg或5000kg以上，此外还有大量的根系残留在土中。据广东对13种绿肥牧草的测定，豆科作物地上部分的比值一般在0.93～1.56之间，非豆科绿肥为0.82～1.05，禾本科牧草为0.68～0.79，地下部分的各种养分含量占植株中养分含量的5%～50%，其中以豆科绿肥的比率最高。由于绿肥牧草的地下部分都具有丰富的有机质和养分，改土效果极为明显，所以在红壤地区广泛流传着“绿肥种三年，瘦田变肥田”的谚语。种过绿肥的土壤，只要耕作得当，可较快地提高土壤中的有机质和氮、磷含量。例如，江西的试验，种过6年绿肥的红壤在耕层中的有机质和氮、磷含量分别由0.64%、0.04%、0.036%提高到1.62%、0.08%和0.08%。在胶园中种绿肥覆盖植物，对增加土壤有机质和养分含量也有良好的作用。

由于绿肥提高红壤的肥力，因而能显著提高作物产量。据四川进行的试验，在黄壤上翻压紫花光叶苕子后，玉米、马铃薯和荞麦的产量都较未种苕子的高，每亩增产粮食约100～175kg。据江西在红壤性水稻田的试验，种绿肥比不种绿肥的早稻增产10%～30%，其后效在晚稻还可增产10%左右。在砖红壤胶园内，间作豆科绿肥的橡胶幼树增粗量较对照（天然植被）高9%～10%，可使胶树提早一二年达割胶标准。

适种于红壤地区的冬季绿肥有肥田萝卜菜、油菜、苕子、箭舌、豌豆、紫云英、金花菜、黑麦、燕麦等；夏季绿肥有田菁、太阳麻、猪屎豆、豇豆、泥豆、饭豆、乌豇豆、绿豆、狗爪豆、崖县扁豆等；多年生绿肥和牧草有胡枝子、葛藤、毛蔓豆、紫穗槐、热带苜蓿、木豆、山毛豆（灰叶豆）、蝴蝶豆、坚尼草、象草、危地马拉草、潘哥拉草、鸡眼草、知风草、金光菊等。这些绿肥牧草对土壤和环境的适应能力不同，必须根据具体条件进行选择。例如：萝卜菜、油菜等十字花科作物虽不能固氮，但利用土壤矿质养分的能力极强，耐瘦、耐酸、耐旱；在水肥条件较差的红壤丘陵地上，鲜草产量比紫云英高一倍以上；紫云英、苕子等豆科绿肥，含养分高，能通过根瘤菌固空气中的氮素，肥效好，但对土、肥、水条件的要求较高。白花灰叶豆和三尖叶猪屎豆耐旱、耐瘠，在砖红壤中的砂土或黏土上均能良好生长。太阳麻生长快，产量高（在安徽歙县茶园播种后105天，亩产鲜草2335kg）但前期生长较慢，不耐旱。葛藤、毛蔓豆等蔓生豆科作物，耐旱、耐瘠、耐阴性强，每年可割青2～3次，亩产鲜嫩茎叶1000～1500kg，可在地角、地埂及果树行间种植。

绿肥混播比单播的产量高，对提高土壤肥力有良好的作用。群众说：“种子掺一掺，产量翻一番”。在华中地区紫云英与肥田萝卜，油菜或大麦等混播，一般每亩较单播增产鲜草300～500kg以上，增产幅度为20%～80%，高的可达一两倍以上。江西三年的试验证明，绿肥混播的改土增产效果是相当明显的。在华南，也以葛藤与毛蔓豆、蝴蝶豆混播为最好。

在红壤上种好绿肥，除应注意品种、栽培、保水、排水和防寒等措施外，还要重视以小肥养大肥、以磷肥增氮肥等措施。磷肥可使绿肥增产60%～100%或更多。平均每斤钙镁磷肥可增产苕子或紫云英鲜草35kg左右。如以含氮0.45%计算，相当于硫酸铵0.8kg。豆科绿肥中所积累的氮素约有三分之二来自大气，如按每季绿肥每 hm^2 产22500kg鲜草计算，则有相当于22.5kg硫酸铵的氮素是由生物固定的。这就是通常所谓的"以磷增氮"措施。近年来在改良红壤特别是低产红土田方面起了重要作用。实践证明，以小肥养大肥是开辟有机肥源的有效措施，例如在广东湛江砖红壤（黏土）上的各种直生绿肥作物，每 hm^2 产干茎叶8550～10575kg和干根2550～4275kg，扣除种植时施用的有机肥和化肥所含的36kg氮，相当于净增加硫酸铵750～1050kg。

（二）因土施肥

由于养分缺乏是某些红壤的重要低产原因，所以在红壤荒地垦殖初期，施用氮、磷、钾和石灰等肥料和土壤改良剂，大多数作物都可获得显著的增产。但土壤类型和作物种类不同，各种肥料的效果及使用方法也不一样，必须因土施肥，经济用肥，以提高作物产量和肥料的利用率。

1. 氮肥的施用

某些新垦红壤中含有一定量的有机质，可分解出氮素，开垦初期氮肥的增产作用有时不如磷肥的效果大。但因作物对氮的需要量较磷肥大和土壤中的无机氮易于损失，所以氮肥的效果比磷肥显著，尤其是禾本科作物，对氮肥的反应更为明显。据试验，砖红壤上种植甘蔗时，氮肥效果也很明显。一般来说，氮肥是红壤最重要的营养元素，尤其对于侵蚀型红壤开垦初期，氮肥几乎是不可缺少的。

2. 磷肥的施用

在红壤上施用磷肥，往往可以成倍地增产，特别是某些侵蚀型红壤开垦初期，如果不施磷肥，作物甚至不能生长（表6-2），一般红壤地区主要的作物的磷肥增产幅度在10%～100%之间（表6-3）。

表6-2 新垦红壤荒地上旱作对氮、磷钾肥和石灰的反应%

作物	氮	磷	钾	石灰
小麦	152	无磷区不能长	51	245
大麦	326	无磷区不能长	5	无石灰不成熟
芝麻	95	181	14	24
萝卜菜	65	544	不显著	22
花生	53	324	31	不显著
绿豆	38	无磷区不能长	5	59
甘薯(根)	183	274	111	不显著
甘薯(蔓)	480	231	80	不显著

*（表中数据为增产百分数）

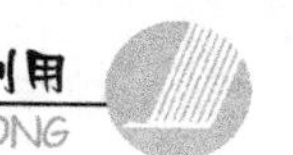

表 6-3 红壤区一些作物的磷肥增产效果

作物	增产率(%)	每斤磷肥增产量(kg)
甘蔗	14～37	蔗杆 72～81
棉花	10 左右	籽棉 0.25～0.5
小麦	30～60	麦子 0.5～1
大豆	70 左右	豆子 0.5～1.5
油菜	60～100	菜子 0.5 左右
甘薯	60 左右	薯块 17
紫云英	>60～100	鲜草 20
水稻	20 左右	稻谷 0.5～1

红壤性水稻土中无机磷以磷酸铁和闭蓄态磷为主。而施入磷肥的大部分可转化成这两种形态。磷酸铁与闭蓄态磷经还原后溶解度增大,可在植稻时满足水稻生长的需要,致使磷肥效果不显著或不甚显著。例如在低肥红壤性水稻土中,亩施磷肥 25～75kg,稻谷产量略增(9%),而在中肥田则几乎不增产(3%～4%)。因此对于红壤性水稻土,应尽量将磷肥重点施于旱作。

3. 钾肥的施用

红壤上钾肥的效果因土壤类型的不同而有很大的差异,一般每亩含有效性钾在 7.5kg 以下,缓效性钾在 45kg 以下的土壤都可能缺钾。在华南由花岗—片麻岩和玄武岩的赤红壤和铁质砖红壤上,橡胶树因缺钾而发生黄叶病,影响胶树的生长和产胶,胶乳早凝与土壤中的速效性钾显著负相关。土壤中速效性钾低至 18mg/kg 者,胶乳早凝树达 82%,高至 66mg/kg 者,早凝树降为 38%。在湖南衡阳地区应用钾肥防治棉花黄叶枯病,取得了显著的效果。在广西柳州地区,全钾含量在 0.1%～0.67%的红土田(黄泥田、粉泥田及砂泥田),水稻易发生胡麻叶斑病,施用钾肥后可使这种病情的指数由 73%到 19%,比对照增产 38%。根据在广东、江西、浙江等地红壤上进行的钾肥试验结果,亩施氯化钾或硫酸钾 7.5～10kg,或窑灰钾肥 25～30kg,一般可使水稻、小麦 、花生、大豆、甘蔗、甘薯等作物增产 10%～20%,高的可达 50%～70%。一些过去钾肥效果不明显的地区,由于化学氮、磷肥施用水平及复种指数的提高,钾肥的增产效果越来越明显。

4. 镁肥、硅肥及微量元素肥料的施用

在红色黏土和红砂岩母质发育的红壤中。每百克土含交换性镁 2mg 左右。每亩施用硫酸镁 12.5kg,可使旱大豆和花生等增产 20%左右,在花岗岩—片麻岩发育的砖红壤和赤红壤中,全镁量只有 0.1%。有效镁含量极低,橡胶树已出现缺镁症状。

5. 其他肥料

一些试验表明,砂岩、花岗岩等母质发育的一些质地较轻的红壤性水稻中,有效硅含量低,施用硅肥对稻谷有明显的增产作用。质地较黏的土壤,硅肥的增产作用一般不明显;但氮肥施用量达纯氮 90～120kg/hm^2,硅肥可增产稻谷 225～412.5 kg/hm^2,水稻收获时植株中的二氧化硅百分数和土壤有效硅(用 pH4.0,醋酸—醋酸钠提取)含量呈显著的直线正相关($r=0.775$,$n=40$)。

在砖红壤和红壤上,对花生、黄豆和紫云英等豆科作物施用硼、钼等微量元素肥料,往往可获得增产。肥效的大小与土壤中有效性硼、钼的含量有一定相关性。在云南由砂岩、板岩、千枚岩和老冲积物发育的红壤和水稻土上，种植玉米出现缺锌的“白苗花叶病”，用硫酸锌溶液叶面喷施或用硫酸锌与火土灰及钙镁磷肥混施于植穴中，有明显的增产作用，其中尤以砂岩发育的红壤(含有效锌0.38mg/kg左右)上的增产幅度量大。在一些pH7.0以上的红壤性水稻土上，水稻土出现了缺锌的症状。

此外还应注意肥料的配合，如上所述，在红壤上施用一种肥料可使作物增产，但同时也加强作物对其他营养元素的需要，因此在施肥时，必须注意各种营养元素的协调和平衡，充分满足作物生长发育的需要，以获得更高的产量。例如，在福建的红壤茶园中，对茶树分别施用氮、磷、钾化肥都得到不同程度的增产，而以氮、磷、钾配合施用的效果为最好。砖红壤和赤红壤上，在钾素不足的情况下，施用氮肥反而增加橡胶黄叶病的发病指数，并抑制橡胶树的生长。施用钾肥后，不但黄叶病基本消失，而且使氮肥也表现出对胶树生长的促进作用。

(三)施用石灰

前面已经谈到，酸性是红壤的一个重要特点。土壤熟化程度越低，酸性越强，含铝离子越多。除了像茶树、橡胶树等喜酸性植物可适应pH4或4.5的土壤以外，一般农作物都不适于强酸性环境。试验表明：在pH4.8～5.0的红壤上，每亩施用75kg石灰，大多数作物都有不同程度的增产。如以不施石灰的作物产量为100%，作物对施用石灰的反应顺序如下：大麦(不施石灰不能生长)>金花菜(314%)>小麦(257%)>大豆(144%)>豌豆(144%)>苕子(123%)>蔓生花生(118%)>小米(109%)>直立花生(106%)>芝麻(103%)>甘薯(100%)。

石灰的效果因土壤酸度和肥力及作物种类的不同而异，在红壤性水稻土上，以强酸性(pH4.5～5.5)而肥力中等(有机质含量为2.0%～2.4%)的水稻土的效果最好，而中性(pH6.5以上)低肥力(有机质含量在2.0%以下)的水稻土的效果最差。石灰配合绿肥翻耕、稻草还田或有机肥料施用时，增产效果更好。在红壤田中每亩施用50～100kg石灰，早稻、晚稻、大豆等作物一般可增产10%～30%。在晚稻上施用，除当季作物增产外，还可使后作紫云英增产20%～30%。在pH6左右的砖红壤上，每hm^2施石灰1123kg，使甘蔗增产12%，每kg石灰可增产11.3kg甘蔗。

近年来在浙江金华等地区发现大面积的红壤及水稻土上大麦早衰减产。研究证明，这是由于硫酸铵、过磷酸钙、硫酸钾和氯化钾等肥料引起土壤酸化所致。试验还证明，大麦生长的好坏与生长期内的土壤pH密切相关。例如，大麦生长中期和收获期的土壤pH与施用石灰的增产百分数之间呈显著直线负相关，表明当土壤pH在5.5～5.7以下，对大麦施用石灰都可获得不同程度的增产。这与红壤pH达5.6以上时，交换性铝的数量极少的情况是一致的，从而认为施用石灰的主要作用在于消除铝离子对大麦的毒害。

关于不同肥料对土壤酸碱度的影响，我国获得的材料与联合国粮农组织所得的资料是一致的。该资料列表说明氯化铵、硫酸铵、尿素和硝酸铵的酸当量分别为120、110、80和60，而石灰氮、硝酸钠和硝酸铵的碱当量分别为63、29和21。

施用石灰不仅要考虑作物适宜的pH，而且要考虑土壤pH对养分有效性的影响。用不同数量的$CaCO_3$，调节土壤pH达6.2～7.2，可使水稻从土壤和磷肥中吸收磷的数量显著低于对照处理，因而降低了水稻的生物量。联合国粮农组织的资料认为土壤在pH5.5以上时，由铝产生的酸度很低，当 pH 达 6.0 时，对磷的有效性比较适宜并能提高铝的吸收，加速有机质的分解，消除锰的毒害作用。

关于石灰的施用量，贵州的研究者按黄泥土的水解性酸的 0%，50%，100%和 150%，每亩分别施用石灰 0，285，570 和 855kg，使土壤的 pH 分别达到 5.6，6.5，7.2 和 7.8，结果表明，以第三级用量对有机质的分解、有效氮的释放和水稳性团聚体的形成，都最为有利，作物产量和叶绿素及蛋白质含量也较高。第四级和第二级用量其次。说明酸性黄泥土必须适量施用石灰，过量或不足都不能取得较好的效果。

(四)合理耕作

红壤地区由于雨水分布不均，在水利条件差的地方，往往出现伏旱、秋旱或冬旱。有些红壤表层浅薄，土体坚实板结、渗水透气困难，不利于蓄水抗旱，又不利于养分释放和作物根系的伸展。为了给作物创造一个深、肥、酥、松的土壤环境，必须合理耕作，适当进行深耕改土。

1. 以防旱、保持水土为目的的耕作措施

华中地区的群众为了战胜干旱，防止水、土、肥流失，改良土壤"黏"板的不良性状，创造了"冬深耕"、"春不耕"、"夏浅耕"的耕作经验。"冬深耕"，就是在种植冬作物前，进行深耕改土，用犁或拖拉机套耕，耕深 0.20～0.27m，配合增施有机肥料，使土壤疏松多孔、既可提高土壤的渗水、蓄水能力，又可改善土壤的供肥、保肥性能，有利于作物根系的伸展。"春不耕"的原因是由于春季多雨，易造成水土、肥的流失。因此在小麦等冬作物的行间，开沟套种大豆、花生等春播作物，而不进行全面翻耕。等小麦等作物收割后，在大豆、花生等春播作物行间用锄头深翻麦茬，将其埋入土内，这样既可使土壤疏松，增加土壤有机物质，又可减少地面径流，有利于雨水向下渗透，增加土壤的蓄水保水能力。"夏浅耕"是因为夏季气候炎热干燥，蒸发量大，雨后浅锄、勤锄，可以防止土壤板结，切断表土的毛细管作用，减少土壤水分的蒸发，保持土壤湿润，提高抗旱能力。

2. 旱作地的深耕改土

综合红壤区各地进行深耕改土的经验，目前旱作地的深耕方法主要有两种，一种是全面加深耕层，即改全面浅耕为全面深耕；二是分次局部深耕(例如大窝塘和大肥沟耕作法)。深耕的方法虽有不同，但其作用一致的，即能使土壤疏松，增加孔隙度。减少容重，提拟蓄水性和通透性，为好气性微生物的活动提供良好的环境，有利于土壤养分的释放和作物根系的伸展。

近年来在红壤旱地上开展了免耕覆盖的研究，由于不翻地上层，加之覆盖有利于减少土壤水分蒸发。覆盖物质烂后又是优良的有机肥料，因此可改善土壤的理化性质并提高作物产量。

3. 经济作物地的深耕改土

热带、亚热带经济林木都是深根植物，深耕方法与农用地不同。以茶园为例，目前深耕的方法主要有两种：

(1)植茶前深耕、植茶后间歇耕作　在植茶前，全面深耕茶园红壤，深耕深度以不小于 50cm 为好。为了加速生土熟化，深耕必须结合施用有机肥。植茶后，茶树根系密布于耕层，所以耕作应在茶叶生长间歇期以浅耕松土为主，使土壤保持良好的物理性状。深耕一般每隔二三年进行一次，每次深耕 30cm 左右。黏重坚实的土壤可少隔些时间，疏松多孔的土壤可多隔些时间。深耕时尽量少伤根系。

(2)植茶前深耕，栽茶时密植免耕　在植茶前深耕土壤 50cm，并施入有机肥，然后进行宽幅多行小丛密植，行宽 0.15～0.17m。排列 3～4 小行，小行丛距 0.02～0.03m。每亩栽茶树 2 万多株，进行一般培肥管理。二三年即可采，四年后茶蓬郁蔽地面，即免去土壤耕锄并改开沟施肥为均匀措施。密植免耕茶园不仅可增加有机质，还可疏松土壤，保水、保肥、保温，从而有利于茶树根系的伸展和茶叶产量的提高。据试验，在施用等量的氮肥时，密植免耕茶园的茶叶产量比单条稀植茶园高 70%。

(五)合理轮作间作

合理轮作是用地和养地相结合的重要途径，这对不同地区的耕地原则上都是适用的。但由于红壤丘陵地区的气候条件不同，作物布局也有特点。例如：在江西红壤性水稻土上普遍采用的轮作制有：早稻－晚大豆－绿肥；小麦(套种)早大豆－晚稻；早稻－花生－油菜(或绿肥)等。即使在双季稻地区，在连作二三年双季稻后，轮作一年早稻－晚大豆，也比连年种双季稻的增产。小麦、绿肥－早稻－秋玉米的二年五熟制获得的粮食总产量最高。广东惠阳陈江生产队在黄泥骨浅脚田上进行一年两稻两肥(二季稻、二季绿肥)、三粮四肥(稻麦三熟，二季绿肥和二季绿萍)和三粮三肥(粮油三熟，即花生稻麦三熟及二季绿肥和一季绿萍)水旱轮作或复种制，据二年的试验结果，以粮油三熟水旱轮作的产量较高，对降低土壤容重，增加土壤氮素，更新土壤环境，调动土壤潜在养分都有良好的作用。三粮四肥复种制，由于稻麦三熟茬口的间隙短，绿肥不能生长，在浅瘦低产田中会产生高复种与低肥力的矛盾，产量增加不显著。总之，在红壤丘陵地区实行水旱轮作，并在轮作制中加大绿肥和豆科作物的比重，可以不断提高土壤肥力，而且种植旱作时使土壤通气良好，有利于养分活化和有机质更新；土壤干湿交替，有利于改善耕性。所以在目前条件下，以推广粮、油、肥水旱轮作制较为适宜。

综上所述，在制定轮作方案时，既要考虑当季作物的增产，又要注意提高土壤的肥力。既要采取粮油、经济作物与豆科作物及绿肥作物轮作，又要选择适当品种，使作物生长旺盛期与当地雨季相一致，以减少雨水对土壤的冲蚀。“根不离土，土不离根”的群众经验，就是利用作物与土壤的相互关系，来改良和培肥土壤。

为了充分发挥红壤地区的光、热条件和土壤潜在肥力，诸多地方采取在农作物或经济作物和果木中间作、套种的方法。例如在小麦、油菜行间套种或混播紫云英作绿肥，在高粱、甘薯行间套种绿豆作绿肥，在茶树行间间作小麦、苕子、紫云英、油菜、萝卜菜、花生、甘薯、黄豆、玉米、猪尿豆、太阳麻、泥豆等粮油作物和绿肥，在橡胶树行间间作葛藤、毛蔓豆、蝴蝶豆等豆科覆盖作物，以保持水土、培肥胶园土壤。

第五节　红壤改良利用中的问题和对策

历史告诉我们，红壤改良利用的不同时期，具有与当时生产水平相应的侧重面，也存在着不同的主要问题。任何一种农业发展措施，都在特定的时空条件下发挥效益。分析当前红壤土地资源的改良利用现状，主要存在五个方面的问题。

一、红壤资源的进一步开发与水资源平衡问题

红壤地区农业在六十年代的第一次突破，很大程度上取决于农业水利的发展。农业水资源的平衡，对季节性干旱严重的红壤地区始终是农业发展的限制因子。以开源节流而论，北方缺水，缺在“源”上，南方缺水，缺在“流”中。虽然我国低丘红壤地区因雨量充沛，使得雨养农业也有一定的收成，但又因为农业生产集约化程度高，使得任何时候的缺水，都对农业生产带来很大的危害。

红壤地区水资源总量是十分丰富的，平均年雨量在 1300～2200mm 之间，但径流系数大，干流过境水量较多。水资源在时间和空间分布上的不均是红壤地区的显著特点，每年 7—9 月降雨量只占全年的 20%左右，而蒸发量却占全年的 45%，水分入不敷出。红壤地带，由黏性母质发育的红壤共占 70%，土壤质地为黏土或黏壤，土壤养分含量低，土层紧实，块状或粒状结构，水分渗透能力差，不但保蓄水分的能力低，而且极易形成地表径流，导致水土流失。晚近的研究证明，根据红壤总孔隙换算出的总库容约为 480mm，与北方黑土和潮土大体相当。但红壤有效水含量多在 6%至 11%，在 1 米土体内，无效水库占贮水库容的 68%，有效水库仅占贮水库容的 1/3 左右。因此，尽管红壤能接纳较多的降水，而在雨后连续干旱 7～10 天，作物即出现萎蔫。

该地区极高的复种指数，要求全年种植作物，而伏秋季正值万物旺长，缺水恰好抑制作物、果林对水的迫切需求，特别是晚稻生产需水量很大，而其他作物，在红壤旱地上扎根较浅，主要吸收土壤表层水，远不能满足蒸腾之需。这一期间正是红薯、玉米、大豆、花生等旱作物的需水高峰期，在保水、灌水跟不上，全靠降水的条件下，因干旱导致减产或失收在所难免。红壤地区长期以来对水资源利用问题重视不够，农田灌溉计划性差，水资源管理水平较低，这是一个带有根本性的问题。

在一些经济较为发达地区，工业和生活用水大幅增加，水资源的开发程度将不断提高，供水能力也将持续增强，但农业用水量不可能大幅度的增加，在许多地区还可能有所下降。低丘红壤地区靠增加农业灌溉用水来扩大灌溉面积可能性不大，发展灌溉主要靠节流的路子，即走节水灌溉、节水栽培的节水农业的路子。这是本地区农业可持续发展的关键。

红壤后备资源较为丰富，但剩下的多数为缺水严重或土层浅薄的地方，开发难度将越来越大。有关研究表明，除自然降水外，红壤丘陵新造水田，每亩耗水量为 800m^3 以上，水浇地则需 180m^3，经济林木 140m^3。若以一半为水田计算，新垦 2 万 hm^2 土地，将需用水 1.5 亿 m^3 以上。这无疑将是一个十分严重的现实问题。

多年的红壤抗旱技术研究，提出了诸如地面覆盖、雨前土壤深耕、改变作物种植制度和节水灌溉技术等增强抗旱能力的土壤改良技术措施，取得了大量有目共睹的成果。但总的来说，由于重视不够和投入不足，整个红壤地区水资源利用研究体系还比较落后，突出表现在两个方面：(1)基础研究比较薄弱。在土壤水分物理参数的研究、农田水分平衡和区域水资源的平衡规律研究等方面，不仅资料较为零星，缺少系统性和连续性，在许多方面还留有空白。(2)缺少高新技术在水资源规划和管理中的应用研究。这一方面与我国北方地区相比，差距尤其明显。缺少科学的规划和管理决策，则必然增加生产的盲目性和波动性。近十

多年来，北方地区粮食生产的稳步增长和南方地区的徘徊波动，固然是众多的自然和社会因素作用的结果，但对农业资源科学规划和管理研究的差异，也是重要的原因之一。为此，我们认为，加强以下几个方面的研究是解决低丘红壤地区季节性干旱问题的当务之急。

(1) 加强基础研究、提高灌溉管理水平。对于水资源总量充足而时间和空间分配不均的红壤季节性干旱问题，加强用水计划和农田灌溉的管理水平研究，具有全局性、根本性的重要意义。而要提高计划和管理水平则必须以提高对红壤地区水资源不足的认识和加强基础研究为出发点。

(2)水稻节水灌溉。红壤地区为我国双季稻三属制高产农区，晚稻不仅需水量大，而且正是伏秋旱最严重的时期，因此实行水稻节水灌溉的意义将是十分巨大的。我们研究表明，早稻和晚稻的总耗水量分别超过 650mm 和 750mm，但其中早稻必需的生理水量(蒸腾蒸发量)为 328.7mm，晚稻稍大，也仅为 355mm。在浙江金衢地区，为保证水稻的淹水条件，早稻需灌溉 130mm，晚稻则高达 500mm 以上。考虑到旱作在伏秋旱期间只需关键水 30～50mm，如果晚稻能节约灌溉用水 1/3，则能解决大部分旱作的关键水的灌溉水源问题。就目前的试验来看，采用间隙灌溉方法(薄露灌溉)和水稻覆膜栽培方法，都能达到节约灌溉用水 1/3 的水平，但在大面积推广中，还有些技术问题需要解决。

(3)红壤旱地节水灌溉，“两微”灌溉技术。由于红壤地区季节性干旱的特点，建立节水灌溉设施的关键是利用效率问题，因为要对付几个月的干旱而进行大投入、大规模的节水灌溉设施建设，尚不可能被普遍接受；但丘陵山地传统的水源和输水工程，通常需要大规模的水利建设。目前，解决这一矛盾就是低丘红壤旱地克服季节性干旱的出路。“两微”灌溉系统(微蓄、微灌)基础是微型蓄水装置，微型蓄水装置有水容、水窖、贮水池等；微灌则主要有滴灌和微喷灌。根据浙江省大、中、小型水利和微蓄水微灌溉设施灌溉效益比较，两微灌用水效率要比一般水利工程高得多。目前“两微”已在许多红壤地区试用，但配套问题尚未完全解决。

综观上述分析，在人多、地少和水资源不足这三个红壤地区农业发展的资源限制因素中，水资源问题，是目前更加突出的问题，也就是“最大限制因素”。应把如何最大限度地发挥现有水资源效益，作为首要的决策依据。特别是在规划扩大红壤开垦的同时，必须首先考虑水资源的进一步开发，否则在水利设施难以解决的地方，不应勉强开发。

节水的潜力主要在农业，而农业节水的关键是农田灌溉技术的改进和用水的计划及管理。随着工业的迅速发展和生活水平的提高，各类非农业用水量的比例在不断增加。研究水资源平衡和优化用水策略，不仅已成为我国干旱、半干旱地区农业研究中的关键，而且也正日益成为广大南方红壤地区农业持续发展进程中的重要研究内容。

二、红壤丘陵地区水土流失问题

我国南方红壤丘陵山地，由于长期不合理的土地利用和单一的经营方式，森林资源遭到严重破坏，水土流失日益发展，目前已成为仅次于黄土高原的严重流失区。历史上曾是山清水秀的地方，随着水土流失的发展，不少地区已出现“光山秃岭”和“红色沙漠”等劣地景观。大量的泥沙淤塞入库，抬高河床，淹没农田，给农、林、牧业的生产持续发展和水利、电力、航运事业带来严重的危害。

1. 土壤侵蚀动态

(1)土壤侵蚀面积的变化。就整个南方山地丘陵区而言,从20世纪50年代至80年代,水土流失面积一般呈上升趋势,广东省在1960年前后稍有下降,江西、福建、湖南等省的流失面积均有上升。但近年来,上述四省水土流失面积又有明显下降。特别在小流域综合治理区,植被覆盖率上升,侵蚀面积缩小,生产条件得到显著改善。如广东梅县已治理水土流失面积221km^2,占应治理面积的79.8%,森林覆盖率比1985年前提高了25.7%,大幅度减少了泥沙下山,河道普遍下切0.6～1.1m,有效地减少了洪涝灾害,同时推动了山区经济的发展,加快了群众脱贫致富的步伐。

(2)土壤侵蚀量的变化。随着水土流失面积的扩大,土壤侵蚀量也在增加。江西境内的赣江、信河、抚河、修水、饶河等河流1966—1975年的10年间,年平均输沙量比1956—1966年的10年增加了27.5万t,提高了23%;赣江1970年代含沙量比50年代增长25.49%。湖南境内的沅水1960年代含沙量比50年代增长29.71%,1970年代比50年代增加39.89%;溶水在这个时期也相应分别增长9.79%和15.21%。淮河支流灌河含沙量增长更快,60年代和70年代分别比50年代增长114.29%和123.81%。70年代以前,南方山地丘陵水系的含沙量均普遍增长,输沙模数也有同样趋势。浙江分水江的含沙量和侵蚀模数增加了1倍。沿海河流域昌化溪流域50年代年均输沙模数每$km^2$79t,70年代增至322t。

水土流失加剧,泥沙淤积加大。赣江支流平江每年淤高4～7cm,湖北境内的话水、巴水、新水等河床每年淤高7～10cm,长江、荆江河段每年也有3～5cm的淤积。目前,长江流域各大中小水库的总淤积量达13.78亿m^3,每年损失库容近14亿m^3,长江上游的泥沙还直接威胁着未来三峡工程的安全。1950年代长江中下游湖泊面积2.2万km^2,因泥沙淤积,至1980年代已减少到1.2万km^2,缩小面积45.5%。新中国成立后,洞庭湖每年淤积量达1亿t,湖面萎缩,河流航运量也因泥沙淤积不断减少。据鄂、湘、川三省不完全统计,1970年代末与50年代相比较,通航里程缩短近45%,货运量也相应减少。

(3)土壤肥力的变化。水土流失造成土层丧失、土体变薄、地力降低。据江西省统计,该省每年水土流失总量高达1.64亿t,折合丧失土壤有机质326万t,氮、磷、钾养分139.6万t,相当于该省一年化肥用量总和的1.47倍。据测定,强度流失区每年每亩土壤冲刷量为8550kg,中度流失区冲刷量为566kg。一般每年要丧失0.1～0.5cm表土,而水蚀严重的坡地,每年剥蚀表土2～3cm。从江西兴国县不同侵蚀程度与土壤养分含量的关系可以看出,强烈侵蚀后,常见A层被侵蚀,甚至B层也被冲刷,或基岩裸露,土壤肥力大为降低(表6-4)。

表6-4 江西兴国县不同侵蚀程度的土壤养分含量 (g/kg)

侵蚀强度	有机质	全 氮	全 磷	全 钾
无明显侵蚀	52.4	2.2	1.0	16.5
轻度侵蚀	39.6	1.5	0.6	29.5
中度侵蚀	18.6	0.7	0.3	41.2
强度侵蚀	9.0	0.3	0.4	35.3
剧烈侵蚀	3.0	0.09	0.2	47.2

由上述可知，南方山地丘陵从20世纪的50年代至70年代，无论水土流失面积、产沙量、河流输沙量、含沙量均处于上升阶段，土壤肥力也不断丧失。1980年以后，尽管有些省份水土流失面积减少，但流失程度反而增加，因而产沙量并未明显减少。在众多小流域与重点治理区，产沙量和河流输沙量随流失面积缩小而同步减少。

2.发展趋势

丘陵红壤区水土流失的发展趋势，决定于治理与破坏之间的相互关系。剖析它们之间的有利因素和不利因素，有助于预测本区水土流失发展的趋势。

有利因素方面，1991年颁发了我国第一部《水土保持法》，标志着我国水土保持工作步入了一个新阶段。1992年召开的全国第五次水土保持工作会议，总结了40年来我国水土保持工作的成就与经验，并对今后工作作了战略部署，制定了《全国水土保持规划纲要》(初稿)，把南方红壤丘陵区、南方石质山区列入全国七大治理区中，对加强南方山地丘陵区的水土保持工作起到了积极推动作用。近二十年来，不少地区创造了责、权、利统一和治、管、用结合的水土保持责任制以及以户承包治理小流域的责任制，为今后加速开展小流域治理增加了新的活力。长江中上游防护林体系建设工程覆盖本区大部分面积，包括湘赣丘陵、"两湖水系"、川鄂山地长江上游干流区，秦巴山地汉水流域，四川盆地嘉陵江流域，黔西高原乌江流域，云贵高原金沙江流域。工程实施后，治理区内森林覆盖度从现在的19.9%将提高到40.7%，基本控制水土流失面积达到7.4万km^2，年土壤侵蚀量减少4亿t。

但也有许多不利因素。水土流失的发展与社会经济有着密切的联系。山区乡村的贫困面貌随着水土流失加剧而同步发展，因此，常形成水土流失加重贫困，而贫困又加剧水土流失的恶性循环局面。长期以来，广大山区深受水土流失之害，生产条件差，生态环境破坏，自然灾害频繁，生产力水平低，加上人口问题的困扰，农村经济的壮大与发展一时还难以实现。即在加强治理的情况下，水土流失状况可以逐步得到缓和，但要求在短期内解决水土流失问题仍须综合治理、持之以恒，才能扭转逆势。

乡村能源不足是防治南方山丘区水土流失的最大障碍之一。目前不少地区正在推广省柴灶、沼气池或以煤代柴等措施，但由于群众的传统习惯仍在沿袭，一时还难以全面铺开。同时，南方地区产煤少，供需矛盾大，发展以煤代柴有一定难度。此外，发展薪炭林和农村小水电还没有跟上，以电代柴还需相当时间，所以燃料问题还不能在短期内得到解决。

此外，目前国有、集体、个人开矿采石日益发展，不少单位和个人对矿区水土保持工作缺乏认识，加之执法不严，造成有令不行，有禁不止，新的水土流失仍在发展。

我国是世界上水土流失严重的国家之一，后备土地资源严重缺乏，保护每一寸土地是我国的基本国策，要从战略上充分认识水土保持的重要性，在实际工作中，切实采取措施，防止短期行为，加强水土保持工作。

总而言之，影响南方山丘区水土保持工作发展的，既有有利因素，也有不利因素，如何控制不利因素，扩大有利因素，至关重要。关键在于能否制止破坏，如果能制止破坏，水土流失就能控制。在当前条件下，制止破坏和缓和水土流失的发展是可能的，但同时应看到水土保持工作的长期性和艰巨性。从历史的观点看，水土流失(指加速侵蚀)是由人为活动所引起的，而人为活动也可以防治水土流失。

3.基本对策

分析红壤地区水土保持不力的原因大致有两个方面。首先是认识不足，流失加剧的潜

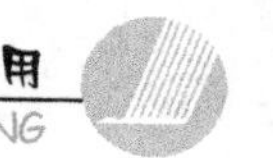

在危害是十分严重的。生态恶化、灾害频繁、直至一个地区文明毁灭，古今中外，不胜枚举，但其发展的渐变性，使大多数人并没有这种危机感。尤其是广大的农民，水土保持意识，没有像红壤农田生产要施用有机肥一样深入人心；而有关专业人员，面对大面积的水土流失和不断出现的不合理垦殖，显得力量不足。另一方面，也是更重要的原因即水土保持的经济效益问题。从长远的观点看，控制和治理水土流失是维持红壤土地生态系统的当务之急，最终产生的宏观经济效益是不可估量的。但以眼前的利益出发，则往往投资大而效益低，因此，重开发利用，轻防护保持为十分普遍的现状。

因此，全面治理红壤地区水土流失，必须动员全民，广泛采用生态效益与经济效益相结合、长远利益与眼前利益同时兼顾的生物工程措施，既能控制水土流失，又能在短期内产生经济效益，为广大农民接受的有效方法，应成为今后红壤农业综合治理的主要措施。

同时，应把水土保持作为红壤土地资源的开发中的基本任务之一，把水土保持的成效与粮食生产、经济发展等指标一样，作为考察和衡量一个地区农业发展水平的重要指标。只有这样，才能保持红壤地区农业持久、稳定地发展，造福红壤地区人民及其后代。

具体的水土保持工程和技术措施，应针对不同区域采取不同的对策和方法，将在本书后面章节详细讨论。

三、红壤农田有机肥问题

长期以来，有机肥的施用是我国传统的有机农业最重要的内容之一。红壤地区，由于其特殊的土地生态条件，有机肥具有特殊的重要地位。有机肥的作用，历来被认为首先是为作物提供有效养分。但近年大量试验资料表明，对于以强风化和酸、黏、瘦为特点的红壤来说，有机肥对于改善土壤物理性质的微生物环境的作用，至少与养分元素的供应具有同样重要的作用，甚至更为重要。浙江十里丰农科所长期定位试验资料表明，施用有机肥比纯化肥的氮、磷、钾配施平均每亩增产222.6kg（麦—稻—稻三熟）。其中冬季旱作小麦的增产作用更明显。纯化肥处理的产量仅为有机肥处理产量的48.8%。

有机肥的改土作用，在红壤地区是深入人心的。研究表明，红壤粮田有机肥的投入量大大高于该省平原水网地区。但最近几年，农田有机肥投入情况出现了较大的反复。其原因显然不是人们不知道有机肥的好处，而是由于当前红壤地区农业生产发展中出现的两个严重矛盾所造成的。

首先是农业高度集约化经营与农田绿肥面积的关系。红壤地区粮食和耕地的压力日益加剧，考虑到今后新垦红壤的种种限制和现有耕地的减少，新增大面积的粮田是困难的。完成这一艰巨任务的主要途径，在于进一步提高现有耕地的集约化经营程度，改造中、低产田和提高粮食作物的复种指数。实际上根据我国的国情，从更长远的观点看，在气候条件合适的前提下，三熟制的推广是势在必行的，而粮作复种指数的提高，对绿肥种植必然产生影响。

导致农田有机肥投入减少的另一个主要原因，是经济林果园与粮田争夺有机肥的严重矛盾。近年来，低丘红壤上经济果木的发展十分迅猛，而现在的果园垦种技术（撩壕种植），又以大量消耗有机杂肥为基础，从经济效益考虑，农民把更多的有机肥投入到橘园以及其他经特作物上，严重影响农田有机肥的投入。

因此，农田有机肥问题的关键在于有机肥源的不足。实际上，这是红壤地区历来受到重视的课题之一。但近年农村社会经济的发展，使得这一矛盾变得更加尖锐和突出。解决这一矛盾的途径主要有两条。其一是更大面积的推广秸秆还田。这是一项十分行之有效的方法，但在推行这一方法的同时，应切实解决红壤地区农村生活用能的问题。因为目前秸秆仍是红壤地区的生活能源之一。

第二条途径不是减少绿肥面积，而是通过倡导“绿肥上山”、“绿肥进园”，充分利用红壤坡荒地和大面积的林果隙地，在不占用粮作农田的情况下，扩大绿肥面积，而使有限的耕地尽可能推行三熟制，从而大大提高粮作农田的集约化经营程度，提高农田单位面积的产出。

当然，增加有机肥源还可以通过动物生产增加肥料，但增辟肥源，应以种为主，这是第一性的肥料生产。没有第一性生产就谈不上第二性生产。

总而言之，无论目前还是将来，都必须保证有足够的粮食作物实际种植面积。同时红壤地区的粮食作物和经特产品，都不可缺少有机肥。因此花大力气搞红壤农区有机肥源的生物生态工程是必要的，也是可能的。

四、红壤的酸化问题

1. 红壤酸化的现状

我国酸性土壤的面积约为20万km^2，占全国总面积的21%左右。大部分土壤的pH小于5.5，其中很大一部分土壤的pH值小于5.0，甚至4.5。我国的酸性土壤大部分分布在长江以南的广大热带、亚热带地区。该区又可分为两个亚区，一个是华中和华南以红壤为主的地带；一个是四川、贵州、云南高原以黄壤为主的地带。前一地带的面积大，土壤酸性强。我国南方大部分酸性红壤的黏土矿物以高岭为主，阳离子交换量低，对酸的缓冲能力较寒温带土壤小得多。同时，该地区气温较高，有机质容易分解，因此它的含量低，对酸缓冲能力的贡献比较小。此外，我国南方大部分酸性土壤的盐基饱和度为25%左右，正处于缓冲能力小的范围。这些因素使得我国南方大面积红、黄壤的酸缓冲能力较弱，容易发生酸化。对这类土壤的酸化问题，应引起高度重视。

2. 红壤酸化的机理

(1)红壤酸化的特点

红壤含有大量的铁、铝氧化物，这些物质可以直接接收氢离子，对于盐基饱和度很低，输入土壤中的氢离子主要有三个去向：转化为表面正电荷、消耗于释放水溶性铝和转化为交换性酸。当向已被氢离子、铝离子饱和的土壤输入氢离子时，pH可以降低至能够从矿物中溶解出某些金属离子的程度。对于红壤其交换性酸随着氢离子的输入而增加，输入2.875cmol/kg的氢离子时，红壤、赤红壤和砖红壤的交换性酸量分别增加了0.25cmol/kg、0.68cmol/kg和1.24cmol/kg。

(2)红壤酸化的影响因素

在淹水条件下，水稻土中发生还原反应，在所有这些还原反应中，消耗氢离子，在渍水期间土壤pH将升高；当土壤重新变干时，Fe^{2+}被氧化，同时产生氢离子，因此使水稻土变酸。有机质对水稻土渍水后酸度变化的影响主要有两个方面。一是有机质分解时产生的还原物质使土壤中的铁、锰氧化物等被还原。在此过程中消耗溶液中质子，使土壤pH升高。另一方面是有机质分解时产生的有机酸和CO_2使土壤pH降低。各种化肥都含有不同的阳离

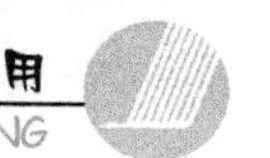

子和阴离子，它们与土壤的相互作用的强度不同，植物对这些阳离子和阴离子的吸收、转化能力都不一样，加之有些化肥本身就是酸性或可变为酸性的，因此长期施用化肥，特别是不注意合理的配方施用，有时会引起土壤酸化。在施用的化肥中，硝酸铵比硫酸铵使红壤的pH降低更加明显，由于土壤中含有大量的氧化铁，对SO_4^{2-}发生专性吸附，并释放出羟基，中和土壤部分氢离子。同一原理，硫酸钾比硝酸钾和氯化钾使土壤pH降低得少。施用氮、钾肥将明显降低土壤的pH，但如果配合施用磷、钙等肥料，则可降低土壤酸度，缓解土壤酸化。对土壤酸度的改良效果，猪粪最好，稻草、花生和萝卜也有一定的改良效果且改良效果接近。

(3)红壤酸化对土壤肥力的影响

由于酸化土壤中所含的大量的铝离子的吸附能力比盐基离子强得多，导致土壤盐基离子容易发生淋溶；随酸度加强，红壤对钾离子的吸附量降低，原因在于随土壤酸度的增大，土壤中铝离子浓度增大，同时土壤胶体表面的负电荷减少，正电荷增加，使得钾离子的吸附量降低，最终影响了土壤的保肥能力。土壤酸化可促使磷的固定从而利用率降低，研究结果表明，当土壤pH低于6时，红壤中磷的固定率随着pH的降低而直线上升。土壤酸化将导致土壤中铝、锰等元素的释放，随着模拟酸雨pH的降低，土壤渗漏水中的铝离子和锰离子的浓度都加大。土壤酸化到一定程度，铝的含量过高会直接影响作物的生长和产量。在土壤学中，通常将铝毒、锰毒和缺钙视为酸性土壤中影响植物生长的三个主要因素。在广西柳州地区，树木生长不良地区土壤pH比正常地区低0.3～0.5. 在重庆南郊，马尾松生长不良，该地区黄壤的pH低至3.6～3.9。

3.防治土壤酸化的调控措施

(1)控制致酸元素的排放，减少酸沉降：目前在不少地区，酸沉降已经成为引起土壤酸化的主要原因。因此，控制致酸元素的排放，减少酸沉降成为防治土壤酸化的根本措施。在我国，燃料燃烧排放的SO_2是主要的成酸物质。为了减少酸沉降，我国政府已经采取各种措施减少SO_2的排放。除了限制使用高含硫燃料、鼓励使用低含硫燃料外，还积极开发清洁、高效燃烧工业型煤生产的成套技术，大力推广燃料固硫和工业排烟脱硫技术，并收到一定的成效。此外，寻找新能源，例如兴建水电站和核电站，也是减少酸沉降的一条有效途径。

(2)施用土壤酸度改良剂，减少酸害：施用碱性改良剂是治理酸性土壤的最有效的办法。长期以来，我国许多地方的农民都有施用草木灰的习惯。这主要是因为除了草木灰中含有一些钾元素外，它呈碱性反应，可以有一定的中和酸度的作用。石灰和石灰石粉是很好的土壤酸度改良剂。施用这两种改良剂，可以显著提高土壤pH和盐基饱和度，增加交换性钙、镁的含量，降低交换性铝的含量。由于改良了土壤酸度，提高了农作物的产量和农产品的质量。根据已有的研究结果，将施用石灰石粉的产量除以不施石灰石粉者所得到的某一作物的最大增产值加权平均，可以得到如下结果：大麦增产4.67倍，绿豆增产2.24倍，小麦增产57.3%，芝麻增产53.4%，蚕豆增产52.8%，油菜增产35.1%，棉花增产32.1%，玉米增产28.4%，豇豆增产11.0%，大豆增产8.8%。我国有石膏和白云石粉资源，这些材料也可作为土壤酸度改良剂。此外有机肥料中的有机化合物可以与土壤中的铝离子发生络合作用，其改良土壤酸度的效果也十分明显。

(3)筛选和培育耐酸作物品种：不同作物的耐酸能力不一样，如甘薯和花生的耐酸能力比棉花和大麦大得多。我国南方经济作物中的茶树和橡胶树的耐酸能力很强。某些品种绿肥例如胡枝子和萝卜的耐酸能力也很强。即使是同一种作物，不同品种的耐酸能力也不一样。例如在 15 个小麦品种中，温麦 4 号、豫麦 18、豫麦 18－64、郑州 79201、郑州 8539 和临汾 7203 等品种的耐酸能力较强，而郑州 8329、郑州 86124、郑太育 1 号、中育 4 号等品种的耐酸能力较弱。因此，可以根据实际情况，在酸性土壤上选种耐酸作物品种，以减轻酸害。有些植物不但可以减轻酸害，而且有改良土壤的功效。例如马尾松林地分别种植耐酸树种茶花、桂花、女贞和樟树后，土壤的 pH 值都明显高于对照土壤。其中茶花改良土壤酸度的效果最明显，女贞和樟树次之，桂花最差。此外，还可培育耐酸作物品种。

五、红壤地区高产粮田建设的土壤肥力问题

自从 20 世纪 60 年代后期红壤地区粮食生产实现从低产向中产的第一次突破以来，从中产到亩产超“双纲”甚至超吨粮的高产的转变，也已在许多地区实现。50 年粮食生产发展历史和现状表明，在现有的综合配套技术条件下，红壤稻区建立吨粮田是可能的，其根本的问题是土壤肥力，而关键的措施是有机肥的施用和合理的轮作制度。

大量的试验资料已经表明，在相同的农业技术措施条件下，农田最高产出能力取决于土壤基础生产力(即在不施用任何肥料时的稳定产出能力)。十里丰农场高产试验表明，年每 hm^2 产 15000kg 以上红壤高产稻田的土壤基础生产力，应达到 4500 kg/hm^2 季以上，比一般田高 44%。因此，红壤地区吨粮田的建设，除了必须保证有配套的高产技术措施外，根本的问题是要提高土壤基础肥力。

提高红壤稻田基础肥力的措施是多方面的，而关键是要有足够的有机肥投入和合理的轮作制度。试验表明，油一稻一稻轮作对提高土壤肥力较为有利，这一轮作制水旱轮作，协调了水肥气热肥力因素，促进土壤养分的释放，而且油菜作物有大量的枯枝落叶回归土壤，增加土壤有机质。但从多产粮食的角度出发，却拟实行麦一稻一稻三熟制。因此，根据当地经验，在有足够有机肥投入的前提下，麦一稻一稻的二年六熟轮作制可以作为高产粮田的主要轮种制。

分析红壤地区粮食生产现状，实现大面积的稳产高产，宏观上应考虑在近期内对不同的农田采取不同的战略措施。根据生产资料最佳利用的“同等级配合原则”，为了尽可能充分地发挥土壤生产力，对现有的高产粮田应着眼于产出，全面推行以麦—稻—稻和油—稻—稻为主的三属制；同时配以最佳的其他生产资料，诸如水源、有机肥、化肥、农药等等，在基本保持土壤养分平衡的前提下，尽可能增加产出，地尽其力。而对于现存的低产田，近期内则应着眼于土壤培肥，把培肥地力作为低产田生产过程中的优先考虑的目标，在对低产田投资改造的同时，各项农艺措施也应以培肥地力为中心，尽快提高土壤基础生产力。

毫无疑问，要实现红壤地区大面积的从中产到高产的转变，是一项复杂而庞大的工程。这不仅需要农学、植保、肥料、土壤等学科的高技术的综合，还将强烈地受社会的和经济的制约，目前的现实问题可能主要是有机肥源与双抢季节的劳力问题。

低产田改良利用

第一节 概 述

一、低产田的相对性

低产土壤的概念是相对的，一般以低于本地区平均产量20%为低产田，但是在不同时期、不同地区各有其特定的产量指标。我国长江流域的低产田改良大致经历了以下几个阶段：50年代中叶在农业合作化和农业发展纲要40条的鼓舞下，广大农民开展以治水、改土为中心的低产田改造。如浙江平原区推广绍兴东湖农场“五改”，即小田改大田、歪田改直田、瘦田改肥田、杂田改水田、畈心田改河沿田，有效地改造了畈心田和烂泥田的低产面积。低产田的粮食年亩产量，普遍由改良前的100～150kg提高到300kg左右。

20世纪60—70年代，是低产田土壤改良的兴盛期，通过全国第一次土壤普查，查清了低产田类型以及病根，制定了较切实可行的措施，其重点是培肥改土，大力扩种豆科绿肥植物，增施磷肥，收到“以磷增氮”的显著效果；同时，发展养猪种肥，并提出“水利先行，肥料紧跟，相应改制，精耕细作”等改造低产田成套技术方案，在各地区普遍推广应用。浙江省历年冬播绿肥面积和磷肥销售量说明了“以磷增氮”的实施情况：全省绿肥播种面积由1959年884.5万亩，扩大到1970年1414.7万亩，磷肥销售量由0.9万吨(1959年)增加到49.3万吨(1979年)，这一时期，全省700余万亩低产田土壤得到不同程度的改良，粮食年亩产量一般由改良前的150～250kg，提高到400～500kg。

20世纪80年代以来，通过第二次土壤普查，进一步查明了低产田成因及其性状，促进了低产田土壤改良工作的进一步发展。近年来，典型低产田改良试验资料表明，凡采用完善农田排灌渠系，因土因作物配施氮、磷、钾肥和综合农艺耕作措施改良后，低产田粮食年亩产可在400～500kg的基础上，再增产二成左右。

土地资源的匮缺，使耕地开发日趋困难和减少；解决不断增加的人口与粮食的矛盾，必然会要求单位面积产量的进一步提高，这是我国南方各省、各地区、改造低产田是主要动力所在。

无论其他农业技术怎样进步，相对低产的田(地)总是存在的，从这一意义上说，低产田的改良是一项不尽的事业；在不同时期，不同的社会和技术条件下，低产田的主要矛盾将会不断转变，如高 N 条件下，人们发现了 P 肥重要性，而在不断增加农田产出量的同时，人们又认识了 K 肥的增产作用。目前，又有许多地区发现粮食作物缺锌、缺硅、缺镁以及铜、硼、锰等等，因此，从这一意义上说，低产田的改良也是一项需要不断探索和发展的不尽事业。

二、低产田的划分依据和指标

归纳全国各省(市、区)在全面土壤普查中低产稻田的划分原则，大致有以下三种划分低产田的方式：

(1)以当地稻田生产力作为划分指标。通常，在同一地区稻田产量低于当地平均产量的一定百分比可作为低产稻田的划分标准，但各地的具体划分指标不尽相同，如浙江省以常年亩产低于平均 20%以上列为低产稻田。这种划分方式指标明确，统计简便，同时也考虑到丰年与歉收年之间的产量波动，也就是考虑到“气候生产力”对年际波动的影响。一般可取三年绝对产量的平均值予以划分，这样可以避免仅以某一年绝对产量的不稳定性，出现划分指标的偏离现象。由于这一方法在一定时间内具有较稳定的特点，可以体现低产稻田的相对性和改良工作上的绝对性，目前实际应用较广。

(2)以当地稻田生产力和障碍类型结合作为划分指标。通常既将低于当地平均产量水平一定百分比作为划分依据，又将低产障碍类型作为区分改造依据。如福建省根据其生产力低于当地平均水平的 15%～20%以上作为低产稻田的指标，同时又归纳为冷渍田类、浅瘦田类、沙漏田类、盐渍田类、毒质田类等五种低产类型。这种方法指标明确，归类清晰，便于操作。但低产田类型的低产障碍强弱还难以确立量化指标，从长远看，随着工作深入，也可逐步找到划分依据。

(3)以当地稻田表观生产力为基础，结合农田障碍和土壤障碍的潜在生产力作为综合划分指标。这种方法通过选择参评项目，以综合判别区分出稻田质量等级，其等级低下者即为相对低产稻田。如上海市是较为平衡的高产地区，以低于常年产量 5%以上者为相对低产稻田。划分质量的依据为：一是土壤环境因素和土壤养分因素之间的协调程度；二是土壤表观生产力和土壤潜在生产力的差异程度。这一方法在较小的地域范围内，通过大比例尺详查，田间取样密度大，获取数据信息多，可以统计得到比较符合实际的高、中、低产稻田生产力的指标，以及针对性地提出培肥改土措施。但这种方法耗费大，在大范围不易推广。

根据上述原则和依据，以及大量研究资料和实际工作经验，我们认为，低产水稻田的类型大致上可分为七大类，即：冷浸田、黏闭田、沉板田、浅瘦田、酸瘦田、盐渍田和污染田。各类低产田的改良利用情况详述于以后各节。

我国农业部曾在 1996 年发布了《全国中低产田类型划分与改良技术规范》(NY/T 310—1996)，作为推荐性标准要求全国各地参照执行(见本书第一章第四节)，但其中的中低产田不仅指水田，也包括了旱作耕地，因此该文件中的“中低产田”实际上统指中低产的所有耕地土壤，即“存在各种制约农业生产的障碍土壤因素，产量低而不稳的耕地”；本章所讨论的则指中低产的水稻田，另外，没有把污染土壤问题列入其中。

第二节 冷浸田的改良

冷浸田是我国低产水稻土中的一个主要类型，根据第二次全国土壤普查资料，约有5191万亩，占全国稻田面积的15.07%，占低产稻田面积的44.25%，广泛分布于南方诸省山区谷地或丘陵低洼地段。

冷浸田是因长期渍水形成的强还原性土壤，根据冷浸的特征可分为冷浸田与沤田二类，冷浸田是受山谷冷泉或冷水的影响，水土温度较一般水稻土低得多；沤田分布在湖滨水网地区或平原的洼地，地下水位高，但地形开阔，日照充足，水土温度不像冷浸田那么低，根据冷浸田的水分状况及其某些碱化性质的特点，可划分为烂泥田、冷水田、锈水田以及鸭屎泥田四个类型。

冷浸田的土壤有效肥力很低，水分过多，水、肥、气、热等肥力因素不协调，还原性物质过多，对水稻生长不利，且土烂泥深，难于耕作，过去群众形容这类土壤是“丘小如瓢深齐腰，冷水浸泡锈水飘，一年只能种一造，常年亩产一担挑”的穷山垄田。

一、低产原因

1. 水土温度低

冷浸田一般分布在高山水冷的山区或丘陵谷地。这些地方林木茂密，日照时间短。据调查，江西省南城山区平均温度一般较平原地区低5℃左右，而山泉水温度更低，尤其是在夏季，山泉水的温度较邻近的田面水低6.0～8.3℃，加之水的热容量大，温度不易提高。因此，凡有冷泉涌出泉水流过的地方，其土温较相邻的地方低。例如，福建省周宁县谷地烂泥田在4—5月份的日均温度较一般水田低2℃，在7—8月低5℃，泉眼附近则低至6～10℃。由于早春土壤的温度低于水稻分蘖所需要的温度，所以秧苗的返青分蘖很慢。据调查，在同一块山垄田中，由于不同部位的水土温度不同，水稻的生长情况也随之而异，在山泉直接渗入处的水、土温度最低，秧苗发僵，而其他地方水、土的温度则较高，秧苗未见发僵，生长正常。这种因水土温度低所引起的秧苗发僵现象，往往要到气温转暖、地温升高后才能好转，而此时节令已过，水稻株型矮小，难以成穗。

水土温度低抑制了微生物的活动，冷浸田微生物的数量一般较正常水稻土低，生物活性也较弱，测定结果表明，冷水田的细菌、放线菌、真菌、好气固氮菌和好气纤维分解菌的数量分别为平原地区高肥田的20%～30%，4%～31%，6%～11%，8%～34%和24%～27%。氨化和硫化强度为其64%～81%和36%～63%，微生物活动弱，使土壤有机质分解慢，养分供求失调。

2. 有效养分缺乏

由于冷浸田的有机质分解慢而有大量累积，其含量一般都在2.5%以上，高者可达5%。全氮量一般也在0.20%左右，与同地区肥力较高的土壤相近。这类土壤的潜在肥力是高的，但因水热条件不良，有机质的矿化程度低，一般C/N>10，冷水田下层的C/N高者可达20以上，分解释放的有效养分较少，不能满足水稻生长的需要。

冷浸田中的其他营养元素如磷、钾也甚缺乏，据福建省三明地区调查，缺磷、缺钾水稻土分别为全区水稻土总面积的76%和44%，而其中冷浸田即占有相当大的一部分。

冷浸田的保肥性低是其有效养分缺乏的另一重要原因。冷水田的黏粒冲失强烈，在铁还原作用下，烂泥田的胶体往往遭到一定程度的破坏，土壤阳离子交换量和盐基饱和度也有所降低，同时，土壤中大量亚铁离子的存在，可以使土壤胶体所吸附的大部分养分离子转入溶液，所以冷浸田保肥性差。

3.土烂泥深

烂泥田和锈水田的地表水常与地下水相连，终年渍水，土粒高度分散，呈烂糊状，更因高处细泥随水汇集，泥脚不断加厚，一般可深达1尺，甚或更深。在烂泥层上10cm厚处，土壤更为糊烂，水稻难于立苗，易"飘秧"或"浮秧"，生长后期则易倒伏。

这类土壤的透气性很差，气体交换微弱，大量还原性物质也因地下水终年渍留地表而难于排除，几乎整个剖面都处于强烈的还原状态。氧化还原电位一般低至100～200毫伏，有的甚至为负值。有材料证明，土壤氧化还原电位可影响植物体内电位，水稻黑根的数量一般与土壤的电位呈反相关，所以在烂泥田或锈水田中水稻黑根的数量较一般土壤多。

4.还原性物质过多

冷浸田中含有大量有机和无机的还原性物质。有机还原性物质包括在嫌气分解过程中所产生的各组还原性强弱不同的有机化合物；无机还原性物质则是在有机还原性物质作用下所形成的亚铁、锰离子和硫化氢等。这两类还原性物质在土壤中过多的累积对水稻有毒害作用。

大量有机酸和其他活性有机还原性物质可直接或间接抑制水稻的代谢过程。冷浸田的有机质含量高，土壤pH一般在5～6之间，有利于硫化物或硫化氢的形成，亚铁的毒害作用也不容忽视，烂泥田的水溶态亚铁量为21～76ppm，平均为108ppm。水稻受害的水溶态亚铁临界浓度约为50～100ppm，土壤中亚铁离子的数量愈高，水稻受害程度愈重，特别是锈水田中大量亚铁离子被氧化成絮状沉淀物而包被在水稻茎基部，或因这种絮状沉淀物浮在整个田面，进一步促进了土壤还原过程的发展。

应该注意到，冷浸田中秧苗根部发黑，腐烂而致全株死亡的现象，往往是各种还原性物质综合影响的结果。

二、改土措施

综上所述，冷浸田的低产原因是冷泉入侵，所以，改良冷浸田首先要结合治山治水，清除渍水，改善土壤中的水、热状况，同时要结合其他措施进行改良和土壤培肥。

1.开沟排水

开沟排水是改造冷浸田的根本措施。在修地造田、平整土地的同时，要大搞"三沟配套、根治五水"。

防洪沟(环山沟)　根据山垄地形，土壤和山洪最大流量等情况，因地制宜地在山脚垄边开环山沟，以截断山洪入侵，防止水土冲刷，环山沟一般宽1.5尺，深1尺。

排水沟　根据冷泉的来源和垄宽决定排水沟的位置和沟形，窄垄可以在垄中开沟成"+"字形，宽垄则可开成"++"或"井"字形以利排除田面渍水，沟深一般2～3尺，在有泉眼

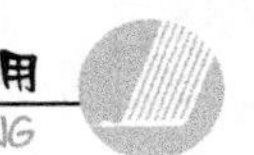

的地方，利用砂、石堵塞泉眼，或在泉眼附近开一条暗沟，把冷泉水引入排水沟排出，一般沟深1米左右，在沟底铺一层1～2尺厚的石子或粗砂，上面再铺一层约2～3寸厚的山草(如铁芒箕)，然后用表土填平。近年来，群众创造了在垄中自上而下开剖腹排水沟(或涵洞)的经验。排水沟的宽度和深浅视山垄大小而定，以承受最大的排水量为准。对较小的山垄一般可修建涵洞。如浙江省龙泉县屏南公社南五大队修建的涵洞。入口处深1～2米，出口处深2～3米，截面积为0.12～0.6m^2。具体做法是：在排水沟底和沟壁砌以小石块，沟顶横放大石块，铺上泥土并予打实，再盖以熟土，岩面上的土层厚度最好不小于1.5尺，以便"下走水，上种地"。

拦水沟　山脚有冷水和锈水侧渗，则应在每丘田后侧开一条约8～10寸深的拦水渠道，排除侧渗的冷水和锈水。

灌水沟　在开好防洪沟和排水沟的基础上，开好灌水沟，改串灌漫灌为轮灌浅灌，宽田灌、排分开，窄田灌、排结合。对水利条件较差，需要冷泉灌溉的田块，可在排水沟中设闸(或坝)拦水，待水温提高后，再灌下面的农田。

开好三沟后，还要注意清理沟底，整修加固，使沟沟相通无阻，发挥灌排的最大效能。

各地实践证明，开好三沟可使"洪水不进田，锈水冷水排出田，冷泉不侵田，肥水不出田(串流浸灌带走土壤养分)"，并使地下水位迅速下降，消除了"五水"的危害。从而改善了土壤水、热、气状况，排除了有毒的还原性物质，加强了微生物活动，例如，在已改造的烂泥田中，烂泥层减薄或消失，10，15，20cm深处的土温较未改造者分别提高0.1，1.4，3.2℃，10cm以下土层中的亚铁含量由改造前的每百克土191mg降至50mg，水稻返青时，平均每株新根数量也较未改造者多2.4倍。

2.增施肥料

冷浸田一般缺少磷、钾素和硫，施用磷肥可以增产，沾秧根是一种经济有效的方法，每亩用过磷酸钙10斤或钙镁磷肥20斤沾秧根，水稻增产17%～62%，据福建省农科站试验，在烂泥田施用钾肥，水稻平均增产36%，高者可达52%，每亩用石膏3斤或硫磺1斤沾秧根，增产11%～31%，如磷、硫配合施用，效果更好，增产幅度可在58%～65%。磷、钾和硫的施用效果往往因成土母质而异。群众还在冷浸田中施用石灰和草木灰，二者不仅可直接作为营养物质，还可中和土壤酸性，促进有机质的分解，并由于土壤pH提高，有利于亚铁的氧化，硫化物也较不易溶解，从而减轻了还原物质的毒害。

冷浸田的不良性状得到改良后，为了不断提高作物的产量，必须进一步培肥，例如福建省顺昌县郑坊大队将猪、牛栏搬近山垄，就地积用有机肥，夏季实行稻草还田，冬季播种紫云英，并增施磷肥，加强田间管理，达到绿肥高产，做到用地养地结合，有利于培肥土壤。据测定，三年后土壤有机质含量、全氮量分别由2.66%和0.19%提高到4.1%和0.25%，速效磷提高3倍，使过去亩产不到100kg的烂泥田变成了亩产500kg的高产稳产田。

3.干耕晒田

在开沟排水的基础上，有条件的还应注意干耕晒田，这对于土质黏重、富含有机质的烂泥田和锈水田更为重要。干耕晒田有利于土壤结构的形成，改善土壤的透气性和渗漏性，促进还原性物质的氧化，降低其毒性以及促使有机物质的分解和某些迟效性养分的转化，充分发挥土壤的潜在肥力。试验证明，在干湿交替条件下，土壤结构有所改善，土壤干燥后氨态氮的含量和磷、钾的有效性也显著增加。

干耕晒田要注意晒透，最好在灌水前再耙一次，否则土壤形成大小不等的坚实泥块（或泥核）。这种泥块状如鸭屎，在水中久泡不散，外湿内干，充满整个耕层，群众称为煮生饭，对水稻的生长有不利的影响。一般所谓的鸭屎泥田就是排干后的烂泥田因晒田不透而形成的。因此，烂泥田要早晒，晒透，对需晒的田块，应安排早熟或早中熟品种，以使收后利用伏天抢时晒田，在冬季也应根据情况，犁冬晒田，加速土壤热化，提高土壤肥力。

第三节 黏闭田的改良利用

黏闭田是指黏重、发僵、黏结力大的低产水稻土。这种土壤的分布面积很广，包括云南、贵州两省和四川昌都地区的胶泥田、广西的腊泥田、广东的泥骨田、福建的黏瘦田以及湖南的黄夹泥田、安徽的千层状淤土等。据统计约有 2000 万亩左右，其中广东、云南、广西、四川和湖南等省（区）较多。

此种土壤有地表水型的，也有良水型的，其成土母质主要是面岩、紫色岩、石灰岩风化物以及江河下游和湖相黏质沉积物，也有小面积发育于玄武岩或凝灰岩等基性岩风化物上的。

一、低产原因

1. 质地黏重

土壤中黏粒含量在 30%以上，物理性黏粒在 80%左右，云南红胶泥田中黏粒和物理性黏粒含量分别为 35%和 79%，湖南黄夹泥田分别为 38%和 6.5%，广西腊泥田分别为 30%和 72%，安徽的千层状淤土分别为 32%和 80%，而广东的泥骨田可分别高达 40%和 85%。

2. 耕性不良

由于土壤黏重，有机质含量低，一般黏结田的结构不良，耕性差。据研究，泥骨田有机无机复合体中水分散组占一半，说明其结构性较差。这种结构不良的土壤，遇水成块而不易化开，或灌水后高度分散。例如泥骨田 5—10cm 土层中大块部分有时占 50%，大土块孔隙率仅 32%，又如胶泥田，其分散度可高达 90%以上（表 7-3）。黏结田的机械物理性较差，黏结力、黏着力和塑性指数都较高，适耕范围小，难耕，难碎，耕作质量低。

3. 有效养分低

土壤质地黏重，透水性不良，易旱易涝，且养分释放较迟缓，云南群众称这种土壤“坐水”、“坐肥”。以胶泥田为例，土壤有机质含量仅 1%左右，水解氮含量很低，土壤落干后养分易被固定，胶泥田上种植蚕豆的试验表明，在土壤干燥后每百克土有效磷含量从 2.67mg 降低到 0.65mg，磷素不足可引起豆苗发红枯萎，甚至死亡。

二、改土措施

黏结田虽较低产，但其生产潜力是很大的。改土实践表明，此种土壤改良后比一般水稻田更能“吃得”、“饿得”，谷粒饱满，空秕粒少，产量可成倍增加。

1. 有机肥改土

增施有机肥是改良黏结土壤的重要途径之一，根据城西湖农场改良黏结田（千层状淤土）的试验，翻压绿肥可使土壤疏松多孔、容重变小、通透性和持水性增强。从土壤磨片中可以看出，种植绿肥的处理，土壤结构改善，孔隙率大为增加，其中豆科与禾本科混播的比豆科绿肥单播的改土作用更为显著。绿肥田与冬闲田比较，有机质和氮素有明显增加，单播豆科绿肥者土壤有机质增加 0.15%～0.20%；混播绿肥者增加 0.2%左右，氮素含量增加趋势同有机质，混播种绿肥中的黑麦草根系发达，对疏松黏结土壤有良好的作用。种植绿肥也改善了土壤胶体的品质。＜2μm 胶体水散组合含量随种植绿肥而减少，而水稳组则增加，说明绿肥中的有机质已参与土壤胶体的团聚。

由此可知，为了有效地改良黏结田，在种植绿肥时，应注意豆科绿肥和禾本绿肥混播。在施用其他有机肥时，要注意施用粗重有机肥，稻秆回田也是一个为土壤增加粗有机质的好办法，一般黏结田有机质含量仅 1.0%～1.5%，高肥土壤为 2.5%～3.0%。绿肥提高土壤有机质含量较为缓慢，以城西湖为例，每年只增加有机质 0.2%，所以要把低肥结田改为高肥土壤，除大量施用稻秆堆外，必须在轮作中保持一定面积的绿肥，以不断改良黏结土壤。

2. 掺沙改土

黏结田掺沙，可很快地改善土壤物理性质，黏结田掺沙的增产效果十分明显，例如广东泥骨田每亩掺沙 25t 并结合其他措施，可使稻谷增产 87%，云南曲靖连续两年每亩共用 40t 油沙改良胶泥田，使小于 0.005mm 的颗粒减少，而 0.25～0.01mm 的颗粒增加，＜0.01mm 的颗粒由 80%减至 61%，土壤容重从 1.46 降至 1.23，孔隙比原来增加 13%，从而改善了土壤黏结的物理性质，产量显著增加。

掺用的沙一般以细沙为好，广东群众称之为“芝麻沙”。过大易于下沉，造成泥沙分离；过细不起作用。所选的沙最好为富含有机质的河沙或旱地沙。靠近山地可用林下的黑沙土，这种沙比较肥沃，入田后既可疏松土壤，又可增加养分。一些岩石的风化物，如极岩、页岩、玄武岩、紫色岩的风化产物，也能起到改土的作用。沙的用量因土壤黏质情况而不同。一般水稻土中物理性黏粒含量达 30%～70%之间，而以 40%～60%较好。当然，有机质含量不同，沙的用量也有差别。

云南曲靖的胶泥田改良前物理性黏粒占 80%，每亩加沙 40t 后，这一粒级相对减少 17%。据云南省农科所试验在物理性黏粒含量为 64.6%的胶泥田上，每亩掺沙 30～40t，这一粒级减少 6%～8%，质地愈黏重，掺沙改土效果愈明显。

掺沙方法归纳起来有掺沙、铺沙和冲沙三种。掺沙是把沙挑入田中，均匀铺开，结合施肥，深耕拌匀；铺沙是将清理河沟的浮泥沙盖在冬作地里，既保水又改土。有条件的地区采取冲沙即引洪淤沙，这种方法既省劳力，见效也快。云南祥云县弥城公社，在棉花播种后，盖沙 10t，使原来不能种棉花的胶泥田当年即获得棉花丰收。

除淤沙外，掺沙改土的劳动量大，必须根据劳力和肥料情况来决定。如劳力足，肥料多时，可以一次多掺一些，否则应分期分批进行。

客土和施用有机肥料两个措施是互相联系的，单纯掺沙虽可改善土壤物理性质，但不能增加养分；只施用有机肥来改良黏结田则所需的有机肥数量是很大的。如果两者结合起来，可发挥两个措施的优点。

3. 晒垡冻垡

黏结田经过晒垡冻垡，可以改善物理性质，活化土壤养分。据观察，紧实的大土块在冻晒后，土垡表面1～2cm都成为疏松的碎屑状结构，其影响可深达垡内5cm左右，黏结田冻晒后土中毛管孔隙增多，遇水即可化开。大于5mm的土块有三分之一散成小于5mm粒径的团聚体，其中绝大部分为0.5～5mm。云南深翻挖垡改良胶泥田也有同样作用，但比较费工。因此，应根据耕作制度和劳力情况统一安排。

江苏北部黏质沉积物上所发育的水稻土，连作水稻多年后，常易发生僵苗，有的地方秧苗栽后20多天甚至1月余，僵住不发，根发黑，味臭，叶片有褐色斑点，植株矮小。据试验，僵苗出现后，及时追施磷肥，一星期后即长出新根，出现新叶，半个月恢复正常，开始分蘖。因此，为了保持产量不断提高，对于此种黏结田应注意氮、磷配合施用。

黏结田未彻底改良前，应针对这种土壤的特点，注意适墒耕作，多耕多耙，并应前期施用速效肥以促进早生快发。

第四节　沉板田的改良利用

沉板田是一种土壤质地过砂或粗粉粒过多的低产水稻土、广泛分布于我国南方和长江中下游地区，估计有3000万～4000万亩。沉板田在水耕过程中土粒易于下沉板结，根据土壤的沉板特点可划分为淀浆田、沉沙田和沙漏田三种。

淀浆田多分布于丘陵梯田中。这类土壤长期不合理的串灌或在还原淋溶和侧向漂洗的作用下，黏粒大量损失，粉粒相对累积，土壤质地变轻，表层呈灰白色，或在一定深度出现粉粒含量较高的"白土层"。其中比较严重的，"白土层"裸露地表。湖北省的白散土，安徽省的澄白土，江苏、浙江省的板浆白土、淀煞白土、小粉土、麸浆土，广东、广西、江西省(区)的结粉田都属于这一类型。

沉砂田多分布于红壤地区某些水土流失较重地区。由花岗岩、片岩和砂岩风化物构成的山麓或丘陵中，土壤黏粒多被冲失，砂多，耕层浅，如浙江、湖南、江西、广东、广西等省(区)的红砂泥田，黄沙泥田和各种砂质浅脚田。

沙漏田多发育于砂质河流沉积物上，剖面上下一致，土壤颗粒主要为砂粒，如江苏省徐滩地区的砂板土等。

沉板田的肥力很低，土壤板结而贫瘠，插秧困难，返青慢，分蘖少，后期脱力，空秕率高，亩产只有同地区高肥土壤的50%甚至更低，但经改良后，产量可成倍增加。

一、低产原因

1. 沉浆板结

大量分析结果表明，各地沉板田耕层黏粒含量一般低于15%。粗粉粒或粗粉粒加砂粒含量在40%～60%，甚至更高。砂板土(沙漏土)的黏粒含量仅5%，而粗粉粒和砂黏粒占90%。(表7-6)。

由于土壤缺少黏粒，有机质含量低，团聚性差，土壤浸水容重(或淀浆密度)较高(每cm^3

干土重0.7～0.33g，比一般土壤高0.3g左右）。水耕后土壤颗粒迅速下降，出现淀浆板结现象，严重影响水稻生长。

2.养分贫乏

沉板田的土壤养分贮量和有效性养分含量都甚低，例如江西沉砂田有机质一般在1%左右，全氮0.06%上下，全磷0.03%～0.05%，黄棕壤地区白耕层的有机质含量一般在11.5%，甚至低于1%，全氮量在0.05%上下，全磷量为0.04%～0.05%，速效磷含量更低；砂板土耕层的有机质含量仅为0.55%，全氮量0.031%，土壤中磷也很缺乏。白土的田间和盆栽试验表明，施用氮、磷、钾肥都有明显的增产效果。有的还缺乏某些微量元素。

3.保肥性能差

沉板田的耕层都浅，土壤黏粒和有机质含量又低，所以土壤的保肥供肥性能低，有效养分易于淋失，后期脱力。例如江苏句容县板浆白土的阳离子交换量一般低于每百克土10mg当量。江苏砂板土和江西沉板田的阳离子交换量每百克仅4～5mg当量。由于土壤中缺乏有机质和黏粒，土壤缓冲性能低，所以这类土壤“饱不得，也饿不得”、“少施肥稻像草，多施肥立即倒”。沙漏田不仅保肥性差，还严重地漏水漏肥。

二、改土措施

1.增肥用肥

种植绿肥和施用有机肥料是提高土壤有机质含量、改良沉板田的有效措施。

据试验，砂板土上种植苕子和黑麦草，能提高土壤有机质含量和土壤吸附铵的能力，土壤容量变小，而结构系数增大这些变化都标志土壤理化性质的改善，并有利于作物的生长。

南方丘陵地区的沉板田，多在晚稻收获后种植紫云英，来年早稻栽秧之前翻犁压青。由于沉板田土壤中一般缺磷，每亩应用10～15kg过磷酸钙或钙镁磷肥与紫云英种子拌种。“以磷增氮”的效果甚好，在紫云英始花期，用2.5～4kg速效性氮肥根外喷施或泼浇，也能提高紫云英的鲜草量，可收到“以小肥养大肥”之效。据试验，在肥力较低的黄白土上秋播(9月下旬)箭舌豌豆具有适应性强、耐寒、耐旱、耐瘠等特点，对土壤要求不严，可在丘陵地区试种推广。

稻田养萍也是一个好办法。稻田养萍可使僵泥发酥，板田变松，土变黑，利用沟塘水面放养水浮莲、水戎芦或水花生，对解决饲料、肥田改土都有良好的作用，还应注意养猪沤肥和推广沤制草塘泥，以增加有机肥源，并提高有机肥的质量。

沉板田养分缺乏，增施氮、磷肥有明显的增产作用。在施用时，应注意多施基肥，氮磷配合，在基肥中加施磷肥可防止或减轻僵苗现象。据试验，板浆白土上早施磷肥，可防止早稻僵苗，促进水稻株高，穗长粒多，有明显的增产效果。

如水稻僵苗已经发生，及时排水施用磷肥，效果也很显著，对于土壤质地过砂的沉砂田或砂漏田应多施迟效肥，施用化肥时应少量多次，避免肥料淋失。

2.客土改良法

客土改良，增加土壤的黏粒含量，使土壤颗粒组成比例适中，以提高土壤的缓冲性能和供保水肥的能力。砂板土中增加有机质虽可改善土壤理化性质，但如能同时客以黏土，改土效果更为显著。例如翻压苕子、黑麦草又客黏土的土壤吸铵量由翻压苕子、黑麦草的每百克土 50.9mg 提高到 98.7mg。容重和分散系数由 1.3 和 32.5 分别降至 1.29 和 11.8，而结构系数则由 68.0 变为 88.4。这充分说明客土改良土壤的良好作用，黄棕壤地区群众也有施用塘泥或沟河淤泥改良白土的经验，沉板田的耕层浅，但在耕层或白土层以下往往有较为黏重的土层。因此，采取逐年深耕的办法，把黏重的土壤翻上来，既可调整土壤质地又可加深耕层。

3.改善灌排条件

分布于丘陵地区的沉板田，往往因旱涝和水土流失产量低而不稳，要彻底改变这种情况，必须修田改土，平整土地，加强农田基本建设，改善农业的生产条件。

在水源水足的地区，应改善灌排系统，开沟挖渠，改串灌漫流为沟灌。使灌排分家或灌排结合，并注意就地开塘蓄水，或根据水源、地形和人力等条件，修建水库或从江河提水引灌，改变有雨漫灌，无雨断流的不利情况，在水源条件较好的地区，则应建立完善的排灌系统，灌排自如，更好地利用和发挥水源的作用。

第五节　浅瘦田的改良

浅瘦型低产稻田是耕层浅薄、养分贫乏、水源不足、熟化度低的一类稻田。这类低产稻田大多分布在南方丘陵山地较高的部位和台地顶部，也有分布在坡麓地带。由于缺乏充分灌溉水源，农田设施不配套，土壤理化性状不良，群众常称"望天田"、"天水田"、"雷公田"和"旱田"等。水稻产量不高不稳，单季稻常年亩产量小于 200～300kg，双季稻小于 400～500kg。

一、低产原因

1. 生产条件差，水源不足

浅瘦型低产稻田，由于分布在山丘坡地，且坡度较大而田块不大，交通不便，灌溉水源缺乏且设施差，耕作管理粗放，土壤熟化度低，基础地力不高。加上水稻生育期的需水不能保证，有些地方常出现春旱，不能及时耕翻上水，往往延误插秧季节；或在夏末秋初，即使灌上一次水也只能维持 2～3 天，稻谷易遭"胎里旱"，导致减产严重。

2. 耕作层浅薄，熟化度低

这类低产稻田的耕作层厚度多在 8～10cm，即使厚度有 15cm，熟化度也不高。由于多数发育在红黄壤母质上，也有发育在紫色岩和石灰岩母质上，其耕层厚度更浅薄，耕层以下的犁底层和渗育层仍见起源母土的特性，底土层基本上是起源母质性质。此外，土体中常见半风化层，白土层、铁子层、黏盘层、黄泥层等障碍层段造成土体通透不良或水肥不协调，影响水稻根系生长发育。据福建省闽侯县和浦城县调查，障碍层段出现在 30—40cm，水稻产量与障碍层出现在 60cm 与 82cm 的相比，分别减产 25.5％和 17.3％(表 7-1)。

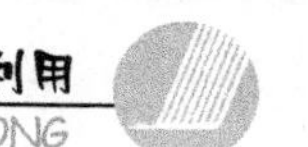

表 7-1 浅瘦稻田障碍土层出现深度对水稻产量的影响

地 点	障碍土层	出现深度(cm)	有效穗(万穗)	穗粒数(粒)	结实率(%)	千粒重(g)	产量(kg/亩)	增减率(%)
福建闽侯	网纹层	30	14.4	91.0	86.6	29.9	340.5	25.5
		60	18.5	102.5	86.7	28.6	467.5	
福建浦城	半风化层	40	13.1	102.2	94.7	29.1	357.3	17.3
		82	14.7	114.7	87.4	29.3	431.8	

3. 潜在肥力低

由于所处地形部位高，排水条件较好，灌溉渗漏量大，盐基易于淋失，有效磷含量大多在6～8mg/kg，速效钾含量60～70mg/kg，均属低含量水平。据福建省三明市测定，这类低产田的土壤无机磷中，闭蓄态磷(O-P)含量约58.22%，磷酸铁盐、磷酸铝盐和碳酸钙盐分别占29.11%、6.51%和5.82%，而水溶性磷只有2～3mg/kg，因此，浅瘦田的磷素问题较为突出。

二、浅瘦型低产稻田的综合改良

1. 兴修水利，保证灌溉

水源不足是种植单季稻或双季稻获得旱涝保收的限制条件，如湖南省桃源县官山村的这类低产田，过去常遭干旱威胁，每年只种一季稻，亩产仅150kg，后修建五口山塘蓄水灌溉，改种双季稻，亩产达到375kg，可见，保证灌溉对这类低产田具有很大增产潜力。

2. 秋冬深耕，增肥改土

通过深耕晒垡，结合增施肥料，促进土壤熟化。深耕措施应因土制宜，对土层厚度10cm左右的宜逐年加深，反之，可耕得深一些。有机肥料投入量大也可深些，反之，则应逐步加深，提高土壤透水、蓄水、保肥能力。据福建省农业科学院定位试验结果表明，连续4年通过增肥改土，土壤理化性状已有明显改善，因而增产效果十分显著(表7-2)。

表 7-2 增肥改土对土壤性状及产量的影响

处 理	有机质(g/kg)	全氮	胡敏酸	胡敏酸/富里酸	阳离子交换量(me/100g)	缓效钾(mg/kg)	容重(g/cm)	总孔隙度(%)	亩产(kg)	
									早稻	晚稻
无肥区	17.8	1.22	1.09	0.548	8.40	410	1.06	59.9	240.0	282.5
化肥区	18.2	1.18	4.05	0.405	8.58	463	1.07	59.3	391.7	379.1
化肥＋有机肥	20.5	1.25	9.62	0.962	8.89	470	0.95	63.4	417.8	414.5

3. 增施磷钾，平衡养分

这类低产稻田，施用氮肥效果显著，磷钾肥施用效应也好于中高产稻田。因而，在氮素养分基本满足的条件下，增施磷钾化肥，平衡土壤养分，均对增产有明显的效果。

第六节 酸瘦田、盐渍田和污染田的改良

一、酸瘦田

即红壤性的低产水田。南方红土丘陵地区,发展灌溉、垦荒造田或坡地改土,是红壤资源开发利用和培肥改良的有效途径之一。实践证明,红壤荒地造田和红壤旱地改田,是加速红壤熟化、变“三跑田”为“三保田”的重要条件。具体的改良利用技术措施见第六章。

二、盐渍田

盐渍型低产稻田,是指在盐碱土上垦殖种稻的一类低产稻田。由于土壤的地下水含有一定数量的可溶盐,对水稻正常生长有不同程度的危害。这类低产田分布广泛,但以滨海平原较为集中,内陆的新疆、内蒙古、宁夏等省(区)亦有少量分布。根据土壤性质可分为咸田和咸酸田两类。

咸田,又可分为滨海咸田和内陆咸田。前者广泛分布于我国南海、东海、黄海及渤海湾周围的滨海地带。内陆咸田的含盐量比较高,且盐分组成也不一样。有时地表可见盐霜,甚至盐结皮,土体内还可见到石膏。尽管这类内陆咸田的盐分含量较高,但种稻改良仍可加速土壤脱盐过程,取得的增产效果极为显著。

咸酸田,又称返酸田、矾田、磺酸田,是一类强酸性咸田,主要分布在广东、福建、海南和台湾地区,以临近入海口的滨海地段较为集中。其成因环境原是静风海湾曾生长红树林,后又被冲积物所覆盖,所以土壤具双重母质的特征。一般土层覆盖母质较为黏重,下层较轻,咸酸田有机质含量为 20～70 g/kg,红树林埋藏层有机质可高达 60～70 g/kg。硫的含量较多,因而可溶盐的组成以硫酸盐为主。土壤酸碱度随土壤通气状况而变化,在渍水还原条件下 pH5～6,脱水氧化条件下酸度增强,pH2～3 左右。

各类盐渍田的具体改良利用技术措施见第五章。

三、污染田

稻田土壤污染主要由于工业和城市废物(废水、固体废物、废气)和农用化学品等通过大气降尘、灌溉超标、施用污泥、垃圾、工业废渣堆放、不合理地施用化学农药和化肥等造成的。土壤污染主要表现在有毒有害物质超标。工业集中地区伴有土壤酸化、碱化、板结和结构破坏等,其影响范围较广,危害大。目前农田土壤污染日趋严重,农田生态环境持续恶化,对农业生产的影响和危害较大。农田污染已构成农业经济发展的限制因素,防治农田污染,保护农业生态环境,已是刻不容缓的艰巨任务。污染田的防治和改良将在后面章节中详细讨论。

风沙土、紫色土和黄土等障碍性土壤的改良利用

我国幅员广阔，土壤类型繁多。本章就分布比较集中、特色比较明显的几种土壤改良利用问题作进一步的讨论。

第一节 风沙土的开发利用

风沙土是我国北方分布面广量大的一类土壤。随着不合理的人为活动的影响，沙漠化土地不断发展，风沙土面积也不断扩大。长期以来，由于风沙土被视为低产土壤而弃置，或不加管理地进行掠夺式利用，致使流沙蔓延，给农牧业生产、陆地交通和城乡环境带来极其严重的危害。随着人口的增长，科学技术的进步，改善生态环境的意识不断增强，人们对开发治理风沙土的要求也与日俱增。我国风沙土的开发治理取得了举世瞩目的成就，为合理开发利用风沙土资源积累了大量有益的经验。但从全局来说，土壤沙化和风沙土的整治问题尚未得到根本性的改变，依然任重道远。

一、风沙土资源概况及特点

(一)风沙土资源概况

我国风沙土面积6752.7万hm^2，占全国土壤总面积的7.7%，其中荒漠风沙土5047.1万hm^2，草原风沙土1268万hm^2，草甸风沙土414.5万hm^2，滨海风沙土23.0万hm^2，各占风沙土总面积的74.7%、18.8%、6.2%和0.3%。分布于全国19个省(市、区)，集中连片分布的地区为东北、华北、西北三大区的干旱、半干旱地区。仅内蒙古、新疆、甘肃、青海、陕西、吉林6省(区)的面积达6530.0万hm^2，占风沙土总面积的96.3%；黑龙江、辽宁、河北、宁夏、西藏5省(区)的面积为181.4万hm^2，占风沙土总面积的2.7%，山东、山西、河南、北京、四川、福建、广东、海南8省(市)的面积为41.5万hm^2，占风沙土总面积的0.6%。分布面积最大的地区是新疆维吾尔自治区和内蒙古自治区，各为3718.9万hm^2和2059.5万hm^2。全国著名的古尔班通古特沙漠、塔克拉玛干沙漠、库姆塔格沙漠、巴丹吉林沙漠、腾格里沙漠、乌兰布和沙漠、库布齐沙漠、浑善达克沙地的全部，以及毛乌素沙地、科尔沁沙地的大部都分布在这两个自治区境内。因此，加速上述沙漠、沙地的治理，对全面开发利用我国的风沙土资源，改善日趋恶化的生态环境具有重大的现实意义和深远的历史意义。

（二）风沙土的特点

风沙土是在风沙并存的条件下形成的。沙是基础，风为动力，风沙流活动贯穿风沙土形成与演变的全部过程，故使风沙土的自然属性和改良利用具有明显的特殊性。

(1)风蚀、堆积频繁，土壤基质活动性大。风沙土是风成沙性母质发育的土壤，在整个成土过程中，由于地表经常有风沙流活动，使沙面处于极不稳定状态。从流动风沙土到半固定、固定风沙土的每一阶段都进行着频繁的风蚀、堆积过程。即使形成了固定风沙土，还会因植被破坏，沙面重新活化，再逆向发展为半固定或流动风沙土。尤其是荒漠风沙土、草原风沙土，由于所处地区气候干旱，多大风，植被覆盖度低，土壤基质的活动性更大。据内蒙古自治区调查，流动荒漠风沙土竟占荒漠风沙土总面积的 89.3%，流动草原风沙土也占草原风沙土总面积的 24.1%。草甸风沙土虽然水分条件较好，植被覆盖度也较高，流动、半流动风沙土面积仍占草甸风沙土总面积的 34.0%和 31.3%。

(2)沙性大，含水量低，保水能力差。风沙土的成土母质为风力分选沉积砂。颗粒组成中小于 0.02mm 的粉砂粒和物理性黏粒含量多在 10%以下，85%～90%是粒径 2.0～0.02mm 的粗砂和细砂，且通体质地均一，几乎都是壤质砂土（或砂土），砂质壤土仅见于个别剖面或个别土层。当然，母质来源、成土类型、成土阶段不同，粗、细砂的比例和物理性黏粒含量也有明显差别。一般荒漠风沙土、草原风沙土、草甸风沙土的细砂含量要高于滨海风沙土；固定风沙土的物理性黏粒含量要高于半固定和流动风沙土。

风沙土的水分状况与气候条件和地下水补给有着密切的关系。在干旱、半干旱地区，由于降水量少、蒸发量大，在无地下水补给的情况下，土壤含水量普遍很低。

风沙土的保水能力差，尤其表层土壤失水非常快。损失的原因，一是地表蒸发，二是以重力水形式迅速下渗。所以生产上多采用少量多次灌溉的方法，最好采取喷灌或滴灌，以节省灌水量，提高土壤水分利用率。

(3)养分含量低，土壤贫瘠。风沙土是我国分布面积较大的低产土壤之一，不仅风沙危害严重，土壤养分贫乏也是重要限制因素。据测定，表层的土壤有机质、全氮、全磷、全钾含量范围，一般分别在 3～8 g/kg、0.2～0.5 g/kg.3～0.8g/kg、20～22g/kg；母质层除全钾略有增加，有机质和全氮的含量仅为表层的 1/3 左右。风沙土养分含量总的特点是缺氮、少磷、钾均衡、肥力低、无后劲，必须增施有机肥和氮、磷肥，作物才能获得较高产量。

(4)土质疏松，透气性强，易耕作。风沙土质地轻，通体为壤质砂土，胶结力弱，多呈矿质单粒状，土质疏松，通气性强，不易渍涝，适耕期长，易于耕作，犁地、播种、松土阻力小。另外，砂土增温快，土性暖，前期发小苗，后期不贪青，作物可提早成熟。但由于通透性强，渗水速度快，易漏水漏肥，影响作物生长发育。

(5)光热充足，适宜多种经营。风沙土分布区光热充足，太阳总辐射量 5024～7118MJ/m^2，年日照时数 2500～3200h，＞10℃积温 3000～7000℃，光热条件可满足多种乔木、灌木、果树、牧草、粮油作物、棉麻糖类作物、瓜类、薯类、蔬菜等生长发育的要求。只要控制风沙危害采取科学灌溉、施肥措施，不仅可以获得高额产量，还可生产出名、特、优产品，建成农畜、

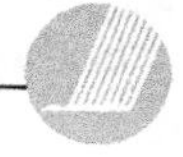

瓜果乃至木材生产基地。

二、风沙土资源开发利用现状与问题

（一）开发利用现状

我国风沙土98%以上的面积分布在干旱、半干旱地区。由于自然条件严酷，水资源贫乏，改造利用相当困难。迄今为止，那些浩瀚的沙漠仍是人迹罕见的不毛之地。开发利用地区主要集中在草原风沙土、草甸风沙土、滨海风沙土和荒漠风沙土的边缘地带及沙漠绿洲，利用方式以林牧业为主。发展林业的目的，首先是防风固沙，保护农田、牧草场，只有在水热条件较好的地方才发展小片用材林和薪炭林，绝大部分沙地草场用以发展畜牧业，农业用地在风沙土中所占比例很小。据内蒙古、甘肃、黑龙江、吉林、辽宁、陕西、山东、福建、广东、海南等省（区）统计，10省（区）风沙土总面积2710.0万 hm^2，其中耕地85.8万 hm^2，仅占总面积的3.16%。其中，滨海风沙土的耕地比例最大，也仅占15.35%；其次是草甸风沙土和草原风沙土分别占7.88%和4.70%，荒漠风沙土耕地极少，仅占0.15%。内蒙古自治区是全国风沙土面积较大的地区，在全区2059.5万 hm^2 风沙土中，耕地仅15.2万 hm^2，占自治区风沙土总面积的0.7%，水分条件较好的草甸风沙土，耕地也只占2.6%。但在湿润、半湿润地区，风沙土的开发利用比重还是相当大的，除林牧业用地外，农用地比重高达30%～40%。

黄河下游故道草甸风沙土，经过多年治理，农田、林地面积已达8万多 hm^2，70%以上的风沙土都变成了林成网、田成方、瓜果飘香的农、林、果、经综合发展基地。

福建、广东、海南三省沿海是滨海风沙土集中分布的地区。新中国成立后通过植树造林，治沙造田，新辟农田3.4万 hm^2，沿浅海海岸线已形成带片结合、乔灌结合的防护林体系，成为该地区新兴粮糖、水果、花生、芝麻、西瓜、蔬菜、药材等的发展基地。

（二）改良利用存在的问题

风沙土是土地沙漠化的历史产物，在自然和人为因素的影响下，由于生态环境进一步恶化，必然导致土地沙化面积扩大和蔓延，业经治理的风沙土还会因利用不当而再度活化，造成新的危害。据调查资料，我国沙漠化面积已达14900万 hm^2，并且还以每年10万 hm^2 的速度增加。另外，我国风沙土多分布在干旱、半干旱地区，部分荒漠风沙土、草原风沙土仍处于流动和半流动状态，沙漠对附近农田和草场的侵袭也相当严重。据历史资料，塔克拉玛干沙漠从唐朝到现在每年南移70～90m，最近60年平均每年南移50m左右。沙丘占沙漠总面积的85%，沙丘一般高达100m，有的超过300m，沙漠南部几乎全是流动沙丘。古尔班通古特沙漠东南缘，活化的沙丘自20世纪80年代以来平均每年以1.5m的速度向偏南方向移动，使石河子垦区、木垒哈萨克自治县受流沙危害的农田、草场达4万 hm^2，石河子垦区12%的耕地已沙漠化。和田地区近20年来沙漠化的耕地累计达30万亩。在塔里木河下游绿色走廊，土地沙漠化的面积已占该地区的70%以上。据初步统计，新疆86个县（市）中，受沙漠化侵害的县（市）达53个，1980年至1989年10年中，全区平均每年开荒4万 hm^2，而每年弃耕撂荒地却高达2万 hm^2 以上，其中相当一部分是由于农田沙化而弃耕。可见，土壤沙漠化面积扩大和风沙土本身活化的结果，最终都必然导致风沙土的扩大和发展，给开发治理风沙土带来更大困难。

随着人口增长，环境恶化，人们对粮食、畜产品、木材、燃料的需求量不断增加，对风沙土的开发利用强度也在与日俱增。在盲目追求经济效益，不顾风沙土资源特点，超负荷利用的情况下，开发利用的问题也更加突出。

(1)盲目垦殖，引起沙化。风沙土地区的风沙活动极其频繁，在缺乏保护和灌溉的条件下，盲目开荒造田，必然加剧土壤风蚀沙化的进程。造田并不能治沙，相反给农牧业生产带来严重威胁。旱作农田春季因风蚀沙压毁种现象极为严重，大旱时往往颗粒无收。开垦前一般都是地形平缓的固定风沙土、耕种一二年却变成了流动、半流动风沙土，不得不弃荒开垦，即所谓"游耕"。据内蒙古自治区调查，草原风沙土中共有耕地6.5万hm^2，其中2.2万hm^2已发展成为半固定风沙土；草甸风沙土垦殖指数提高，在8.6万hm^2耕地中已有4.1万hm^2变成半固定风沙土，200hm^2发展为流动风沙土，在其他地区也存在类似现象。

(2)过度放牧，引起风沙。放牧是风沙土的主要利用方式，但过牧使植被遭到破坏，防风固沙能力下降，风沙活动加剧，本来已固定的沙丘又被活化、蔓延。内蒙古哲里木盟风沙土面积253.8万hm^2，占全盟土壤总面积的42.0%，沙地草场占全盟草场总面积40%以上。由于牲畜数量不断增加，草场超载严重，放牧过度使草场的草群种类减少，产草量明显下降。鲜草产量由原来每hm^2产4875kg下降到1125kg，草群高度由35cm下降到15cm，草群种类也由每$m^2$15种以上下降到5种以下。流动和半流动沙丘已占风沙土总面积51.2%，尤其是畜群点和饮水点周围过牧沙化现象更为严重。以该盟科尔沁左翼后旗伊胡塔苏木北胡嘎查饮水井周围为例，由于距饮水点越近牲畜对草场的采食、践踏越重，草场退化也越严重，基质活动更强烈，因此，沙化产生也是必然的结果。

(3)水资源利用不当，导致沙化。在降水稀少的荒漠地区，地下水和地表水资源的丰缺直接关系到绿洲的存在。据考证，新疆塔克拉玛干沙漠中的喀拉屯和精绝，历史上都曾是绿洲城市，喀拉屯地处克里雅河下游三角洲，精绝地处尼雅河下游三角洲，从古城所处地区的居民点、耕地、渠道和埋藏的农作物种子等遗迹考证，这里曾是灌溉农业很发达的地区，后来由于上中游大量用水影响下游的水源，或因战争破坏了水利设施，或因河流挟带大量泥沙河床淤高而改道等，引起沙化而废弃。河西走廊及阿拉善西部地区，也因水资源利用不当，灌溉水源断绝而导致绿洲沙漠化。因此，开发利用风沙土，必须统筹规划，采取综合治理措施，节制用水，保持区域水资源的供需平衡，否则将前功尽弃。

三、风沙土资源开发利用的原则及措施

(一)开发利用原则

1.因地制宜，全面规划，分区治理

我国粉沙土分布区域范围广大，风沙土堆积情况以及所处的自然和经济条件差别也很大，因此，改良利用风沙土必须因地制宜，全面规划，分区治理。根据水热条件和改良利用的难易，可大致划分为7个治理区：西北荒漠风沙土治理区、鄂尔多斯高原草原风沙土治理区、内蒙古高原草原风沙土治理区、东北平原西部草甸—草原风沙土治理区、黄淮海平原草甸风

沙土治理区、藏东南草甸草原风沙土治理区和东南沿海滨海风沙土治理区。

(1)西北荒漠风沙土治理区:地处我国西北温带干旱、极端干旱的内陆地区。年降水量均在200mm以下,大部分地区不足50mm,干燥度在3.50以上。本区跨蒙、宁、甘、青、新5省(区),全国著名的沙漠都集中在该地区,面积5047.1万hm^2,约占风沙土总面积的74.7%。自然条件严酷,水资源贫乏,开发治理极其困难,仅大漠边缘、沿河地区和湖盆周围可从事农、牧、林业生产,无灌溉则无农业。

(2)鄂尔多斯高原草原风沙土治理区:地处温带干旱、半干旱地区,年降水量220～400mm,干燥度1.50～3.50。本区跨蒙、晋、陕、宁4省(区),面积1131.7万hm^2,约占风沙土总面积的16.7%,其中草原风沙土占9.2%,草甸风沙土占7.5%。集中分布于毛乌素沙地、库布齐沙漠,以及晋西北地区和内蒙古南部和林格尔—准格尔黄土丘陵覆沙区。本区水热条件较好,地下水源比较丰富,且有黄河水系可供利用,除库布齐沙漠西段较难治理外,其他地区都较容易开发治理。

(3)内蒙古高原草原风沙土治理区:地处温带半干旱干草原地区,年降水量250～400mm,干燥度1.50～3.00。本区位于内蒙古高原中东部,集中分布于浑善达克沙地和海拉尔沙地,河北坝上地区也有零星分布,面积585.9万hm^2,约占风沙土总面积的8.6%。地处内陆,地下水源比较缺乏,地表河流少、流量小,除人畜用水外,很难发展灌溉,但降水量较高,植被覆盖度较高,开发利用也比较容易。

(4)东北平原西部草甸—草原风沙土治理区:地处温带半干旱、半湿润草甸草原、干草原地区,年降雨量350～450mm,干燥度1.20～2.50。本区位于大兴安岭东南、西辽河以西、嫩江下游及其支流沿岸地区,集中分布于科尔沁沙地,面积305.7万hm^2,约占风沙土总面积的4.5%,其中草甸风沙土占2.8%,草原风沙土占1.7%。本区降水量较高,地表水和地下水资源均较丰富,适宜农、牧、林多种经营,现已大规模开发利用。

(5)黄淮海平原草甸风沙土治理区:地处暖温带半湿润地区,年降水量600～800mm,干燥度1.00～1.50。本区跨京、冀、鲁、豫4省(市),集中分布于黄河下游故道及沿河两岸地区,面积24万多hm^2,占风沙土总面积的0.4%。由于水热条件优越,开发治理较快,大部分地区已种草种树,在林带林网下,建成农田或果园。

(6)藏东南及部分藏北地区草甸—草原风沙土治理区:地处西藏高原东南部半干旱高原气候区,降水量变化较大,集中分布于雅鲁藏布江宽谷及其与支流汇合口的河滩、阶地和迎风面山坡,面积近36万hm^2,占风沙土总面积的0.5%,以那曲和日喀则地区面积最大,其次是山南地区,林芝、拉萨两地(市)也有分布。目前主要用于放牧,沿河亦可发展农林业。

(7)东南沿海滨海风沙土治理区:地处亚热带和热带湿润区,热量高,雨量充沛,年降水量1200～1800mm,干燥度均<1.00。本区跨闽、粤、琼3省,集中分布于福州到三亚的沿海地区,面积23万hm^2,占风沙土总面积的0.3%。该区水热条件优越,经济发达,有发展农、牧、林、果经济的地理优势,是很有开发前途的地区。

2.保护为主,适度利用,重点治理

风沙土主要分布在三北自然条件差、生态系统脆弱的地区,原有植被覆盖度低,一经破坏很难恢复。要严禁滥垦、滥牧、樵采;植被较好的固定沙地也应适度放牧。所以,开发治理时,应先易后难,进行重点治理。荒漠风沙土区应重点治理沙漠边缘和绿洲外围地区,再逐步向纵深推进,制止沙漠化蔓延。草原风沙土区首先固定住流动、半流动沙丘。在地形平缓、水分条件较好的沙地上大力种树种草，建设灌草结合的草牧场。草甸风沙土和滨海风沙土区，水热条件好，在全面治理的同时，可带、网、片结合营造乔灌结合的农田防护林、护牧林、速生丰产林，因地制宜地建设水、草、林、田、路配套的基本农田和草场。

3.林木为主，牧、林、农、果、经全面发展

风沙土原生植被除草本植物外，多为沙生饲用灌木、半灌木，既防风固沙，又是羊和骆驼的放牧场所，利用方向应以林牧为主。凡是水热条件较好的地方，亦可利用当地水土资源优势发展用材林、果树、粮食、饲料作物和经济作物。如沙漠绿洲，在保证灌溉的条件下，不仅能种植粮食和棉花，生产的瓜果类产品含糖量高，品质好，均属名特优良产品。草甸风沙土区除建设高产饲草料基地外，已成为我国速生丰产林建设基地。滨海风沙土区除大力营造防风林，发展人工草地外，亦可建造椰子林、热带果园、热作园，发展传统出口农产品。

4.生物措施为主，结合工程措施综合治理

改造利用风沙土是一项面广量大的绿色工程，必须采取综合治理的方法。首要的任务是增加植被覆盖度，控制流动、半流动沙地进一步扩展，这就要求在保护原有植被的前提下，大力种树种草。在植物很难存活的流动沙丘上，先行机械固沙，为种草种树创造稳定的小环境。在有水源的地方兴修水利工程，引水灌溉、引水拉沙、引洪灌淤、平整土地，进行水、林、田、路配套建设。同时，采取综合性技术措施，保持良好的农业生态环境和提高经济效益。

（二）改造利用措施

1.生物措施

生物措施是利用植树种草、封沙育草，增加植被覆盖，防止风沙危害，发展绿洲农业改善生态环境的一项根本性措施，也是改造利用风沙土行之有效的方法，已在生产实践中广泛采用。

(1)封山育草：封山育草是在过牧、樵采，植被遭到严重破坏，尚未失去生机的情况下，采取断然保护措施，严禁在封育区内放牧、樵采，使植被得以恢复，有条件的地方还可以同时采取补播措施。一般封育当年即可见效，封育2～3年便可完全恢复。据邵立业等在科尔沁沙地封育观察，退化的沙地草场经过三年封育，植被基本恢复，草群高度、覆盖率和地上生物量都有明显的提高。

(2)植树种草：植树种草是大规模改造风沙土主要措施之一，已在沙区普遍推广应用。近年来，仅北方沙区每年植树种草面积都在千万亩以上。沙区植树造林方式包括农田防护林、护牧林和固沙林三种，一般多采取带、网、片结合，乔、灌、草结合形式。造林必须根据自然条件，因地制宜确定营林形式，选择适宜树种。风沙土地区的造林树种，应根据当地的自然条件和树种的生态生物学特性而定。一般应选择耐旱、耐瘠、根系发达、生长快、寿命长、经济价值高、防风固沙效果好的乡土树种。

种草是改造利用风沙土的基本措施之一。除局部地形平缓、水分条件较好的地方，为建立高产优质人工草地而单播牧草外，普遍采取草灌混播或林(灌)草带状种植，可以取得较好的效果。

沙地适播草种也因地而异，除上述不同类型风沙土所种植的饲用灌木、半灌木外，草本植物种类也很多，且人工草地多以高产优质牧草为主。

发展绿洲农业是荒漠风沙土综合治理措施之一，但必须有灌溉条件，主要开发地区是河

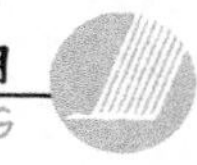

流两岸和湖盆边缘地带，同时采取水、草、林、田、路配套措施。

2. 工程措施

主要是通过兴修水利、平整沙丘、设置沙障等办法，平掉沙丘，固定流沙，为植树种草、发展农业创造条件。

(1)引水拉沙：引水拉沙就是将河水引入风沙地，利用大比降的水力将高大的沙丘冲到低凹沙坑中，以高沙填低沙，将起伏沙丘地改造成平缓沙地，配合其他措施，建成可利用的农田。这种方法已在陕北、榆林、内蒙古、新疆等地广泛采用。引水拉沙需要充足的水源和一定的水流量、水流速度。据实地观测，流量达 $0.4m^3/s$ 时，冲沙效果最好。一般流量 $1\sim2m^3/s$，流速 $0.5\sim1.2m/s$，断面以窄深式为宜。拉沙要求地形有一定比降，一般不小于 1∶2000～1∶500。若有机械扬水设备，则不受地形条件所限。引水拉沙造田，必须及时采取造林种草、建设防风固沙林、改良土壤等措施，才能保证引水拉沙成果，变沙地为基本农田。

(2)引洪灌淤：引洪灌淤系利用洪水中的细土粒和有机质改良土壤。据多年测定结果，黄河上游的泥沙量年平均每 m^3 约 6.8kg，洪水期可达 15.7kg。陕北无定河上游支流芦河的年平均泥沙含量每 m^3 为 97kg，洪水期可达 302kg，泥沙中小于 0.01mm 的物理性黏粒达 27%。另外，河水中还含有一定量的氮素。每 m^3 铵态氮含量 0.01～0.06g，硝态氮 0.02～0.28。所以，引洪灌淤可改良风沙土，并提高土壤的养分含量。

3. 农业技术措施

我国沙区广大农牧民在与风沙作斗争的过程中积累了很多经验，归纳起来主要有作物配置、耕作、播种、改土培肥等四个方面。

(1)配置耐旱、抗风沙力强的作物：各类作物的生物学特性不同，其抗风沙的能力有强有弱。各地应根据风沙危害的程度和作物抗风能力适当搭配种植。如高秆作物与低秆作物带状种植，小麦、玉米田套种草木樨、苜宿等牧草，牧草地混播谷子、糜黍、荞麦等保护作物；一年生作物与多年生牧草带状种植等，以减轻或防止风沙危害。

(2)合理耕作、施肥、发展耐瘠绿肥：风沙土不宜秋翻，应留茬过冬，春种春翻，夏种夏翻，或采用深松免耕等方法，以减少风蚀。下伏土壤比较黏重的可采取深翻将下层土翻上地表与沙土掺混，并耙耱造坷垃，保持适量的小土块以增加地表的粗糙度，增强土壤抗风蚀能力。增施有机肥有助于土壤团聚体的形成，增强土壤蓄水保水能力。种植绿肥作物，一方面增加地表的植被覆盖率，减少风蚀；另一方面根茬可以肥田，地上部分又可以养畜积肥，过腹还田。

(3)适时播种，适当深播：作物苗期不抗风沙，所以调整播种期可以避过风季。一般麦类作物可提早播种，利用风沙土土温回升快、解冻早、不易起沙的时机播种，有利于幼苗生长。对于夏播玉米、谷子、棉花等，则应适时延迟播种，以缩短幼苗期在风季的时间，防止风沙危害。风沙土保苗困难，可适当增加播种量，使幼苗保持一定密度。为防止种子或幼苗被吹失，应适当增加播种深度，如酒泉地区小麦播深达 6～7cm。在风沙土上种植谷类作物可采取交叉播种方式，加大地表覆盖度；条播则应与主风向垂直，以减轻土壤风蚀。

第二节 紫色土的改良利用

紫色土是在亚热带和热带地区，由紫红色砂页岩直接风化形成的初育土，其性状已在第二篇第八节中有所论及：这类土壤主要集中分布于四川盆地川东丘陵区，此外，在滇、黔、苏、浙、闽、赣、湘、粤、桂等省(区)也有分布。仅四川就有911.3万hm^2的紫色土分布，其中，耕地达406.1万hm^2，属于垦殖率很高的丘陵坡地土壤。这种坡耕地薄层土壤之所以能有如此高的垦殖率，主要是由于这种新风化土壤土层虽薄，而养分储量却较丰富，特别是磷(0.87g/kg)、钾(20 g/kg以上)及部分微量元素。在侵蚀较严重情况下，土壤下部岩层风化仍很迅速。由于疏松的岩层中含有丰富矿质养分，土壤物理性状良好，可弥补水土流失及其他途径的养分耗损，因而在初经风化土层上仍可持续从事耕作。除沟谷中种植水稻外，丘陵地主要从事旱作，粮食作物有小麦、玉米、甘薯、马铃薯、豆类和高粱等；也广泛种植经济作物如油菜、甘蔗、棉花、花生、麻类等；还盛产柑橘、蚕桑等。因而，紫色土丘陵成为该地区的主要旱耕土壤。

由于紫色土物理性状好，矿质养分含量高，且气候条件又较优越，其生产水平尚有较大的潜力可挖，因而，国家与四川等省均已投资，把系统整治紫色土列为农业综合改造项目，目前正在实施中。现重点对四川盆地紫色土资源改良及其开发利用情况论述如下。

一、紫色土资源特点

1.紫色土和紫色母质发育的水稻土占绝对优势

四川盆地东部丘陵区侏罗系和白垩系红层广泛分布，出露面积达10×10^5 km^2，紫色砂页(泥)岩发育形成的紫色土和由紫色母质发育形成的水稻土是主要的农耕土壤。据对52个典型县(市)统计，耕地中紫色土面积占39.3%，紫色母质发育的水稻土占35%左右。土壤有机质和矿质养分含量情况是：有机质较少，氮素偏低，磷素中等，钾素比较充足，微量元素中普遍缺硼，石灰性紫色土及其发育的水稻土缺锌。

2.生态环境不良，水土流失严重

由于紫色砂泥岩岩性松软，极易风化，因而抗侵蚀能力差，特别是泥岩，节理发育明显，结持疏松，极易遭到侵蚀。又因土壤垦殖率较高，森林覆盖率低，坡耕地多(在旱耕地中，坡度在10°～20°之间的占50%，坡度大于25°的占10%)，降雨集中季节，水土流失十分严重。侵蚀模数一般都在5000t/km^2以上，属强度侵蚀区。中部地区的遂宁市、内江市，侵蚀模数达8400～9800t/km^2，属极强度侵蚀区。严重的水土流失使土壤变瘦变薄，农业生产条件变坏，生态环境更趋恶化。粗略框算：全区水土流失面积占幅员面积的65.7%，年流失泥沙总量38859万t，相当于每年损失17.3万hm^2耕地的15cm厚的表土层，流失土壤中的有机质572万t，全氮39万t，全磷29万t。同时，土壤保蓄水分能力降低，加上泥沙淤塞塘库、渠道，抗旱能力减弱，灾害频繁。这种情况下，由20世纪50年代的三年一遇的春旱，变成现在的十春八旱；大旱年由20世纪50年代的五年一遇，增加到现在的年年均可发生，甚至有的年份春、伏、秋旱连续发生，致使生态处于恶性循环中。

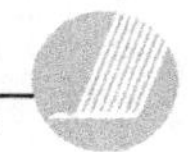

3. 冬水田多,中低产田土比重大

盆地丘陵地区由于水利设施差,保灌面积小,至今仍保留了大面积的冬水田,约占全区稻田面积的 55%,集中分布于盆地南部。冬水田一年仅种一季中稻,因而土壤及光、热资源利用率极低。加之冬水田长期淹水,土壤理化性质变劣,形成具有泥脚深、冷、烂、毒害等特点明显的潜育水稻土,一般每 hm^2 产稻谷 6750~7500kg,比一般水旱轮作田每年每 hm^2 少收粮食 3000kg 以上。

丘陵坡耕地土层浅薄,均属中、低产旱耕地类型,约占旱耕地面积的 77.2%。由于坡度大,土层薄,水分与土壤大量流失,肥力损失严重,形成粗骨性强、砾石含量多的土壤,因而耕性差,抗旱力弱,各种作物产量均很低,一般每 hm^2 产小麦 1500~2250kg,玉米或甘薯(折原粮) 每 hm^2 产 2250~3000kg,比一般旱耕地每年每 hm^2 少收粮食 2250~3750kg,比高产旱地少收 6000kg 以上。

4. 重用轻养,土壤肥力有下降趋势

由于人口密集,人均耕地少,粮食生产的压力很大。随着耕地复种指数的提高,高产良种普及,耗肥作物面积不断增加,而一些自养作物和绿肥种植面积相应不断减少。据统计,与 20 世纪 70 年代相比,现在蚕豆种植面积减少 48%,豌豆减少 56%,大豆减少了 16%,绿肥减少 75%,年每 hm^2 施有机肥一般只有 22500kg 左右。虽然化肥施用量有所增加,但仍不能弥补大量的地力消耗,以致土壤养分含量有下降趋势。据近五年的土壤肥力定位观测,土壤速效钾在水稻土中下降 14 mg/kg,下降幅度为 18.9 个百分点,紫色土下降 28 mg/kg,下降幅度为 25.2 个百分点。又据自贡市调查,20 世纪 80 年代以来,全市养地作物的播种面积仅占总面积的 5.91%,用养矛盾十分突出,土壤养分锐减。该市荣县的主要土壤类型如灰棕紫泥土的有机质、全磷和全钾含量均比第一次土壤普查时下降 30%左右。全市缺素土壤面积达 90%以上。

二、开发利用途径

四川盆地的紫色土丘陵区是四川农业的主体区域,农村经济在全省占有重要地位,为发挥该区资源优势,应以治水、改土、建立良好的生态环境为中心,加强对土地资源的保护和合理利用,大力改造中低产田,治理水土流失,稳定耕地面积,增加投入,建设稳产高产农田和粮、棉、油等商品生产基地。

1. 多途径地开发水源,引水防旱,改善农业生产条件

干旱和洪涝灾害是阻碍该区农业发展的突出问题,必须把大力引水防旱、改善农业生产条件作为重要措施来抓。针对该区地形复杂、水资源分布不平衡、干旱持续时间长和洪水来势猛的特点,利用多种水源,通过多种途径修建骨干工程,做到大、中、小结合,引、蓄、提并举,充分拦蓄当地径流和利用极为丰富的过境水源。从长远发展考虑,还应从盆西边缘山区、米仓山、大巴山山区径流高值中心向本区送水,以解决该区一些径流水量不足区域的用水问题。近期要抓好整治已有的工程,配套挖潜,利用现有蓄水工程的剩余容积,在江河、溪流提囤客水和洪水,以提高蓄水、供水能力。

2. 大力改造中低产田土,增加粮食产量

紫色土区中、低产田的增产潜力很大,应狠抓中、低产田改造。四川省中部紫色土丘陵

42个县(市)实施农业综合改造项目的主要内容是针对紫色土丘陵区坡耕地水土流失严重的情况,充分利用紫红色岩层极易风化特点,采取浅层等高爆破法,将土层下的半风化岩层等高爆破,再经水平整修,加深耕作土层;并在耕作管理时,充分考虑到川中丘陵区的夏季,特别是八月份暴雨集中的情况,对已整修的土层较深厚的坡耕地,尽量少耕翻或免耕表土,以期减少冲刷。这样一来,既增厚了耕作土层,也起到保土蓄水效果。

对沟谷底部的冬水田、下湿田,通过排除土壤渍水和地下水,消除冷、烂、毒与串灌,改冬水田为能灌、能排,亦水(稻)亦旱,水旱轮作田,变一熟为两熟、三熟,达到增产增收,效益十分显著。

改造中低产田土要贯彻"因地制宜,突出重点,先易后难,集中连片,讲求实效"的原则,实行山水田林路全面规划,分期实施,综合治理。把改土与培肥结合起来,把改土与农业综合开发、建立优质农产品生产基地结合起来,做到改造一片,成功一片,高产一片,增收一片。对无水源保证、一时还不能改造放干的冬水田,通过半旱式栽培,放养水生绿肥、稻田养鱼,南部地区还可通过发展双季稻提高经济效益。

3.治理水土流失,建立良好的生态环境

增加地表林草覆盖有利于涵养水源、保护土壤,是改善区域生态环境、治理水土流失的根本途径。盐亭县林山乡的实践就是一个很好的例证:该乡为了改善恶劣的生态环境,以林业建设为中心,将800多hm^2荒山荒坡全部绿化,营造了桤、柏混交林,使森林覆盖率提高到43.9%,山坡径流量减少了53.6%~73.8%,土壤含水量增加了15.6%~20%,露头泉水由220眼增加到了350眼,表土总流失量减少了98%。同时,每年采集桤木鲜叶作肥料达200t以上,水稻每hm^2产6000~7500kg,旱地每hm^2产7500~11250kg。因此,治理该区的水土流失,逐步建立起一个相对平衡、稳定的农业生态系统,必须实行以林业建设为主、生物措施和工程措施相结合的综合治理。在保护好现有森林植被的基础上,发动群众植树造林,绿化荒山荒坡,千方百计提高植被覆盖率。植树造林应针对该区地形复杂的特点,分不同情况营造不同功能的树种,即山脊、丘顶营造水源涵养林,陡坡和侵蚀沟谷营造水土保持林,地边田埂种植矮小的经济林,水库周边设置防淤林,河岸建造防冲林,逐步形成农田防护林网。树种选择以根系发达、适应性强、容易繁殖、蓄水作用强的柏树、桉树、桤木、洋槐、榆树及黄荆、马桑等为主。发展经济林要和果、桑、茶园开发相结合,使植树造林既治理了水土流失,改善了生态环境,同时也壮大了集体经济,增加农民收入和满足农村对"四料"的需要。

改坡土为梯田、梯土,对控制地表径流和防治水土流失也有重要作用。结合中低产田土改造,整治和健全坡面水系,完善沟、凼、池、林、路等配套设施,做到排洪有沟、蓄水有池、沉沙有凼,排蓄结合,减轻土壤冲刷,增强抗旱能力。

4.发挥优势,加快粮、棉、油及名、特、优作物的商品生产基地建设

紫色土丘陵区的资源总体优势比较明显,劳动力充裕,粮、棉、油、桑、果、麻等均具有良好的生产基础,在四川省和全国占有重要地位,而且一些产品的质量优良,名列全国各省(市、区)前茅,有的还在国际上享有盛誉。但是,这些产品几乎都未形成商品,资源优势、品种优势都没有得到充分发挥。因此,为了适应商品生产的需要,必须加快建设一批具有一定规模的商品生产基地,并在保证粮食稳定增长的前提下,因地制宜地合理安排优势经济作物的生产。该区东部宜建立粮食、麻、柑橘和榨菜等商品生产基地;中部宜建立棉花、甘蔗、花

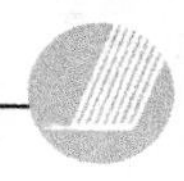

生、黄红麻、桑蚕和柑橘等商品生产基地；南部热量条件更为优越，应积极发展柑橘、荔枝、龙眼等水果以及甘蔗、茶叶、蚕桑等，逐步形成各具特色、相对集中的生产布局，为实现区域化、专业化生产创造条件。

第三节 黄土资源改良利用

黄土是我国重要而又非常特殊的土壤资源，它的独特成因和极易受侵蚀的特性，受到全球土壤学家和水土保持工作者的高度关注。本节主要介绍黄土的资源概况。因为其改良利用的首要工作是水土保持，因此，黄土的综合治理和改良利用问题将在水土保持一章中详细讨论。

一、自然概况

黄土高原位于太行山以西、日月山以东、长城沿线以南、秦岭以北的广大地区，东西纵贯经度 13°10′(东经 101°10′—114°30′)，南北横跨纬度 6°25′(北纬 33°50′—40°15′)。包括陕西省的关中和陕北地区，甘肃省乌鞘岭以东地区，宁夏回族自治区的宁南地区，青海省东部地区，以及山西省和河南省的西北部地区，共 249 个县(市、区)，面积为 4303 万 hm^2，占全国总土地面积的 4.8%，其中，耕地 0.12 亿 hm^2，占全区总土地面积的 28.66%。

黄土高原是全球黄土覆盖面积最广、厚度最大、地层发育最完全的地区。陇中、陇东、宁南、陕北和关中以及晋西是黄土堆积的中心地区，黄土堆积厚度一般为 100～200m，最厚处可达 300m 左右。在六盘山以东有两块厚度较大的地区，一个是董志源和洛川源，另一个在吴旗、环县一带，黄土层厚度均在 150～170m。在这些地区，黄土源、梁、峁、土柱、陷穴和黄土桥等地貌发育典型。

黄土高原的自然条件复杂，气候差异很大。全区年平均温度为 3.6～14.3℃，气温以东南部最高，由南向北、自东到西随海拔高程的增加而降低。各地日平均气温＞10℃的积温为 1300～4500℃，一般随纬度增加呈递减规律，对作物生长的热量资源北部不如南部。

黄土高原的降水量，区内差异也很大，由东南向西北逐渐减少。全区年平均降水量为 150～800mm，一般东南部为 600～700mm，西北部为 200～400mm。黄土高原降水量的另一特点是年季间变化大，冬季占年降水量的 3%～5%；春季占年降水量的 8%～15%；秋季降水量占年降水量的 20%；夏季约占年降水量的 55%～65%，且多暴雨。由于受季风气流强弱的影响，本区年降水相对变率较其他地区突出，而且是历年降水量低于年平均降水量的频率由北到南逐渐减少，西北部干旱区的降水年际变化频率都大于 50%，东南部湿润地区一般为 15%～30%。

黄土高原的土壤资源丰富，类型众多，土层深厚。主要土壤类型有褐土、塿土、黑垆土、灰褐土、黄绵土、风沙土、栗钙土、灰钙土等，还有潮土、沼泽土、盐土等。在各类土壤中，以黄绵土面积最大，分布范围最广。据统计，全区共有黄绵土 1228.0 万 hm^2，黑垆土、栗钙土、灰钙土的面积相对较小，分别为 255.3 万 hm^2、40.2 万 hm^2 和 330.3 万 hm^2，而且仍被不断侵蚀和退化。

综上所述，黄土高原光能和热量资源丰富，雨热同季，日较差大，土层深厚，土质适宜，有利于多种作物和经济林木生长，是我国农业的发祥地。而且矿藏丰富，煤炭储量占全国总储量的70%多，铝土资源居全国首位，也是我国煤、水、气、油四种常规能源兼而有之的唯一地区，在经济开发及农、林、牧业生产上均有举足轻重的地位。

二、问　题

黄土高原土壤开发利用的问题很多，治理困难较大，存在的主要问题是：

1. 水土流失严重

黄河中游水土流失严重的有123个县(市)、水土流失面积2780万 hm^2，占黄土高原总面积的65%，每年平均流经三门峡的泥沙量为16.20亿 t，平均含沙量为38kg/m，平均侵蚀模数为3100t/(km^2·a)，强烈的土壤侵蚀，使黄土高原土地支离破碎，沟壑纵横、土地表面的肥土及土壤被不断侵蚀。据观测试验，目前，黄土高原地区土壤表层的年冲刷厚度，黄土丘陵区为0.4～2cm，以陕北和晋西北丘陵区为重，北部可达1.5～2cm；黄土塬区一般为0.1～0.2cm，最大可达0.4cm，长此下去，土地不断破坏，黄土层年年变薄，最终黄土层将被侵蚀殆尽。

2. 土壤有机质含量低，养分缺乏

根据第二次土壤普查大量化验分析资料，黄土高原全区土壤有机质平均含量8 g/kg，一般北部多为6 g/kg，南部为10 g/kg；碱解氮平均含量为45 mg/kg，速效磷含量大多在10 mg/kg以下，只有速效钾含量普遍较高，一般在100～200 mg/kg间。总之，在黄土高原的耕地中，除速效钾较丰富外，氮磷俱缺，土壤有效锌、硼、锰、钼也均缺乏。土壤养分不足是影响本区农业增产的一个重要因素。

3. 土地利用不合理，农、林、牧配置不当

根据各省土地利用现状调查资料，黄土高原是以种植业为主，林牧业比重小。全区黄绵土耕地528.1万 hm^2；林地很少，仅陕、甘交界的子午岭梢林区有些幼小矮林，黄土高原沟谷中有稀疏草地，被覆度很低。

4. 干旱频繁、霜冻、冰雹、洪涝、大风等自然灾害常有发生，农作物产量低而不稳

新中国成立以来，国家十分重视对黄土高原的治理、开发和水土保持工作，从财力、物力、技术等方面给了大量的支持，而且取得了显著成绩。1949—1985年，黄土高原累计治理水土流失面积1000多万 hm^2，修水平梯田226.7万 hm^2，水浇地173.3万 hm^2，坝地30.7万 hm^2，造林1500万 hm^2，种草153.3万 hm^2，并进行飞播种草试点，达到尽快被覆的目的。党的十一届三中全会后，各地推行户包小流域治理生产责任制，承包户已达315万户，占总农户的三分之一，承包治理小流域25万条，面积390多万 hm^2，平均年治理进度1.3%，比1979年前提高一倍多，近几年，每年完成的初步治理面积达100万 hm^2 以上。目前存在的问题主要是：治理后，管理养护跟不上，有的甚至边治理边破坏；治理与开发利用结合不够，经济效益低，影响群众的治理积极性；建设基本农田与种草植树、陡坡退耕结合还不够，这些问题均有待今后落实解决。

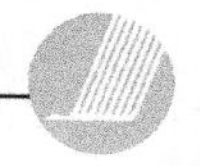

三、分区综合治理

为了进一步搞好黄土高原的开发治理，按照黄土高原的自然条件、农业生产特点、土壤组合及养分状况等，将黄土高原分为三个开发治理区，即黄土丘陵沟壑黄绵土区，黄土梁塬黑垆土区及汾渭河谷楼土区。现分述如下。

(一)黄土丘陵沟壑黄绵土区

本区分布范围广，包括豫西、晋东南、晋中、晋西、陕北、宁南、陇中、兰州和青海东部等163个县(市)的全部和大部，土地面积3118.5万hm^2，占黄土高原地区总面积的72.5%，是构成黄土高原的主体。

本区土壤类型有褐土、黑垆土、黄绵土、红黏土、新积土、潮土、石质土、粗骨土等，以黄绵土和黑垆土为主。本区土壤利用现状极不合理，垦殖历史早，农垦指数高，目前农耕地面积占全区土壤总面积的30%～40%，有的高达50%～60%，人均耕地0.3～0.4hm^2。耕地中坡耕地占70%～80%，坡度一般为15°～25°，甚至35°以上的陡坡也被开垦种植。林地面积很小，只占总面积的10%左右，全部为次生林和灌木林，盖度平均为70%～80%。牧草地面积约占总面积的15%～20%，但基本是荒沟荒坡和少数弃耕地，植被稀少，盖度30%左右，差的仅15%～20%，产草量很低，每hm^2只有700～1000 kg。除居民地和交通用地外，未利用土地(包括难利用土地)只占10%左右，许多地方不足5%，后备资源少，宜农土地缺乏。

根据本区特点，对土壤资源的利用、治理方向应是：在造林种草、保持水土、优化生态环境的基础上，加强基本农田建设，积极发展经济林木及畜牧业，走农、林、牧互相结合的道路。开发利用方向与主要措施是：

(1)调整农、林、牧业生产结构，合理利用土壤资源。应以地形平坦的河川地、残塬地、梯田、坝地、台地、坪地、弯埸地及坡度小于20°的梁峁顶部的较缓坡地为基本农田，提高土地利用率和集约化水平。20°～25°的梁峁坡地，修成水平梯田，发展经济林果和经济作物。大于25°的梁峁陡坡地退耕发展灌木和多年生牧草。沟谷边沿以下的沟谷陡坡地植树造林，建设永久性植物被覆，护坡保土。

(2)建设基本农田，改善农业生产条件。改善黄土丘陵区农业生产基本条件，实现粮食自给和退耕陡坡地的根本途径在于建设基本农田，包括修水平梯田、打坝淤地和发展灌溉等。据调查，水平梯田在一般暴雨情况下，可拦蓄50%～100%的径流和泥沙，提高产量一倍到数倍。一般坡地粮食每hm^2产量450～750kg，而水平梯田为1650～1950kg。打坝淤地有很大的发展潜力，据调查，黄土丘陵沟壑每km^2可打坝淤地0.2～0.3hm^2，约占土地面积的3%～5%。

(3)造林种草，增加植物被覆。造林种草是恢复植被、防止水土流失的根本途径，也是发展畜牧业，增加薪材与木材，解决农村燃料，改良土壤的基本手段。由于水分条件的限制，乔木在黄土区多数地方生长受到限制，造林的重点应以灌木为主，主要是解决薪柴和保持水土；在土壤水分条件较好的山地或沟谷地可发展部分乔木，乔灌结合。因为占30%左右面积的土石山地，多分布于降水量550mm以上的暖温带半湿润地区，均可营造乔木林，是发展林业、涵养水源、培养用材林的基地。

对沟谷边沿以上的25°～35°的梁峁顶部陡坡地和轮歇撂荒地，应种植紫花苜蓿、草木樨、沙打旺和红豆草等多年生豆科牧草，发展畜牧业。发展人工牧草要与发展养畜同步进行，以提高种草的经济效益，发挥种草养畜的积极性。2～3年的苜蓿地，覆盖度达90%以上，就可基本无侵蚀，土壤肥力显著提高。

(4)增加肥料投入，培肥土壤。增施肥料，特别是增加化肥投入，是提高土壤肥力、提高作物产量、充分发挥土壤生产潜力的主要措施之一。如能增加化肥用量，平均达到每hm^2施氮75～105kg，五氧化二磷30kg，平均每hm^2产量可提高到1200～1500kg。

(二)黄土梁塬黑垆土区

本区位于黄土高原中部，黄土丘陵区西南，包括甘肃省庆阳地区的全部、平凉地区的平凉、泾川、灵台、崇信、华亭等县(市)，陕西省的渭北高原地区以及晋西的吉县、乡宁一带，共34个县(市)，总土地面积610万hm^2，占黄土高原全区土地面积的14%，耕地约173.3万hm^2，占黄土高原总耕地面积的14%，农村人口590万人，人均土地1hm^2，人均耕地0.3hm^2。

本区土壤有黑垆土、黄绵土、塿土、灰褐土等，土层深厚，质地壤土至黏壤土，一般上层为壤土，下层较黏，疏松易耕，保水保肥性能较好，适宜多种作物生长。本区为陕、甘两省的主要农业区，发展粮、油、烟、果的潜力很大。今后开发治理的方向应是：在搞好固沟保塬、保持水土的基础上，推行蓄水保墒、增施肥料为主的旱作农业技术，促进农、林、牧、副各业的全面发展。具体措施是：

(1)调整农、林、牧用地比例。重点是扩大林地草地，改变单一的以粮为主的生产结构，建立合理的粮食作物、经济作物和饲料作物的三元结构。

(2)总结推广一整套旱农耕作技术。干旱缺水是本区农业生产的主要问题，因此，要千方百计做好蓄水保墒工作，增加土壤储水量，提高土壤水分利用率。

(3)增施肥料，培肥地力，提高光、热、水资源利用率。本区光热资源丰富，常年降水量也可满足作物生长需要，但由于施肥水平较低，土壤肥力不足，限制了光热资源的充分发挥。因此，增加肥料投入，是保证农业增产的关键措施。要增加化肥用量，科学使用化肥，推行测土配方、氮磷配合、一次深施等，以提高化肥利用率。

(4)植树种草，固沟保塬，保持水土。塬面应修建水平梯田，平整土地，深翻改土；塬畔应植树种草，修筑地埂；沟道应营造防护林，因地制宜发展山楂、沙棘、杏、苹果等经济林木，绿化沟坡，固沟护塬，防治土壤侵蚀，以林促农，以牧保农，使农、林、牧全面发展，增加农民收入。

(三)汾渭河谷褐土、□土、潮土区

本区位于黄土高原东南部，黄河及其支流渭河、汾河沿岸，包括陕西省的关中平原，山西省晋南谷地与晋中盆地等，共52个县(市)，总土地面积5771250hm^2，占黄土高原总面积的13.41%，其中耕地关中为146.1万hm^2，晋南为130.8万hm^2，晋中60.6万hm^2，人均耕地0.13hm^2左右，是黄土高原自然条件和农业生产条件最好的地区，也是黄土高原中人口最密、人均耕地最少的地区，是我国耕种历史最早的粮、棉、油重要产区之一。

本区土壤主要为褐土、塿土、黄绵土、潮土、新积土等。塿土在渭河谷地主要分布在河流

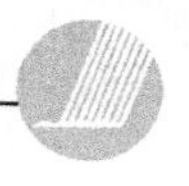

阶地及台塬地区，保水保肥，土层深厚，适宜多种作物生长，发老苗也发小苗，是一种稳产高产的土壤。褐土与黄绵土、潮土也都是土层深厚、质地适宜的较好的耕作土壤。另外，在黄洛渭三角地带分布有风沙土。部分低洼地区分布有小面积的沼泽土和盐化土壤。根据土壤普查资料，关中灌区土壤，除钾含量较丰富外，氮磷含量均属于中等偏低水平，尤其是速效磷含量较低。

根据上述情况和问题，本区土壤改良利用的总方向应是以培肥地力、平衡土壤养分为中心，全面推行以调控水肥为主的综合农业措施，进一步提高农作物产量，全面发展农、林、牧、副、渔。

主要措施是：

(1)进一步促进农、林、牧、副、渔全面发展。在提高农业生产水平的同时，要积极加强林、牧、副业的发展。农业要实现机械化，逐步减少农业的劳动投入。发展副业，大办乡镇企业，以副养农，以副促牧，发展农村经济，提高农民收入。

(2)进一步搞好水利建设，扩大灌溉面积。同时切实改进灌溉技术，克服大水漫灌，防治渠道渗漏，平整土地，提高灌溉水的利用率，防止土壤盐渍化、沼泽化。

(3)培肥地力，建立高产稳产土壤的生态系统。从总结高产经验入手，加强对高产稳产土壤条件的研究，摸清高产与水、肥、气、耕作措施等各种因子的综合关系，以便针对性地采取措施，培肥土壤，获得高产稳产。

(4)科学施用有机肥料和化学肥料，搞好平衡施肥。针对当前各地重化肥轻有机肥的情况，要加强有机肥工作，推行秸秆还田、青草堆沤、秸秆垫圈积肥等，千方百计增加土壤有机质。化肥施用中，应根据土壤养分、作物需要合理施肥，注意氮磷配合，氮、磷、锌、硼、锰配合，切实搞好测土配方施肥，平衡土壤养分。

(5)改良低产土壤。对盐渍化土壤及低湿地，主要修建排水系统，降低地下水位，防治土壤盐渍化。对湿害严重的积水地，可修建鱼塘，发展渔业。有条件地区可引洪漫淤，改良盐碱土及砂土。

第四节 其他障碍性土壤的改良利用

一、砂姜黑土

砂姜黑土是在暖温带半湿润气候条件下，受区域性因素(地形、母质、地下水)及生物因素作用形成的一种半水成土壤。剖面构型为黑土层—脱潜层—砂姜层。在1.5m控制层段内，同时具有黑土层与砂姜层两个基本层次，而且黑土层上覆的近期浅色沉积物厚度＜60cm。砂姜黑土主要分布于淮北平原、鲁中南山地丘陵周围的山麓平原洼地、南阳盆地及太行山山麓平原的部分地区，为我国北方暖温带半湿润区的一种非地带性的半水成土壤。一般地势低洼，多为河湖相沉积，宏观地貌上来说，均是一种冲积扇平原的扇缘洼地，地下水位在2m左右，雨季可上升至1m以内；处于洼地的地貌类型，大量富含$Ca(HCO_3)_2$。在水的补给下又排泄不畅，且有季节性积水，因而早期有草甸潜育化及$CaCO_3$的淀积过程，后期又经历着耕作熟化及脱潜过程。

1. 成土过程

(1) 草甸潜育化及碳酸盐的集聚过程。这是一个古代过程的延续，由于全新世(Q_4)气候转暖，河水量充沛，现砂姜黑土分布区当时为一片湖沼草甸景观，低洼处形成大面积黏质河湖相沉积物，耐湿性植物周而复始生长死亡，有机质在干湿季的嫌气与好气条件下，腐烂与分解交替进行，高度分散的腐殖质胶体与矿物质细粒复合，使土壤染成黑色，形成黑土层。

(2) 耕种熟化及脱潜育过程。近5000年来，特别近2500年以来，气候明显地从温暖湿润向干燥方面转变，加之近300年来的人为垦殖、排水，使地下水位逐渐下降. 砂姜黑土底部的潜育层下移，原潜育层上都呈现脱潜育化，氧化还原电位增高(据测定，100～150cm处的脱潜育层Eh达502mV，接近耕作层的539mV)。几千年来的人为耕作使裸露的黑土层逐渐分化为耕作层、犁底层及残余黑土层。

2. 主要土壤性质

砂姜按其形态可分为面砂姜、硬砂姜和砂姜磐三种。面砂姜多分布于剖面中上部，是砂姜形成的早期阶段；硬砂姜形成年龄与在剖面中的分布部位有关。剖面上部黑土层中的硬砂姜形成于4000～7000年，而在呈灰黄色或土黄色脱潜层中的硬砂姜年龄为1.4万～3万年。砂姜磐形成年龄最长为2.9万～4万年，属晚更新世的产物。可见，黑土层与砂姜层并非同时期产物。

砂姜黑土有机质含量不高，耕作层也不过10～15 g/kg，黑土层仅10 g/kg，往下层逐渐减少。除特殊情况外，剖面上部游离碳酸钙的含量甚低，一般在10 g/kg以下，甚至小于5 g/kg，剖面下部夹面砂姜的土层其含量可达40～70 g/kg或更高；有硬砂姜的土层则可大于100 g/kg。土壤交换量较高，一般为20～30 me/100g，剖面上部土层高于下部土层，尤以黑土层为高。土体中粗砂含量甚少，黏粒含量多在30%以上，但也有20%左右的土层，前者常具有变性特征。土层质地以壤质黏土、粉砂质黏壤土及黏土为主，质地层次分异不明显。K_2O的含量多数在26%～30%。砂姜黑土形成过程中常受季节积水影响，土体中氧化还原作用强烈，铁锰氧化物的迁移与积累明显，形成锈纹斑、铁锰斑与结核。

砂姜黑土的结构具有两个突出的特点：其一是土壤质地黏重的耕作层在冬季经过冰冻以后，形成棱角明显的非水稳性碎粒状结构(过去曾称"冻粒"结构)；其二是心土层具有灰色胶膜的棱柱状结构。具有棱角碎粒状结构的耕作层，松散如砂，在春旱期能起到一定的覆盖保墒作用，但其本身并不蓄水保墒，加上结构无水稳性，所以保墒抗旱作用有限。残留黑土层或过渡层的棱柱状结构，由大小不等的棱柱状或棱块状结构构成，干旱时结构体之间产生裂隙，致使毛管水被切断，不利于蓄水保墒，加之结构体很紧实，作物根系水平生长受抑制，故常见根系沿结构裂隙下伸。砂姜黑土的结构特征与其具有强烈的膨胀性和收缩性相关。

3. 低产原因

砂姜黑土养分状况的主要特点是有机质含量不足，严重缺磷少氮，但钾素较为丰富。自20世纪80年代以来，随着化学磷肥的连年施用，有些田块速效磷的含量明显提高；缓效钾和速效钾的含量均丰富，目前一般作物还不甚缺钾。砂姜黑土中有效微量元素的分布状况是耕作层明显高于下部的土体. 砂姜黑土有效锰、铁的含量较高，有效铜含量适中，而有效锌、硼、钼的含量过低。

砂姜黑土过去大部分属于低产土壤，其低产因素可概括为：农田基本建设差，农业生产

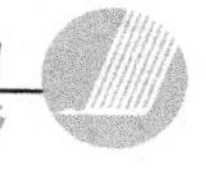

管理不善以及生态条件不良；水灾（明涝与暗渍）和旱灾（春旱、秋旱和冬旱）危害频繁；土壤用养失调，有机质含量低，缺磷少氮，并缺少锌、硼、钼等微量元素；土壤质地过黏，结构不良和胀缩系数大等。

4.改良利用

砂姜黑土近年来高产面积在不断扩大、而且适种性广，具有很大的增产潜力。但中低产田面积仍占多数，其原因主要是具有不良的土壤性状和自然环境（低洼易涝），具体表现在旱涝、瘠、僵、凉等方面，主导低产因素因地而异。因此应因地制宜，采取相应的综合改良利用措施。

（1）排水　及时排除地面积水和防止土壤内涝，是改良利用砂姜黑土的治本措施。砂姜黑土一般无盐化威胁，无须将地下水位降得过低，否则会加重其旱情，一般以地下水位控制在1～1.5m以保持土壤表层的毛管浸润为宜。

（2）灌溉　砂姜黑土分布区一般地下水埋藏深度浅，水质好，水量较丰富。应当充分利用地下水源，进行井灌，以达到井灌井排的目的；有地表水源的也应合理配合利用。逐渐发展喷灌等先进技术，既节约用水，又可克服因土黏和漫灌而造成的根系活动层内的水气矛盾。

（3）培肥土壤　培肥是提高砂姜黑土生产水平，发挥其生产潜力的根本途径。低产乃至中产的砂姜黑土多缺少新鲜有机质，磷素更缺乏，微量元素更不足。应广辟有机肥源，合理施用化肥和微肥，逐渐加深耕层，有条件的结合压砂等措施，改良土壤水分物理性质。大量元素肥料与微量元素肥料结合，科学施肥，争取均衡增产。

（4）因时因地制宜，确定合理种植结构　砂姜黑土除可种植小麦、甘薯、玉米等多种粮食作物外，棉花、蒜、花生等经济油料作物亦表现出高产质优的特点。应根据土壤和水利条件确定优化的种植结构和种植方式，以充分发挥砂姜黑土的生产潜力。根据水源和地势条件，适当发展水稻种植。砂姜黑土的综合治理和开发利用，均需因地制宜和因时制宜。所谓“因地制宜”，就是要根据砂姜黑土的特性及所在地的实际情况，制定适当的计划和采用适宜的措施。所谓“因时制宜”，就是要考虑各地的砂姜黑土目前所处的不同治理阶段，分别制定适当的计划和采用适当措施。

二、白浆土

白浆土是在温带半湿润及湿润区森林、草甸植被下，在微度倾斜岗地的上轻下黏母质上，经过白浆化等成土过程形成的具有暗色腐殖质表层、灰白色的亚表层一白浆层及暗棕色的黏化淀积层的土壤，白浆土的白浆层含有大量的 SiO_2 粉末及下层的铁锰结核。

白浆土有527.2万 hm^2，主要分布在黑龙江和吉林两省的东北部。北起黑龙江省的黑河，南到辽宁省的丹东—沈阳铁路线附近；东起乌苏里江沿岸，西到小兴安岭及长白山等山地的西坡，局部抵达大兴安岭东坡，是吉林、黑龙江两省的主要耕地土壤之一，仅黑龙江省白浆土面积为330万 hm^2，占全省总土地面积7.47%，全省总耕地面积的10.08%，在耕地土壤中居第三位。垂直分布高度，最低为海拔40～50m的三江平原；最高在长白山，可达700～900m，大抵南部较高，北部较低。近年也有在淮北发现白浆土的报道。

白浆土地区气候较湿润，年均降水量一般为500～700mm，作物生长期降水量达360～

500mm；平均气温－1.6～3.5℃，≥10℃积温2000～2800℃，无霜期87～154天，土壤冻层深1.5～2m，表层冻结约150～170天，属于温带湿润和半湿润区。

1. 成土过程

一般认为，白浆土的形成过程，具有潴育、淋溶、草甸三种过程的特征。由于这些过程仅在土层上部进行，又可称为表层草甸—潴育—淋溶过程，或简称为白浆化过程，白浆土就是白浆化过程的产物。

(1)潴育淋溶：白浆土的成土母质是第四纪河湖沉积物，质地黏重，透水性差，由于土壤冻层存在，每当融冻或雨量高度集中的夏秋季，土壤上层处于周期性滞水状态，雨季过后蒸发量剧增，上部土层迅速变干，因此表层经常处于干湿交替过程，导致土体内铁锰等有色物质的氧化—还原的多次交替。当土湿以还原过程为主时，铁锰被还原为低价状态，并随水移动，一部分随侧渗水流淋洗到土层外；大部分在水分消失时因氧化而变成高价状态，原地固定下来，形成铁锰结核和胶膜。由于铁锰不断被淋洗和重新分配的结果，使原来的土壤亚表层脱色形成灰白色土层—白浆层，通常称这一过程为潴育淋溶。

(2)黏粒机械淋溶：白浆土分布区降水充沛，土壤中黏粒产生机械性悬浮迁移。即土壤在干湿交替过程中，干时土体产生裂缝和孔道，湿时黏粒分散于下渗水流中，并随下渗水流沿着裂缝与结构面向下移动，土壤裂隙与结构面都有明显的胶膜和黏粒淀积物，这种黏粒的机械淋溶过程仅是黏粒的位移，而无矿物和化学组成的明显的改变。

(3)草甸过程：白浆土地区在植物生长期是高温与多雨同步，草甸植物生长茂盛，土壤表层有机质积累明显，荒地表层有机质含量可达100g/kg左右，Ca、Mg及植物所需其他营养元素也明显富集。

2. 主要土壤性质

白浆土质地比较黏重，表层多为重壤土，个别可达轻黏土，淀积层以下多为轻黏土，有些可达中黏土和重黏土。淀积层高度黏化，是黏粒淋淀的结果。从表层与B层黏粒含量悬殊可见质地变化不连续，呈现明显“两层性”。白浆土表层容重为1.0t/m^3左右，E层增至1.3～1.4t/m^3左右，至Bt可达1.4～1.6t/m^3以上；表层孔隙度可达60%左右外，E层和Bt层急剧下降，仅有40%左右；表层透水快，约为6～7mm/min，E层透水极弱，透水率为0.2～0.3mm/min，Bt层以下几乎不透水。因此白浆土水分多集中在Bt层以上由于Ah层浅薄，容水量有限，一米以内土体的蓄水量，即白浆土“库容”（饱和持水量—毛管断裂含水量）仅有148～164mm，而黑土则为284～476mm。因此，白浆土怕旱怕涝，是农业生产的一障碍因子。

荒地白浆土Ah层有机质含量较高，可达60～100g/kg左右，垦后头3年有机质迅速下降，耕种30年后，有机质含量稳定在30g/kg左右。E层有机质含量急剧降至10g/kg以下。由于黑土层薄，有机质总贮量不高。pH微酸性，6.0～6.5左右，各层变化不大；盐基饱和度Ah层70%～90%，E层70%～85%，Bt层下则为80%～90%。所以，白浆土是盐基饱和度较高的土壤。白浆土全氮量，Ah层最高，荒地为4～7g/kg，耕地下降到2.9g/kg，E层可急剧降至1g/kg以下；全磷量较少，Ah层为1g/kg，E层为0.7g/kg；全钾量较高，Ah层为21.6g/kg，E层为22.9g/kg，Bt为22.8g/kg；微量元素的锌、锰、钼、硼等均以Ah层最高，但养分总贮量仍为较低水平。

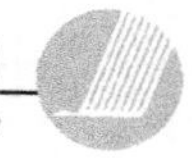

3. 低产原因

(1)耕层构造不良，白浆土 Ah 层肥力状况较好，但 Ah 层很薄，其下面是养分贫瘠、水分物理性质不良的白浆层，是托水、隔水、阻碍作物生长的障碍层次；再往下便是黏紧不透水的淀积层，根系难以向下伸展，但淀积层养分比较富集。这样的耕层构造，使土体贮水量小，易造成表涝、表旱。绝大部分根系分布在很薄的表层内，营养容积小，作物生长后期供肥不足。所以，白浆土种植作物，一般植株矮小，产量不高不稳。

(2)养分总贮量不高，分布不均。白浆土有机质和全量氮、磷、钾等养分主要分布在 Ah 层，含量较高，但养分有效性较低，尤其有效磷较缺；E 层养分迅速下降，表现特别贫瘠，Bt 层好转。由于养分分布不均，总贮量不高，有效性也不高，难以满足作物生长过程中对养分的需求。

(3)水分物理性质差：由于白浆土土体构型不良，白浆层透水性很弱，黏化淀积层几乎不透水，致使土体容水量小，春天化冻时，不煞水，夏秋雨季不下渗，容易产生上层滞水的内涝和地表积水的表涝。土壤上层干湿交替频繁，春季降雨少就出现明显旱象。水分状况十分不稳定，既不耐旱，也不耐涝。由于质地黏重，难以耕作。春天融冻时，土壤过湿冷浆，影响种子萌芽和苗期生长，也常常影响春麦适时播种，使其在生长季节正值雨季，易感染锈病，造成减产。

4. 改良利用

通过对白浆土低产原因的分析，可以看出，改良白浆土必须把培肥和改良土壤结合起来，彻底改造白浆层乃至黏化淀积层，逐渐增厚黑土层，这样才能取得良好的改土增产效果，为作物高产、稳产创造良好的土壤环境。

(1)深松深施肥：深松能打破犁底层，加深耕层，通过深松把有机肥深施入白浆层，对改造白浆层，使其逐渐熟化，达到土肥相融，可增加总孔隙度和通气空隙，降低容重，提高土壤贮水能力，有利于作物根系向下扩展。但深松必须结合施有机肥，否则影响改土的效果。

(2)秸秆还田与施用草炭：两者对提高有机质含量、增加土壤养分、增强生物活性及改善土壤物理性质等均有良好效果。应用得当，其增产效果达 10%左右。配施化肥可增产 30%以上。还田秸秆要粉碎，并配合一定量的氮肥，以改变 C/N 比。而且还田时间以早为佳，因秸秆水分较多，有利于腐解。

(3)种稻改良：白浆土种水稻可趋利避害，从水分与养分两方面消除了旱作弊端。白浆层低渗透性有利于节水种稻，由于种稻的还原条件，使高价铁转为低价铁，故可使铁态磷释放出有效磷。使稻作在一定时间内不缺磷或很少缺磷，而且种稻水田有利于有机质的积累。水稻产量可高达 7500kg/hm^2 以上。

(4)种植绿肥与施用石灰：种植绿肥如与发展牧业结合，更易为群众接受，绿肥培肥土壤可增产 15%～40%，且有 3 年后效。适宜绿肥品种有油菜、豌豆、草木樨和秣食豆等。另外，据黑龙江省农场总局的 852 农场和云山农场的试验，在白浆土上石灰施用量 150～750kg/hm^2，大豆增产 11.7%～22.3%。

(5)水土保持和排水：岗地白浆土应搞好水土保持防止水土流失；低地白浆土要开沟排水，调节土壤水分状况。这是岗地、低地白浆土建设高产稳产农田的基础，在此基础上才能发挥其他改土措施的作用。

其他还有客土掺沙改良白浆土的物理性状等，效果也很好。

三、荒漠土壤

我国的荒漠区分布于内蒙古、宁夏的西部，甘肃的河西走廊以及新疆全境的平原地区。根据水热条件的不同，我国荒漠分为两个地带：极端干旱的暖温带荒漠，它分布于塔里木盆地；干旱的暖温带，它分布于准噶尔盆地，河西走廊及阿拉善地区。1950 年以后，对荒漠区进行了大量的土壤调查工作，开垦荒地建立大量的国有农场，全国第二次土壤普查，肯定了原划分的三个荒漠地带性土类，即灰漠土、灰棕漠土和棕漠土，灰棕漠土是温带漠境与半漠境的过渡地区的地带性土壤。

1. 荒漠土壤的基本性状

(1)土壤组成与母质非常近似，腐殖质含量很少，通常在 5g/kg 或 3g/kg 以下；

(2)地表多砾石，表层有海绵状孔隙的结皮，B 层为具有土体风化的“黏化”和“铁质化”的红棕色紧实层；

(3)普遍含有石膏和较多的易溶盐。其中棕漠土在表层或亚表层的石膏聚积层中，石膏含量可达 300g/kg 以上；盐分组成常以氯化物为主，如剖面下部出现盐磐层，其中易溶盐含量可高达 300g/kg～400g/kg，个别可超过 500g/kg。

2. 荒漠土壤的利用与改良

我国的荒漠土壤位于温带与暖温带。这里光照充足，热量丰富，一般只要有灌溉条件就可以建立肥沃的绿洲，是发展农牧业的良好基地。但由于其普遍存在土层薄、土质粗、砾石多，盐分重等问题，加之风多风大，水源缺乏等不利条件，给荒漠土壤开垦带来较多困难。其中灰漠土由于其土层较厚，质地适中已有较大垦殖面积，并具有广阔的发展前景。灰棕漠土与棕漠土由于普遍的粗骨性，则利用极少。仅个别地区，例如吐鲁番存在一部分发育于细土母质的棕漠土，被开垦为灌溉农田。也有极个别的如红柳河园艺场利用洪水淤堆，将粗骨性棕漠土逐渐堆垫而形成人工灌淤土，以种植葡萄等经济作物。

开垦农用或将开垦农用的荒漠土壤，主要应解决下列问题：

(1)充分利用水源并建立完善的灌排系统，这是开拓利用与改良荒漠土壤的基本保证，这样既可解决干旱，又可保证土壤盐碱化的改良。而且要采用一切现代化的节水灌溉技术，以保证水资源的充分利用，如浸润的地下灌溉——滴灌等就可以减少大量的地面蒸发，扩大灌溉面积。

(2)建立防护林体系，这是防止风沙危害、减少田面蒸发、改善农田生态条件的重要措施。

(3)加强现代化的土壤管理。荒漠区一般人均土地面积较宽，必须有一套节水农业的土壤管理措施，例如少耕与免耕的问题，合理的种植制度问题，与上述两方面有关的农业机具的配套问题等等，以达到高质、高效和高产的目的。

(4)进行荒漠区与半荒漠区土地利用的总体开发规划，因为这是生态最脆弱的地区，要保护高山冰川，山地林带与山地牧场，要充分利用荒漠与半荒漠区的光热资源，发展其棉花、瓜果、葡萄与甜菜的优质产品基地。

荒漠与荒漠草原土壤一般质地较粗，营养元素较缺乏，但这里光热资源丰富，昼夜温差大，有利于植物碳水化合物的干物质和糖分的积累。并且气候干燥，病虫害危害相对较轻。

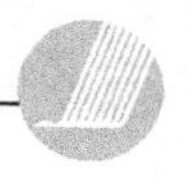

一旦有水灌溉，并配合以施用肥料，可以获得非常好的农作物收成，而且产品质量高，利于粮食、纤维和糖类作物。但由于蒸发强烈，风大沙多，需注意防治土壤盐渍化及风沙危害，因此，要注意防护林体系及农田生态改造工程。

第五节　设施栽培土壤的障碍与改良

一、设施栽培的土壤障碍

设施栽培是具有一定的设施，能在局部范围改善或创造出适宜的气象环境因素，为蔬菜或一些高经济价值的园艺或浆果类作物的生长发育提供良好的环境条件而进行的植物生产。设施栽培往往是因露天的气候条件难以满足植物生产的需要而设置的，通常又将其称为反季节栽培、保护地栽培等。采用设施栽培可以达到避免低温、高温、暴雨、强光照射等逆境对植物生产的危害，已经被广泛应用于蔬菜等植物育苗、春提前和秋延迟栽培。我国地域宽广，地形、地貌乃至气候、土壤等条件差异很大，加上经济技术基础不同，设施栽培的栽培方式多种多样，如地膜覆盖、塑料薄膜大棚、连栋大棚、智能温室、日光温室、遮阳网覆盖栽培、防虫网栽培等。南方地区夏季及早秋持续高温炎热和梅雨而导致蔬菜供应的缺口，遮阳、防雨、防虫网覆盖栽培广泛应用。北方冬季寒冷，光照充足，利用日光温室能有效地增加棚温，解决蔬菜的越冬及春提前和秋延迟栽培。

设施栽培的目的就是通过人为调控的措施，创造出更适宜蔬菜生长的温度、光照、湿度、室内小气候和土壤环境。但设施栽培容易造成棚内温度升降过快、湿度过大、土壤酸化板结、土壤渍化等，并常常出现连作障碍等问题。

(1)土壤酸化和板结　蔬菜等高经济效益作物诱导人们盲目、过量并偏施单一化肥(主要是氮肥)，导致土壤养分提高较快；有的地方，一亩地大棚施用化肥达到650多kg，实际上其中氮肥、磷肥的利用还不到10%。有资料表明，温室、大棚的耕层土壤(0—25cm)全盐含量分别为露地的11.8倍和4倍。种在盐渍化土壤上的蔬菜，由于土壤溶液的渗透压太高，根部对水分和养分的吸收遇到困难，影响蔬菜的正常生长，严重时甚至导致烧苗死根。多施和偏施化肥既使土壤酸化又破坏土壤结构，也使盐分积累在土壤中，使得土壤板结。

(2)土壤盐渍化　设施栽培条件下长期阻隔了雨水淋溶，栽培过程中大量施用的肥料等留存在土壤内；大棚内土壤水分不断蒸发和被作物吸收利用，土壤深层盐分随着水分不断跑到土壤表层，导致土壤表层盐分浓度不断积聚。有资料表明，温室、大棚的耕层土壤(0—25cm)全盐含量分别为露地的11.8倍和4倍。种在盐渍化土壤上的蔬菜，由于土壤溶液的渗透压太高，根部对水分和养分的吸收遇到困难，影响蔬菜的正常生长，严重时甚至导致烧苗死根。

(3)土传病虫害　由于温室大棚内小气候较好，有利于蔬菜生长也有利于病虫存活和繁殖，所以，大棚温室蔬菜病虫害发生的机会就较多，土壤中病虫存留就多。土传病虫害是引起连作障碍因子中最主要的因子，引起蔬菜连作障碍的70%左右的地块是由于土壤传染性病虫害所引起的。蔬菜的多属连作提供了根系病害赖以生存的寄主和繁殖的场所，使得土壤中的病原菌数量不断增加，特别是近年来由于过多地使用化肥所带来土壤中病原拮抗菌的减少，更加重了土传病虫害的发生。设施蔬菜主要土传病虫害有许多，如由镰刀菌引起的番茄和瓜类枯萎病、青枯病和一些根际线虫等。

(4)植物的自毒作用　如果长期种一种蔬菜，一些植物可通过地上部淋溶、根系分泌物和植株残茬等途径来释放一些物质对同茬或下茬同种或同科植物生长产生抑制作用，这种现象被称为自毒作用。近年来的研究证实了豌豆、番茄、黄瓜、西瓜和甜瓜植物根系分泌物和残茬所引起的自毒作用，并从中分离出一部分自毒物质，这些物质通过影响细胞膜透性、酶活性、离子吸收和光合作用等多种途径影响植物生长。

(5)有些大棚中经常施用没有腐熟的有机肥，在有机肥发酵的过程中，一些有害物质和盐分会释放出来，积累到一定程度也会形成土壤障碍。

设施栽培是一种高度集约化的栽培方式，由于它的高投、高产和高效益，在各地发展很快。据不完全统计，2008 年全国设施蔬菜栽培面积达 335 万 hm^2(5020 万亩)。但由于设施栽培情况下的土壤长期得不到雨水的淋洗和阳光直射，种植作物种类单调，结果出现土壤障碍，构成生产发展的一大威胁。

二、设施栽培土壤的改良

1.改良施肥技术

(1)增施有机肥料，最好施用纤维素多的即碳氮比高的腐熟有机肥。腐熟有机质中，有腐殖酸等有机胶体，大大增强土壤的缓冲能力，防止盐类积聚，延缓土壤盐渍化的进程。

(2)实行基肥深施，追肥限量。用化肥作基肥时要进行深施，最好将化肥与有机肥混合施于地面，然后进行翻耕，这样使多数肥料施到表土以下，以免过多增加表层土壤的含盐量。追肥一般很难深施，故应严格控制每次用量，宁可用增加追肥次数的办法，尽量“少吃多餐”，以满足蔬菜对养分的需求。不可一次施用过多，以免土壤养分浓度过高。

(3)提倡根外追肥。在露地条件下，根外追肥只是一种常规的辅助施肥手段，但在设施栽培时，由于根外追肥不会给土壤“添麻烦”，特别是尿素、过磷酸钙、磷酸二氢钾和一些微量元素，都适宜作为根外追肥，应当大力提倡。

(4)加强土壤监测。土壤盐渍度可用土壤电导率来判断，当用电导仪所测得的 EC 值(单位为毫欧姆/cm，即电阻率的导数值)超过一定数值时，蔬菜就要发生土壤障碍，应该停止施肥和适当浇水，以达到有效控制土壤溶液浓度的目的。

2.改善土壤物理性状

设施栽培中必须避免过多地施用化肥，应强调增施有机肥来改善土壤物理结构。其他措施还有：

(1)加深土壤的翻耕。设施栽培土壤的盐类集中于表层，如以表层(0—5cm)含盐指数100，中层(5—25cm)为 60，底层(25—50cm)为 40 来考虑，在蔬菜收获后，进行翻耕把富含盐类的表层翻到下层，把相对含盐较少的下层土壤翻到上面，就可大大减轻盐害。

(2)利用换茬空隙撤膜淋雨溶盐或灌水洗盐。利用夏熟菜收获结束后，揭开薄膜，在雨季如有数十天不盖膜，日晒雨淋对于消除土壤障碍是一项简易可行的有效措施。或者在高温季节，进行大水漫灌，在地面上盖膜，使水温升高，不仅可以洗盐，而且可以杀灭病菌。

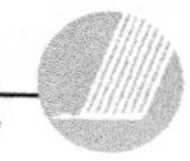

(3)进行地面覆盖。利用地膜或秸秆进行地面覆盖，对于抑制土表积盐有明显作用。据有关研究测定，覆盖地膜的0—5cm的土层含盐量仅相当于未盖膜的57%，5—25cm土层的含盐量却为未覆盖的160%，这表明盖膜后土壤的盐分是向下运行的，能有效地防止土表积盐。

3. 土传病虫害的防治

与地上部病虫害不同，根系病虫害一旦发生，一般很难得到控制，目前也无合适的农药供生产上使用。因此，减少栽培时的病原菌数量和提高植株抗病性是当前采用的防治策略。

(1)轮作和间套作。轮作是解决连作障碍的最为简单和有效的方法，通过与病原菌非寄主植物的轮作，土壤中的病原菌数可望得到显著减低。轮作不仅仅指同普通蔬菜的轮作，也包括同水稻、对抗植物(antagonist plant，即具有通过释放抗菌物质来抑制病原菌功能的植物)和净化植物(clean plant，即具有吸收土壤中过剩的盐分功能的植物)等的轮作。浙江省北部近年来发展了瓜类(冬春季节)、水稻(夏秋季)的栽培制度，该地区瓜类枯萎病的发病率明显低于传统蔬菜产区的发病率，经测定，土壤中的病原菌数也显著低于传统蔬菜产地。

(2)土壤消毒灭菌。包括化学药剂消毒灭菌和采用蒸汽或太阳能等物理方法来提高土壤温度从而起到灭菌作用的方法，这也是日本等国经常采用的方法，其中的一些方法如覆膜太阳能法也十分适合我国现阶段的蔬菜生产，值得进一步研究推广。

(3)生物防治和有机生物菌肥法。生物防治法是利用一些有益菌对土壤中的特定病原菌的寄生或产生有害物质或通过竞争营养和空间等途径来减少病原菌的数量和根系的感染，从而减少病害发生的一种防治方法。它包括通过大量使用有机质来增加土壤微生物总数从而减少病害发生的方法，或利用对特定病原菌具有拮抗作用的特定微生物来减少病害发生的方法，生物防治是近年来国内外的研究热点。最近，一些微生物菌肥也相继投放市场，但其效果还有待进一步证实。

(4)利用抗病品种和嫁接技术。随着育种技术的发展，国内外相继育成一批抗病品种，同时，也可利用嫁接的方法来防治根系病害。目前，这些技术正在生产上发挥着越来越重要的作用。

4. 自毒作用的克服

迄今为止的研究表明，自毒作用发生在包括黄瓜、西瓜和番茄在内的许多蔬菜上，有趣的是虽然黄瓜和西瓜的根系分泌物对黄瓜和西瓜产生自毒作用，但对黑籽南瓜反而产生生长促进作用，因此，嫁接黑籽南瓜也是克服自毒作用的一种有效的方法。另外，也可通过除去自毒物质的方法来达到克服自毒作用的效果。无土栽培培养液中的自毒物质可通过活性炭来吸附，但有关大田栽培中自毒作用的克服方法至今未见报道。由于土壤中的许多微生物对自毒物质有一定的分解能力，因此，如何利用有益微生物的机能解决自毒问题是今后值得研究的课题。

5. 移动大棚

有田间的情况下，把大棚换到另一块地；对于永久性的设施栽培，可采用换土的方法，把明显发生土壤障碍的土用无盐分障碍的置换掉。

土壤侵蚀与水土保持

第一节　土壤侵蚀机理

土壤侵蚀是在水和风的作用下，地面土壤被分散、搬运和沉积的全过程，又称为水土流失。由于土壤受水和风两种主要营力的作用，一般又分为水蚀和风蚀，显然，水土流失如从字义上看仅指水蚀，但在我国，习惯上已将水土流失与土壤侵蚀等同起来。因此，水土流失已成为土壤侵蚀习惯上的同义语。土壤侵蚀的类型是多种多样的，但就其发生和发展，归根到底都是在具体的空间地理条件下，由水力、风力、重力或其他侵蚀力和地面组成物质（土壤、土坡母质、风化岩层等）的抗蚀力之间相互作用、相互影响和相互制约的运动过程。

一、侵蚀力的作用

（一）雨滴的击溅作用

雨滴降落时，具有一定的速度，也就是有一定的能量。按自由落体计算，直径6mm的雨滴降落时，具有的动能为4.67×10^{4} erg，相当于把46.7g的物体上举1cm所做的功。如落在裸露的土地上，雨滴就直接打击土块，它的动能就成为侵蚀力，使土粒分散、飞溅，形成溅蚀作用。暴雨强度越大，雨滴直径越大，于是动能就越大，溅蚀作用也就越强。

高速摄影表明：雨滴的形状，在空气的压力下变为扁平的球形。据测定，雨滴直径范围为0.2～6.0mm。直径在4.6mm以内的雨滴一直是稳定的，直径大于5.4mm的雨滴很不稳定，因此也很少见到，即使偶尔出现，也是暂时的，在到达地面之前还会再次发生破裂。雨滴下降速度受空气摩擦阻力而减缓，落在地面时的速度被称为终点速度，它取决于物体的大小和形状。屑状物的终点速度十分小，开始降落不久就达到它的终点速度。据研究一般雨滴下落10m以内就达到它的终点速度，而雨滴的终点速度随雨滴直径的增大而变快。直径为5mm的最大雨滴，其终点速度大约为9m/s，因此具有很大的动能。在其打击地表土粒，或者打击已在地面形成的薄水层过程中，击溅土壤而产生侵蚀现象。这种溅蚀现象的过程是：首先，当较大的雨滴落在干燥的土表时，土粒来不及吸收雨水，细粒就随雨溅蚀，这些细

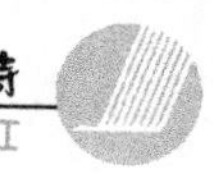

粒常维持原来的结构，这时称之为干土溅散阶段。其次，当降雨继续进行时，表土团粒吸收的水分不断增加，土粒间空隙大都为水所填充。继续受雨滴击溅、震荡致使结构破坏，土表水分增加到流限以上，土粒即成稀泥状态，再受雨滴打击，将以泥浆状态溅蚀，称为泥浆溅散阶段。再次，如再继续降雨，土壤表层的泥浆就逐渐阻塞土壤孔隙，阻止水分下渗，泥浆顺坡下流，形成泥浆态的地表径流。泥浆携带部分土壤细粒流走，造成土壤表层比较均匀的损失，这就是层状面蚀。可见，形成这种面蚀的固体物质来源，是由于雨滴击溅土壤而成，并不是形成于地表径流的冲力，所以这种面蚀可以发生在受雨滴击溅的任何地形部位，而这种面蚀的发展，是依靠泥浆状态的地表径流搬运作用完成的。

在雨滴击溅表土形成泥浆的过程中，土粒反复受到雨水的振荡、洗刷，表土中含有的可溶解物质将被溶解，其数量则决定于浸水时间、振荡情况、溶质的种类和含量等，主要决定于土壤中可溶性物质的溶解度，这些物质是随水土的流走而损失的。

土壤的溅蚀，据西北水土保持研究所测定，雨滴溅起土粒最高可达 50cm，水平移动距离可达 1m。如在平地上，由雨滴溅起的土粒仍将回落到原地面，但在坡地上，溅蚀作用促使土粒不断向下坡移动。如遇有风天气，土粒溅失方向则与风向一致，向下风向移动。

（二）坡面的径流作用

当从雨滴击溅起到降水强度超过土壤的渗透速率时，即产生地面径流。地表径流形成的初期，是处于均匀分散状态，流速极其缓慢，当继续向下坡漫流时，水量逐渐增多，流速加大，冲力也就加大，最终导致地表径流的冲力大于土壤的抵抗力，产生地面均匀的面蚀。如果地面完全平坦，则形成层状面蚀。事实上，在自然界中，特别在农耕地内，完全平整的坡面是很少的，所以，坡面层流实际上是不固定的微小股流联合体。在坡面分水线附近层流的流速接近于零，顺坡下流时，流速和流量都逐渐加大，侵蚀力也逐渐增加。

坡面径流的动能，即是径流的侵蚀力（主要是分离和输移土粒的冲力）决定于流速和流量。而流速和流量又决定于降水强度、坡度及坡长、土坡渗透能力、地面糙率等。如果坡度越大、坡面越长，径流量和流速就越大，则冲击力越大；若地面越粗糙，流速越小，冲力也就越小。所以地面如果生长茂密林、草，有枯枝落叶层覆盖，地面就粗糙，表层渗水力也大，坡面就很少产生径流，即使有少量径流，冲力也很微弱。

在裸露的坡地上，抗径流冲击的是土壤抵抗力。土粒细小，如为单粒，抗冲力就很小，极细而分散的粉沙，当流速超过 0.3～0.45m/s 时，即被冲走。但有一定结构的土壤，即可抵抗 0.1m/s 的流速而不被冲走。所以，坡面表土对径流冲力的抵抗力，主要决定于土壤结构及其水稳性。然而这种结构性和水稳性是有限度的，因而坡耕地最好修成水平梯田，使坡度接近于零，再结合深耕改土，增加土壤渗透能力，使地面径流的冲力小于土壤的抗冲力，这样就可以全面克服坡面径流的侵蚀作用。

（三）侵蚀沟的股流作用

地面径流逐步向地形低洼处集中，其侵蚀力也逐渐增加。形成细沟侵蚀之后，继续不断地扩展，直至形成切沟、冲沟等。流水受固定沟槽地形的制约，就以股流的形式流动，其侵蚀作用主要表现为沟头前进、沟底下切、沟岸扩张和被侵蚀物的搬运。

侵蚀沟发展的第一个阶段，即侵蚀沟形成的开始阶段，向长发展最为迅速。其原因主要是股流在水平方向的分力，大于土壤抵抗力的结果，其进展方向与股流方向相反，故亦称为溯源侵蚀作用。虽也有比较显著的加深和加宽，但毕竟还是处于从属性质的。在外貌上的特征是发展迅速，但规模尚小，沟底崎岖不平且较狭窄，横断面呈"V"字形。

随溯源侵蚀作用的进展，流入沟顶的集水区面积不断缩小，亦即流入沟顶的流量逐渐减少，于是向沟顶前进的速度也减缓，取而代之的是以深发展为主的阶段，即第二阶段。向深发展是由股流冲力的垂直分力所形成，是垂直方向的侵蚀作用，常称"纵向侵蚀作用"。由于第一阶段形成的，沟顶处的原始地面与沟底具有一定的高差，而且多与陡坡相接，于是流入沟顶的股流显著的冲蚀沟顶部，逐渐加深，就形成了有跌水的沟顶。其特点沟顶有明显的跌水，横断面开始呈 U 字形，此时已较深地切入母质，沟顶显著不平，侵蚀沟依原有地形开始分支，形成多数支沟，是侵蚀沟发展最激烈的阶段。

下切深度有一定限度，其极限是不能切入所流入的河床。因此，将侵蚀沟纵断面的最低点，称为侵蚀基准。通过侵蚀基准的水平面，则称为侵蚀基准面。

待沟顶停止前进，沟底不再下切，而集中的径流仍有一定流速，将以水平分力继续冲淘沟坡的基部，促使沟岸崩塌泻溜，使侵蚀沟向宽方向发展，称为横向侵蚀作用。斜坡面积显著减少，沟深已达极限，横向冲淘引起的沟岸崩塌，成为泥沙的主要来源，久之力量减弱利于植物生长。当侵蚀沟内的堆积物更多，逐步保持稳定，开始为植物所固定。

股流除进行上述的作用外，并有搬运被侵蚀物的作用。股流具有的动能，决定于流体的质量和流速，在作用于被冲物体时，就表现于股流的冲力。股流对于某一物体的总冲力，除流体的质量和流速外，还决定于该物体的受力面。被冲物体的抵抗力决定于被冲物体的大小、形状、比重及土壤结构间的摩擦阻力和凝聚力。

当集中的股流依其冲力的大小冲起相应数量的土、沙、石砾时，流水中就混入了固体物质，成为浑水或泥石流。这种混入水中的固体物质称之为固体径流。固体径流量，包括推移质和悬移质，是指单位时间内通过某一断面的固体物质的数量，以 kg/s 为单位。

集中的股流携带固体径流的数量有一定限度。这是因为流水携带一部分固体物质之后，将消耗一部分动能，其结果就促使流速减小。

当固体径流量不断增加，流速也就不断减少。当最终导致水流以其全部动能用于搬运固体径流时，就无余力进行侵蚀，即达到了固体径流的饱和状态。在此种状态下，股流的冲力恰等于被冲的物体的抵抗力，此时的流速称为临界流速。当某一沟道中每一处的流速均等于临界流速时，其纵断面称之为平衡断面，此时沟道表现为不冲不淤状态。

（四）重力侵蚀作用

在自然界的斜坡上，土壤的稳定是由土壤的内摩擦阻力、粒子间的凝聚力和土壤上生长的植物固土力来维持的。一旦受到外力作用，将产使土地甚至基岩大量崩塌。所谓外力作用，即下渗水分和地震的作用，其中下渗水分促使内摩擦阻力减小，是引起重力侵蚀经常性的原因，称为重力侵蚀。

对黏粒含量较少、土体颗粒组成大小不匀的松散土类，其内摩擦阻力的大小主要决定于内摩擦角（亦称自然倾斜角、息角、安全角）的大小。内摩擦角在一定的含水量条件下为一常数。当土壤含水量增加时，内摩擦角即行减小，有可能形成不稳定的状态，于是这部分土体，将依重力规律向下崩塌，崩塌产物堆积在坡脚或沟道的一侧，大而重的土石滚落在最前方，

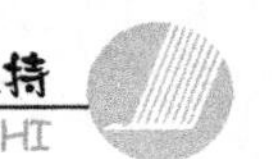

并停在下层，细碎的颗粒堆积在后方，并在上层，称为土石堆。当坡土松散层薄，其下为难透水的基岩，表层为水饱和后，内摩擦阻力减小，沿基岩向下滑落，形成浅层滑坡。

对于均质的细粒土，土体凝聚力的大小决定土体的抵抗力，因此比较均质的细粒土壤当含水量增加到一定程度时，即成可塑状态，水分再增加，就成为可以流动的流体状态。例如黄土含水量达15%～20%时，处于可塑态。含水量达24%～35%时，则处于流动状态。红土含水量达35%时，抗剪强度降低60%以上。在纯粹由细粒组成的土体中，含水量在塑限以上时，其内摩擦角将接近于零度，即使在很缓的坡度上也将发生滑塌。但含水量在塑限以下时，由于内聚力作用，可以保持一定高度的垂直壁立状态(即接近于90°坡角)，所以，内摩擦阻力在比较均质的细粒土体中作用是不明显的。

由上可见，不论松散土或细粒均质土，由重力侵蚀作用所引起的滑塌主要是以土体水分过多为条件的，而下渗水分在土体中的积聚是主要原因，所以排出土体中过多的水分是防治滑塌作用的有效途径。

(五)冻融侵蚀作用

现代冰川地区的冻融侵蚀主要发生于雪线以上现代冰川活动地区，如我国青藏高原和其他高山地区。一般地区的冻融侵蚀作用，主要是由于水的冻结和解冻的物理变化引起的。

我国北方和南方冬季气温在0℃以下的地方，都形成不同深度的冻土层。当春季回暖时，其下层解冻很缓慢，而地表有些地方解冻过程较快。在裸露的坡地上，表面开始解冻后，土壤表层即为水所饱和，因下面有冻土层，水不能下渗，势必产生严重的水土流失。在高山坡度较陡的地区，冻融侵蚀作用就更活跃，由于相对高度较大，气温的垂直变化突出，雪线以上终年积雪，不停地进行着属于自然侵蚀范畴的冰川活动，造成冰川侵蚀。在雪线附近则是冻融侵蚀作用激烈进行的地段。这一地段坡度陡峭，植物，尤其是森林的形成和发展很困难，于是不仅促使水力侵蚀作用的激烈发展，而且为重力侵蚀和泥石流等侵蚀作用提供了条件。

(六)风力侵蚀作用

风是由空气流动形成的，在一定条件下，风把细土、粉砂吹到了别的地方沉积下来，使细砂、粗砂滚动，消耗土壤水分，破坏土壤肥力，埋没农田、草地，危害人们的生产活动和生活条件，这就是风力侵蚀作用。

由于空气质量小，所以在相同速度下风力仅为流水冲力的0.13%。但空气流动速度常大于流水。随着风速的增加，风力也增加。干燥的表土，其中细小的土粒重量很轻，抵抗风蚀的能力很小，稍有微风即被吹起，甚至耕作时在人畜及农具的扰动下产生的气流也可将这些细小的土粒带进空气中。由于大气层上的风速大，且受滑动的影响，所以进入大气中的土粒常被托运至高空，随高空更大的风速搬运至远方。只有在风静之后或遇雨时才回到地面，但已远离原来的地方。这种风力侵蚀称之为“浮游”。土壤损失的总量虽不多，但是“质”的损失很严重，从而对土壤肥力造成破坏，这就是是土壤沙化的开始。

一般当风速超过5m/s时，沙粒开始移动，这一速度称为“起沙风速”。风蚀发生时，除很少量的砂粒沿地面滑动外，大部分沙粒受地面摩擦阻力的影响“滚动”前进。滚动前进的速度决定于沙粒的大小和局部风速，而波动的旋转速度则决定于摩擦阻力。风速继续增加，滚动前进和旋转速度亦增加，沙粒的动能也加大，当有障碍时，常按接近垂直方向腾空跃起，其高度一般在20cm以下，然后一致沿抛物线方向以5°～12°的角度俯冲打击地面，这种冲击力可以推动6倍于自身直径的沙粒，或比它本身重200多倍的沙粒。由"跃动"沙粒这样反复作用的结果，地表沙土开始大量移动，这种在地表空气层（空气下垫面）中混有滚动和跃动的气流称之为风沙流。风沙流的形成标志着风力侵蚀作用已经进入严重阶段。

由上述风力侵蚀作用的基本内容看来，土地沙化、风沙流的形成，流动沙丘的堆积和移动，其实质就是风的侵蚀力大于土壤抗蚀力的结果。

二、影响土壤侵蚀的因素

影响水土流失的因素可分为自然因素和人为因素。自然因素是水土流失发生发展的基本条件，人类活动是水土流失或保持水土的主导因素。

（一）自然因素

1. 气候

影响水土流失的气候因素有降水、风、温度、湿度、日照等，其中最主要的是降水和风。暴风骤雨是造成严重水土流失的直接动力。当然，其他各项因素之间也都是相互影响的，起着促进或减缓侵蚀的作用。

降水包括降雨和降雪。不是所有降雨都会引起水土流失，造成水力侵蚀的主要气候因素不仅是降雨量，更重要的是降雨强度，因为只有在单位时间内的降雨强度超过土壤的渗透能力时才会发生径流。而径流是水力冲蚀的动力，降雨强度大雨滴也大，动力就大，雨滴击溅侵蚀力量也强。

从绥德水土保持试验站1956年观测资料（表9-1）中可见，几次雨量接近，但降雨历时相差较大，即降雨强度差异亦较大，对其径流和冲刷量进行比较结果是：三次降雨量接近，但平均降雨强度之比为1：2.5：6，而径流量与冲刷量之比分别为1：15.5：44.2和1：37：233，相差悬殊。

表9-1 降雨强度对径流量和冲击量的影响（黄委会绥德水土保持试验站）

降雨日期	平均降雨量(mm)	降雨历时(min)	平均降雨强度($mm \cdot min^{-1}$)	径流量		土壤冲刷量	
				(m^3/hm^2)	比例	(t/hm^2)	比例
1956年7月3日	43.4	805	0.054	6.6	1	0.6	1
1956年7月22日	40.0	292	0.137	41.28	15.5	22.35	37
1956年8月8日	49.3	150	0.329	292.05	44.2	139.8	233

另外，前期降雨充分，也是导致严重冲刷的重要条件之一，这是因为前期充分降雨，已使土壤含水量增加，不久再遇暴雨，易于形成奔流。我国各地降雨量的年内分配都很不均匀，各地连续最大三个月的降雨量，一般都超过全年总降雨量的40%，有的甚至达到70%，降雨量的高度集中形成明显的干湿季节。雨季土壤经常处于湿润状态，这就为强大暴雨的剧烈侵蚀活动打下了基础，这也说明了为什么多雨季节水土流失量往往占全年的三分之二以上。

其次，风是土壤风蚀和风沙流动的动力。风蚀的强弱首先取决于风速，风速受地面摩擦

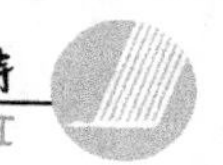

阻力的影响，距地面越近风速越小，紊流和涡流作用越强；再者是风的持续时间，如果持续时间短就不能造成大规模的风沙流动。至于形成风蚀的风速标准可以通过实测取得，各地具体数据并不一致。如陕北毛乌素沙漠的起沙风速为5m/s。另外，风蚀还和季节、空气湿度、气温等因素有关，湿度越小，温度越高，蒸发量越大，土壤表层越干燥，就越有利于土壤风蚀和风沙流动。

2. 地形

地形是影响水土流失的重要因素之一，地面坡度、坡长、坡形和集水区的大小、形状与高差，都对水土流失有很大影响。但其中坡度和坡长是影响径流侵蚀的两个主要地形特征。

(1)坡度：坡度是决定径流冲刷能力的基本因素之一，因为径流所具有的能量是径流的质量与流速的函数，而流速的大小主要决定于径流深度与地面坡度。所以坡度直接影响径流的冲刷能力。

在其他条件相同时，一般地面坡度越大，径流流速也越大，水土流失量也越大。很多地区的试验都证明了这一点。如辽宁省大连市复县、新金县和盖县交界处的老帽山，1981 年 7 月 27—28 日骤降暴雨，引起大量水土流失。根据同样雨量不同坡度的测定，其结果见表 9-2。

(2)坡长：当其他条件相同时，水力侵蚀的强度依据坡的长度来决定。坡面越长，径流汇集越多，径流速度越大，因而其侵蚀力就越强。根据绥德水土保持试验站资料，坡度增加一倍时，土壤流失量增加 0.5～2 倍(表 9-3)。

表 9-2　坡度与水土流失关系

坡　度	径　流		土　壤　流　失	
	m^3/亩	系数(%)	t/亩	深度(cm)
6°	4293.90	55.33	280.35	0.822
9°	4646.55	63.51	235.50	0.691
12°	1999.65	24.43	462.60	1.341
15°	2256.75	30.87	471.00	1.381
21°	2393.40	32.74	1226.10	1.396
25°	3124.05	42.70	1162.20	3.429

表 9-3　陕西省绥德水土保持试验站坡长与水土流失量关系

坡　度	坡　长(m)	土　壤　流　失　量	
		t/亩	%
17°～19°	7	52.5	100
	14	149.4	285
17°～28°	5～8	71.85	100
	10～16	138.75	193
26°～31°	12～25	153.3	100
	24～56	217.65	142
	37～75	242.4	158

(3)坡形：自然界中山区、丘陵区，地形虽然十分复杂，总的说来不外以下四种：凸形坡、凹形坡、直线形坡和台阶形坡。直线形坡地的上下坡度一致，下部径流集中，冲刷大，所以比

上坡侵蚀强烈。凸形坡地上部缓，下部陡而长，因而下部冲刷更强烈。凹形坡地与凸形坡相反，上部陡下部缓，中部侵蚀强烈，下部常发生堆积。台阶形坡地，坡缓而短，水土流失轻微，但在台阶边缘容易发生沟蚀。

(4)坡向对径流侵蚀的影响：主要受小气候及太阳辐射土壤角度的影响。北半球的南坡或西坡温度常较北坡及东坡为高，蒸发较大，水分储量较少，特别在干旱季节，植物生长差，植被稀疏侵蚀较重。相反，北坡或东坡温度虽然相对较低，但比较湿润，植被较好，因而侵蚀较轻。

3. 地质

(1)岩性：岩性就是岩石的基本特性，对风化过程、风化产物、土壤类型及其抗蚀能力都有重要影响，对于沟蚀的发生和发展以及崩塌、滑坡、泻溜、泥石流等侵蚀活动也有密切关系。

A. 岩石的风化性。容易风化的岩石常常遭受强烈侵蚀。如花岗岩和花岗片麻岩等类结晶岩，主要矿物是石英和长石，其结晶颗粒粗大，节理发达，在温度变化作用下，由于它们膨胀系数各不相同，因此易于分化，风化层较深厚，这种风化层主要含石英砂，结构松散，抗蚀能力很弱，极易受侵蚀。紫色砂页岩及泥岩等因岩体受冷热干湿交替作用胀缩而崩解，经雨水淋溶分散成碎屑，易为地表径流等冲刷。

B. 岩石的坚硬性。块状岩石可以抵抗很大的冲刷作用，阻止沟壁扩张，沟头前进和沟床下切，并间接地延缓沟头以上被面的侵蚀作用，常常形成沟身狭小、沟壁陡峭，沟床多跌水等特点。岩体松软的黄土和红土，沟道下切很深，沟放扩张和沟头前进很快，全部集流区可以分割得支离破碎。黄土具有明显的垂直节理，沟道下切扩张时，常以崩塌为主。如沟床停止下切，沟壁无侧流淘刷，直立的黄土沟壁可保持很长时间。红土由于比较黏重坚实，沟道下切较黄土慢，沟壁扩张以泻溜、滑坡为主，不能形成陡坎、陡崖，沟坡亦较平缓。

C. 岩石的透水性。这一特性对于降水的渗透、地表径流和地下潜水的形成及其作用有显著影响。地表为疏松多孔透水性强的物质时，往往不易形成较大的地表径流。在深厚的流沙或砾石层上，基本没有径流发生。若土层浅薄，下为透水性慢的岩层，则上层的土壤迅速被水饱和，容易发生径流侵蚀甚至土层整片滑落，形成泥流。若上层为透水快的土层，较厚，下为难透水的岩层，则可形成暂时的潜水，使上部土层与下伏岩层间的摩擦力减小，往往导致滑坡。

岩体对风蚀的影响也很明显，块状坚硬致密的岩体不易风化，抗蚀性强；松散沙粒最易受风力搬移，质地不均的岩体物理风化强，容易受风蚀。

(2)新构造运动：新构造运动是引起侵蚀基准变化的根本原因，水土流失地区如地面上升运动比较显著，就会引起这个地区冲刷的复发，促使冲沟和斜坡上一些古老侵蚀沟再度活跃，因而加剧坡面侵蚀。

4. 土壤

土壤是被侵蚀的主要对象，但水土流失的大小也常与土壤的特性，尤其是透水性、抗蚀性和抗冲性等有关。

(1)土壤透水性：主要取决于土壤的机械组成、结构性、孔隙率、土壤剖面构造及土壤湿度等。

一般沙性土透水比较容易，不易发生径流。土壤结构越好，透水性和持水量都大，水土

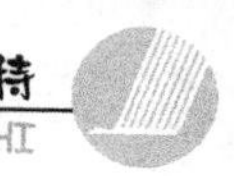

流失就越少。土壤持水量主要决定于土壤孔隙率，同时也与孔隙的大小有关。当孔隙很小时，土壤持水量虽然很大，但由于透水性不好吸收雨水也较弱。如果土壤孔隙率增加，同时孔隙加大，土壤吸收雨水的能力即加强。土壤湿度增加，一方面减少吸水能力，另一方面也影响土壤孔隙胀缩，尤其是胶体含量大的土壤更为显著。一般情况下，当土壤含水量非常多时，透水性能显著下降，再遇大雨就会产生较大的水土流失。

(2)抗蚀性与抗冲性：土壤的抗侵蚀性能以往称之为土壤的抗蚀性或侵蚀性。我国土壤学家朱显谟先生等在研究了我国黄土及红壤地区的侵蚀以后，提出了抗蚀性与抗冲性两个概念。所谓抗冲性能，主要指土壤抵抗地面径流、机械破坏和推移的能力；抗蚀性则指土壤抵抗水的分散和悬移的能力。但实际上要把抗蚀性和抗冲性截然区分开来又是不可能的。可是把土壤的抗蚀性能区分为抗蚀及抗冲两种性能，将有助于认识土壤侵蚀过程的实质，因而也就有助于正确制定和合理配置恰当的水土保持措施。

在评价土壤抗蚀性和抗冲性能方面，目前尚无公认和确切的指标。一般来说，土壤的分散率、侵蚀率、分散系数、团聚度等，均可反映土壤抵抗水的分散的悬浮能力，故可作为土壤抗蚀性能的指标。土层的松紧、厚度以及土块在静水和流水中的崩解和冲失情况，可反映土体抵抗径流冲刷的能力，故可作为土壤抗冲性的指标。

目前对土壤抗蚀及抗冲性的强弱及其定量分级等问题，有待于今后的研究。但就已有的研究成果表明，土壤中有机质含量越高其分散系数愈低，抗蚀性愈强。土壤膨胀系数愈大，崩解愈快，抗冲性愈弱，如有根系固结土壤，抗冲性可能增强。

5. 植被

植被覆盖是自然因素中对防止水土流失起积极作用的因素，几乎在任何条件下都有阻缓水蚀和风蚀的作用。植被一旦遭到破坏，水土流失就会加剧。

植被的主要作用有：

(1)拦截雨滴。植物的地上部分，即茎叶枝干能够拦截降水，使雨滴不直接打击地面，速度减小，因而有效地削弱雨滴对土壤的破坏作用。

(2)减低径流量和径流速度。森林、草地中往往有一厚层枯枝落叶，它能增加地面糙率，分散径流，减缓流速，增加下渗水分，像海绵一样能隙留接纳大量的雨水，使雨水缓慢地渗入土壤变为地下水，这样就不致产生地表径流，即使有也很轻微，这层枯枝落叶起到保护土壤的作用。由于枯落物不断累积分解，土中腐殖质含量增加，提高土壤团粒结构，增加土壤的透水性，减少地表径流，从而增强抗蚀力和抗冲性能。

(3)改良土壤，固持土体。植物根系对土体有良好的穿插、缠绕、网络、固结作用，特别是自然形成的森林及营造的混交林，都有很强的固结土壤的能力，可以减少土壤冲刷。

降低风速，防止风害。植被能削弱地表风力，保护土壤，减轻风力侵蚀的危害。

此外，森林还有提高空气湿度，增加雨量，调节气温，防止干旱及冻害，净化空气，保护和改善环境等多种效益。

(二)人类活动对水土流失的影响

人类不合理地利用水土资源是土壤侵蚀(水土流失)加剧的根源。据历史记载，现今很多水土流失严重地区，以往都有茂密的森林和草地，可以说是山清水秀、风调雨顺、物产丰饶的地方。后来因为人口增加，人们为了生存而毁林开荒，或者因为战争的破坏，或者因为大规模的修建等等，总之，由于不合理的开发利用加剧了土壤侵蚀。因此土壤侵蚀遍及世界各个国家和地区，成为当前世界上普遍关注的几大问题之一。加剧土壤侵蚀的直接原因主要是：

(1)破坏森林：滥砍滥伐，放火烧山，使森林遭到破坏，失去了蓄水保土、调节气候的作用，而加速了水土流失。

(2)破坏草原：过度放牧或盲目开荒使草原遭受破坏，从而使草原走向沙漠化。世界上几个大的沙漠如非洲的撒哈拉大沙漠，美索不达米亚等地，就是人类破坏草原带来的灾难性后果。

(3)不合理的耕作：如陡坡开荒，顺坡直耕使表土很快遭到冲刷，又不采取水土保持措施，使千万年形成的土壤很快被冲光，造成一片片荒山秃岭，这些情景在世界各地均可看到。

(4)不合理的筑路、开矿：近年来各国为发展交通、开发山区，开矿、筑路缺乏合理规划，因而又常诱发起大型山洪或泥石流的危害。

在我国根据记载，黄土高原森林植被的大量破坏主要从汉代开始，在前汉初期这里的人口已近700万，而海河发源地太行山的森林植被破坏则始于春秋战国时期，是一个破坏较早的山地。其他各地不再一一列举。总之，我国山区、丘陵区、风沙区所占面积很大，水土流失、沙漠的侵袭、环境生态的恶化，都是历史上掠夺自然资源的灾难后果。

另外，人类对水土保持也可以发挥积极作用。当人们认识水土流失的危害与水土保持的重要性后则开始采取保持水土的措施，将水土流失的危害减少至最小的程度。如坡地上修梯田、挖水平阶、开水平沟改变坡度、截短坡长以减轻地表径流的侵蚀；在荒坡上挖鱼鳞坑、水平沟以蓄水造林；在谷地修谷坊、造水库、打坝淤地等等，这些都是我国劳动人民早在一两千年前就已开始使用，以后又不断总结提高行之有效的各种水土保持措施。

总之，水土流失既受自然因素的影响，同时更受社会经济活动的影响，当人类以不合理的甚至是以掠夺式的方式利用自然资源时，必然加剧水土流失，造成灾难性的后果；当人类认识并合理开发利用自然资源并同时采取保护措施时，则可将水土流失加以控制，使其危害减至最少的程度。为达此目的，就要学习、掌握水土流失的客观规律，运用这个规律来进行水土保持，改造我们的环境，保护自然资源，充分发挥土地的作用。

第二节　土壤侵蚀的类型及其危害

一、土壤侵蚀的类型

土壤侵蚀类型从不同学科，如土壤、地貌、水文等角度出发，对于同一流失现象可能有不同的分类法。在这里结合外营力情况，同时更多地考虑到治理上的特点，在原有不同水土流失类型分类基础上，进行一些分析和整理。

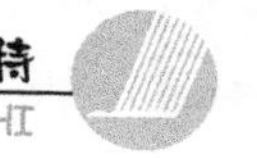

(一)水力侵蚀

1. 面蚀

面蚀是水土流失中最普遍的侵蚀形式,凡是裸露的地表,都有不同程度的面蚀发生。其形式很多,如雨滴击溅侵蚀、层状侵蚀、鳞片状面蚀,细沟状侵蚀等。

(1)雨滴溅蚀:雨滴对地面的击溅作用是一次降雨中最初发生的普遍的侵蚀现象。凡是裸露地面受到较大雨滴打击时,土壤结构即被破坏,土粒被溅散,这叫做雨滴击溅侵蚀。雨滴击溅侵蚀,为雨后表土形成板结层创造了条件。

(2)层状面蚀(又叫片状侵蚀):为降雨强度超过土壤渗透能力时,坡面出观薄层径流侵蚀,实际上是微小股流的联合体,侵蚀发生之后,在表土上面留下微细的沟状痕迹,经过耕作即可消失,是使整个被面均匀地遭受冲蚀,使土层变薄、质地变粗、肥力降低的一种侵蚀类型。

(3)鳞片状面蚀:在非农地的牧荒地及疏幼林地上,由于过度放牧及不合理经营,使植被状况恶化、种类减少、生长不良、覆盖稀疏。以致有植被处与无植被处的溅蚀和径流冲刷情况不同,侵蚀地成斑块状分布,形以鱼鳞状,称之为鱼鳞状侵蚀。

(4)细沟状面蚀:在较陡的坡耕地上,特别是刚翻耕的疏松地上,暴雨后常出现无数条纹状小沟,它是由集中的小股径流对疏松耕地刻划形成的。小沟一般都不深,耕作后即可消除,所以它是临时性的侵蚀沟,位置不固定,据此将它划入面蚀范围。但在地形低洼处,如股流集中,发展下去就是沟蚀的开始,可见细沟侵蚀是沟蚀的前期,也是面蚀与沟壑侵蚀的过渡类型。

2. 沟蚀

沟状侵蚀又称线状侵蚀,是由细沟侵蚀进一步发展而成,按其大小分为浅沟、切沟、冲沟,称为侵蚀沟。

(1)浅沟侵蚀;在土层深厚的坡面上,随着各种面蚀的发展,地面径流在较低处进一步集中,由小的股流合并为较大的股流,因冲刷力增大,向下切入底土,形成横断面为宽浅槽形的浅沟。一般初期下切深度在0.5m以下,以后逐步加深至1m。沟宽一般超过沟深,以后继续加深加宽。

(2)切沟侵蚀:坡面侵蚀继续加深后,特别是凹形地面上,较小浅沟的径流集中到较大浅沟中,下切力量增大,沟身切入母质或风化基岩,并且有明显沟头,这叫切沟侵蚀。初期切沟深度至少在1m以上,后来逐渐发展到10～20m,甚至更深。横切面初期呈"V"字形,后来呈"U"字形。

(3)冲沟侵蚀:大型切沟进一步发育,水流更加集中,下切深度越来越大,沟壁向两侧扩展横断面日趋定型化呈"U"字形。沟底纵断面与原坡面有显著的不同,上部较陡,下边已日益接近平衡断面。这种冲沟深度可达几十米,宽度也有几十米。它是侵蚀沟侵蚀的后期,但还没有达到相对稳定的程度。治理措施则是修谷坊和淤地坝等。

3. 山洪

山丘地区,一遇大雨特别是暴雨,坡面很快产生径流,并携带坡面的大量固体物质流入溪沟,使流水骤然高涨,汹涌奔流,因此它具有很大的冲力,将沿途的崩场松散物质带走,冲出沟口。在土石山区,以岩屑石砾为主,称为石洪;在深厚的土质区,以泥沙为主,称为泥流。

泥流所含悬浮物质虽多,但其容重都小于 1.3t/m³,并在堆积过程中有分选作用,这些特点可与泥石流区分。山洪有巨大的冲击力,所以危害性很大。

4. 岩溶侵蚀

它是水力侵蚀的一种特殊形式,在石灰岩集中分布的地区形成岩溶侵蚀地貌。在地质年代因其雨水沿裂缝不断溶流,对岩体长期进行溶蚀而形成的现代岩溶地貌,一遇暴雨大量水土通过溶洞变成地下水而流走,雨后又非常缺水,形成一种特殊的水土流失类型。是石灰岩分布地区较为常见的一种土壤侵蚀。

5. 重力侵蚀

纯粹的重力作用引起的侵蚀是很少的,所谓重力侵蚀都是在其他营力,将别是水力的共同作用下,引起的地面物质移动的形式。重力侵蚀可细分为泻溜、崩塌和滑坡等,为山洪、泥石流提供大量的物质。

(1)泻溜:在石质山丘区,由于风化等原因,表层岩石硫松破碎,岩屑在重力作用下沿坡面撒落下来,称为泻溜。紫色土地区,特别是泥岩出面的地方,岩质松软,风化层深厚,容易风化剥蚀,流失剧烈,树草难生。黄土地区耕地坡度超过 35°时,也会发生泻溜。

(2)崩塌:一般发生在 70°～90°的坡上,在岩层或母质的垂直节理比较发达的地方,如河岸、沟岸、谷缘等处常呈陡壁、陡坎状态。基部一旦受到流水冲沟而失去支持时,就像墙倒般地崩塌下来,还可细分为塌岩、陷穴和山崩。

(3)滑坡:斜坡上的一部分土石沿坡面内部的一个或几个滑动面整齐地滑动下来叫做滑坡。即原地面物质层次仍保持其原来位置而发生的整块下移,其破坏性很大。在地震及河流侵蚀等因素诱发下,川西山地还往往形成规模巨大的山崩和滑坡,川东山丘及长江沿岸有大量滑坡分布。云贵高原山区的滑坡也很发达。云南的滑坡分布是和泥石流的分布交错在一起的,滑坡又为泥石流提供大量的土沙石块。

6. 泥石流侵蚀

泥石流是一种饱含大量泥沙、石块等固体物质的特殊洪流,它突然爆发,来势凶猛,历时短暂,破坏力强。

泥石流含沙、石等固体物质一般都超过 25%,有的高达 80%,实测容重为 1.5～2.3 t/m³,泥石流流体黏稠,黏度一般为 1.3P 以上,最高可达 30P,最大流速 15m/s,因此泥石流具有大冲大淤的特点,可在很短时间内,将千百万立方米的泥沙石砾倾泻于山外,使流域面貌发生巨大变化。

泥石流的侵蚀作用,主要集中在沟谷的上游和源头区,就是泥石流的形成区,其特点是强烈而迅速,搬运能力极强,比水流大数十倍甚至数百倍。

(二)风力侵蚀

在雨量稀少、温度变化大、植被稀疏、风力较强的地区,气流的运动以及瞬间的空气涡流,常将地表土粒甚至砂粒吹起,带到它处,这种现象称为风蚀。

风力是风蚀的主要动力,当风力大于沙粒的重力时,沙粒才能移动,这种使沙粒移动的风速,称为起沙风,而起沙风的风速是个变数,它取决于风力、沙粒粒径以及沙地水分和沙地地表情况。

沙粒的移动可分为悬移和推移两种情况:

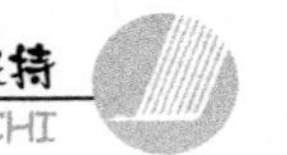

1. 悬移

当风速小于或等于 4～5m/s 时，干燥、颗粒细小很轻的表土往往被风吹起，脱离地表后，上层风速较大，又被涡流形成的浮力托升至高空，随高空更大的风速搬运到远方。只有经过长期的风静后，或遇降雨时才落到地面，但已远离原地。这种风蚀运动形式称为悬移。

2. 推移

当风速超过 5m/s 后，地表较大的沙粒开始被风吹着移动，移动方式或为滚动，或为跳动，统称为推移。

距地表 0.3m 处，风速差异极大，大部分土壤移动是出现在这个高度以下。风蚀土壤的数量取决于风速和土表粗糙度。

二、土壤侵蚀的危害

（一）破坏土地资源，使土壤肥力下降

由于土壤侵蚀每年使广大坡地上的土层受到剥蚀，仅黄河年输沙量即达 16 亿 t，据调查，估计有 8 亿吨来自坡耕地，相当于每年损失耕地约 500 万亩（按耕层 20cm 推算）。与此同时，黄土高原的土地更易破碎、贫瘠，沟谷密度已达 3～7km/km^2。沟谷面积占总土地面积的 30％～50％，甚至达 60％。

吉林省东辽河上游的东辽县，1949—1963 年间水土流失导致全县耕地面积减少近 1/3，并引起土壤肥力普遍急剧下降。吉林省在开垦初期坡耕地有机质含量达 7％～9％，现已下降到 2％～3％，流失严重地区已下降到 1％。黄土高原残坡黑垆土有机质的含量原为 1％～2％，现大部分耕地均小于 0.5％。据调查估算，吉林省每年流失的养分约 24 万吨，相当于全省坡耕地的施肥量；江西省水土流失的养分（氮、磷、钾）为全省化肥年产量的 2.2 倍，四川省琼江流失的氮、磷价值达 4787.2 万元，占农业总产值的 15.56％。

我国许多水土流失地区，每年由于面蚀损失土层的厚度常为 0.2～1.0cm，严重的地方达 2cm 以上，每 km^2 年土壤流失量不少地方在 2000～10000t 之间，在黄河中游黄土地区的一些地方达到 15000t 以上，最高有 30000t 的，如按平均流失厚度为 0.5～2.0cm 计算，每年从每 1km^2 的土地上约带走 8～15t 氮，15～40t 磷，200～800t 钾。仅黄河流域每年冲出的泥沙中含氮、磷、钾总量即达 4000 万 t 以上，中国每年流失的氮、磷、钾总量可达几亿吨。除水力侵蚀外，风蚀刮走土壤表层细土粒，遗留下大的砂粒，使土壤肥力严重恶化。与此同时，水分因作为径流大部分流失，遂使水土流失的地区极易干旱。

水土流失不仅使坡地上的土壤肥力遭到严重破坏，而且又使田地遭到切割蚕食。中国一些较严重的水土流失地区，每 km^2 的土地上切沟数目往往有 30～50 条，沟道总长度有的达到 2～3km，多的达 6～7km（这种单位面积沟道总长度称为切沟密度）。这种稠密的沟壑网把土地切割成窄小条状，使地面支离破碎，轻则造成耕作上的很大困难，重则使土地完全丧失种植价值。不仅农作物不能种植，就是造林种草也要付出很大代价才能成功。根据各地资料，由于水土流失，使得作物产量一般减少 33％～66％。

（二）河床抬高，水库淤积，航程缩短

三十余年来，黄河下游河堤已三次加高，耗资 20 亿元，且仍处于越加越险的被动局面，

直接威胁下游工农业生产和亿万人民生命的安全，湖南洞庭湖每年淤积泥沙1.5亿t；江西鄱阳湖每年淤积1500万t。水库严重淤积已成为普遍现象，不仅使国家资产蒙受巨大损失，而且汛期危及下游的安全。陕、晋两省每年水库淤积量1.3亿m^3，相当于每年损失一个大型水库。吉林的丰满水库，建库初期的20世纪40年代，年平均入库泥沙量为145万m^3，至60年代增加到年332万m^3，70年代猛增至523万m^3，为建库初期的3.6倍。建于永定河的官厅水库，原设计死库容早已淤满，现在主要靠建于官厅水库以上的300座大小水库拦截泥沙。四川省的垄嵴电站水库，建成后运行9年泥沙淤积量已占有效库容的44%，平均每年淤积库容近5%。

泥沙淤积河道，严重影响航运，1957年长江航程7万km，至今航程仅3万～4万km。四川省20世纪50年代初期有91条河流可以通航，航程16000km，到1983年，通航河流只剩56条，航程仅8000 km。江西赣州地区34条河流，解放初期航程为1542km，近年来只剩下734.5km，缩短了一半多。

（三）生态环境恶化

在中国水土流失严重的黄土丘陵沟壑区，近30～50年内毁林，毁草，陡坡开荒极为严重。现在森林覆盖率仅为4%～5%，例如延水支流杏子河流域，大于25°的陡坡耕地占农地的50%以上，全流域坡耕地的流失量占总流失量的60%，流域内覆盖度大于60%的乔灌林地仅占3%。对该流域1958—1976年两年航片对照解释并结合典型流域的调查发现，植物的破坏为建造的2～40倍。四川的森林覆盖率由50年代初的19%降至现在的13.3%。

生态环境的恶化与水土流失的加剧，也必然影响旱、涝、洪等灾害的发生发展。四川省近30余年来，旱灾与洪涝灾害频率增高。50年代三年一大旱，60年代二年一大旱，70年代则有8年是大旱。洪灾与旱灾相间或相继发生。50年代发生洪涝灾害3次，60年代5次，70年代6次，80年代几乎年年发生，特别是1981年，8月份四川出现历史罕见洪灾，138个县2000万人受灾，粮食减产150万吨，造成直接经济损失达25亿元。

近数十年来，中国洪涝灾害的发生次数增多，频率加快，除气候因素外，生态环境恶化也是诱发和强化洪涝灾害的重要原因。一方面地表蓄水容量随着森林面积减少和土壤薄层化而锐减，地表径流量和洪峰流量则相应增加；另一方面，地表淤积过程随着水土流失加剧而数量增多，速度加快，而河流泄洪能力则不断降低，洪水水位逐年抬高，使得侵蚀与水堆积过程的叠加影响，最终加剧洪涝灾害的发展。

（四）对大气中二氧化碳（CO_2）的影响

绿色植物是CO_2的主要消耗者，世界上的植物每年要消耗600亿～700亿t CO_2。热带森林每年每平方米固定3.7～7.4kg CO_2，温带森林每年每m^2固定0.74～1.48kg CO_2。但由于人为活动大量破坏森林植被，减少了CO_2的吸收量，同时森林燃烧却增加了CO_2的排放量，从而影响到大气中CO_2排放量和吸收量之间的平衡，在目前大气CO_2浓度逐步上升过程中起到了促进作用。大面积的森林砍伐和燃烧，已成为全球CO_2的一个主要排放源，由森林破坏引起的CO_2排放量为3亿～26亿t，其中80%是由热带森林破坏引起的。此外，草原开垦后，虽然单位CO_2释放量比森林小，但因其面积广阔，CO_2总排放量也相当可观。

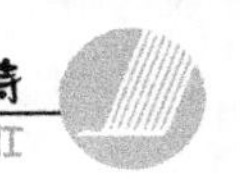

森林迹地植物是产生CO_2的主要来源，由于森林砍伐迹地温度高，生物作用强度大，通常比林地产生更多的CO_2含量，在川西高山林地的观测表明，在植物生长季节(5—9月)迹地土壤表层CO_2含量的平均值高出林地43%～73%，林地5—6月份土壤空气中CO_2含量接近于大气层中的CO_2含量，而迹地则超过大气中的1～2倍。

表9-4 林地与迹地土壤表层CO_2释放量比较[kg/(hm²·h)]

类别	5—9月含量	平均值
林 地	1.26～1.77	1.3702
迹 地	1.73～3.23	2.3886

综上所述，无论从CO_2吸收量的减少和迹地散放CO_2量的增加，都说明森林破坏对CO_2增量的影响，而森林燃烧直接增加大气中的CO_2量，则起到叠加效应。

(五)对水资源分配的影响

土壤侵蚀破坏土层结构，阻碍植被恢复，直接影响地表水资源的分配，打破原有的水量平衡关系。当植被遭到破坏后，便失去其截留降水、涵蓄水源、滞缓径流的功能，相反，地表径流增加，地下径流减少，加大洪峰流量，并由此造成降水和地表水与地下水之间的不平衡，带来水文性干旱；当土壤受到侵蚀后，土层明显减薄，土壤贮水库容降低，土壤含水量减少，形成土壤水分和作物需水量之间的不平衡，带来农业干旱。中国现代出现的旱涝灾害与土壤侵蚀加剧和植被覆盖率减少，破坏了水资源的平衡有着密切关系。

在西北黄土高原无林区的最大洪峰流量和侵蚀量都大大高于有林区。在汛期降水量相同情况下森林覆盖率67.7%的流域较森林覆盖率2.7%的流域削减径流量74.6%～78.4%。据广东电白水保站观测，全年中光板地每亩径流量为混交林的237.5倍，一年中混交林产生地表径流侵蚀仅7—8月两个月，光板地则长达7个月(6—12月)。上述资料充分说明水土流失对水资源再分配的重大影响。水土保持的实践表明，防治土壤侵蚀后，可以改善农业生态环境，使水资源分配恢复到良性循环状态。如江西兴国县经过10年的重点治理，有效地调节了地表径流，增加了地表蓄水能力，全县径流系数由治理前的0.626下降到0.429，土壤保水率提高14%，农田抗旱能力提高了10天以上，水旱灾害频率比治理前下降48.8%。

(六)对地面气候的影响

随着水土流失加剧，森林面积减少和沙化土地面积增多，对气候环境产生一定的影响，森林大气降水的50%～90%通过蒸散作用重返大气，森林消失后大气降水量要减少20%。同时无林荒地使地表温度增高，湿度减少，风速增大。据辽宁省水土保持研究所观测，辽西严重流失区，荒坡比林区地面温度增高3.9～5.8℃，空气相对湿度下降3.25%～8.0%，风速增大1.18～2.24m/s。在裸地或植被稀疏的地面上，由于受到阳光直接照射，地表比热小，吸热散热快，地面辐射性强，导致气温、地表温度和土温的升降幅度都较大。地表温差最大时，最高温比最低温高90%左右。

地表温度过高，严重影响植物(或作物)的生长。在南方严重流失的光坡上，干旱季节地表温度高达75～76℃，表土层含水率低达3%，常导致幼树茎秆(近地面部分)被烤焦和作物枯死现象。

我国土壤侵蚀类型多，分布面积广，必须因地制宜按主要流失区采取相应的防治对策与措施。

第三节 土壤侵蚀评估

一、土壤侵蚀强度的分级

为了进行水土流失的调查、规划、防治和预测预报以及应用遥感技术编制全国土壤侵蚀图的需要，必须有一个统一的标准。为此，水电部于1984年6月颁布了土壤侵蚀强度分级标准，作为全国统一标准，见表9-5。

表9-5 土壤侵蚀强度分级指标

级 别	年平均侵蚀模数(t/km^2)	年平均流失厚度(mm)
1.微度侵蚀(无明显侵蚀)	＜200、500、1000	＜0.16、0.4、0.8
2.轻度侵蚀	(200、500、1000)～2500	(0.16、0.4、0.8)～2
3.中度侵蚀	2500～5000	2～4
4.强度侵蚀	5000～8000	4～6
5.极强度侵蚀	8000～15000	6～12
6.剧烈侵蚀	＞15000	＞12

上述分级指标是参照国内外土壤侵蚀标准资料拟定的。控制土壤允许流失量与全国最大流失量两级值，内插分组，内插值照顾到各大流域过去曾经使用过的界限，土壤侵蚀强度分为六级，微度侵蚀指标(无明显侵蚀)的地区，不计入水土流失面积内。由于各流域的成土自然条件差异，可按实际情况确定土壤允许流失量的大小，从200，500，1000t/(km^2·a)算起，但不得低于200或超过1000t/(km^2·a)。

侵蚀模数系根据当地条件，采用各种方法进行分析确定。这些方法是：利用小型水库和坑塘的多年淤积量行推算，最后获得下流水文站的输沙量资料，淤积量和输沙量之和为上游小流域面积的侵蚀量。根据水土保持试验站实测坡沟泥沙径流资料进行分析。野外进行坡面、沟道典型地区的侵蚀量调查。根据水文站多年输沙模数资料，用输移比的比值进行推算，如采用土壤流失通用方程或其他方法计算需要论证。在进行土壤侵蚀强度分级调查时，测区面积应大于1km^2。

有的地区，在土壤侵蚀强度和侵蚀速率方面的资料难于调查收集，不能做出定量分析的情况下，可以采用分级参考指标，见表9-6。

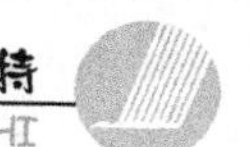

表 9-6 不同水力侵蚀类型强度分级参考指标

级别	面蚀		沟蚀		重力侵蚀
	坡度（坡耕地）度	植被覆盖度%（林地、草坡）	沟壑密度（km/km²）	沟蚀面积占总面积的%	滑坡、崩塌面积占坡面面积%
微度侵蚀	<3	90 以上			
轻度侵蚀	3～5	70～90	<1	<10	<10
中度侵蚀	5～8	50～30	1～2	10～15	10～25
强度侵蚀	8～15	30～50	2～3	15～20	25～35
极度侵蚀	15～25	10～30	3～5	20～30	35～50
剧烈侵蚀	>25	<10	>5	>30	>50

上述指标，系参考国内外有关土壤侵蚀调查资料拟定的。由于各地雨量、土壤、坡度、植被等自然条件的不同，参考指标及其组合有一定的复杂性，在使用参考指标前，各地应先选样区进行测试验证，建立起侵蚀模数与各参考指标的相互关系，再推广使用。各大流域机构还可以根据本流域的自然条件，拟定本流域的各项参考指标。但绝对量、侵蚀强度分六级，全国应是统一的。

关于风力侵蚀和融冻侵蚀的分级，目前还不能做出定量分析依据，暂主要根据 1965 年国家地图编委会出版的中华人民共和国自然地图集中土壤侵蚀类型图的分级参考指标。融冻侵蚀指多年冻土地区先融再冻所造成的侵蚀，非多年冻土地区的季节性冻蚀不在此列。

二、土壤侵蚀强度的评价

土壤侵蚀的评价，是一个较为复杂又十分重要的问题，土壤侵蚀模数，即每 km² 每年土壤侵蚀量，是一个最直接也是应用最广泛的土壤侵蚀指标，但它一般只能用于流域范围、通过河流泥沙量的长年监测才能得到，否则就需要建专用的径流试验场进行长年监测。所以对不同地段、不同坡面、不同生态条件下等的土壤侵蚀评价就变得比较困难。另外一种方法，试图通过对影响土壤侵蚀的因子的分析，来得出评价土壤侵蚀的严重程度，但目前尚未有一个成熟的、统一的方法和指标。

综观影响土壤侵蚀的因子，可归纳为三个组别：

第一组，能量因子。包括降雨侵蚀力、径流、重力、风力、地质构造运动、地震及影响侵蚀能量的坡度、坡长、坡形、侵蚀基准面相对高度等。

第二组，抗蚀因子。包括土壤（及地面组成物质）的理化性质，如有机质含量、胶体含量、抗蚀性、抗冲性、渗透能力、机械组成、结构性、土壤管理及与抗蚀抗冲有关的其他因子。

第三组，保土因子。包括植被覆盖度、生物及工程防护、人口密度、土地利用强度及土地管理等。

上述三个组别中，有的因子属于自然因素，有的属于人为因素。自然因素仅是引起侵蚀的潜在可能因素，人为的破坏活动才是导致侵蚀的主导因素。但人为因素对侵蚀的影响既有消极的一面，也有积极的一面。不合理地利用土壤和破坏自然植被引起侵蚀是消极的方面，发挥人的主动性，加强抗蚀因子和保土因子，削弱侵蚀能量因子，防治土壤侵蚀，是积极的方面。所以，人为活动可以引起土壤侵蚀，也定能防治土壤侵蚀。

用因子分析来估算土壤侵蚀程度的最典型的方法，是计算土壤侵蚀量的“土壤侵蚀通用方程”，而目前，应用地理信息系统方法，研究、描述和评价土壤侵蚀的新技术正在迅速地发展。

三、水土流失通用方程

土壤流失是降雨的侵蚀力与各种自然因素和人为因素综合作用产生的结果。20 世纪 60 年代美国的魏希迈伊尔（W. H. Wischmeyer）对多年的试验成果进行了分析、整理，将各因素赋以数值建立了可以计算的土壤流失预报方程。该方程又称通用土壤流失方程（简称 USLE）。美国农业部以农业手册形式正式颁布了此方程，并推广应用，以作为估算土表土壤流失量和进行坡地水土保持规划的指南。这个方程提出以来，引起了许多国家的重视，美国和亚非一些国家陆续建立了各自国家或地区的流失方程式。现将此方程式简要介绍如下。通用土壤流失方程：

$$A=RKLSCP \tag{9-1}$$

式中：A 为单位面积的土壤流失量（t/hm^2）；R 为降雨因子（等于单位的降雨侵蚀指标值，$J-cm/m^2/h$）；K 为土壤侵蚀性因子（等于标准小区上单位降雨侵蚀指标的土壤流失量）；L 为坡长因子（等于其他条件相同而坡长不等的实际坡长与标准区上土壤流失比值）；S 为坡度因子（等于其他条件相同实际坡度与标准区坡度下土壤流失比值）；C 为耕作和管理因子（等于其他条件相同特定植被和经营管理地块上的土壤流失与标准小区上土壤流失之比）；P 为水土保持措施因子（等于其他条件相同的等高耕作或修梯田等水土保持措施下的土壤流失与标准小区上土壤流失之比）。

应该指出，上述方程是一个以实验数据为基础的纯经验性的方程，而不是理论性方程。因此，只有根据适应于本地区条件的实验资料推导出该方程中的各因子数值和相关关系，才能使这个方程在实际应用中获得满意的精度。其次，通用土壤流失方程所计算的只是来自坡地上片蚀与细沟侵蚀所产生的流失量，而不能计算来自沟壑、河床的侵蚀量。第三，土壤流失量是逐年变化的，年际变差很大，但它长期变化趋势却趋向于平均值。此方程是根据多年实验推导出来的，它代表的是逐年变化的土壤流失量的多年平均值。因此，它只能估算多年平均的土壤流失量，而不是用于估算一次暴雨所产生的土壤侵蚀量。

方程式中各个因子值，是通过试验小区长期的年土壤流失情况及有关资料，详细分析中所获得，经过各地实践检验后为大家所公认。

1. R 因子的计算

R 因子表示降雨和径流的侵蚀程度，简单来说是降雨侵蚀力的一个重要指标。研究表明，坡地的土壤流失与暴雨的总能量和该次降雨的最大 30min 降雨强度的乘积成正比。因此，R 是暴雨动能和雨强的函数。

$$R=EI_{30}=\sum E_1\ I_{30} \tag{9-2}$$

式中：R 为降雨侵蚀力（$J-cm/m^2/h$）；E 为一次暴雨的总能量（J/m^2），等于 $\sum E_1$；E_1 为一次降雨过程中某时段降雨产生的能量（J/m^2）；I_{30} 为降雨过程中连续 30min 最大降雨强度（cm/h）；每次暴雨侵蚀指标（及 I_{30}）值，都可以根据自记雨量计记录和给定公式计算。一次

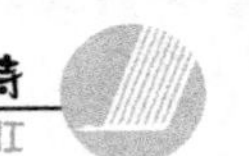

降雨过程中某时段的 E_1 可用下式表示：

$$E_1 = e \cdot I \tag{9-3}$$

$$e = 210 \times 89 \lg i \tag{9-4}$$

式中：e 为降雨过程中某时段每 cm 降雨所产生的能量[J/(m² · cm)]；I 为相应时段的降雨量(cm)；i 为相应时段的降雨强度(cm/h)。

用上述方法计算出一次降雨量的动能量，同理可以逐次进行计算，求出每旬、每月、全年的动能量，用多年平均的动能量便可求出某地的 R 值。

2. K 因子的计算

根据土壤可蚀性因子定义，K 值为标准小区上单位降雨侵蚀指标的土壤流失率(美国的标准小区是坡度为 9%，坡长为 22.1m，宽为 1.5 m 的裸露的地面)。因此，$K=A/R$，(LS、P、C 值均为 1)，可通过径流小区试验或进行人工降雨模拟试验取得土壤流失量的数值，然后由该地区单位降雨侵蚀能力指标去除即可求得。

3. L 和 S 因子的计算

坡长因子是在其他条件相同情况下，该坡长的土壤流失量与标准坡长土壤流失量之比；坡度因子是其他条件相同的情况下该坡度的土壤流失量与标准坡度土壤流失量之比。在实际工作中常将 L 与 S 合并为一个因素考虑，在标准状态下把 LS 定为 1。美国已将多次试验及计算取得的资料制成图表，供使用时查找。另外，也可用式(9-32)推算任何地区的 LS 值。

$$LS = \left(\frac{l}{22.1}\right)^{0.6} \times \left(\frac{\theta}{5.16}\right)^{1.3} \tag{9-5}$$

式中：l=坡长(m)；θ 为坡度(以度计)；或

$$LS = \sqrt{\frac{l}{100}}(0.76 + 0.53 + S + 0.76 \times S^2) \tag{9-6}$$

4. C 值的计算

C 因子包括的内容很多，诸如耕作类型、覆盖状况、残茬管理、作物生长阶段对地面的覆盖程度等。因此，对 C 值的计算比较复杂。根据美国经验，规定地面裸露时为 1，植被特别良好的森林区为 0.001，所以 C 值的范围在 0.001～1 之间，根据多年试验资料所确定。

表 9-7 地面覆盖不同植物时的 C 值表

覆盖度(%)	0	20	40	60	80	100
草　地	0.45	0.24	0.15	0.09	0.043	0.011
灌　木	0.40	0.22	0.14	0.085	0.040	0.011
乔灌混杂	0.39	0.20	0.11	0.06	0.027	0.007
茂密森林	0.10	0.08	0.06	0.02	0.004	0.001

表 9-8 不同耕作制度下的 C 值表

轮作制度	玉米连作	玉米—玉米—燕麦及三叶草	玉米—燕麦及三叶草	玉米—燕麦—牧草	玉米—燕麦—牧草—牧草—牧草
C 值	0.43	0.27	0.18	0.079	0.049

5. *P*因子的计算

将无保土措施的裸露地面规定为1,根据保土措施进行测定之后确定其值。我国有关试验研究认为,梯田、造林和种草条件下,*P*值分别为0.05、0.19和0.18。

表9-9 不同保土措施时的P值

坡度	1°~2°	3°~5°	6°~8°	9°~12°	13°~16°	17°~20°	21°~25°
等高耕作	0.4	0.5	0.5	0.6	0.7	0.8	0.9
带状间作	0.4	0.5	0.5	0.6	0.7	0.8	0.9

我国天水试验站研究结果,我国常用的几项保土措施条件下的*P*值可参照表9-10。

表9-10 我国几项常见水保措施条件下的*P*值

水土保持措施	梯田	造林	种草
*P*值	0.05	0.19	0.18

四、水土流失模拟模型ANSWERS简介

土壤侵蚀模型(方程)可以定量地反映土壤侵蚀各影响因素与土壤侵蚀强度之间的关系,在土壤侵蚀调查与水土保持规划治理中有着重要的作用。自美国20世纪50年代著名的通用土壤流失方程(USLE)发布以来,土壤侵蚀预测模型的研究已经由统计模型发展到具有一定物理意义的过程模型,由坡面模型发展到流域模型,由集总式模型发展到分布式模型,由只能预测年侵蚀量发展到可以预测不同降雨、不同时段的侵蚀量以及土壤侵蚀的连续过程。

ANSWERS模型以降雨期间和降雨后的农业用地现状作为初始值,对农业区域种植制度的布局和水保措施作出评估。模型的基本假设是:在流域的任一点,径流量与影响径流量的那些水文参数(降雨强度、入渗、地形、土坡类型等)之间存在函数关系。因此,径流量能兼容适合的因子关系式,以此作为基础来模拟其他搬运现象,如流域内的土壤侵蚀和化学元素迁移等。该假设的一个重要特点是模型能运用于流域内的任一点。在实际运用时,这些点就必须变换成一个个方格单元,在流域内的这些方格单元内水文要素是均衡的。因此,方格单元应足够的小,以至于一个单元的参数变化对流域整体行为的影响可以忽略不计。

在运用ANSWERS进行模拟时,为了解降雨的时空变化,模拟一场降雨的时间间隔为1min。该模型采用连续性公式来计算每一单元的响应,这些物理数学关系式用来描述截留、渗透、坑洼填充、排流、径流(细沟间侵蚀)。

1. 连续公式

$$I-Q=\frac{\mathrm{d}s}{\mathrm{d}t} \tag{9-7}$$

式中:I为降雨量和从相邻单元流入的水量;Q为流出水量;s为单元中贮存的水量;t为

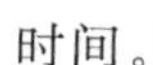

时间。

2. 坑洼填充量

$$DEP = HU \times RC \times \left(\frac{H}{HU}\right)^{1/RC} \tag{9-8}$$

式中:DEU 为坑洼填充量,mm;H 为高于基面的高度,mm;HU 为微地貌的最大高度,mm;RC 为地表特征参数。

3. 渗透

$$FMAX = FC + A \times \left(\frac{PIV}{TP}\right)^{P} \tag{9-9}$$

式中:$FMAX$ 为表面淹没下的渗透能力;FC 为最终渗透能力;A 为超出 FC 时的最大渗透能力;TP 为渗透深度的总孔隙度;PIV 为饱和前能贮存的水量;P 为系数,与土壤含水量增加造成渗透率下降有关。

4. 排水(当土壤含水量超过田间持水量时)

$$DR = FC \times \left(\frac{PIV}{GWC}\right)^{3} \tag{9-10}$$

式中:DR 为排水量;GWC 为重力水量。

5. 雨滴溅蚀

$$DETR = 0.108 \times C \times K \times A_i \times R^2 \tag{9-11}$$

式中:$DETR$ 为雨滴溅蚀率,kg/min;C 和 K 分别为作物因子和土壤抗蚀性因子,从美国通用土壤侵蚀方程中获得;A_i 为面积递增量,m^2;R 为时段内的降雨强度,mm/min。

6. 径流溅蚀量

$$DETF = 0.90 \times C \times K \times A_i \times SL \times Q \tag{9-12}$$

式中: $DETF$ 为径流溅蚀量,kg/mim;SL 为坡度,%;Q 为单宽流量,m^3/min。

7. 搬运能力

$$\begin{cases} TF = 161 \times SL \times Q^{0.5}, & Q \leqslant 0.046 \quad m^2/min \\ TF = 16320 \times SL \times Q^2, & Q > 0.046 \quad m^2/min \end{cases} \tag{9-13}$$

式中:TF 泥沙搬运能力,kg/(min·m)。

描述空间的现象和过程需要借助地理信息系统。首先确定地貌类型,然后用几何学来描述形状、大小和位置,再用主题词来说明土地利用类型、土壤。这些主题词信息必须与几何信息连结,形成对一个现象的完整描述。作为分布类模型,ANSWERS 采用 raster 结构贮存信息。ARC/INFO 能用 raster 和 vector 两种方法贮存地理信息,也能将信息在两种结构中互相转换。ARC/INFO 的另一特点是将信息贮存在一个个层面上。一般说一个层面代表一个信息库或信息层,如土壤、沟渠、土地利用现状等。

进行一场降雨的模拟运算后,ANSWERS 产生一个输出文件,它包含每一单元的土壤流失量,但它不能直接应用于 ARC/INFO。在转化数据之前,需对土壤流失数据进行分级并赋特征说明。对这些数据分级并写成 ARC/INFO 支持的 ASCII 文件。输入 ARC/INFO 后,raster 结构的信息被转化成 vector 结构的信息,然后可进行显示或进一步分析。

用数学高度模型(DEM)来获取坡度和坡向的信息,DEM 运用数字化地形图的方式来完成这一目标,然后将坡度坡向信息贮存在 ARC/INFO 的信息层面中。有些就只能用估算的方法获得。估算方法采用 Beasley 和 Huggins 的估算表格。利用航片制出土地利用图、土壤图、渠系图等，将这些图件和所需的参数贮存在不同的信息层面中。

由于在 ANSWERS 和 ARC/INFO 之间建立了正确的连结，ANSWERS 能作为制定治理措施的有力工具。建立这种连结的另一优越性是单元大小可根据需要任意选择，而且工作环境非常灵活，输入数据变换极其方便。用 ARC/INFO 进行贮存和处理数据，除此之外它还能用于时空分析。时空分析能全面地了解实际情况，它可以分析出某种土壤利用情况下什么是土壤侵蚀的决定性因子，也可提供不同土地利用下土壤侵蚀量的信息。用这些信息，时空分析又能优化水保措施，并用 ANSWERS 进行评估。

第四节　水土保持主要措施

水土保持的主要措施可分为耕作措施（或农业措施），工程措施和生物措施（林草措施）三大类。这三类措施的关系是相辅相成，有机联系，紧密结合和不可缺少的。

水土保持的范围很广，为控制地面雨水，防止风沙，以改良并保护土壤不受侵蚀，提高农田、荒山、荒地生产能力的各种措施，都属于水土保持工作。第一，在山区丘陵地带有计划地封山育林，种草和禁止开垦陡坡，减少或阻滞地面径流，尽量防止雨水集中，减少冲刷能力，以涵蓄水源，巩固表土。第二，对已经冲刷的山沟，要先支沟后干沟，由上到下，由小到大修筑谷坊与沟头防护等，以阻截流，拦蓄淤沙使山沟由陡变缓，由深变浅，改变地面坡长，坡度以及地面覆盖，减缓流水速度，以减少冲刷能力。第三，最大限度地合理利用土地，采取有效的土壤改良措施，如修梯田、地埂及截水沟等工程，并采用合理的耕作方法如带状间作，横板耕作，少耕，免耕法以增强地面抵抗冲蚀力量。

一、耕作措施

水土保持耕作措施，或称水土保持耕作法，有多种方法，主要有两个方面：(1) 以改变小地形为主的水土保持耕作措施，包括等高耕种、等高带状间作、沟垄种植、坑田（古名区田，陕北叫掏钵种，南方叫大窝种）等。(2) 以增加地面覆盖为主的，包括草田带状轮作，覆盖耕作（含留茬或残茬覆盖、秸秆覆盖、地膜覆盖等），少耕（含少耕深松，少耕覆盖等），免耕，草田轮作，深耕密植，间作套种，增施有机肥等。

水土保持耕作措施，一般说来投资小，费工少，见效快，效益高，简单易行，群众乐于接受。这些方法适合当前我国生产力发展水平。在经济水平提高之后，我国精耕细作的传统农业技术经验和现代农业技术结合起来，水土保持耕作措施必将有新的发展。

现将我国水土保持耕作法的适用条件、要求与适应地区列于表 9-11。

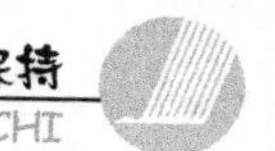

表 9-11　水土保持耕作法及其适用条件

	耕作法名称		适宜条件与要求	适宜地区
以改变小地形为主的	(1)等高耕种		1. 25°以下 2. 坡愈陡作用愈小	全国（括弧内可作示范试验区）
	(2)等高带状间作		1. 25°以下，坡愈陡作用愈小 2. 坡度愈大，带愈窄，密生作物比重愈大 3. 带与主风向垂直可防风蚀 4. 可作修梯田的基础	全　国
	(3)沟垄种植	①水平沟（又名套犁沟）	1. 20°以下 2. 坡愈缓作用愈大	西北（华北）
		②垄作区田	1. 15°以下坡愈缓作用愈大 2. 等高 3. 川、坝地、梯田也可	西北（华北）
		③等高沟垄（横坡开行）	1. 20°以下，坡愈缓愈好 2. 沟有比降，可排水并有拦砂由	四川（南方）
		④等高垄作	1. 15°以下，坡愈缓愈好 2. 等高	吉林、辽宁（东北）
		⑤蓄水聚肥耕作	1. 15°以下，等高 2. 旱坪、梯田也可 3. 需劳力较多	西北（华北）
		⑥抽槽聚肥耕作	1. 15°以下，等高 2. 平地也可 3. 造林、建设经济园林 4. 需劳力较多	湖北（南方）
	(4)坑田（古名区田，陕北叫掏钵种，南方叫大穴种）		1. 20°以下 2. 品字排列 3. 平地也可 4. 需劳力较多	全　国
	(5)半旱式耕作		1. 在冬水田少耕、免耕条件下 2. 掏沟垒埂，治理隐匿侵蚀	四川（南方）
	(6)防沙农业技术		1. 沙地边坡种草带 2. 农田边缘空地翻耕 3. 棉花沟播 4. 田种高辩 5. 地边种大麻	新疆（风沙区）
	(7)水平犁沟		1. 20°以下 2. 坡度愈大间隔愈小 3. 适用于夏季休闲地和牧坡	西　北

续表

<table>
<tr><th></th><th colspan="2">耕作法名称</th><th>适宜条件与要求</th><th>适宜地区</th></tr>
<tr><td rowspan="12">以增加地面覆盖为主的</td><td colspan="2">(1)草田带状轮作</td><td>1.要等高
2.各种坡度,坡度愈大牧草比重愈大
3.带与主风向垂直可防风蚀
4.可作为修梯田的基础</td><td>全　国</td></tr>
<tr><td rowspan="5">(2)覆盖耕作</td><td>①留茬覆盖(又名残花覆盖)</td><td>1.缓坡地
2.平地也可
3. 不翻地</td><td>黑龙江(北方)</td></tr>
<tr><td>②秸秆覆盖</td><td>1.缓坡地
2.平地也可
3.不翻耕</td><td>山东(北方)</td></tr>
<tr><td>③砂田</td><td>1.干旱区缓坡或平地
2.有砂、卵石来源</td><td>甘肃(新疆)</td></tr>
<tr><td>④地膜覆盖</td><td>1.缓坡或平地
2.经济作物</td><td>山东、辽宁(北方)</td></tr>
<tr><td>⑤青草覆盖</td><td>1.茶园
2.种绿肥也可</td><td></td></tr>
<tr><td rowspan="2">(3)少耕</td><td>①少耕深松</td><td>1.缓坡地
2.平地也可
3.深松铲</td><td>黑龙江、宁夏(北方)</td></tr>
<tr><td>②少耕覆盖</td><td>1. 缓坡地
2.平地也可
3.五年以上要全面深耕</td><td>云南(南方)</td></tr>
<tr><td colspan="2">(4)旱三熟耕作</td><td>1.带状种植
2.各种坡度</td><td>四川(南方)</td></tr>
<tr><td colspan="2">(5)防沙农业技术</td><td>1.沙荒地种苜蓿
2.田埂种高粱
3.地边种大麻</td><td>新疆(风沙区)</td></tr>
<tr><td colspan="2">(6)免耕</td><td>1.暂在平地上用
2.用除草剂
3.在坡地上尚待研究</td><td>湖南、东北</td></tr>
</table>

引自蒋德以:《我国的水土保持耕作措施》.《中国水大保持》1984 年第 1 期.

现将两种类型的耕作方法各列一二种,简述如下。

(一)改变小地形为主的耕作法

1. 等高耕作成称横坡耕作,即沿坡面等高线耕作,使地面形成无数的等高垄沟,拦截地表流水,使众多垄沟变成小的蓄水沟,每一道垄种一行作物,一般适于种玉米、高粱、甘薯、马铃薯等中耕作物,把地面径流存蓄在沟内,增加土壤入渗时间,这样可以大大地削弱地面径

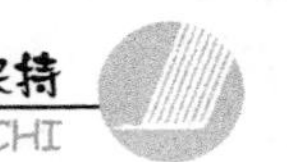

流，减少水土流失，从而提高土壤肥力和抗旱能力。耕作时顺着坡田地势，大体在等高点上，开成横的稍斜的垄沟，同时注意排水，以免雨水过多地进入垄沟里而冲毁垄沟。四川盆地等地推行改顺为横坡耕作，土壤冲刷量减少 30%左右；坡地上的玉米、甘薯、甘蔗等作物，产量可提高 10%～15%。吉林省延边朝鲜族自治州及辽源等地，改为横坡耕作后，地表径流减少 19%，土壤冲刷减少 50%，粮食增产 10%。

2. 坑田(大窝)耕作法是改良土壤、加速土壤熟化、保持水土的措施之一，一般在土层较薄地方推广，将坑田以等高布置，上下行错开排列，坑心相距 1m，要求窝大底平，常成一圆柱形，直径和深度各为 0.5m，把生土挖出，换进肥土及有机质肥料，在坑内种植作物或经济林木(坑的规格视在其中种植物的品种而定)，此法具有集中保水、保肥、保土的作用。次年错开原位定窝，如是几次后即可达到全田深翻改土的目的。

(二)以增加地面覆盖为主的耕作方法

1. 草田带状轮作。草田带状轮作是沿坡地等高划分若干条带，在各条带上交互种植大田作物(如大豆、玉米)和牧草(一年生或多年生)，定期轮作。条带的宽度根据坡度陡缓而定，在牧草条带上尤其是多年生牧草根系密集，一方面可以拦蓄上部径流，减少土壤冲刷，甚至可将上部大田作物条带流失下来的土壤拦蓄于牧草带内；另一方面由于多年生牧草根系作用又可改良土壤，增加土壤有机质。如此定期轮作，不仅可减少土壤侵蚀又可使被面得到全面利用。

2. 少耕。少耕是尽可能减少耕作程序、避免破坏土壤结构、提高劳动生产率的有效耕作方法。黑龙江省目前在生产上采用的少耕法主要有深松耕法、耙茬耕法、搅垄耕法和原垄卡种等。现将耙茬耕法简介如下：20 世纪 50 年代中期，黑龙江省一些地处黑土区的国有农场，为了减轻风蚀和干旱，开始试行耙茬耕法获得成功，并迅速得到推广。如耙豆茬带深松后种小麦，耙玉米茬带深松种黄豆。前者是在黄豆收割后，先用耙交叉耙，然后间隔深松，也可先深松后耙茬，以便平播；后者是在玉米收割后，用前后两列交错排列的深松铲，分层间隔深松，中间除茬铲，浅松除茬、旋转耙茬，或驱动丁齿耙、圆盘耙，粉碎茬子和耙碎土块，也可直接用重耙耙茬，把垅地变成平地，耙碎的茬子作为积雪、防风、保土、保墒的屏障或覆盖，耙后再分层间隔深松或不松，在随播随起垅或播后起垅后，进行深松垄沟。加入深松后的耙茬只在表土浅耙 8～12cm 深，以保持土壤水分；松土深度达 30cm 或更多，这样可做到表土松、底土活、犁底层破、耕层不翻动。耙茬耕法的好处是：①由于不翻动土层，可减少水分蒸发，有利抗旱保苗。根据 1979—1980 年在克山农场的测定，耙茬耕作法春季土壤含水量比一般耕作法多 4.6%，相当于每亩耕层多蓄水 609 t。②能保持土壤适宜的紧密度，增强抵抗风蚀和水蚀的能力。据测定年风蚀量比一般耕作法减少 66.5%，水蚀量减少 34.7%。③可提高产量，耙茬耕作法玉米比一般平翻法增产 21.2%，小麦增产 15.4%。其缺点是：只能表层施肥，养分损失大；防除杂草能力低。

二、工程措施

工程措施主要在于改变坡地特性，使径流量和径流速度降低。这类措施包括修筑梯田，坡面露水保土工程和侵蚀沟谷治理工程。

(一)梯田

梯田是在坡地上沿着等高线修成的台阶式田块,如果修成的田面达到水平,称为水平梯田;如果修成的田面还保留一定斜度,则称为坡式梯田。梯田是控制坡耕池水土流失的根本措施,是建设高产稳产农田的重要途径。梯田防止侵蚀的主要作用是缩短坡长和减缓坡度,因此坡地修梯田效益非常显著,它基本消除了产生强烈径流的地形条件,就地拦蓄水分,充分保持水土。

1.坡地梯田类型

由于地形、土壤、气候和生产基础的不同,要因地制宜地采用各种类型的梯田,类型有以下几种。

(1)坡式梯田　适于坡度比较平缓,一般不超过7°的坡度地上修建。在气候干燥地区,土壤透水性良好的缓坡地上,可修建和等高线平行的等高坡式梯田。降雨时可将降落在梯田面内的雨水全部贮存,使其渗入土中,这种梯田的地埂较低而侧坡平缓,不致为水冲溃,坡上也可种植作物,易为农业机械通过。缺点是田面较窄,因为要将全部雨水分段截留于埂后的蓄水槽内,蓄水槽的容量必须足够承受埂后地面所产生的地面径流,以免暴雨冲毁梯埂或径流满梯埂,但同时要满足机械跨越的要求,又不允许蓄水沟埂过大,这样就限制了梯田宽度,设计时要布置合理。第二,在土壤黏重、降雨量较多、径流量大的情况下,如修筑等高坡式梯田,宽度将变小,或者梯埂变高,势必影响耕种和机械作业,并且地面径流不能全部截流在梯田内,甚至产生短暂的积涝。为使多余的径流沿梯埂后的沟槽排出,则应修筑成一角度的倾斜式梯田,以保持沟槽具有一定的坡度,便于宣泄多余径流。

(2)阶式梯田　如果地面坡度大于7°,修坡式梯田,会使宽度变得更小,梯田则应修成台阶形式,并将其变成水平。

2.水平梯田的规划

在兴修梯田之前,一定要做好规划,搞好整体布局,落实地块安排。梯田一般规划在25°以下的坡耕地上。应根据地形、坡度、土质等具体情况,以方便耕作,节省用工,保证田坎安全为原则,上下左右兼顾,采取大弯就势、小弯取直的办法,尽量形成集中整片的梯田。要适应农业机械化的要求,合理安排灌溉渠系和道路。长形岭可以规划成长条梯田,圆形岭可规划成环山梯田,岗垄起伏地形可规划成"人"字形梯田。除了坡度较平缓的低山丘陵外,都不应开到山顶只能开到山腰以下,山顶应营造水土保持林。

梯田灌排系统安排,原则上应尽量使干渠沿等高线或分水线走,支渠走地头,过长的地块也可以从田块中通过。灌排系统要结合。排水系统应根据高水高排、低水低排、分散排水减轻冲刷的原则进行布置。道路的规划布置以便于耕作、便于通行、防止冲蚀、经营合理为原则。一般山低坡缓的,上下各阶方向一致时,可布设斜形道路;山高坡陡,上下各阶互相交错时,道路可按"S"形布置(图9-1)。

水平梯田的设计。在规划设计时,首先要充分调查研究,进行方案比较,要求耕作便利,讲求实效、梯坎稳定、占地少、省工的原则。梯田有3个要素,即田坎高,田面宽和田坎侧坡。如何使田面宽度,田坎高度,田坎侧坡适当,做到既保证梯田安全,耕作方便,同时又节省修建用工,是梯田建设中应考虑的具体问题。

梯田田面愈宽,耕作愈方便,但田埂越高,挖填方量也越大,用工也更多。根据各地经

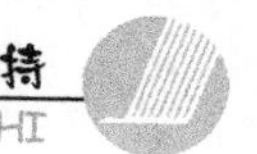

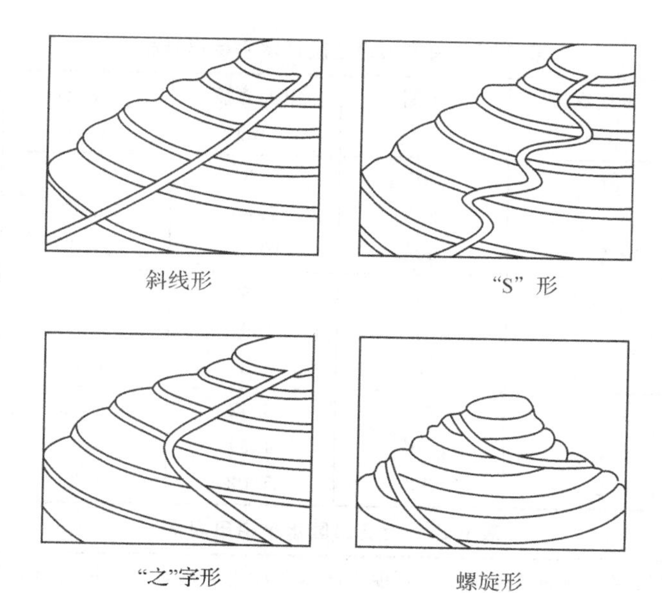

图 9-1 道路布置形式示意图

验，一般田面不宜太窄，太窄则耕作不便，地坎占地又多；但也不宜太宽，太宽则运土量大，花费劳力多，田坎高度也太高，这样不易安全。宽度范围，如履带拖拉机操作的田面宽度为 15～18 米，胶轮拖拉机牵引双铧犁耕作，田面最小宽度应在 10 米以上，手扶拖拉机操作的田面宽度应在 4 米以上。根据各地具体情况，还可用梯田的田面宽、田坎高和边坡侧坡（系数）之间的关系进行计算。

表 9-12 黄土丘陵区水平梯田规格

地面坡度	田坎高度（m）	田坎侧坡（m）	田面宽度（m）	斜坡长度（m）	田坎占地百分比（%）
5°	1.0 2.0	76° 74°	11.2 22.3	11.5 23.0	2.2 2.5
10°	2.0 3.0	74 72	10.8 16.1	11.5 17.3	5.1 5.6
15°	2.0 3.0	74° 72°	6.9 10.2	7.7 11.6	7.8 8.6
20°	2.0 3.0	74° 72°	4.9 7.3	5.8 8.8	10.6 11.6
25°	2.5 3.5	73° 71°	4.6 6.3	5.9 8.3	14.5 15.9

表 9-13 南方山区丘陵区水平梯田规格

地面坡度	田坎高度(m)	田坎侧坡	田面宽度(m)	斜坡长度(m)	田坎占地百分比(%)
10°	1.0	70°	5.31	5.75	7.65
	1.5	65°	7.80	8.62	9.51
	2.0	60°	10.20	11.50	11.30
15°	1.0	70°	3.37	3.85	12.47
	1.5	65°	4.90	5.77	15.08
	2.0	60°	6.30	7.70	18.19
20°	1.5	65°	3.42	4.40	21.19
	2.0	60°	4.34	5.85	25.83
	2.5	55°	5.02	7.30	29.85

表 9-14 土石山区水平梯田规格

地面坡度	斜坡长度(m)	田面宽度(m)	田坎宽度(m)	清基深度(m)	清基宽度(m)	每亩石方量(m^3)	每亩土方量(m^3)
5°	13.8	13.6	1.2	0.8	1.0	36	91
10°	8.7	8.3	1.5	1.0	1.1	77	102
15°	7.0	6.5	1.8	1.1	1.2	125	113
20°	5.9	5.3	2.0	1.2	1.2	177	117
25°	5.2	4.5	2.2	1.3	1.3	236	119

表 9-15 水平梯田土方量

原山坡坡度	梯田田面宽(m)	每米挖土方量(m^3)		每亩梯田长度(米)	每亩梯田土方量(m^3)	
		无沟	有沟		无沟	有沟
5°	4	0.17	0.41	166.5	28.4	68.2
	5	0.26	0.50	133.5	34.7	68.8
	6	0.38	0.62	112.0	42.7	69.4
	7	0.51	0.75	95.3	48.6	71.4
	8	0.62	0.91	83.4	55.8	75.7
	10	1.05	1.29	66.7	70.0	86.0
	12	1.51	1.75	55.5	85.5	97.2
	14	2.05	2.29	47.6	97.5	109.2
	18	2.67	2.91	41.6	111.0	121.0
10°	4	0.32	0.56	166.5	53.2	93.0
	5	0.50	0.74	133.5	66.7	98.6
	6	0.78	0.97	112.0	81.6	108.8
	7	0.98	1.22	95.3	93.4	116.4
	8	1.29	1.53	83.4	107.5	127.5
	10	2.01	2.25	66.7	134.0	150.0
	12	2.88	3.12	55.5	160.0	173.0

续表

原山坡坡度	梯田田面宽(m)	每米挖土方量(m^3)		每亩梯田长度	每亩梯田土方量(m^3)	
		无沟	有沟	(米)	无沟	有沟
15°	4	0.46	0.70	166.5	76.5	116.5
	5	0.72	0.96	133.5	96.0	128.0
	6	1.04	1.28	112.0	116.6	143.0
	7	1.42	1.66	95.3	135.2	158.1
	8	1.86	2.10	83.4	155.0	175.1
20°	4	0.60	0.84	166.5	99.0	139.0
	5	0.93	1.17	133.5	124.0	155.5
	6	1.34	1.58	112.0	150.0	177.0

表 9-16　田坎高与土方量的关系

梯坎高(m)	0.5	1.0	1.5	2.0	2.5	3.0
每亩土方量(m^3)	42	83	125	167	208	250

当土层较薄,没有条件下切或客土的地方,只能根据土层的厚薄来确定田面的宽度,主要是挖方部位田面以下要保留 0.5m 的土层,改造后才能达到土层厚度的要求,保证作物的正常生长。

表 9-17　石坎梯田规格

坡度	田面斜距(m)	田面宽(m)	坎高(m)	每亩石方量(m^3)
5°	13.8	13.6	1.2	36
10°	8.7	8.3	1.5	77
15°	7.0	6.5	1.8	125
20°	5.9	5.3	2.0	177
25°	5.2	4.5	2.2	236

3.梯田的施工及其养护

在规划与定好田坎基线之后,即可开始梯田的施工,主要包括培修土坎、处理表土、平整田面等几个环节。

(1)修筑田坎。田坎的施工质量是保证梯田工程稳定的关键,因此,修砌田坎要注意以下几点。

第一,清基:开工时,先测定好的梯坎线进行清除,浮土或风化壳,清到底土,硬底层或岩石层,若未见硬底层,则要清到下一台田面以下的 0.2～0.3m 基槽宽为坎高的一半左右,槽底要铲平略向内倾斜,填土 1～2 寸,然后夯实。

第二,砌筑田坎:建筑材料就地取材,可分石质和土质两大类。

石坎:采石时,按材料的大小和形状分别堆放,以便安排使用。各地的经验很多,归纳起来是:大石在下,小石在上;大石压顶,碎石填缝;条石平放,块石压茬,卵石品形,片石斜插。总的要求是石缝错开,嵌实咬紧,填饱嵌实,切勿用土垫底。

根据梯坎的高度，每砌一层，按坡比向内收缩砌成一定比降的边坡，增加坝子的稳定，如此分层砌到高出田面0.1～0.2m以上。

土坎：一般每填土1层，随即夯实，侧坡打紧，水分要适宜。每筑1层，按比例向内收缩，做成一定的坡比，土坝过高，如超过两米，则需要在坎子中部留出码边，即在其间向内收缩0.2～0.3米，以增加土坎的稳定，新老接头要接好，注意埂肩接合处，应先去掉松土，挖成梯坎，使之新老结合紧密。

(2)平整田面，保留表土。深翻改土平整田面，必须注意保留表土，结合深翻，多施有机质肥料，以加速生土熟化。

平整田面的方法有以下几种：

第一，顺坡开沟法，又叫竖坡厢翻(图9-2)，把田面顺坡划成1,2,3,4,5,6……若干带，每带宽2～3米，先将1,3,5……带上的表土分别堆放到相邻的2,4,6……带上，然后切高垫低，使田面水平，并深翻切土部分，再把表土还原，用同样的方法整平2,4,6……带。此法适于坡度不大、田面较宽的田块。

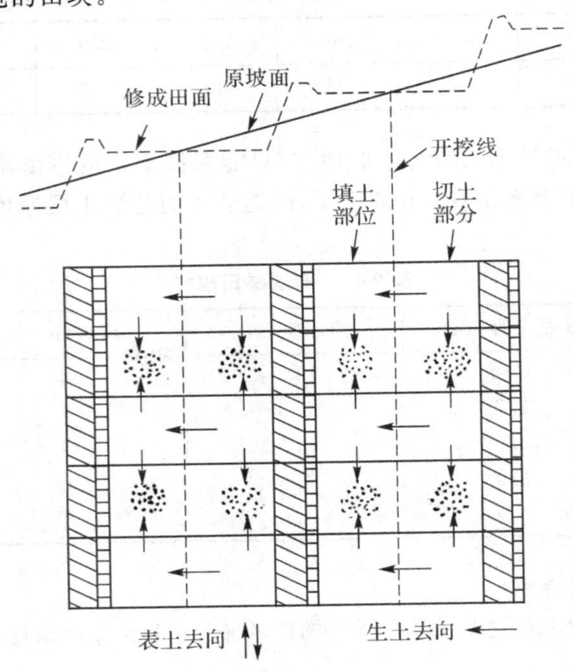

图9-2　顺坡开沟法示意图

第二，中间堆土法(图9-3)，把每台田面从上到下分成3段，将上下段的表土集中到中段上，然后切上段生土，垫到下段上去，上段切方部分土质坚实，不利作物生长，必须深翻0.3米，用以加深松土层，把生土搞平，表土复原，中段仍应平整深翻，方法是：先把表土堆到上下段邻近的地方，然后深翻生土，整平，最后表土复原。此法施工方便，适于坡度较大的地方。

第三，逐台下翻法(图9-4)，按照规划的梯坎线，自下而上，逐台兴修，下一台里切外垫，修平后，切土部位必须深翻0.3米以上，再将上一台的表土全部翻到下一台推平，铺平。继续修上一台，依次类推，修到最后一台没有表土，可种绿肥改良土壤，或大量施用有机质肥料，才能保证当年增产。此法适于坡度大、田面窄的田块。

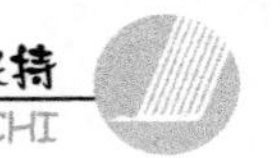

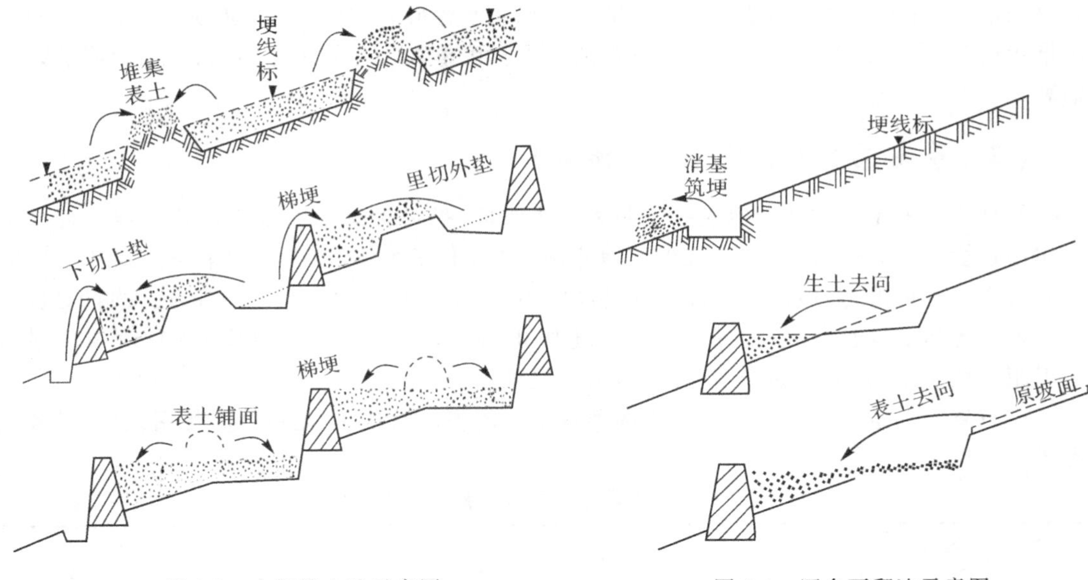

图 9-3 中间堆土法示意图

图 9-4 逐台下翻法示意图

(3)梯田的养护与防冲排水措施。为了保障梯田不致损坏,必须做好保埂工作,暴雨季节必须专人随时检查,暴雨前注意疏通沟道,加固工程。如有毁坏,应立即进行整修,避免引起大量水土流失,造成更大的损失。为加强生物护埂措施在梯埂的外侧坡上,可种绿肥和保土植物,这样既可护坎固土,又可增加经济收入。

梯田能否巩固,与及时排除地表径流关系甚大。关于梯田的排水设备,一般是由输水部分的沟渠和溢水部分的跌水所组成,使不致形成冲刷。

(二)水利技术措施－坡面蓄水措施

(1)引(蓄)水沟又叫截留沟,用它将坡面暴雨径流引到蓄水工程。一般根据集水面积、植被覆盖程度和坡度陡缓以及雨量状况估算来水量的大小决定沟的大小。如将径流拦蓄在沟内,则称为蓄水沟。蓄水沟可分连续式和断续式两种。蓄水沟应沿等高线配置,均匀地分布在斜坡上。两条蓄水沟的距离,应以保持最大暴雨径流不致引起土壤流失为原则,即不致形成使土壤发生流失作用的临界流速。蓄水沟的容水量根据沟道以上受雨面积的大小、一昼夜最大降雨量、当地径流系数,以及土壤的抗蚀能力来决定。

(2)蓄水池。山丘的蓄水池起拦蓄山洪、缓和水势、防止水土流失,贮蓄水的作用并可作为灌溉农田的水源。这种蓄水池在西北叫涝池,在南方叫山塘。蓄水池应尽量利用高于农田的局部低洼天然地形,以便汇集较大面积的降雨径流,进行自流灌溉和自压喷灌滴灌。为了防止漏水,蓄水池应选择在土质坚实的地方。蓄水池的容积应根据降雨量(一定设计频率的降雨)集水面积、径流系数和用水量的大小,通过水利计算来确定。为了减少蒸发和渗漏,蓄水池不宜过小,宜深不宜浅,以圆形为最好,也可采用其他形状。

(3)水窖(旱井)。这是黄土地区及严重缺水的石质山地,群众很早就创造的一种蓄水措施,用以解决饮水和浇灌。修水窖技术简单,投资少,收效快,占地少,蒸发也少,很受群众欢迎。窖壤应选在水源充足、土层深厚而坚硬的地方。在石质山地应选在不透水的基岩上,上有自来水，下有田灌的有利地形。水窖的总容积是水窖群容积的总和，应与其控制面积的来水量相适应，来水量可根据 5～10 年一遇的最大降雨量大小与集水区面积大小、径流系数来估算。

（三）等高沟埂（地埂、坡式梯田）

等高沟埂就是在坡面上每隔一定距离沿沟筑埂，是一种重要的水土保持治坡工程。主要作用是拦截地表径流和泥沙，减少坡面冲刷，增加土壤水分，促进植物生长。除开沟筑埂部分改变了小地形外，坡面其他部分保持原状不动，所以叫坡式梯田，也有的地方叫做地埂。

根据各地的经验，一般沟深为 0.5m，埂高 0.5m，沟底宽 0.3m，边坡 1∶1，沟与沟间的水平距离按照地形、坡度和降雨强度而定，一般采用 5～7m。

广东省曾制定一个降雨量与等高沟埂水平距离表，供该区规划设计时使用，也可供各地参考。

表 9-18　降雨量与等高沟埂水平距离尺寸表

坡度 日降雨量(mm)	5°	10°	15°	20°	25°	30°	35°
100	16.8m	11.9m	10.6m	10.0m	9.5m	9.0m	8.4m
150	11.2m	7.9m	7.0m	6.7m	6.4m	6.0m	5.6m
200	8.4m	6.8m	6.3m	5.0m	4.8m	4.6m	4.2m

修筑时可沿坡面等高线从上到下环山修筑，半挖半填，层层夯实。选土质坚实地方留潜水口，排除超设计容积的降雨径流。在沟内适当距离（大约 5～10m），留一道横土坎，分段控制径流，以后加强检查维修，及时造林种草。

（四）侵蚀沟谷整治工程

1. 沟头防护工程

沟头防护工程是保护沟头，不致因水流冲刷而使侵蚀沟谷继续发展的工程措施。沟头防护工程的形式很多，主要有蓄水撇水工程和排水工程两大类。

撇水沟是防止沟头以上坡面径流入沟谷和崩岗，制止崩塌的有效措施。撇水沟的布置是沿侵蚀沟谷的沟头和崩岗，挖一弧形排水沟，将坡面上的径流引向两边，使它沿撇水沟流入有植被、坡度较缓或土质较坚实的排水沟上，撇水沟至崩岗边应有一定的距离，其距离应根据土质情况和崩塌速度而定，一般以 5m 左右为宜，撇水沟的断面尺寸以能够控制坡面径流不进入沟谷为原则，一般沟深为 0.5～0.8m，宽 0.4～0.6m，沟畦纵坡不大于 1%，利用挖沟的土，填筑下方沟埂，为了沟底不受冲刷，两侧的沟还可挖 1～2 个小蓄水坑，拦蓄径流，消力缓冲，沟的上方集水面积内宜种灌木、草本植物，以防冲坏沟埂。

跌水工程是排水工程中衔接上下游水位的一种水工建筑物。一般用在河渠或沟谷跌差较大的地方，它的作用是控制水流不至淘刷河渠或沟谷，确保渠河及沟床的稳定，因此它对于防止沟头前进起着重要的作用。

2. 谷坊

谷坊就是在侵蚀沟中分段建筑的小坝，它是治沟防崩的重要工程措施。谷坊的作用是

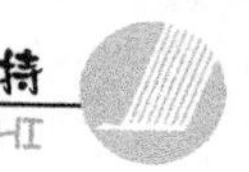

防止沟床继续发生冲刷下切，固定沟床，平缓坡降，稳定侵蚀基点，防止沟岸崩塌扩宽，拦蓄泥沙，使之不流入河流与农田，改善河床植物生长条件。有时可以蓄水灌溉，谷坊一般分为透水和不透水的两种，它的形式采用，完全根据因地制宜、就地取材的原则来决定，现把几种常用的型式，分别说明如下：

(1)土谷坊，适用于土层厚的地区，在来水量小的沟中，都可广泛修筑。一般不超过1m，顶宽0.3～0.5m，内坡可陡些，采用1∶0.2～1∶0.5，外坡多为1∶1，土坎的一端开口溢水，外坡及坎顶均须铺草皮，土谷坊在一条沟内可以做若干个。中型土谷坊，坎高1～3m，类似山塘的小水库，能拦蓄较多的雨水和泥沙，泥沙淤满后可改为耕地。

(2)枝柳谷坊，枝柳碎石谷坊在有小卵石而缺大块石科的沟中，常用此种型式。这种谷坊可以缓流留淤。做法是一般桩距0.3～0.5m，间距1.0～1.5m，桩高出沟床1.0～1.5m，桩入土深度至少1m，在柳桩间填入碎石。在沟中上层较厚，柳树可生长地方也可以扦插新全柳桩；生长繁茂后以蓄土缓流。

(3)石谷坊，是修在常有水流冲刷及山洪较大的沟谷中，用以减轻水流，拦蓄泥沙，固定沟床，防止掏底下切的一种建筑物。其有三种形式：阶梯式石谷坊是用大石块砌铺而成，其断面一般采用顶宽0.8～1.0m，外坡1∶1，内坡1∶0.2，它可以逐级消能，减缓水势。拱坝式石谷坊宜建在沟窄水急，且两岸为岩石或坚实土质的地方，坝身呈拱形，拱背向上游，两端紧靠岸上，上下游坡面边坡可采用1∶0.3；梯形石谷坊，宜建在山洪较大的山沟里，沟里乱石多，就近采用，坝身呈梯形，顶宽0.8～1.0m，外坡1∶1.5～1∶2.0，内坡1∶0.5，由于断面大，稳定性高，能抗较大的山洪和急流的冲击，但用料较多。这三种石谷坊，一船都不太高，同时要在坝顶留溢水口，在坝的下游修消力池，并在上下游两边修护岸，为了防止渗漏在坝上游坡面培填黏土。

(4)修筑谷坊要注意的几点是：①修筑谷坊必须根据“先支沟、后干沟”，“先上游、后下游”，“由上到下”、“由小到大”等逐步发展的原则。②修筑谷坊要成系列地进行，沿沟节节修筑，绝不能只单独修一座。③谷坊位置，应与水流方向垂直，以免水流偏向一岸而冲毁谷坊。

三、生物措施

在保证农业用地的前提下，生物措施(特别是林业)的重要性已为人们所公认。因为只有合理地加速绿化，才能增加地表的植物覆盖率，达到削弱地表径流、减轻水土流失的目的，逐步达到从根本上消除水土冲蚀为害。在水土保持措施中的生物措施，有下列几种：

1.封山育林

森林的作用主要有三个方面：第一，吸收与调节地表径流和涵养水源。第二，固持土壤使其免遭冲蚀的危害，并有改良土壤的作用。第三，改善小气候，特别是近地面大气层的生物气候条件，并对大气候产生影响。所以植树造林是改造自然的有力措施之一，也是治理坡地的根本措施。因此，在山丘地区，对原有成片树林或残林实行封禁，防止破坏，并促进森林植被的恢复和演替，迅速育成水土保持林。有条件时，也可采用人工播种、植树或飞机播种等办法加快成林进度。

2.荒坡造林

(1)水平沟造林　在地面不平、坡度为25°～30°的坡地，可采用这种方法植树。首先根据地形条件分片划段，沿等高线自上而下开沟，呈"品"字形配置。沟的大小、深浅、距离视距离大小而定，一般沟深为0.3～0.5m，上口宽为0.5～0.8m，底宽为0.3～0.5m，沟长4～6m。沟间距离上下为2m，左右为1m。表土填入沟内，沟内每隔一定距离作一横挡，以保持沟底水平，树苗栽于沟内。

(2)鱼鳞坑造林　在坡面较陡、地形支离破碎的地方可采用这种方法，沿等高线自上而下挖月形鱼鳞坑，呈"品"字形配置(图9-5)。挖坑时将表土放在上方，底土放在下方，围成半圆形土埂，埂高0.15～0.25m，并在坑的上方左右角上各斜开一道小沟，以便引蓄雨水。一般鱼鳞坑尺寸长0.3～1.1m，中央宽0.5～0.7m，土埂高15～26cm，每亩可作鱼鳞坑400～500个，地形复杂、水土流失轻微的，采用倒八字形鱼鳞坑。树苗应栽在中央或坑内斜坡中部。

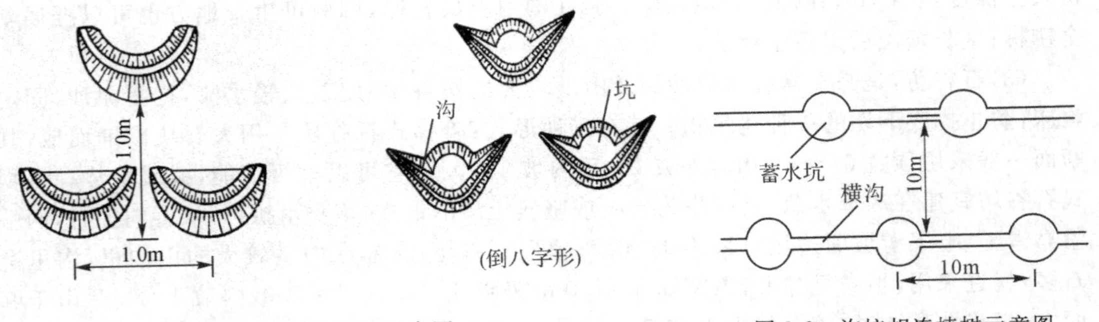

图9-5　鱼鳞坑示意图　　图9-6　沟坑相连植树示意图

(3)沟坑相连植树　地形变化稍大的地段，采用沟坑相连方法(图9-6)。坑底比沟底低7～10cm。地面径流可入沟进坑，浸灌树苗，多余的水随沟排走。

3.护沟造林

为了防止沟壑水土流失的发生，在沟头、沟边、沟坡和沟底等处营造防护林(图9-7)，在侵蚀严重的地方需加宽林带，带宽不少于5行灌木，在侵蚀较轻处带宽3～5行。在沟坡造林时，如坡面广阔，坡度不十分陡峻的地区，可采用护坡林的措施，在坡面短而较稳定的陡坡上，可采用水平阶造林。

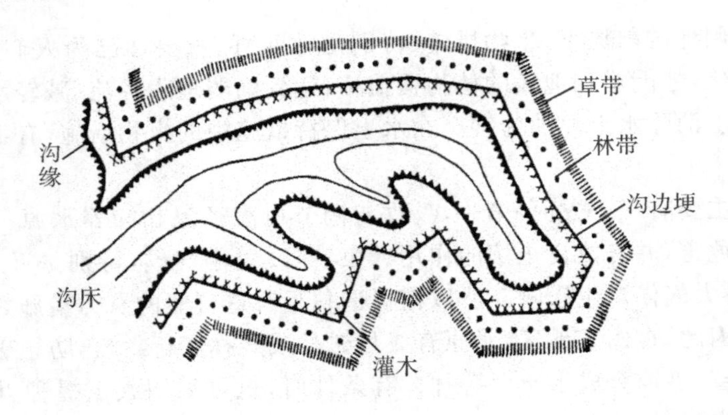

图9-7　沟边与沟头林带平面示意图

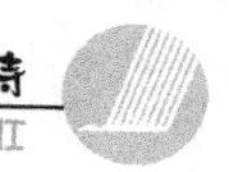

上述几种植树方法可因地制宜地加以选用。至于整地季节一般最好在造林的前1年进行,这样能使土壤积蓄较多水分,并可提高土壤的熟化程度,造林效果较好。

此外,在坡地也可采取果树上山,变荒地为果园、茶园以及其他核果及经济林木的栽培地。但在水土流失较严重的坡地,造林前半年或1年进行整地,修筑水平沟或鱼鳞坑,蓄水保墒,以保证树木的成活率与生长健壮。

4. 牧草水土保持

水土牧草生长迅速,枝叶丛密,播种以后很快覆盖地面,雨水不能直接击溅土壤,对延缓和削弱径流具有最好的能力。据实验资料表明,牧草覆盖的土地,可使地表径流削弱43%～88%。特别是禾本科的植物根系保土能力更强,因为它具有丛密的须根。观测结果表明,牧草地比休闲地的径流量小3～9倍,土壤流失量少4～149倍,因此牧草也助于沟壑稳定。在侵蚀沟坡、沟底等处,种植牧草可以防止沟壑继续扩展,在梯田坎、水平沟埂、堤坎等地种植牧草,对于防止冲刷都是非常有益的。

牧草还能固定流沙,是改良沙地的先锋植物。牧草的根系极其发达,能改善土壤的物理性质,其本身又可提供大量有机物质,提高土壤肥力。

第五节　我国水土流失特征与分区治理对策

一、水土流失现状与分布

由于我国特定的历史和自然条件,土壤侵蚀极其严重。据全国水土保持部门的调查统计,全国不少地区发生不同程度土壤侵蚀,其中包括水蚀、风蚀、冻融侵蚀等。水蚀主要分布在山区和丘陵区,尤以坡耕地最为普遍;风蚀主要分布在长城以北,其次在黄泛平原砂土区与滨海地带;冻融侵蚀主要分布于青藏高寒山区。

黄土高原和南方山地丘陵区是我国土壤侵蚀最严重的两大片,现分述如下。

(一)黄土高原区

本区是我国水土流失最严重的地区,集中分布在陕、甘、晋、宁、内蒙古、豫等省(区),也是世界范围面积最大的黄土流失区。黄土丘陵区沟谷面积达50%左右,有的高达60%,地面切割破碎,1km以上的河谷共有30余万条,全区沟谷总长度超过100万km,居全国之冠。丘陵沟壑区的沟谷侵蚀量占总侵蚀量的70%～80%,来自坡面(沟间地)的侵蚀量占20%～30%;黄土塬沟壑区来自沟谷的泥沙占总量的80%～90%,源面流失量仅占10%～20%。因此,河谷通常是侵蚀泥沙的主要源地。

在黄土高原梁峁丘陵沟堑区,根据侵蚀地貌的形态,沟道小流域可依峁边线划分为两个地貌单元,峁边线以上称之沟间地,或称峁顶地,以下称之沟谷地。沟间地以梁、峁地形及其坡面为主,以水力侵蚀为主导,沟谷地包括沟谷陡坡及河床,不仅水力侵蚀活跃,而且重力侵蚀盛行。如滑坡、倒塌、泻溜、泥石流常发生在河谷陡坡部位。据陕西绥德、子洲两县沟间地与河谷地土壤侵蚀量研究表明,虽然河谷地面积一般只占沟道小流域面积的1/4至1/2,但其侵蚀量却占土壤总侵蚀量的 40%～60%，沟谷侵蚀模数较沟间地大 30%～70%（表 9-19）。这是因为沟谷地的谷坡部位除受本身降雨径流外，还承受上方沟间地的泄流，结果引起重力侵蚀后的产沙量往往高于水力侵蚀的几倍或几十倍。

表 9-19　黄土丘陵沟壑区沟间地与沟谷地土壤侵蚀量

地点	沟名	流域面积 (km^2)	年均侵蚀模数 ($t\cdot km^{-2}$)	地貌类型						沟谷地与沟间地土壤侵蚀模数比值
				沟间地			沟谷地			
				年均侵蚀模数($t\cdot km^{-2}$)	面积(%)	侵蚀量(%)	年均侵蚀模数($t\cdot km^{-2}$)	面积(%)	侵蚀量(%)	
子洲	团山沟	0.18	23460	19600	74.0	61.8	34500	26.0	38.2	1.76
绥德	团园沟	0.49	27530	26300	45.4	43.3	28500	54.6	56.7	1.30
绥德	韭园沟	70.10	18100	16000	56.6	50.1	20700	43.4	49.9	1.30

黄土高原产沙量举世瞩目。新中国成立以来，这里的水土保持工作取得了巨大的成就，至 1985 年底，初步治理约 10 万 km^2，占流失面积的 23.7%。据有关资料分析，黄土高原通过各项水土保持措施（包括库、坝拦蓄），每年减少流入黄河泥沙约 6 亿 t，但多年来黄河的输沙量仍在 16 亿 t 左右（三门峡河段）。实际上黄河中游的产沙量达 22 亿 t，较解放初期增加近三分之一。按黄河年平均输沙量 16 亿 t 计算，为密西西比河年输沙量的 5.25 倍，已成为世界上含沙量最高的河流。

黄河年平均输沙量高同泥沙输移比大（接近于 1）密切有关，即输沙量与坡面产沙量基本相等。泥沙输移比大又与泥沙的颗粒较细及各级支流比降较大有关。黄河一级支流比降为 3%～5%，二级支流为 5%～15%，支毛沟为 15%～20%；黄土中 0.05～0.005mm 粒径的颗粒占 60%左右，由坡面经沟道输入支流的泥沙，基本上均输入黄河干流。因此，在黄河干游形成大量泥沙淤积，其中以大于 0.05mm 的粗粒为主，占 60%以上，大部分<0.05mm 的细颗粒东流入海。

（二）南方山地丘陵区

该地区总的特点是土壤侵蚀呈片状分布，产沙量大，流失物质粗，输移比小，上中游堆积量大和对上中游危害性大等。在花岗岩和泥石流侵蚀区，产沙量大，势猛。花岗岩崩岗侵蚀区，年平均每 km^2 的侵蚀模数达 13500t 以上。嘉陵江支流白龙江中游一带，因泥石流常出现高含沙量，每 m^3 最高达 742kg。流失物质以粗砂、细砾、石砾和石块为主。花岗岩流失区的输移比大致为 0.4 和 0.5，局部仅 0.3 左右，泥石流暴发区可低至 0.25，大大低于黄土区的输移比。由于泥沙输移比小，大量粗颗粒泥沙在上游支流沟谷堆积下来，使较大支流和长江干流的泥沙量相对减少，故据此难以反映流域内上、中游的土壤侵蚀情况。换言之，单从河流输沙量的多少，不足以评价长江流域及南方其他地区的土壤侵蚀及其危害程度。

花岗岩侵蚀区是南方最严重的流失区之一，除流失量大和流失物质颗粒粗等特点外，还有沟谷深、密度大以及地力下降快等特点。

崩岗是花岗岩区最严重的侵蚀方式，当红色风化壳或风化的土体被侵蚀后，下部即为疏松深厚的砂土层和碎屑层，该两层有机质含量低（3～5 g/kg 或小于 3 g/kg），小于 0.01mm 的颗粒一般为 11%～20%，最少仅 8.4%（表 9-20）。由于缺乏胶结物质，结持力弱，它们的

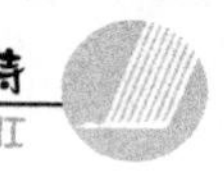

抗蚀性和抗冲性均很差，遇水很快分散。暴雨季节，土体吸水增重，体积膨胀而产生裂隙，当土体重量大于其内聚力时，便失去平衡，沿着裂隙发生崩坍，故崩坍侵蚀大部在砂土层和碎屑层中进行。崩岗发展的速度很快，50 至 60 年内可发展成 100m 长、20m 宽、10m 深的崩岗，有些地区的崩岗也只有二三十年的历史。崩岗侵蚀数量大，单个崩岗每年产砂量可达 500～1000m^3，而且流失物质较粗，1～0.25mm 的颗粒含量为 15%～44%，1～3mm 的颗粒有的亦达 30%以上。流失后大部粗颗粒在上游的支流沟谷沉积下来，淤塞水库抬高河床。

表 9-20　花岗岩红色风化壳几种土层的理化性质比较

土　层	深　度 (m)	有机质 (g·kg^{-1})	<0.01mm 颗粒 (%)	抗冲指数	水稳性团聚体 (%)
均质红土层	0～1.0	20～50	30～60	0.5～0.7	60　90
心底土层	1.0～2.0	<10	40～70	0.7　1.0	50　80
石质半风化层	2.0～20	3～5	11～20	0.22	—
碎屑层	20～30	<3	11～20	0.22	—

花岗岩侵蚀区土壤肥力下降特别明显，砂土层或碎屑层出露地表时，养分含量骤然减少，难以满足植物生长的需要，有机质含量有的只有 1～1.7 g/kg 或更少，随着侵蚀程度的增强，含氮量也有同样减少趋势。

（三）紫色土区

紫色土主要分布于四川盆地和南方紫色泥质页岩区。紫色砂岩含石英砂粒多，岩性较硬，抗风化力强，侵蚀较轻；紫色页岩的颗粒细小，组织松软，抗风化力弱，侵蚀较重。不同地质时期紫色砂岩和页岩的厚度及其排叠组合不同，直接影响侵蚀的强度和分布。一般规律是紫色页岩区的侵蚀重于紫色砂岩区；薄砂岩夹厚页岩区重于厚砂岩夹薄页岩区；薄砂岩夹薄页岩区重于厚砂岩夹薄页岩区；页岩盖顶的丘陵重于砂岩盖顶的丘陵；岩层倾角大的丘陵重于岩层倾角小的丘陵等。此外，紫色土区尚有下列流失特点：

1. 沟蚀密度大，径流系数高

光山秃岭地段，沟谷面积占坡面面积 50%～70%，沟道密度大，紫色土土层浅薄，蓄水量少，渗透性小，常产生大量地表径流。据前江西省水土保持研究所观测，1963 年雨季(3～7 月)平均径流系数为 0.56，最大值达 0.95。

2. 风化与流失过程交替进行

由于紫色页岩质地黏重，颜色暗，夏季日温差高达 46.8℃，受湿胀干缩、热胀冷缩作用后，易碎裂剥落，形成碎屑物。如暴露在空气中直径为 20～40cm 的岩块，经过两个月(4 月中旬至 6 月下旬)的风化，大都变成粒径为 0.15～40mm 的碎屑物，其中小于 40mm 的占 65%～93.3%，快速风化为流失提供了大量松散物质，每次径流挟带的泥沙即为近期的风化碎屑物，每次的风化过程又为下一次的流失创造物质基础。因此，紫色土的流失特点是风化一层，流失一层；流失一层，又风化一层，如此循环往复，不断进行。

3. 片蚀、沟蚀交替进行

紫色土流失区沟谷的扩展方式不同于花岗岩区或西北黄土区以崩坍、滑坡为主的方式，而是以坡面剥蚀—片蚀(包括泻溜侵蚀)为主，即沟谷下切的同时，沟坡以片状剥蚀进行扩展并变陡,因此,沟谷侵蚀是在片蚀的基础上进行的。由于河谷下切速度比坡面侵蚀的速度快,沟谷每年较坡面下降 13mm,以此类推,每隔 77 年沟谷较坡面下降 1m。目前,在紫色土侵蚀区见到的大部分沟谷亦不过近 100 年来形成的。随着河谷日益加深,斜坡逐年变陡,地面的破碎度不断增加。

二、分区治理对策

(一)黄土高原区

黄土高原是我国土壤侵蚀最严重的地区。黄河中游近 60 万 km^2 中,水土流失面积即达 43 万 km^2,严重水土流失区面积有 28 万 km^2 以上,侵蚀模数在 5000 t/km^2 以上的多沙粗沙产区约 15.6 万 km^2。

根据黄土高原土壤侵蚀特点、分布现状和社会经济状况,必须采取针对性的防治措施。

1. 风蚀地区

本区地处长城沿线以北的鄂尔多斯高原,东以和林格尔、东胜、榆林为界,西至贺兰山,北达阴山山脉,包括毛乌素、库布齐沙漠以及河东沙地、银川河套平原及其相邻的部分山地。境内气候干旱,春季风沙多,年沙尘暴日数多在 10 天以上,局部地区高达 27 天。植被以干草原和荒漠草原为主,多生长沙生及旱生植被,植株低矮,覆盖度小,土壤腐殖质层浅薄,有机质含量少,土质沙性大,易遭风蚀。本区以畜牧业为主,由于长期滥垦滥牧,草场面积不断缩小,草原退化,导致风蚀和土地沙化日益严重。1993 年 5 月间西北地区发生的风沙尘暴,大部发生在本地区范围内,且面积大,持续时间长,局部地区出现霜、雪、雹等灾害,造成重大的经济损失。

主要治理途径是:①合理利用草场,实行封山育林,促进天然植被恢复;②控制畜群数量,建立草库,实行轮放轮牧;②严禁乱砍沙地灌丛,防止草场退化和沙丘活化;④流沙分布区采用生物措施与工程措施相结合的方法,防风固沙;⑤大力营造草、灌、乔相结合的防风固沙草带、林带、林网,减少土地沙漠化的压力;⑧在山前平原建设高产基本农田,搞好农田防护林带和果园的建设,提高防护和经济效益;⑦集约经营河川地、滩地,建立稳产固耕农区,合理利用水资源,发展灌溉,提高单产,促进退耕还牧,平原区建立农牧防护林体系,确保农业稳产高产。

2. 风蚀水蚀区

本区位于黄土高原北部,包括神池、灵武、兴县、绥德、庆阳、固原、定西、东乡一线以北,长城沿线以南的地区。境内坡陡沟深,地形破碎,大部为黄土梁峁丘陵沟壑区。本区属半干旱草原地带,植被稀疏,覆盖率低,仅 30%~35%。年降雨量 250~450 mm,降雨集中且多暴雨。春季多风,全年 8 级以上大风日数平均为 20 天,局部地区可达 27 天,沙暴日数年均 4 天以上,有些地区可达 15 天。由于自然植被破坏严重,水蚀剧烈,风蚀也很显著。

本区治理途径为:①建立、健全农田防护林体系,防风固沙,调节小气候,改善农牧业生产条件;②加强基本农田建设,包括修梯田和坝地,建立稳产高产农田,促进退耕还林还牧;②杜绝陡坡开荒,加强封山、育林、育草,促进自然植被恢复;④推广水平沟种植、垄沟种植、带状间作、草田轮作等水土保持耕作措施;⑤加强荒山荒坡的绿化和沟谷防护工程,推行飞

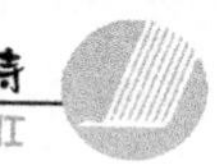

播造林种草；⑥采用生物措施与工程措施相结合的方法，治理和改造石质砂岩流失区；⑦严格贯彻执行国家计委和水利部联合颁布的“开发建设晋、陕、蒙接壤区水土保持规定”，制止新的水土流失，同时为了适应煤田基地发展的需要，强化生物措施，发展经济林果和畜牧草场。

3. 水蚀地区

地处黄土高原南部，北接风蚀水蚀区，南临秦岭北坡，属森林、森林草原环境，广泛分布黄土丘陵、黄土源、河谷平原、土石丘陵与山地等。年降水量500～700 mm，气候温暖湿润。境内黄土广泛分布，土层深厚疏松，森林集中分布于子午岭、黄龙山、关山、吕梁山、太行山及秦岭北坡等地。大面积地区为农地和牧荒地，植被破坏严重，除沙滩沙地有风蚀外，全区主要为水蚀，并伴有滑坡、崩坍、泻溜等重力侵蚀。

本区主要防治途径为：①合理调整农村产业结构，综合发展农、林、牧、副各业，严禁破坏森林，逐步退耕陡坡种草植树，加速绿化荒山荒坡；②人口稠密地区应搞好基本农田建设，兴修水利，扩大水浇地和稻田面积，提高粮食单产；③营造源边和沟头防护林、护坡林，固沟保源；④有计划地封山育林、荒山造林，加强水源林和用材林的管护；⑤缓坡地（15°或20°以下）修成水平梯田，保持水土，改良土壤，提高单产；⑥大力发展沙棘、柠条、胡枝子等灌木林；地势较高的山地种植油松等针叶树；⑦沟底打坝淤地发展小型灌溉，扩大粮食种植面积。

（二）南方山地丘陵区

本区域为我国仅次于黄土高原的严重流失区，其中以花岗岩、紫色砂页岩、第四纪红色黏土和石灰岩区流失更为严重。防治措施分述如下：

1. 花岗岩水土流失区

在无明显流失区应注意控制潜在危险的暴发，预防水土流失的发生。轻度和中度流失区，可利用其自然优势，实行封山育林，迅速恢复植被，封山的同时进行补植，防止脆弱的生态系统进一步破坏，预防严重沟蚀和崩岗的发生。在强度和剧烈流失区，为了改变立地条件应修建田间工程，建立工程—植物体系，实行乔、灌、草结合和针阔叶林混交，在水平台地、水平沟、撩壕工程内因地制宜发展油茶、柑橘、梨、板栗等经济林和药材林等，构成工程和植物相结合的综合生态体系，提高经济效益和生态效应。在崩岗流失区多采用土谷坊、石谷坊、管箕谷坊、编篱谷坊及其他生物谷坊等。同时，用排水沟引走上部径流，阻止下切和扩展，或在崩岗以上部位利用乔、灌、草作防护带，等高带状密植，截阻径流，削弱冲刷力量。此外，在崩岗内种植竹类、油茶、杉树、乌桕、桉树、胡枝子、紫穗槐等，对巩固谷坊，调整侵蚀基准面有明显效果。

2. 紫色砂页岩水土流失区

(1)谷坊群：在流失面积大、劳力少、沟堑密度大的地区，采用本色土（风化后的碎屑物）修谷坊群最为经济有效，结合生物措施，采用外坡林（先灌草，后乔木）、内坡农（花生、甘薯、豆类等）的方法，既巩固谷坊又有一定经济收益。如果每亩有30个容积为0.8～1.0 m^3 的谷坊群，在降雨量为30 mm、最大雨强每小时为20～60 mm的情况下，一般可控制水土流失。

(2)爆破造梯田：利用紫色页岩风化速度快的特点，在劳力、资金许可时，可采用此法。爆破后的岩块，暴露在空气中数月后，大部分可变成细小的碎屑物，通常春季造梯田，秋季即可利用种植油料、烟叶、花生、豆类等经济作物和药材等。有条件的地方还可在梯田上挖大穴，施基肥，种植柑橘、批把、桃、李、杏等果树，达到高投入高产出的目的。

(3)光坡绿化：紫色土光坡地段，土层浅薄(一般10 cm以下)，土壤水分奇缺，伏旱时，地表温度可高达76℃以上，恶劣的立地条件严重影响植物的生长和发育。在光坡上挖穴(深50 cm，直径40 cm)种植葛藤成活率可达95%，此外，利用胡枝子等与葛藤相间种植，可以加速紫色土光坡植被重建过程。

(4)坡耕地治理：四川紫色土区，有许多治理坡耕地的经验，如采用等高开“横行”、“横厢”、“横带”等横坡种植。据内江地区试验，10°坡耕地上横坡开行比顺坡开行减少水分流失29.0%，减少泥沙流失79.9%，玉米增产25.7%，甘薯71%，甘蔗12.0%。近年来采用“聚土免耕种植”法等，把紫色土区坡耕地治理提高到新的阶段。

3.第四纪红色黏土水土流失区。本区为南方旱地农业区，耕垦指数高。由于坡耕地上缺乏相应的水土保持措施，往往产生不同程度的水土流失，为此，必须采取针对性综合措施，才能保证该区持续农业的发展。

(1)农、林、牧结合，山水田综合治理：丘陵区由于土体厚度、坡度和侵蚀情况不同，土地利用规划应根据具体条件，合理安排农、林、牧各业的比例。10°以下缓坡和谷地，宜发展农业和畜牧业；10°以上土层较厚的坡地，可安排多年生作物和经济林果；坡度大于20°的较陡坡地和丘陵，宜营造适应性强的针阔叶混交林、灌木林和薪炭林，加速荒山绿化，保持水土，促进植被重建和农林业的发展。

(2)等高种植，合理轮作：在缓坡耕地上，可实行等高耕种，宽行作物采用等高作垄，窄行作物采用等高留茬播种，可起到良好的保水保土作用。新垦红壤地，以培肥改土为主，增加养地作物，用养作物比例以1∶1为宜。初度熟化红壤地用养作物以1.5∶1为好，这样不仅有利于改土养地，也有利于保持水土。

(3)平整土地，修筑梯田：是坡耕地防止水土流失，建立稳产高产农田的重要途径。大部梯田可引水灌溉，变旱地为水田，根据地形坡度与土体厚度，可修成田块大小不同、等高、台阶式的水平梯田。

(4)侵蚀劣地植被重建：重建植被是防治第四纪红色黏土区侵蚀劣地坡面流失的关键。在光坡地段上，从上到下等高开挖小沟(深5～8 cm，宽约5 cm，间距约10 cm)，拌肥直播胡枝子，可快速绿化坡面。陡坡地段采用营养穴(用洛阳铲打穴，直径20 cm左右，深30 cm)，施入垃圾土拌磷肥，栽种树苗或直播植物种子均可。用这种方法绿化光坡动土面小，可减少坡面土壤流失，同时幼苗或种子在穴内可吸收到养分和水分，种子也不致被坡面径流而冲失。

此外，通过重建先锋植物群落，如种植速生、耐旱、耐瘠的马尾松和台湾相思树进行荒山绿化。造林时配以必要的工程，如鱼鳞坑、一字沟、谷坊、拦水坝等。接着在先锋植物群落中逐步改建阔叶混交林，根据生境条件不同，再配以适应性强的豆科植物或配以经济价值高的混交林，这种方法在广东电白小良水保站取得了良好的效果。

4.石灰岩水土流失区。本区域土体浅薄，裸岩面积大，虽然侵蚀模数不大，但可用土地减少的潜在危险很突出。

(1)保护山地植被，发展林业：石灰岩地区，石多土少，生态脆弱，植被一旦被破坏，土层流失，演变为石质荒漠的可能性大。因此山区开发必须有计划地保护森林植被，以免遭受破

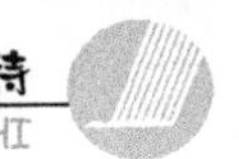

坏。同时，封山与造林并举，确保山地绿化，石灰岩区适生树种多，在高山水源区，应加强水源保护林的建设，恢复以阔叶林为主的森林生态系统，以利于水土保持。

(2)发展经济林果，提高经济效益：在农业区和分散林区，重点发展亚热带果林、经济林和薪炭林。许多热带、亚热带珍贵树种和药材在石灰岩地区生长良好，如密花美登木、苦玄参、山乌龟、砂仁、天门冬、厚朴、岩黄连、黄精、首乌等。贵州的杜仲，四川的天麻，广西、云南的田七，都产于石灰岩土地区。

(3)坡耕地治理：在目前尚不能实现退耕还林、耕地紧缺的地区，应修筑梯田。大于 25°尚未退耕的耕地，亦可营造水土保持林带，分隔陡坡，实行林农间作，减少水土流失。缓坡地应逐步改造为水平梯田或反坡梯田，持续发展农业。此外，提高复种指数，推广间作套种，以增加地面覆盖的时空分布，减少水土流失，在提高单位面积产量的基础上，对陡坡耕地可逐步向退耕还林还牧过渡。

(三)东北黑土区

东北黑土区在我国虽属开发较晚的地区，但由于土地利用未能结合水土保持，水土流失有不同程度发展，致使肥沃的黑土层逐渐变薄。因此，及时采取相应的预防和防治措施十分必要。

1. 合理调整农业生产结构和土地利用结构。根据各地自然和经济条件，按流域进行水土保持综合治理规划。缓坡平原建立以粮油为主、农林牧、多种经营综合发展的水土保持型生态经济系统。

2. 小流域综合治理。以小流域为单元，进行山、水、田、林、草、路立体开发，综合治理，如黑龙江拜泉县和克山县的做法是：(1)根据生态学原理，合理利用水土资源。岗顶造林，坡地横坡垄作和修建缓坡梯田；沟道建塘库，洼地修水田或鱼塘；(2)根据生物共生原理，实行乔、灌、草结合；(3)根据食物链原理，布设“粮、草、畜、鱼”结构，提高物质循环效率。

3. 坡耕地治理。根据坡度情况，因地制宜推行等高种植、修梯田、实行草田轮作、间作套种等，对 15°以上的坡耕地实行退耕还草、造林，保持水土。

4. 坡面工程治理。因地制宜挖截流沟、蓄水池、水簸箕和地埂，修建沟头防护工程、谷坊工程、塘坝工程等。

土壤污染的治理与修复

第一节　土壤污染概论

一、土壤环境容量

人类的生活和生产活动不可避免地要产生废弃物并向环境排放。随着人口增长、人类活动强度的日益增加，人类自身面临的环境容量问题也日趋严峻。如何正确地认识环境的容量和合理利用有限的容量，实行废弃物的循环利用，涉及人类生活和生产活动的许多方面，已引起人们的广泛关注。土壤环境容量涉及土壤污染物的生态效应、环境效应以及污染物的迁移、转化和净化规律，具有多方面的应用价值和重要的理论意义。

1. 土壤背景值

土壤是一个有生命的活的自然体，它含有几乎全部的天然元素，并在水、气、热、生物和微生物多因子的长期的共同作用下，不断发生着各种反应。不受各种污染源明显影响的土壤中化学物质的检出量称为土壤背景值，或土壤环境背景值。事实上，"不受污染源明显影响"只是一个相对概念，因为当今的工业污染已充满了世界的每一个角落，即使是农用化学物质的污染也是在世界范围内扩散的。例如在南极冰层中可以发现有机氯农药的积累。因此，土壤背景值也是相对的，"零污染"土壤样本几乎是不存在的。影响土壤背景值的因素很复杂，包括风化、淋溶、淀积等地球化学作用的影响，生物小循环的影响，成土母质、土壤质地和有机物含量的影响等，特别是人类活动产生的影响更加强烈而深刻。因此，土壤背景值是一个范围值，而不是一个确定值。

2. 土壤自净作用和缓冲性

土壤自净作用(Soil self-purification) 即土壤的自然净化作用，是指进入土壤的污染物，在土壤微生物、土壤动物、土壤有机和无机胶体等土壤自身的作用下，经过一系列的物理、化学和生物化学过程，使污染物在土壤环境中的数量、浓度或毒性、活性降低的过程。土壤自净作用的机理既是土壤环境容量的理论依据，又是选择环境污染调控与防治措施的理论基础。按其作用机理不同，可分为物理净化作用、物理化学净化作用、化学净化作用和

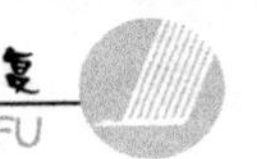

生物净化作用。这4种土壤自净作用的过程相互交错，其强度的总和构成了土壤环境容量的基础。影响自净作用的因素有土壤环境的物质组成，土壤环境条件，水、热条件，生物学特性和人类活动，也可以通过多种措施来提高自净作用。

近年来国内外学者从环境化学的角度出发，提出土壤环境对污染物的缓冲性概念，其定义为"土壤因水分、温度、时间等外界因素的变化，抵御污染物的组分浓度或活度变化的性质"。其主要机理是土壤的吸附与解吸、沉淀与溶解，影响因素主要为土壤质量、黏粒矿物、铁铝氧化物、$CaCO_3$、有机质、土壤的CEC、pH、Eh、土壤水分和温度等。

3. 土壤环境容量

土壤环境容量又称土壤负载容量，是一定土壤环境单元在一定时限内，根据环境和食品质量标准，既能维持土壤生态系统的正常结构与功能，保证农产品的生物学产量与质量，又不使环境系统污染超过土壤环境所能容纳污染物的最大负荷量。首先，环境容量是根据相关标准而来的，无论是农产品的质量还是环境质量都只能从标准的角度来进行评价。因此，土壤环境容量属于一种控制指标，它可能随环境因素的变化或者人们对环境和食品目标期望值的变化而改变。显然，土壤环境容量与土壤的性质和污染物的特征有关，不同土壤的环境容量是不同的，同一土壤对不同污染物的容量也是不同的，这涉及土壤的固持和净化能力、污染物在土壤中的活性、生物有效性和自身的稳定性。

根据土壤环境容量的定义，它应该是土壤环境所能容纳污染物最大允许极限值减去背景值(或本底值)；计算土壤环境容量的方法有多种，最简单的是重金属物质平衡模型：

$$Q_1 = 10000 \times B \times D \times S \times (C_0 - C_b) \tag{10-1}$$

式中：Q_1 为土壤环境静容量(g/hm^2)；C_0 为土壤环境标准值或土壤环境临界值(g/t)；C_b 为区域土壤背景值或土壤本底值(g/t)；B 为土壤平均容重(t/m^3)；D 为土层厚度(m)；S 为区域面积(hm^2)；10000为面积换算因子。

由此可知，一定区域的土壤特性和环境条件下，土壤环境容量的大小取决于土壤环境质量标准。土壤环境质量标准值大，土壤环境容量大；标准严，则容量小。但这个水平计算出来的容量，仅反映了土壤污染物生态效应和环境效应所容许的水平，没考虑土壤污染物累积过程中污染物的输入与输出、吸附与吸解、固定与释放、累积与降解的净化过程以及土壤的自净作用，而这些过程的结果都将影响到容许进入土壤中的污染量。将净化的容量(Q_2)与静容量(Q_1)相加即得到土壤总环境容量($Q_{总}$)。$Q_{总}$ 称为土壤环境总容量。即：

$$Q_{总} = Q_1 + Q_2 \tag{10-2}$$

土壤环境容量是对污染物进行总量控制与环境管理的重要指标，对损害或破坏土壤环境的人类活动及时进行限制，进一步要求污染物排放必须限制在容许限度内，既能发挥土壤的净化功能，又能保证该系统处于良性循环状态。在一定区域内，掌握土壤环境容量是判断土壤污染与否的界限，是污染防治与控制具体化的依据。

二、土壤污染发生与污染源分类

1. 土壤污染的发生

人类活动产生的污染物进入土壤并积累到一定程度，引起土壤质量恶化的现象即为土壤污染。土壤与水体和大气环境有诸多不同，它在位置上较水体和大气相对稳定，污染物易于集聚，故有人认为土壤是污染物的“汇”。

污染物可通过各种途径进入土壤。若进入污染物的量在土壤自净能力范围内，仍可维持正常生态循环。土壤污染与净化是两个相互对立又同时存在的过程。如果人类活动产生的污染物进入土壤的数量与速度超过净化速度，造成污染物在土壤中持续累积，表现出不良的生态效应和环境效应，最终导致土壤正常功能的失调，土壤质量下降，影响作物的生长发育，作物的产量和质量下降，即发生了土壤污染。土壤污染可从以下两个方面来判别：①地下水是否受到污染；②作物生长是否受到影响。

土壤受到污染后，不仅会影响植物生长，同时会影响土壤内部生物群的变化与物质的转化，即产生不良的生态效应。土壤污染物会随地表径流而进入河、湖，当这种径流中的污染物浓度较高时，会污染地表水。例如，土壤中过多的 N、P，一些有机磷农药和部分有机氯农药、酚和氰的淋溶迁移常造成地表水污染。因此，污染物进入土壤后有可能对地表水、地下水造成次生污染。土壤污染物还可通过土壤植物系统，经由食物链最终影响人类的健康。如日本的“痛痛病”就是土壤污染间接危害人类健康的一个典型例子。

2. 土壤污染的主要类型和污染物种类

土壤污染源可分为人为污染源和自然污染源。

(1)人为污染源　土壤污染物主要是工业和城市的废水和固体废物、农药和化肥、牲畜排泄物、生物残体及大气沉降物等。污水灌溉或污泥作为肥料使用，常使土壤受到重金属、无机盐、有机物和病原体的污染。工业及城市固体废弃物任意堆放，引起其中有害物的淋溶、释放，也可导致土壤及地下水的污染。现代农业大量使用农药和化肥，也可造成土壤污染。例如，六六六、DDT 等有机氯杀虫剂能在土壤中长期残留，并在生物体内富集；氮、磷等化学肥料，凡未被植物吸收利用和未被根层土壤吸附固定的养分，都在根层以下积累，或转入地下水，成为潜在的环境污染物。禽畜饲养场的厩肥和屠宰场的废物，其性质近似人粪尿，利用这些废物作肥料，如果不进行适当处理，其中的寄生虫、病原菌和病毒等可引起土壤和水体污染。大气中的二氧化硫、氮氧化物及颗粒物通过干沉降或湿沉降到达地面，可引起土壤酸化。

(2)自然污染源　在某些矿床或元素和化合物的富集中心周围，由于矿物的自然分解与风化，往往形成自然扩散带，使附近土壤中某些元素的含量超出一般土壤的含量。

土壤污染按性质可分为化学污染源、物理污染源和生物污染源，其污染源十分复杂。

3. 土壤中的主要污染物

土壤污染物种类繁多，总体可分以下几类：

(1)无机污染物，包括对动、植物有危害作用的元素及其无机化合物，如镉、汞、铜、铅、锌、镍、砷等重金属；硝酸盐、硫酸盐、氟化物、可溶性碳酸盐等化合物也是常见的土壤无机污染物；过量使用氮肥或磷肥也会造成土壤污染。

(2)有机污染物，包括化学农药、除草剂、石油类有机物、洗涤剂及酚类等。其中农药是土壤的主要有机物，常用的农药约有 50 种。

(3)放射性物质，如^{137}铯、^{90}锶等。

(4)病原微生物，如肠道细菌、炭疽杆菌、肠寄生虫、结核杆菌等。

4. 氮和磷的污染与迁移转化

氮、磷是植物生长不可缺少的营养元素。农业生产过程中常施用氮、磷化学肥料以增加

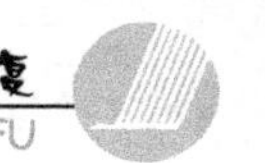

粮食作物的产量，但过量使用化肥也会影响作物的产量和质量。此外，未被作物吸收利用和被根层土壤吸附固定的养分，都在根层以下积累或转入地下水，成为潜在的环境污染物。

（1）氮污染 农田中过量施用氮肥会影响农业产量和产品的质量，还会间接影响人类健康，同时在经济上也是一种损失。施用过多的氮肥，土壤中积累的硝酸盐渗滤并进入地下水；如水中硝酸盐含量超过 4.5 $\mu g/ml$，就不宜饮用。蔬菜和饲料作物等可以积累土壤中的硝酸盐。空气中的细菌可将烹调过的蔬菜中的硝酸盐还原成亚硝酸盐，饲料中的硝酸盐在反刍动物胃里也可被还原成亚硝酸盐。亚硝酸盐能与胺类反应生成亚硝胺类化合物，具有致癌、致畸、致突变的性质，对人类有很大的威胁。硝酸盐和亚硝酸盐进入血液，可将其中的血红蛋白 Fe^{2+} 氧化成 Fe^{3+}，变成氧化血红蛋白，后者不能将其结合的氧分离供给肌体组织，导致组织缺氧，使人和家畜发生急性中毒。此外，农田施用过量的氮肥容易造成地表水的富营养化。土壤表层中的氮大部分是有机氮，占总氮的 90%。土壤中的无机氮主要有氨氮、亚硝酸盐氮和硝酸盐氮，其中铵盐（NH_4^+）、硝酸盐氮（NO_3^-）是植物摄取的主要形式。除此以外，土壤中还存在着一些化学性质不稳定，仅以过渡态存在的含氮化合物，如 N_2O、NO、NO_2、NH_2OH、及 HNO_2。尽管某些植物能直接利用氨基酸，但植物摄取的几乎都是无机氮，说明土壤中氮以有机态来储存，而以无机态被植物所吸收。显然，有机氮与无机氮之间的转换是十分重要的。

土壤中氮的迁移主要是指经过矿化后的氮及加到表层土中的无机氮。①在碱性条件下，进入土壤中的 NH_4^+ 转变成 NH_3，挥发至大气中，由于多数植物可吸收利用 NH_4^+，也使一部分氮从土壤中迁出。②被土壤胶体吸附，NH_4^+ 可通过离子交换作用被土壤中的黏土矿物或腐殖质吸附。③硝化作用，如果土壤中有足量的含氮有机物、足量的氧、适量的碳源及必要的湿度和温度条件，就能产生硝化作用，使 NH_4^+ 逐渐转化为 NO_2^-、NO_3^-。土壤中硝酸盐的含量与土的深度和雨量有关。雨量愈小，土壤表层中的硝酸盐含量愈高；在土壤深处，硝酸盐含量迅速减少。④去氮作用，包括化学和微生物去氮作用。去氮作用要有足够的能源，并有还原性物质存在；温度、pH 对去氮作用也很重要。例如，25℃以下去氮作用速度减小，至 2℃时趋于零；$pH<5$ 时，去氮作用中止。去氮作用似乎是有害的，但当氮过量时，特别是在植物根部不能达到的深度就显得重要。此外，土壤的渗水作用也可使相当数量的氮流失。因此要尽可能控制化学肥料的用量，避免氮污染。

（2）磷污染 磷是植物生长的必需元素之一，植物摄取的磷几乎全部是磷酸根离子（如 $H_2PO_4^-$）。表层土壤中磷酸盐含量可达 200 $\mu g/g$，在黏土层中可达 1000 $\mu g/g$。土壤中磷酸盐主要以固相存在，其活度与总量无关；土壤对磷酸盐有很强的亲和力。因此，磷污染比氮污染情形要简单，只是在灌溉时才会出现磷过量的问题。另外，土壤中的 Ca^{2+}、Al^{3+}、Fe^{3+} 等容易和磷酸盐生成低溶性化合物，能抑制磷酸盐的活性，即使土壤中含磷量高，但作物仍可能缺磷。由此可见，土壤磷污染对农作物生长影响并不很大，但其中的磷酸盐可随水土流失进入湖泊、水库等，造成水体富营养化。

土壤中的磷包括有机磷及无机磷。有机磷在总磷中所占比例范围较宽，土壤中有机磷的含量与有机质的含量成正相关，其含量在顶层土中较高。土壤中的有机磷主要是磷酸肌醇酯，也有少量核酸及磷酸类酯。与磷酸盐一样，磷酸肌醇酯能被土壤吸附沉淀。

第二节　土壤中重金属的迁移转化及其生物效应

不同重金属的环境化学行为和生物效应的差异很大，同一种金属的环境化学和生物效应与其存在形态有关。例如，土壤胶体对 Pb^{2+}、Pb^{4+}、Hg^{2+} 及 Cd^{2+} 等离子的吸附作用较强，对 AsO_2^- 和 $Cr_2O_7^{2-}$ 等负离子的吸附作用较弱。对土壤—水稻体系中污染重金属行为的研究表明：被试的四种金属元素对水稻生长的影响为：Cu>Zn>Cd>Pb；元素由土壤向植物的迁移明显受共存元素的影响，在试验条件下，元素吸收系数的大小顺序为：Cd>Zn>Cu>Pb，与土壤对这些元素的吸持强度正好相反；"有效态"金属更能反映出元素间的相互作用及其对植物生长的影响。

一、汞

土壤中汞的背景值为 0.01～0.15 μg/g。除来源于母岩以外，汞主要来自污染源，如含汞农药的施用、污水灌溉等，故各地土壤中汞含量差异较大。来自污染源的汞首先进入土壤表层。土壤胶体及有机质对汞的吸附作用相当强，汞在土壤中移动性较弱，往往积累于表层，而在剖面中呈不均匀分布。土壤中的汞不易随水流失，但易挥发至大气中，许多因素可以影响汞的挥发。土壤中的汞按其化学形态可分为金属汞、无机汞和有机汞，在正常的 pE 和 pH 范围内，土壤中汞以零价汞形式存在。在一定条件下，各种形态的汞可以相互转化。进入土壤的一些无机汞可分解而生成金属汞，当土壤在还原条件下，有机汞可降解为金属汞。一般情况下，土壤中都能发生 $Hg^{2+} = Hg^{2+} + HgO$ 反应，新生成的汞可能挥发。在通气良好的土壤中，汞可以任何形态稳定存在。在厌氧条件下，部分汞可转化为可溶性甲基汞或气态二甲基汞。

阳离子态汞易被土壤吸附，许多汞盐如磷酸汞、碳酸汞和硫化汞的溶解度亦很低。在还原条件下，Hg^{2+} 与 H_2S 生成极难溶的 HgS；金属汞也可被硫酸还原细菌变成硫化汞；所有这些都可阻止汞在土壤中的移动。当氧气充足时，硫化汞又可慢慢氧化成亚硫酸盐和硫酸盐。以阴离子形式存在的汞，如 $HgCl_3^-$、$HgCl_4^{2-}$ 也可被带正电荷的氧化铁、氢氧化铁或黏土矿物的边缘所吸附。分子态的汞，如 $HgCl_2$，也可以被吸附在 Fe、Mn 的氢氧化物上。$Hg(OH)_2$ 溶解度小，可以被土壤强烈的保留。由于汞化合物和土壤组分间强烈的相互作用，除了还原成金属汞以蒸气挥发外，其他形态的汞在土壤中的迁移很缓慢。在土壤中汞主要以气相在孔隙中扩散。总体而言，汞比其他有毒金属容易迁移。当汞被土壤有机质螯合时，亦会发生一定的水平和垂直移动。

汞是危害植物生长的元素。土壤中含汞量过高时，汞不但能在植物体内积累，还会对植物产生毒害。通常有机汞和无机汞化合物以及蒸气汞都会引起植物中毒。例如，汞对水稻的生长发育产生危害。中国科学院植物研究所水稻的水培实验表明，采用含汞为 0.074 μg/mL 的培养液处理水稻，产量开始下降，秕谷率增加；以 0.74 μg/mL 浓度处理时，水稻根部已开始受害，并随着试验浓度的增加，根部更加扭曲，呈褐色，有锈斑；当介质含汞为 7.4 μg/mL时，水稻叶子发黄，分蘖受抑制，植株高度变矮，根系发育不良。此外，随着浓度

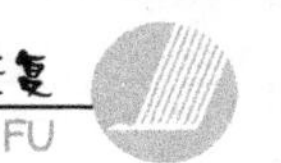

的增加，植物各部分的含汞量上升。介质浓度为 22.2 μg/mL 时，水稻严重受害，水培水稻受害的致死浓度为 36.5μg/mL。但是，在作物的土培实验中，即使土壤含汞达 18.5 μg/g，水稻和小麦产量也未受到影响。可见，汞对植物的有效性和环境条件密切相关。不同植物对汞的敏感程度有差别。例如，大豆、向日葵、玫瑰等对汞蒸气特别敏感；纸皮桦、橡树、常青藤、芦苇等对汞蒸气抗性较强；桃树、西红柿等对汞蒸气的敏感性属中等。

汞进入植物主要有两条途径：一是通过根系吸收土壤中的汞离子，在某些情况下，也可吸收甲基汞或金属汞；其次是喷施叶面的汞剂、飘尘或雨水中的汞以及在日夜温差作用下土壤所释放的汞蒸气，由叶片进入植物体或通过根系吸收。由叶片进入到植物体的汞，可被运转到植株其他各部位，而被植物根系吸收的汞，常与根中蛋白质发生反应而沉积于根上，很少向地上部分转移。

植物吸收汞的数量不仅决定于土壤含汞量，还决定于其有效性。汞对植物的有效性和土壤氧化还原条件、酸碱度、有机质含量等有密切关系。不同植物吸收积累汞的能力是有差异的，同种植物的各器官对汞的吸收也不一样。植物对汞的吸收与土壤中汞的存在形态有关。

土壤中不同形态的汞对作物生长发育的影响存在差异。土壤中无机汞和有机汞对水稻生长发育影响的盆栽实验表明，当汞浓度相同时，汞化合物对水稻生长和发育的危害为：醋酸苯汞＞$HgCl_2$＞HgO＞HgS。HgS 不易被水稻吸收。即使是同一种汞化合物，当土壤环境条件变化时，可以不同的形态存在，对作物的有效性也就不一样。

二、镉

地壳中镉的丰度为 5 μg/g，我国部分地区镉的背景值为 0.15～0.20 μg/g。土壤中镉污染主要来自矿山、冶炼、污灌及污泥的施用。镉还可伴随磷矿渣和过磷酸钙的使用而进入土壤。在风力作用下，工业废气中镉扩散并沉降至土壤中。交通繁忙的路边土壤中常发现有镉污染。

土壤中镉一般可分为可给态、代换态和难溶态。可给态镉主要以离子态或络合态存在，易被植物所吸收；被黏土或腐殖质交换吸附的为代换态镉；难溶态镉包括以沉淀或难溶性螯合物存在的镉，不易被植物吸收。

土壤中的镉可被胶体吸附。被吸附的镉一般在 0—15 cm 的土壤表层累积，15 cm 以下含量显著减少。大多数土壤对镉的吸附率在 80%～90%。土壤对镉的吸附同 pH 值呈正相关；被吸附的镉可被水所溶出而迁移，pH 越低，镉的溶出率越大。如 pH 4 时，镉的溶出率超过 50%；pH 7.5 时，镉很难溶出。

土壤中镉的迁移与土壤的种类、性质、pH 值等因素有关，还直接受氧化还原条件的影响。水稻田是氧化还原电位很低的特殊土壤，当水田灌满水时，由于水的遮蔽效应形成了还原性环境，有机物厌氧分解产生硫化氢；当施用硫酸铵肥料时，硫还原细菌的作用使硫酸根还原产生大量的硫化氢。在淹水条件下，镉主要以 CdS 形式存在，抑制了 Cd^{2+} 的迁移，难以被植物所吸收。当排水时造成氧化淋溶环境，S^{2-} 氧化或 SO_4^{2-}，引起 pH 降低，镉溶解在土壤中，易被植物吸收。土壤中 PO_4^{3-} 等离子均能影响镉的迁移转化；如 Cd^{2+} 和 PO_4^{3-} 形成难溶的 $Cd_3(PO_4)_2$，不易被植物所吸收。因此，土壤的镉污染，可施用石灰和磷肥，调节土壤

pH 至 5.0 以上，以抑制镉害。

在旱地土壤里，镉以 $CdCO_3$、$Cd_3(PO_4)_2$ 及 $Cd(OH)_2$ 的形式存在，而其中又以 $CdCO_3$ 为主，尤其是在 pH>7 的石灰性土壤中，形成 $CdCO_3$ 的反应为：

$$Cd^{2+}+CO_2+H_2O=CdCO_3+2H+\lg K=-6.07$$

可导出土壤中 Cd^{2+} 为：$-\lg[Cd^{2+}]=-6.07+2\ pH-\lg[CO_2]$

如土壤空气中，CO_2 的分压为 0.0003 atm，则：$-\lg[Cd^{2+}]=2\ pH-9.57$

可见旱地土壤中 Cd^{2+} 浓度与 pH 成负相关。

镉是危害植物生长的有毒元素。镉对作物的危害，在较低浓度时，虽在外观上无明显的症状，但通过食物链可危及人类健康。当土壤镉浓度达到一定含量时，不仅能在植物体内残留，而且也会对植物的生长发育产生明显的危害。水稻盆栽实验表明：土壤含镉为 10 μg/g 时，对水稻产生不利影响；含镉为 300 μg/g 时，水稻生长受到显著影响；土壤含镉为 500 μg/g 时，严重影响水稻生长发育。镉对植物的生物效应与其在土壤中的存在形态有关。

植物对镉的吸收与累积取决于土壤中镉的含量和形态、镉在土壤中的活性及植物的种类。许多植物均能从土壤中摄取镉，并在体内累积到一定数量。植物吸收镉的量不仅与土壤的含镉量有关，还受其化学形态的影响。例如，水稻对三种无机镉化合物吸收累积的顺序为：$CdCl_2>CdSO_4>CdS$。不同种类的植物对镉的吸收存在着明显的差异；同种植物的不同品种之间，对镉的吸收累积也会有较大的差异。谷类作物如小麦、玉米、水稻、燕麦和粟子都可通过根系吸收镉，其吸收量依次是玉米>小麦>水稻>大豆。同一作物，镉在体内各部位的分布也是不均匀的，其含量一般为：根>茎>叶>籽实。植物在不同的生长阶段对镉的吸收量也不一样，其中以生长期吸收量最大。由此可见，影响植物吸收镉的因素很多。

镉可通过土壤—植物系统等途径，经由食物链进入人体，危害人类健康。因此，环境的镉污染是人们极为关注的问题。

三、铅

地壳中铅的丰度为 12.5 μg/g，土壤中铅的平均背景值为 15～20 μg/g。土壤的铅污染主要由汽油燃烧和冶炼烟尘的沉降、降水及矿山、冶炼废水污灌引起。因此，城市和矿山、冶炼厂附近的土壤含铅量比较高。汽车尾气造成的铅污染主要集中在大城市和公路两侧。距公路越近，交通量越大，土壤铅污染越严重。如一公路旁土壤含铅为 809.6 μg/g，距公路 91m 处则含铅为 32.5μg/g。

进入土壤的 Pb^{2+} 容易被有机质和黏土矿物所吸附。不同土壤对铅的吸附能力如下：黑土(771.6 μg/g)>褐土(770.9 μg/g)>红壤(425.0 μg/g)；腐殖质对铅的吸附能力明显高于黏土矿物。铅也和配位体形成稳定的金属配合物和螯合物。土壤中铅主要以 $Pb(OH)_2$、$PbCO_3$、$PbSO_4$ 固体形式存在。而在土壤溶液中可溶性铅的含量很低，故土壤中铅的迁移能力较弱，生物有效性较低。当土壤 pH 降低时，部分被吸附的铅可以释放出来，使铅的迁移能力提高，生物有效性增加。

植物对铅的吸收与累积决定于土壤中铅的浓度、土壤条件及植物的种类与部位，还有叶片的大小和形状。铅进入植物体的途径，一是被植物根部吸收，二是被叶面所吸收。被植物吸收和输送到地上部的铅，取决于植物种类和环境条件，但吸收的铅主要集中在根部。土壤

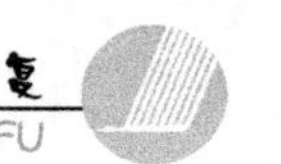

条件不同，植物对铅的吸收也不尽相同；在酸性土壤中，植物对铅的吸收累积大于在碱性土壤中。土壤中其他元素可以与铅发生竞争而被植物吸收。例如，在石灰性土壤中，钙与铅竞争而被植物根系吸收。一般有钙存在时，由于钙与铅的竞争作用，铅被吸收在酶化学结构不重要的位置上，即使植物体内铅的浓度较高，也没有明显的毒性。又如，当土壤中同时存在铅和镉时，镉可能降低作物中铅的含量，而铅会增加作物体中镉的含量。因此，影响植物体对铅吸收累积的因素是复杂的。

铅不是植物生长发育的必需元素。铅进入植物的过程主要是非代谢性的被动进入植物根内。铅在环境中比较稳定，一定浓度的铅对作物生长不会产生危害。作物受铅的毒害依其对铅的敏感程度而异，通常认为铅对植物是有害的，如大豆对铅的危害比较敏感。土壤中高浓度的铅能抑制水稻生长，主要表现在叶片的叶绿素含量降低，影响光合作用，延缓生长，推迟成熟而导致减产。一般情况下，土壤含铅量增高会引起作物产量下降；在严重污染地区，能使植物的覆盖面大大减少；在另一些情况下，生长在严重污染地区的植物，往往具有耐高浓度铅的能力。作物吸收铅与土壤含铅量之间的关系目前还没有一致的结论。

四、铬

地壳中铬的丰度为 200 μg/g，铬的土壤平均背景值为 100 μg/g。

土壤中铬以四种形态存在，即三价铬离子 Cr^{3+}、CrO_2^- 及六价阴离子 CrO_4^{2-} 和 $Cr_2O_7^{2-}$，其中三价铬稳定。土壤中可溶性铬只占总铬量的 0.01%～0.4%。铬的迁移转化与土壤的 pH、氧化还原电位、有机质含量等因素有关。

三价铬进入土壤后，90%以上迅速被土壤吸附固定，以铬和铁氢氧化物的混合物或被封闭在铁的氧化物中，故土壤中三价铬难以迁移。土壤溶液中，三价铬的溶解度取决于 pH。当 pH 大于 4 时，三价铬溶解度降低；当 pH 5.5 时，全部沉淀；在碱性溶液中形成铬的多羟基化合物。此外，在 pH 较低时，铬能形成有机配合物，迁移能力增强。

土壤胶体对三价铬的强烈吸附作用与 pH 成正相关。Cr^{3+} 甚至可以交换黏土矿物晶格中的 Al^{3+}，黏土矿物吸附三价铬的能力约为六价铬的 30～300 倍。六价铬进入土壤后大部分游离在土壤溶液中，仅有 8.5%～36.2%被土壤胶体吸附固定。不同类型的土壤或黏土矿物对六价铬的吸附能力有明显的差异；吸附能力大致如下：红壤＞黄棕壤＞黑土＞黄壤；高岭石＞伊利石＞蛭石＞蒙脱石。土壤中有机质越多，负电性越强，对六价铬阴离子的吸附力就越弱。

土壤中铬的迁移转化受氧化还原条件影响较大。在土壤常见的 pH 和 pE 范围内，Cr(Ⅵ)可被有机质等迅速还原为 Cr(Ⅲ)。在不同水稻田中，Cr(Ⅵ)的还原率与有机碳含量呈显著的正相关。当砖红壤中有机碳含量为 1.56%或 1.33%时，Cr(Ⅵ)的还原率分别为 89.6%和 77.2%；一般情况下，土壤中有机碳增加 1%，Cr(Ⅵ)的还原率约增加 30%。有机质对 Cr(Ⅵ)的还原作用与土壤 pH 成负相关。当土壤有机质含量极低时，pH 对 Cr(Ⅵ)的还原率影响更加明显。例如，当土壤 pH 为 3.35 或 7.89 时，Cr(Ⅵ)的还原率分别为 54%和 20%。

当含铬废水进入农田时，其中的 Cr(Ⅲ)被土壤胶体吸附固定；Cr(Ⅵ)迅速被有机质还原成 Cr(Ⅲ)，再被土壤胶体吸附；导致铬的迁移能力及生物有效性降低，同时使铬在土壤中积累起来。然而，在一定条件下，Cr(Ⅲ)可转化为Cr(Ⅵ)；如pH 6.5～8.5时，土壤中的Cr(Ⅲ)能被氧化为Cr(Ⅵ)，其反应为：

$$4Cr(OH)_2^+ + 3O_2 + 2H_2O \rightarrow 4CrO_4^{2-} + 12H^+$$

此外，土壤中的氧化锰也能使Cr(Ⅲ)转化为Cr(Ⅵ)。因此，Cr(Ⅲ)存在着潜在危害。

植物在生长发育过程中，可从外界环境中吸收铬，铬可以通过根和叶进入植物体内。植物体内含铬量随植物种类及土壤类型的不同有很大差别，植物中铬的残留量与土壤含铬量呈正相关。植物从土壤中吸收的铬绝大部分积累在根中，其次是茎叶，籽粒里积累的铬量最少。

微量元素铬是植物所必需的。植物缺少铬就会影响其正常发育，低浓度的铬对植物生长有刺激作用，但植物体内累积过量铬又会引起毒害作用，直接或间接地给人类健康带来危害。例如，土壤中Cr(Ⅲ)为20～40 μg/g时，对玉米苗生长有明显的刺激作用；当Cr(Ⅲ)为320μg/g时，则有抑制作用；又如，土壤中Cr(Ⅵ)为20μg/g时，对玉米苗生长有刺激作用；Cr(Ⅵ)为80 μg/g时，则有显著的抑制作用。

高浓度铬不仅对植物产生危害，而且会影响植物对其他营养元素的吸收。例如，当土壤含铬大于5μg/g时会干扰植株上部对钙、钾、磷、硼、铜的吸收，受害的大豆最终表现为植株顶部严重枯萎。

土壤中铬对植物的毒性与下列因素有关：(1)铬的化学形态。如Cr(Ⅵ)的毒性比Cr(Ⅲ)大。(2)土壤性质。土壤胶体对Cr(Ⅲ)有强烈的吸附固定作用，在酸性或中性条件下对Cr(Ⅵ)也有很强的吸附作用；土壤有机质具有吸附或螯合作用，还能使可溶性Cr(Ⅵ)还原成难溶的Cr(Ⅲ)；因此，土壤黏粒和有机质的含量会影响铬对植物的毒性。(3)土壤氧化还原电位。如在同一Cr(Ⅲ)浓度下，旱地土壤中有效态铬比在水田高得多。(4)土壤pH。Cr(Ⅵ)在中性和碱性土壤中的毒性要比在酸性土壤中大；而Cr(Ⅲ)对植物的毒性在酸性土壤中较大。

总的说来，铬对植物生长的抑制作用较弱，其原因是铬在植物体内迁移性很低。水稻栽培试验结果表明，重金属在植物体内的迁移顺序为Cd＞Zn＞Ni＞Cu＞Cr。可见，铬是金属元素中最难被吸收的元素之一，其可能的原因是：(1)三价铬还原成二价铬再被植物吸收的过程在土壤植物体系中难以发生。(2)六价铬是有效性铬，但植物对六价铬的吸收受到硫酸根等阴离子的强烈抑制。

五、铜

地壳中铜的平均值为70 μg/g。土壤中铜的含量为2～200 μg/g。我国土壤含铜量为3～300μg/g，大部分土壤含铜量在15～60 μg/g，平均为20 μg/g。土壤铜污染的主要来源是铜矿山和冶炼厂排出的废水。此外，工业粉尘、城市污水以及含铜农药，都能造成土壤的铜污染。如我国华南某铜矿附近受污染土壤的铜含量为1730～2630 μg/g，为对照土壤的91～138倍。日本被铜污染的土地面积约为30430hm^2，占重金属污染总面积的80%左右，其中渡良濑川流域土壤平均含铜达1000 μg/g，最高达2020 μg/g，可溶性铜250 μg/g。土壤中铜的存在形态可分为：①可溶性铜，约占土壤总铜量的1%；主要是可溶性铜盐，如$Cu(NO_3)_2 \cdot 3H_2O$、$CuCl_2 \cdot 2H_2O$、$CuSO_4 \cdot 5H_2O$等；②代换性铜，被土壤有机、无机胶体所吸

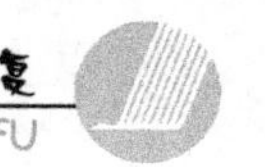

附，可被其他阳离子代换出来；③非代换性铜，指被有机质紧密吸附的铜和原生矿物、次生矿物中的铜，不能被中性盐所代换；④难溶性铜：大多是不溶于水而溶于酸的盐类，如 CuO、Cu_2O、$Cu(OH)_2$、$Cu(OH)^+$、$CuCO_3$、Cu_2S、$Cu_3(PO_4)_2 \cdot 3H_2O$ 等。

土壤中腐殖质能与铜形成螯合物。土壤有机质及黏土矿物对铜离子有很强的吸附作用，吸附强弱与其含量及组成有关。黏土矿物及腐殖质吸附铜离子的强度为：腐殖质＞蒙脱石＞伊利石＞高岭石。我国几种主要土壤对铜的吸附强度为：黑土＞褐土＞红壤。

土壤 pH 对铜的迁移及生物效应有较大的影响。游离铜与土壤 pH 呈负相关；在酸性土壤中，铜易发生迁移，其生物效应也就较强。

铜是生物必需元素，广泛地分布在一切植物中。在缺铜的土壤中施用铜肥，能显著提高作物产量。例如，硫酸铜是常用的铜肥，可以用作基肥、种肥、追肥，还可用来处理种子。但过量铜会对植物生长发育产生危害。如当土壤含铜量达 200 μg/g 时，小麦枯死；当含铜达 250 μg/g 时，水稻也将枯死。又如，用含铜 0.06 μg/mL 的溶液灌溉农田，水稻减产 15.7％；浓度增至 0.6 μg/mL 时，减产 45.1％；若铜浓度增至 3.2 μg/mL 时，水稻无收获。研究表明，铜对植物的毒性还受其他元素的影响。在水培液中只要有 1 μg/mL 的硫酸铜，即可使大麦停止生长；然而加入其他营养盐类，即使铜浓度达 4μg/mL，也不至于使大麦停止生长。

生长在铜污染土壤中的植物，其体内会发生铜的累积。植物中铜的累积与土壤中的总铜量无明显的相关性，而与有效态铜的含量密切相关。有效态铜包括可溶性铜和土壤胶体吸附的代换性铜，土壤中有效态铜量受土壤 pH、有机质含量等的直接影响。不同植物对铜的吸收累积是有差异的，铜在同种植物不同部位的分布也是不一样的。

六、锌

土壤锌的总含量在 10～300 μg/g，平均值 50 μg/g，我国土壤含锌量为 3～70 μg/g，平均值 100μg/g。

用含锌废水污灌时，锌以 Zn^{2+}、也可以络离子 $Zn(OH)^+$、$ZnCl^+$、$Zn(NO_3)^+$ 等形态进入土壤，并被土壤胶体吸附累积；有时则形成氢氧化物、碳酸盐、磷酸盐和硫化物沉淀，或与土壤中的有机质结合。锌主要被富集在土壤表层。

根据 L. M. Shuman 的研究，土壤中各部分的含锌为：黏土＞氧化铁＞有机质＞粉砂＞砂＞交换态。土壤中大部分锌是以结合状态存在，或为有机复合物及各种矿物，一般不易被植物吸收。植物只能吸收可溶性或代换态锌。锌的迁移能力及有效性主要取决于土壤的酸碱性，其次是土壤吸附和固定锌的能力。总体而言，土壤中有效态锌浓度比其他重金属的有效浓度高，有效态锌平均占总锌量的 5％～20％。

土壤中锌的迁移主要取决于 pH。当土壤为酸性时，被黏土矿物吸附的锌易解吸，不溶性氢氧化锌可和酸作用，转化为 Zn^{2+}。因此，酸性土壤中锌容易发生迁移。当土壤中锌以 Zn^{2+} 为主存在时，容易淋失迁移或被植物吸收，故缺锌现象常常发生在酸性土壤中。

由于稻田淹水，处于还原状态，硫酸盐还原菌将 SO_4^{2-} 转化为 H_2S，土壤中 Zn^{2+} 与 S^{2-} 形成溶度积小的 ZnS，土壤中锌发生累积。锌与有机质相互作用，可以形成可溶性的或不溶性的络合物。可见，土壤中有机质对锌的迁移会产生较大的影响。

锌是植物生长发育不可缺少的元素。常把硫酸锌用作为微量元素肥料，但过量的锌会伤害植物的根系，从而影响作物的产量和质量。土壤酸度的增加会加重锌对植物的危害。例如，在中性土壤里加入 100 μg/mL 的锌溶液，洋葱生长正常；当加入 500 μg/mL 锌时，洋葱茎叶变黄；但在酸性土壤中，加入 100 μg/mL 的锌溶液，洋葱生长发育受阻，加入 500 μg/mL锌时，洋葱几乎不生长。

植物对锌的忍耐浓度大于其他元素。各种植物对高浓度锌毒害的敏感性也不同。一般说来，锌在土壤中的富集，必然导致在植物体中的累积，植物体内累积的锌与土壤含锌量密切相关。如水稻糙米中锌的含量与土壤的含锌量呈线性相关。土壤中其他元素可影响植物对锌的吸收。如施用过多的磷肥，可使锌形成不溶性磷酸锌而固定，植物吸收的锌就减少，甚至引起锌缺乏症。温度和阳光对植物吸收锌也有影响。不同植物对锌的吸收累积差异很大，一般植物体内自然含锌量为 10～160 μg/g，但有些植物对锌的吸收能力很强，植物体内累积的锌可达 0.2～10 mg/g。锌在植物体各部位的分布也是不均匀的。如在水稻、小麦中锌含量分布为：根＞茎＞果实。

七、砷

地壳中砷的平均含量为 2 μg/g，一般土壤含砷量约为 6 μg/g，我国部分土壤平均含砷量为 10 μg/g 左右。

砷是变价元素。土壤中砷以三价或五价状态存在，其存在形态可分为可溶性砷，吸附、代换态砷及难溶态砷。可溶性砷主要为 AsO_4^{3-}、AsO_3^{3-} 等阴离子，一般只占总砷量的 5%～10%。我国土壤中可溶性砷低于 1%，其总量低于 1 μg/g。因此，即使以可溶性砷进入土壤，也容易转化为难溶性砷累积于土壤表层里。土壤中砷的迁移转化与其中铁、铝、钙、镁及磷的含量有关，还和土壤 pH、氧化还原电位、微生物的作用有关。

土壤胶体对 AsO_4^{3-} 和 AsO_3^{3-} 有吸附作用。如带正电荷的氢氧化铁、氢氧化铝和铝硅酸盐黏土矿物表面的铝离子都可吸附含砷的阴离子，但有机胶体对砷无明显的吸附作用。不同黏土矿物或不同的阴离子组成对砷的吸附作用有差异。研究表明，用 Fe^{3+} 饱和的黏土矿物对砷的吸附量为 620～1172 μg/g；吸附强度为：蒙脱石＞高岭石＞白云石；用 Ca^{2+} 饱和的黏土矿物的吸附量为：75～415μg/g；吸附强度依次为：高岭石＞蒙脱石＞白云石。

砷可以和铁、铝、钙、镁等离子形成难溶的砷化合物，还可以和无定形的铁、铝等氢氧化物产生共沉淀，故砷可被土壤中的铁、铝、钙及镁等所固定，使之难以迁移。含砷（Ⅴ）化合物的溶解度为：$Ca_3(AsO_4)_2 > Mg_3(AsO_4)_2 > AlAsO_4 > FeAsO_4$，故 Fe^{3+} 固定 AsO_4^{3-} 的能力最强。几种土壤对砷的吸附能力顺序如下：红壤＞砖红壤＞黄棕壤＞黑土＞碱土＞黄土。

土壤中吸附态砷可转化为溶解态的砷化物，这个过程与土壤 pH 和氧化还原条件有关。如土壤 pE 降低，pH 值升高，砷溶解度显著增加。在碱性条件下，土壤胶体的正电荷减少，对砷的吸附能力也就降低，可溶性砷含量增加。由于 AsO_4^{3-} 比 AsO_3^{3-} 容易被土壤吸附固定，如果土壤中砷以 AsO_3^{3-} 状态存在，砷的溶解度相对增加。土壤中 AsO_4^{3-} 与 AsO_3^{3-} 之间的转化取决于氧化还原条件。旱地土壤处于氧化状态，AsO_3^{3-} 可氧化成 AsO_4^{3-}；而水田土壤处于还原状态，大部分砷以 AsO_3^{3-} 形态存在，砷的溶解度及有效性相对增加，砷害也就增加。此外，AsO_3^{3-} 对作物的危害比 AsO_4^{3-} 更大。

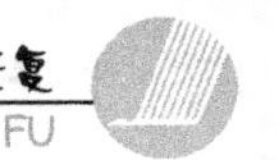

土壤微生物也能促进砷的形态变化。有人分离出15个系的异养细菌,它们可把AsO_3^{3-}氧化为AsO_4^{3-}。土壤微生物还可起气化逸脱砷的作用。盆栽实验发现,施砷量和水稻吸收砷及土壤残留量之和有一个很大差值,认为由于砷霉菌对砷化合物有气化作用,使这部分砷还原为AsH_3等形式,从土壤中气化逸脱。此外,土壤微生物还可使无机砷转化为有机砷化物。

磷化合物和砷化合物的特性相似,因此土壤中磷化合物的存在将影响砷的迁移能力和生物效应。一般土壤吸附磷的能力比砷强,致使磷能夺取土壤中固定砷的位置,砷的可溶性及生物有效性相对增加。磷可被土壤胶体中铁、铝所吸附,而砷的吸附主要是铁起作用;另外,铝对磷的亲合力远远超过对砷的亲合力,被铝吸附的砷很容易被磷交换取代。

由此可见,砷与镉、铬等的性质相反;当土壤处于氧化状态时,它的危害比较小;当土壤处于淹水还原状态时,AsO_4^{3-}还原为AsO_3^{3-},加重了砷对植物的危害。因此,在实践中,对砷污染的水稻土,常采取措施提高土壤氧化还原电位或加入某些物质,以减轻砷对作物生长的危害。

一般认为砷不是植物必需的元素。低浓度砷对许多植物生长有刺激作用,高浓度砷则有危害作用。砷中毒可阻碍作物的生长发育。研究表明:土壤含砷为25 μg/g或50 μg/g时,可使小麦分别增产8.7%和20%;含砷达100 μg/g时,则严重影响小麦生长;含砷200~1000 μg/g时,小麦全部死亡。不同砷化物对作物生长发育的影响是有差别的。如有机砷化物易被水稻吸收,其毒性比无机砷大得多,即使是无机砷,AsO_3^{3-}对作物的危害比AsO_4^{3-}大。

作物对砷的吸收累积与土壤含砷量有关,不同植物吸收累积砷的能力有很大的差别,植物的不同部位吸收累积的砷量也是不同的。砷进入植物的途径主要是根、叶吸收。植物的根系可从土壤中吸收砷,然后在植株内迁移运转到各个部分;有机态砷被植物吸收后,可在体内逐渐降解为无机态砷。同重金属一样,砷可以通过土壤—植物系统,经由食物链最终进入人体。

综上所述,土壤重金属污染主要来自废水污灌、污泥的施用及大气降尘;废渣及城市垃圾的任意堆放也可造成土壤重金属污染。土壤中高浓度的重金属会危害植物的生长发育,影响农产品的产量和质量。重金属对植物生长发育的危害程度取决于土壤中重金属的含量,特别是有效态的含量。影响土壤中重金属迁移转化及生物效应的主要因素有:胶体对重金属的吸附,各种无机及有机配体的配合或螯合作用,土壤的氧化还原状态,土壤的酸碱性及共存离子的作用,还有土壤微生物的作用等。由此可见,影响土壤中重金属迁移转化及生物效应的因素是多方面的。

重金属可通过土壤植物系统及食物链最终进入人体,影响人类健康。重金属不能被微生物所降解,同时由于胶体对重金属离子有强烈的吸附作用等,使其不易迁移。因此,土壤一旦遭受重金属污染,就很难予以彻底消除。可以认为,土壤是重金属污染的"汇",故应积极防治土壤的重金属污染。

第三节 土壤中农药及其他有机物的污染

土壤的农药污染是由施用杀虫剂、杀菌剂及除草剂等引起的。农药大多是人工合成的分子量较大的有机化合物(有机氯、有机磷、有机汞、有机砷等)。目前全世界有机农药约1000余种,常用的约200种,其中杀虫剂100种、杀菌和除草剂各50余种。到1988年止,我国已批准登记的农药产品和正在试验的农药新产品共有248种、435个产品。施于土壤的化学农药,有的化学性质稳定,存留时间长,大量而持续使用农药,使其不断在土壤中累积,到一定程度便会影响作物的产量和质量而成为污染物质。农药还可以通过各种途径,挥发、扩散、移动而转入大气、水体和生物体中,造成其他环境要素的污染,通过食物链对人体产生危害。因此,了解农药在土壤中的迁移转化规律以及土壤对有毒化学农药的净化作用,对于预测其变化趋势及控制土壤的农药污染都具有重大意义。

农药在土壤中保留时间较长。它在土壤中的行为主要受降解、迁移和吸附等作用的影响。降解作用是农药消失的主要途径,是土壤净化功能的重要表现。农药的挥发、径流、淋溶以及作物的吸收等,也可使农药从土壤转移到其他环境要素中去。吸附作用使一部分农药滞留在土壤中,并对农药的迁移和降解过程产生很大的影响。

一、土壤对化学农药的吸附作用

自然界中农药的行为受土壤影响很大,其中土壤的吸附作用影响最大。土壤胶体的吸附作用影响着农药在土壤的固、液、气三相中的分配,是影响土壤中农药迁移转化及毒性的重要因素之一。土壤对农药的吸附可分为物理吸附、离子交换吸附、氢键吸附分配作用等,其中离子交换吸附较重要。土壤对农药的吸附作用符合弗莱特利希和朗格缪尔等温吸附方程式。

1. 物理吸附

土壤对农药的物理吸附作用,主要是胶体内部和周围农药的离子或极性分子间的偶极作用。物理吸附的强弱决定于土壤胶体比表面的大小。例如,无机黏土矿物中,蒙脱石和高岭石对丙体六六六的吸附量分别为10.3 mg/g和2.7 mg/g;有机胶体比无机胶体对农药有更强的吸附力;许多农药如林丹、西玛津和2,4-D等,大部分吸附在有机胶体上;土壤腐殖质对马拉硫磷的吸附力较蒙脱石大70倍。腐殖质还能吸附水溶性差的农药。因此,土壤质地和有机质含量对农药吸附作用有很大的影响。

2. 离子交换吸附

化学农药按其化学性质,可分为离子型和非离子型农药。离子型农药(如杀草快)在水中能离解成离子,非离子型农药包括有机氯类的DDT、艾氏剂,有机磷类的对硫磷、地亚农等。离子型农药进入土壤后,一般解离为阳离子,可被带负电荷的有机胶体或无机胶体吸附。如杀草快质子化后,被腐殖质胶体上的两个-COOH吸附,有些农药的官能团(-OH、$-NO_2$、-COOR、-NHR等)解离时产生负电荷成为阴离子,则被带正电荷的$Fe_2O_3 \cdot nH_2O$、$Al_2O_3 \cdot nH_2O$胶体吸附。因此,离子交换吸附可分为阳离子吸附和阴离子吸附。有些农药在不同的酸碱条件下有不同的解离方式,因而有不同的吸附形式。例如,2,4—D在pH 3～4条件下解离成有机阳离子,被带负电的胶体吸附;而在pH 6～7条件下解离成有机阴离子,则被带正电的胶体吸附。由此可见,土壤pH对农药的吸附有一定的影响。

3. 氢键吸附

土壤组分和农药分子中的-NH、-OH基团或N和O原子形成氢键,是黏土矿物或有

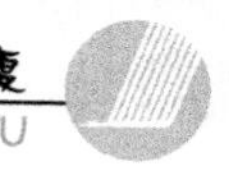

机质吸附非离子型极性农药分子最普遍的一种方式。农药分子可与黏土表面氧原子、边缘羟基或土壤有机质的含氧基团和氨基以氢键相结合；有些交换性阳离子与极性有机农药分子还可以通过水分子以氢键结合。

农药分子还可以通过配位体交换、范德华引力作用、电荷转移等被土壤吸附。非离子型农药在土壤有机质一水体中的吸附主要是分配作用，分配系数随其在水中的溶解度减小而增大，吸附等温线呈直线。

影响土壤对农药吸附作用的因素主要有：①土壤胶体的性质。如黏土矿物、有机质含量、组成特征以及硅铝氧化物及其水化物的含量。土壤有机质和各种黏土矿物对非离子型农药吸附作用的顺序为：有机质>蛭石>蒙脱石>伊利石>绿泥石>高岭石。②农药本身的化学性质。如分子结构、水溶性等对吸附作用也有很大的影响。农药分子中某些官能团如$-OH$、$-NH_2$ $-NHR$、$-CONH_2$、$-COOR$以及$R_3^+N^-$等有助于吸附作用，其中带$-NH_2$的化合物最易被吸附；在同一类农药中，农药的分子越大，溶解度越小，越易被土壤所吸附。③土壤的pH。农药的电荷特性与体系的pH有关，因此土壤pH对农药的吸附有较大的影响。

土壤对农药吸附作用的大小关系到土壤对农药的净化能力和农药的有效性。土壤的吸附能力越强，农药有效性越低，净化能力越高。化学农药被土壤吸附后，由于存在形态的改变，其迁移转化能力和生物毒性随之变化。如除草剂百草枯和杀草快被土壤黏土矿物强烈吸附后，它们的溶解度和活性大大降低。所以土壤对化学农药的吸附作用，在某种意义上就是对农药的净化和解毒。土壤的吸附能力愈大，农药的有效性愈低，净化效果就愈好。但是这种净化作用只是相对的，也是有限度的。当被吸附的化学农药解吸并回到溶液中时，仍将恢复其原有性质；或者当进入的化学农药量超过土壤的吸附能力时，土壤就失去了对农药的净化效果，导致土壤的农药污染。因此，土壤对化学农药的吸附，只在一定条件下起到净化和解毒作用；另一方面，它可使化学农药大量积累在土壤表层。

二、土壤中化学农药的挥发、扩散和迁移

土壤中农药的迁移是指土壤溶液中或吸附在土壤颗粒上的农药随水和大气移动，或者从土壤直接挥发到大气中。进入土壤的农药，在被吸附的同时，可挥发至大气中，或随水淋溶而在土壤中扩散迁移，也可随地表径流进入水体。化学农药也可被生物体吸收。土壤中农药的挥发主要取决于农药的蒸气压、土壤的温度、湿度及影响土壤孔隙状况的质地与结构条件。农药的蒸气压相差很大。如有机磷和某些氨基甲酸酯类农药蒸气压相当高，而DDT、狄氏剂、林丹等则较低，因此它们在土壤中挥发速度不一样。农药蒸气压大，挥发作用就强，它们在土壤中的迁移主要以挥发、蒸气扩散的形式进行。

土壤的吸附作用可以降低农药的蒸气压，从而降低其挥发作用。温度升高可促进土壤中农药的挥发，但温度增高亦可使土壤干燥，加强农药在土壤表面的吸附而降低其挥发损失。土壤水分子对农药挥发的影响是多方面的。干土表面对农药的吸附作用减缓农药的挥发。因水分子与农药的竞争吸附，当水分增加时，土壤对农药的吸附作用减弱，这是DDT、艾氏剂、狄氏剂等有机氯农药在相对湿度较高的土壤中更易挥发损失的原因。空气的流速也直接或间接影响农药的挥发速率。在湿润土壤中，当空气流速增加时，农药的挥发速率则

明显增大。土壤中农药向大气的挥发扩散是大气农药污染的重要因素之一。

土壤中农药的淋溶主要取决于它们在水中的溶解度。溶解度大的农药，淋溶能力强，在土壤中的迁移主要以水扩散形式进行。农药的水迁移方式有两种：一是直接溶于水中；二是被吸附在土壤固体细粒表面上，随水分移动而进行机械迁移。除水溶性大的农药易淋溶外，由于农药被土壤有机质和黏土矿物强烈吸附，一般在土体内不易随水向下淋移，因而大多累积在 0－30 cm 的土层内。农药对地下水污染并不严重，但由于土壤侵蚀，农药可通过地表径流进入水体，造成水体污染。

研究表明，农药在土壤中的水扩散速度很慢，而蒸气扩散速度比水扩散速度要大1000倍。经计算，分子量为 2000、蒸气压为 10^{-4} mm 汞柱的农药，每月每 hm^2 土地损失量为 20 kg。因此，农药的蒸气扩散可造成大气的农药污染。

农药挥发、扩散等迁移过程和土壤吸附农药的强弱有关。一般在吸附容量小的砂土中，农药迁移能力大；吸附容量大的土壤中，农药的迁移能力小。农药的挥发、扩散迁移虽可使土壤本身净化，但导致了其他环境要素的污染。

三、土壤中化学农药的降解

农药在防治病虫害、增加作物产量等方面起了很大作用。但许多农药稳定性强，不易分解，可在环境中长期存在；特别是有机氯农药很稳定，可在生物体内累积并产生危害。当然，土壤中农药可通过生物或化学等作用，逐渐分解，最终转化为 H_2O、CO_2、Cl_2 及 N_2 等简单物质而消失。农药降解过程快时仅需几小时至几天，慢则需数年乃至更长的时间。此外，农药降解过程中的一些中间产物也可能对环境造成危害。

土壤的组成性质和环境因素对农药降解作用的影响较大。农业土壤是一个湿润并具有一定透气性的环境，在极干旱状态下，表层土壤的相对湿度才降到 90%以下；而气候温和时土体湿度大多在 90%以上。化学农药在此条件下可能发生氧化和水解反应，或由于渍水等嫌气条件而发生一系列还原性反应。土壤中许多降解反应在水分存在时发生，或者水本身就是反应物。土壤具有很大的比表面，并有许多活性反应点，吸附作用影响着农药的降解反应；农药与土壤有机质分子中的活性基团以及自由基都可能发生反应；农药的化学反应可被黏粒表面、金属氧化物、金属离子以及有机质等作用而催化。土壤中种类繁多的生物，特别是数量巨大的微生物群落，对农药降解的贡献最大。已经证实，有许多细菌、真菌和放线菌能降解一种乃至数种农药。各种微生物还能对农药降解起协同作用。土壤中其他生物如蚯蚓等无脊髓动物对农药的代谢作用亦不容忽视。还有一些农药在被吸收到植物体内后代谢降解。除了生物降解以外，对某些农药而言，非生物降解作用亦十分重要，有些农药在土壤中主要通过化学作用而降解。

土壤中化学农药的降解包括光化学降解、化学降解和微生物降解。

(1)光化学降解　农药在光照下可吸收光辐射进行衰变、降解。光解仅对少数稳定性较差的农药起明显的作用。由于土壤中农药的光解多在表层进行，所以光化学降解在农药降解中的贡献较小。但光解作用使某些农药降解变成易被微生物降解的中间体，从而加快农药的降解。

(2)化学降解　农药的化学降解可分为催化反应和非催化反应。非催化反应包括水解、

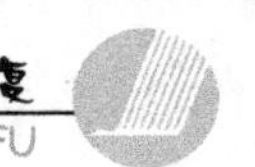

氧化、异构化、离子化等作用，其中水解和氧化反应最重要。在农药的化学降解中，土壤中无机矿物及有机物能起催化降解作用，如催化农药的氧化、还原、水解和异构化。例如，碱性氨基酸类及还原性铁卟啉类有机物可催化有机磷农药的水解和 DDT 脱 HCl；Cu^{2+} 能促进有机磷酯类农药的水解；黏粒表面的 H^+ 或 OH^- 能催化狄氏剂的异构化和阿特拉津及 DDT 的水解反应；土壤中游离氧以及 H_2O 等也能对某些化学农药的化学降解起催化作用。

（3）生物降解　微生物对农药的降解是土壤中农药最主要也是最彻底的净化。影响微生物活性的诸因素如温度、有机质含量等都会影响农药的微生物降解。土壤中农药微生物降解的反应较多，也很复杂，其中比较重要的微生物降解反应有氧化、还原、水解、开环作用等。而对农药有降解能力的微生物有细菌、放线菌、真菌等。

应当指出，农药的降解过程是非常复杂的。一种农药在其降解过程中常常包含多种不同类型的化学反应（或降解作用）。

农药降解产物对环境的影响是不同的。有些剧毒农药，一经降解就失去了毒性；而另一些农药，虽然自身的毒性不大，但它们的分解产物毒性很大；还有一些农药，其本身和代谢产物都有较大的毒性。所以在评价一种农药是否对环境有污染时，不仅要看农药本身的毒性，而且还要注意代谢产物是否具有潜在危害。

四、土壤中化学农药的残留

土壤中化学农药虽经挥发、淋溶、降解以及作物吸收等而逐渐消失，但仍有一部分残留在土壤中。农药对土壤的污染程度反映在它的残留性上，故人们对农药在土壤中的残留量和残留期比较关心。农药在土壤中的残留性主要与其理化性质、药剂用量、植被以及土壤类型、结构、酸碱度、含水量、金属离子及有机质含量、微生物种类、数量等有关。影响农药残留性的有关因素列于表 10-1。农药对农田的污染程度还与人为耕作制度等有关，复种指数较高的农田土壤，由于用药较多，农药污染往往比较严重。土壤中农药的残留量受到挥发、淋溶、吸附及生物、化学降解等诸多因素的影响。土壤中农药残留量计算式为：

$$R = C_0 e^{-kt}$$

式中：R—农药残留量；C_0—农药使用量；k—常数，取决于农药品种及土壤性质等因素；t—时间。

表 10-1　影响农药残留性的有关因素

	因子	残留性大小
农药	挥发性	低＞高
	水溶性	低＞高
	施药量	高＞低
	施药次数	多＞少
	稳定性（对光解、水解、扩散、生物分解等的稳定性）	高＞低
	加工剂型	黏剂＞乳剂＞粉剂
	吸着力	强＞弱

续表

因子		残留性大小
土壤	类型	黏土＞砂土
	有机质含量	多＞少
	金属离子含量	少＞多
	含水量	少＞多
	微生物含量	少＞多
	pH 值	低＞高
	通透性	好气＞嫌气
气温		低＞高
湿度		低＞高
表层植被		茂密＞稀疏
旱地＞水田＞淹水状态		

农药在土壤中的残留期，与它们的化学性质和分解的难易程度有关。一般用以说明农药残留持续性的标志是农药在土壤中的半衰期和残留期。半衰期($t_{1/2}$)指农药施入土壤中残留农药消失一半的时间。而残留期 $t_{0.5}$ 指消失 75%～100%所需时间。

农药残留期还与土壤性质有关，如土壤的矿物质组成、有机质含量、土壤的酸碱度、氧化还原状况、湿度和温度以及种植的作物种类和耕作情况等均可影响农药的残留期。

土壤中农药最初由于挥发、淋溶等物理作用而消失，然后农药与土壤的固体、液体、气体及微生物发生一系列化学、物理化学及生物化学作用，特别是土壤微生物对其的分解，农药的消失速度较前阶段慢。研究表明，除草剂氟乐灵在土壤中的降解过程可分为两个时期，前期降解较快，$t_{0.5}$ 为 16.0～18.9 d；后期较慢，$t_{0.5}$ 为 33.3～35.13 d。

环境和植保工作者对农药在土壤中残留时间长短的要求不同。从环境保护的角度看，各种化学农药的残留期愈短愈好，以免造成环境污染，进而通过食物链危害人体健康。但从植物保护角度看，如果残留期太短，就难以达到理想的杀虫、治病、灭草的效果。因此，对于农药残留期问题的评价，要从防止污染和提高药效两方面考虑。最理想的农药应为：毒性保持的时间长到足以控制其目标生物，而又衰退得足够快，以致对非目标生物无持续影响，并不使环境遭受污染。

五、土壤中其他有机物的污染、危害及研究现状

用未处理的含油、酚等有机物的污水灌溉农田，会发生土壤污染，并导致植物生长发育受阻。农田在灌溉或施肥过程中，可产生三氯乙醛及其在土壤中转化产物三氯乙酸的污染。三氯乙醛能破坏植物细胞原生质的极性结构和分化功能，使细胞和核的分裂产生紊乱，形成病态组织，阻碍正常生长发育，甚至导致植物死亡。小麦最易遭受危害。据研究，栽培小麦的土壤中三氯乙醛含量不得超过 0.3 mg/kg。

我国在 20 世纪 80 年代前后调查了三氯乙醛、三氯乙酸、苯并(a)芘、二苯醚、酞酸酚等一系列有机物质对农田的污染，采用同位素示踪、扫描电镜、GC/MS 等测试技术，研究了有机物在农田中的环境行为。系统研究了我国 10 多个省市引起大面积农作物污染事故的三

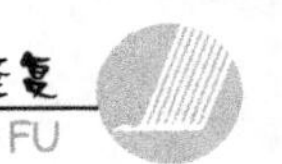

氯乙醛在土壤和作物中的代谢过程，致害浓度与症状，阐明了三氯乙醛在农田环境中的转化机理，提出了污染物极限浓度指标，为制订磷肥质量标准、灌溉水质标准及污染防治措施提供了科学依据。对农田中苯并(a)芘污染规律的研究表明，它主要来自大气降尘、水、土壤污染和水稻自身的生物合成，土壤中多氯联苯和多环芳烃主要来自石油化工、焦化、冶炼、煤气、塑料、油漆、染料等废水的排放、烟尘的降落，以及汽车尾气的排放。这类低水平的致癌物可通过植物根系从土壤中吸收而转入食物链，进入人体。这些物质在自然界中很稳定，难以化学降解，也不易为微生物所降解，一旦多氯联苯和多环芳烃污染环境可造成长期的潜在危害。

有机污染在土壤中的降解和转化主要有两条途径：即生物降解和化学降解；两者可同时发生，或单独发生并相互影响。不同结构的有机物在土壤中降解的半衰期相差悬殊，短至以秒计，长至数十年或更长时间。大多数有机物的降解转化作用要经历若干中间过程，中间产物的组成、结构、化学活性和物理性质如极性、水溶性以及毒性效应都会与母体有所差别，有的增强，有的减弱。此外，土壤的组成和性质，如土壤微生物群落的种类、数量和分布、有机质、铁铝氧化物的数量，矿物的类型，土壤表面的电荷，pH，金属离子的种类等可能对某些降解过程产生影响。

有机物在土壤中的非生物降解即化学降解也具有十分重要的意义，其中水解、氧化、还原、加成、脱卤是最常见的反应。早在20世纪60年代，就有人发现土壤体系能激发或加速某些有机物的化学反应过程，现在已有更多的证据表明，土壤中金属离子、土壤表面的 H^+ 和 OH^-、游离态氧以及水分子分别能对特定化学物质的反应过程起催化作用，以致有人提出能否用土壤作为某些废物处理中的催化剂。

在农药的迁移转化研究中，近年来人们发现强吸附性农药可在表层和深层土壤剖面中同时检出，认为这些农药可能被吸附在移动性可溶有机组分上，以非作用性溶质的形式迁移，这种可溶性有机组分和有机污染物相互作用也是当前研究的热点。70年代起，人们就注意到土壤中存在着结合态农药，即不能用普通方式提取出来的有机农药的残留物，约占农药施用量的20%～70%。对这种结合态残留物的生物有效性及其环境后果，目前还了解甚少，这已经引起了学术界的重视。不同结构有机化合物与土壤不同组分相互作用的机理，也一直受到化学家的关注。

第四节 土壤污染的防治与修复

污染物可以通过多种途径进入土壤，引起土壤正常功能的变化，从而影响植物的正常生长和发育。然而，土壤对污染物也能起净化作用，特别是进入土壤的有机污染物可经过扩散、稀释、挥发及光化学降解、生物化学降解、化学降解等作用而得到净化。如果进入土壤中的污染物在数量和速度上超过土壤的净化能力，即超过土壤的环境容量，最终将导致土壤正常功能的失调，阻碍作物正常生长。

土壤环境容量是指在一定环境单元、一定时限内遵循环境质量标准，既保证产品的产量和质量，也不使环境污染时土壤所能容纳污染物的最大负荷量。

在某种程度说，土壤是环境中污染物的“汇”。土壤与植物的生命活动紧密相连；污染物可通过土壤一植物系统及食物链,最终影响人体健康。因此,土壤污染的防治十分重要。首先要控制和消除污染源,对已经污染的土壤要采取一切有效措施,消除土壤中的污染物,或控制土壤污染物的迁移转化,使其不能进入食物链。

一、控制和消除土壤污染源

控制和消除土壤污染源是防止污染的根本措施。控制土壤污染源,即控制进入土壤中污染物的数量和速度,使其在土体中缓慢地自然降解,以免产生土壤污染。

1.控制和消除工业“三废”的排放

应大力推广清洁工艺,以减少或消除污染源,对工业“三废”及城市废弃物必须处理与回收,即进行废弃物资源化。对排放的“三废”要净化处理,控制污染物的排放数量和浓度。

我国水资源短缺,分布又不均匀,近几年来水体污染日益严重,故我国的水资源日益匮缺,农业用水甚为紧张。因此,我国许多地方已发展了污水灌溉。这一方面解决了部分农田的用水;另一方面,污水中含有相当多的肥料成分,但也可以导致土壤污染。因此利用污水灌溉和施用污泥时,首先要根据土壤的环境容量,制定区域性农田灌溉水质标准和农用污泥施用标准,要经常了解污水中污染物质的成分、含量及动态。必须控制污灌水量及污泥施用量,避免盲目滥用污水灌溉引起土壤污染。此外,工业废渣不能任意堆放。

2.控制化学农药的使用

禁止或限制使用剧毒、高残留农药,如有机氯农药;发展高效、低毒、低残留农药,如除虫菊酯、烟碱等植物体天然成分的农药;大力开展微生物与激素农药的研究。微生物可使昆虫引起感染而死亡,如利用核多角体病毒防治桑毛虫,效果较好。激素农药含有昆虫内激素(昆虫体内腺体分泌物)、蜕皮激素(蜕皮激素固酮可以防治蛾类幼虫)、保幼激素(天蚕油保幼激素可以使昆虫无法成活)和外激素,如果蝇、舞毒蛾及棉红铃虫等性引诱剂。另外,可采用含有自然界中构成生物体的氨基酸、脂肪酸、核酸等成分的农药,它们易被降解。探索和推广生物防治病虫害的途径,开展生物上的天敌防治法,如应用昆虫、细菌、霉、病毒等微生物作为病虫害的天敌。此外,还应开展害虫不孕化防治法。

3.合理使用化学肥料

要合理施用硝酸盐和磷酸盐等肥料,避免过多使用,造成土壤污染。

二、增加土壤环境容量　提高土壤净化能力

增加土壤有机质含量,沙掺黏和改良沙性土壤,可以增加或改善土壤胶体的性质,增加土壤对有毒物质的吸附能力和吸附量,从而增加土壤环境容量,提高土壤的净化能力。

分析、分离或培养新的微生物品种以增加微生物对有机污染的降解作用,也是提高土壤净化能力极为重要的一环,这方面目前已取得了一些进展。

1.施用化学改良剂

化学改良剂包括抑制剂和强吸附剂。一般施用的抑制剂有石灰、磷酸盐和碳酸盐等,它们能与重金属发生化学反应而生成难溶化合物以阻碍重金属向作物体内转移。在酸性污染土壤中施用石灰,可提高土壤 pH 值,使镉、铜、锌、汞等重金属形成氢氧化物沉淀。据试验,

施用石灰后，稻米的含镉量可降低30%。施用钙铁磷肥也能有效地抑制Cd、Hg、Pb、Cu和Zn等重金属的活性，如Cd^{2+}和Hg^{2+}与磷酸盐分别形成难溶的$Cd_3(PO_4)_2$、$Hg_3(PO_4)_2$沉淀，这对消除土壤中Cd、Hg污染具有重要意义。

施用强吸附剂可使农药分子失去活性，也可减轻农药对作物的危害。如加入0.4%的活性炭，豌豆从土壤中吸收的艾氏剂量可降低96%。有机质、绿肥、蒙脱土等都具有类似的缓解效果。

2. 控制氧化还原条件

控制土壤的氧化还原条件也能减轻重金属污染的危害。据研究，在水稻抽穗到成熟期，无机成分大量向穗部转移。淹水可明显地抑制水稻对镉的吸收，落干则能促进镉的吸收，糙米中镉的含量随之增加。

镉、铜、铅、汞、锌等重金属在pE较低的土壤中均能产生硫化物沉淀，可有效地减少重金属的危害。但砷与其他金属相反，在pE较低时其活性较大。

3. 改变耕作制

改变土壤环境条件，可消除某些污染物毒害。如对已被有机氯农药污染的土壤，可通过旱作改水田或水旱轮作的方式予以改良，使土壤中有机氯农药很快地分解排除。若将棉田改水田，可大大加速DDT的降解，一年可使DDT基本消失。稻棉水旱轮作是消除或减轻农药污染的有效措施。

4. 改良土壤

土壤一旦造成污染，特别是重金属污染，很难从中排除出去。为了消除土壤重金属等的污染，常采用排去法（挖去污染土壤）和客土法（用非污染的土覆盖于污染土表面上）进行改良。但是，这两种方法耗费劳力，易造成污染源扩散，且需要大量的客土源，所以在实际应用上，特别是对于大面积污染区土壤的改良有一定困难，故不太现实。

为了减少污染物对作物生长等的危害，也可采用耕翻土层，即采用深耕，将上下土层翻动混合，使表层土壤污染物含量减低。这种方法动土量较少，但在污染严重的地区不宜采用。

近年来，土壤及地下水污染的化学与生物修复已成为研究热点，并取得了一定进展。土壤有机污染的化学修复是用表面活性剂或有机溶剂清洗土壤中的有机物；生物修复是利用微生物将土壤中有毒有害有机污染物降解为无害的有机物质（CO_2和H_2O）的过程。降解过程可以由改变土壤理化条件（包括pH、湿度、温度、通气条件及添加营养物）来完成，也可接种特殊驯化与构建的工程微生物提高降解速率。

污染土壤生物修复的特点如下：成本低于热处理及物理化学方法；不破坏植物生长所需要的土壤环境；污染物氧化比较完全，不会产生二次污染；处理效果好，对低分子量的污染物去除率可达99%以上；可原地处理，操作简单。

目前国外采用的土壤生物修复技术有原位处理(in situ)、就地处理(on site)和生物反应器(bioreactor)三种方法。

(1)原位处理法是污染土壤不经搅动在原位和易残留部位之间进行原位处理。最常用的原位处理方式是进入土壤饱和带污染物的生物降解。可采取添加营养物、供氧（加H_2O_2）和接种特异工程菌等措施提高土壤的生物降解能力；亦可把地下水抽至地表，进行生物处理后，再注入土壤中，以再循环的方式改良土壤。该法适用于渗透性好的不饱和土壤的生物修复。

(2)就地处理法是将废物作为一种泥浆用于土壤和经灌溉、施肥及加石灰处理过的场地,以保持营养、水分和最佳 pH。用于降解过程的微生物通常是土著土壤微生物群系。为了提高降解能力,亦可加入特效微生物,以改进土壤生物修复的效率。最早使用的就地处理法是土壤耕作法,并已广泛用于炼油厂含油污泥的处理。

(3)生物反应器是用于处理污染土壤的特殊反应器,通常为卧式鼓状的、气提式、分批或连续培养,可建在污染现场或异地处理场地。污染土壤用水调成泥浆,装入生物反应器内,控制一些重要的微生物降解条件,提高处理效果。还可用上批处理过的泥浆接种下一批新泥浆。该技术尚处于实验室研究阶段。生物反应器是污染土壤生物修复的最佳技术,它能满足污染物生物降解所需的最适宜条件,获得最佳的处理效果。

三、污染土壤的修复

污染土壤的修复技术发展很快,包括对污染物的控制和削减技术,有生物修复、植物修复、生物通风、自然降解、生物堆、化学氧化、土壤淋洗、电动分离、气提技术、热处理、挖掘等;对污染物暴露途径进行阻断的方法有稳定/固化、帽封、垂直/水平阻控系统等;降低受体风险的制度控制措施有增加室内通风强度、引入清洁空气、减少室内外扬尘、减少人体与粉尘的接触、对裸土进行覆盖、减少人体与土壤的接触、改变土地或建筑物的使用类型、设立物障、减少污染食品的摄入、工作人员及其他受体转移等。按污染土壤修复的处置地点分类,可分为原位修复技术和异位修复技术。按修复技术原理分类又可分为物理修复、化学修复和生物学修复方法等。

(一)污染土壤的物理修复技术

1. 物理分离修复技术

物理分离技术主要应用在污染土壤中无机污染物的修复技术上,它最适合用来处理小范围的污染土壤,从土壤、沉积物、废渣中分离重金属,恢复土壤正常功能。它的基本原理是根据土壤介质及污染物的物理特征,采用不同的方法将污染物质从土壤中分离出来,包括:①依据粒径大小采用过滤或微过滤的方法进行分离;②依据分布、密度大小采用沉淀或离心分离;③依据磁性特征采用磁分离的手段;④依据表面特性采用浮选法进行分离等。大多数物理分离修复技术都有设备简单,费用低廉,可持续高产出等优点,但是在具体分离过程中,要考虑技术的可行性和各种因素的影响。包括要求污染物与土壤颗粒的物理特征的差异显著,特别是当土壤中有较大比例的黏粒、粉粒和腐殖质存在时很难操作等等。

2. 蒸气浸提修复技术

蒸气浸提修复技术是指利用物理方法通过降低土壤孔隙的蒸汽压,把土壤中的污染物转化为蒸汽形式而加以去除的技术,又可分为原位土壤蒸气浸提技术、异位土壤蒸气浸提技术和多相浸提技术。气提技术适用于地下含水层以上的包气带土壤;多相浸提技术适用于包气带和地下含水层。该技术适用于高挥发性化学污染土壤的修复,原位土壤蒸气浸提技术适用于处理蒸汽压大于 66.66Pa 的挥发性有机化合物,如挥发性有机卤代物或非卤代物,也可用于去除土壤中的油类、重金属、多环芳烃或二恶英等污染物;异位土壤气提技术适

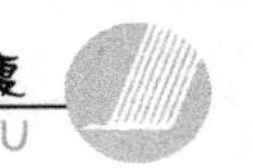

用于修复含有挥发性有机卤代物和非卤代物的污染土壤；多相浸提技术适用于处理中、低渗透型地层中的挥发性有机物。其显著特点是可操作性强，处理污染物的范围宽，可由标准设备操作，不破坏土壤结构以及对回收利用有潜在价值的废物等。但在原位土壤蒸气浸提技术的应用中，上下层土壤的异质性，特别是低渗透性和高地下水位的土壤等都成为其应用的限制因素 。

3. 稳定/固化土壤修复技术

稳定/固化修复技术指通过固态形式在物理上隔离污染物或者将污染物转化成化学性质不活泼的形态，通过降低污染物的生物有效性来消除或降低污染物的危害；可分为原位和异位稳定/固化修复技术。原位稳定/固化技术适用于重金属污染土壤的修复，一般不适用于有机污染物污染土壤的修复；异位稳定/固化技术通常适用于处理无机污染物质，不适用于半挥发性有机物和农药杀虫剂污染土壤的修复。其中，固化是指利用水泥一类的物质与土壤相混合将污染物包被起来，使之呈颗粒状或大块状存在，进而使污染物处于相对稳定的状态。封装可以是对污染土壤进行压缩，也可以是由容器来进行封装。稳定化是利用磷酸盐、硫化物和碳酸盐等作为污染物，将有害化学物质转化成毒性较低或迁移性和生物有效性较低的物质。但是，该技术只是暂时地降低了污染物在土壤中的毒性，并没有从根本上去除其污染物，当外界条件改变时，这些污染物质还有可能释放出来污染环境。特别要注意处理过程中所用过量处理剂泄漏的二次污染问题。

4. 热处理/玻璃化修复技术

热处理修复技术指通过直接或间接热交换，将污染介质及其所含的有机污染物加热到足够的温度（150～540℃），使有机污染物从污染介质挥发或分离的过程，按温度可分成低温热处理技术（土壤温度为 150～315℃）和高温热处理技术（土壤温度为 315～540℃）。热处理修复技术适用于处理土壤中挥发性有机物、半挥发性有机物、农药、高沸点氯代化合物，不适用于处理土壤中重金属、腐蚀性有机物、活性氧化剂和还原剂等。

玻璃化修复技术是对土壤及其污染物进行 1600～2000℃的高温处理，使有机物和一部分无机化合物如硝酸盐、磷酸盐和碳酸盐等得以挥发或热解从而从土壤中去除的过程。许多因素对这一技术的应用效果产生影响，包括：埋设的导体通路（管状、堆状）；砾石含量超过 20%；土壤加热引起的污染物向清洁土壤的迁移；易燃易爆物质的积累；土壤或污泥中可燃有机物的质量比例；固化的物质对今后土地利用与开发的影响等。

5. 电动力学(电化学)修复技术

电动力学修复技术的基本原理，包括土壤中污染物的电迁移、电渗析、电泳和酸性迁移等电动力学过程。电动力学修复技术通常有几种应用方法：①原位修复，直接将电极插入受污染土壤，污染修复过程对现场的影响最小；②序批修复，污染土壤被输送至修复设备分批处理；③电动栅修复，受污染土壤中依次排列一系列电极用于去除地下水中的离子态污染物。与挖掘、土壤冲洗等异位技术相比电动力学技术对现有景观、建筑和结构等的影响，不会破坏土壤本身的结构，而且该过程不受土壤低渗透性的影响，并对有机和无机污染物都有效。

6. 挖掘

指通过机械、人工等手段，使土壤离开原位置的过程。一般包括挖掘过程和挖掘土壤的后处理、处置和再利用过程（如图 10-1）。在场地修复的各个阶段和多种修复技术实施过程中都可能采用挖掘填埋技术。但必须注意的是污染土壤异地转移后的扩散和二次污染问题。

图 10-1　铲车将毒土送入"土壤洗衣机"

(为迎接奥运,伦敦政府进行了世界上前所未有的复杂工程——清洗 250 万吨土壤并现场回填)

(二)污染土壤的化学修复技术

1. 化学淋洗修复技术

化学淋洗修复技术是指借助能促进土壤环境中污染物溶解或迁移作用的化学/生物化学溶剂,在重力作用下或通过水力压头推动清洗液,将其注入被污染土层中,然后再把包含有污染物的液体从土层中抽提出来,进行分离和污水处理的技术。清洗液是包含化学冲洗助剂的溶液,具有增溶、乳化效果,或改变污染物的化学性质。提高污染土壤中污染物的溶解性和它在液相中的可迁移性是实施该技术的关键。到目前为止,化学淋洗技术主要围绕着用表面活性剂处理有机污染物,用螯合剂或酸处理重金属来修复被污染的土壤。开展修复工作时,既可以在原位进行修复(见图 10-2),也可进行异位修复。化学淋洗修复技术适用于各种类型污染物的治理,如重金属、放射性元素,以及许多有机物,包括具有低辛烷/水分配系数的有机化合物、石油烃、羟基类化合物、易挥发有机物、PCBs 以及多环芳烃等。

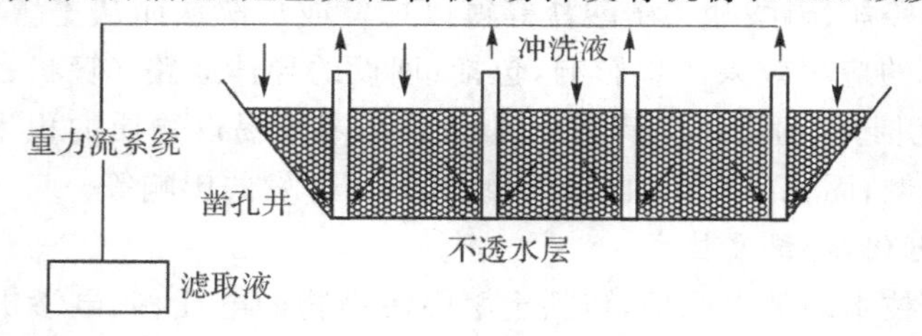

图 10-2　原位清洗技术示意图

2. 原位化学还原与还原脱氯修复技术

对地下水具有污染效应的化学物质经常在土壤下层较深较大范围内呈斑块状扩散,这使常规的修复技术往往难以奏效。一个较好的方法是构建化学活性反应区或反应墙,当污染物通过这个特殊区域的时候被降解或固定,这就是原位化学还原与还原脱氯修复技术,多用于地下水的污染治理,是目前在欧美等发达国家新兴起来的用于原位去除污染水中有害组分的方法。原位化学还原与还原脱氯修复技术需要构建一个可渗透反应区并填充以化学还原剂,修复地下水中对还原作用敏感的污染物和一些氯代试剂,当这些污染物迁移到反应

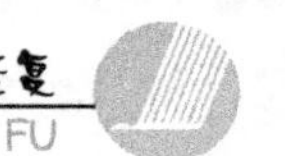

区(可渗透反应墙)时,或者被降解,或者转化成固定态,从而使污染物在土壤环境中的迁移性和生物可利用性降低。通常这个反应区设在污染土壤的下方或污染源附近的含水土层中。常用的还原剂有 SO_2、H_2S 气体和 Fe^0、胶体等。一般在污染地下水的过流断面上,把原来的土壤挖掘出来,代之以一个可渗透反应的墙。可渗透反应墙墙体可以由特殊种类的泥浆填充,加入其他被动反应材料,如降解易挥发有机物的化学品,滞留重金属的螯合剂或沉淀剂,以及提高微生物降解作用的营养物质等。理想的墙体材料除了要能够有效进行物理化学反应外,还要保证不造成二次污染。

3. 原位化学氧化修复技术

原位化学氧化修复技术主要是通过掺进土壤中的化学氧化剂与污染物所产生的氧化反应,使污染物降解或转化为低毒、低移动性产物的一项修复技术。原位化学氧化技术不需要将污染土壤全部挖掘出来,而只是在污染区的不同深度钻井,将氧化剂注入土壤中通过氧化剂与污染物的混合、反应使污染物降解或导致形态的变化。成功的原位氧化修复技术离不开向注射井中加入氧化剂的分散手段,对于低渗土壤可以采取创新的技术方法如土壤深度混合、液压破裂等方式对氧化剂进行分散。常用的氧化剂包括 K_2MnO_4、H_2O_2 和臭氧气体(O_3)等。K_2MnO_4 与有机物反应产生 MnO_2、CO_2 和中间有机产物,没有环境风险,并且 MnO_2 比较稳定,容易控制;不利因素在于对土壤渗透性有负面影响。H_2O_2 可以利用 Fenton反应(加入 $FeSO_4$)开展原位化学氧化技术,产生的自由基 HO 能无选择性地攻击有机物分子中的 C—H 键,对有机溶剂如酯、芳香烃以及农药等有害有机物的破坏能力高于 H_2O_2 本身。但由于 H_2O_2 进入土壤后立即分解成水蒸气和氧气,所以要采取特别的分散技术避免氧化剂的失效。

4. 溶剂浸提修复技术

溶剂浸提修复技术是一种利用溶剂将有害化学物质从污染土壤中提取出来或去除的技术。PCBs 等油脂类物质不溶于水,易吸附或粘贴在土壤上,处理比较困难。溶剂浸提技术能够克服这些困难,处理土壤中的 PCBs 与油脂类污染物。溶剂浸提修复技术是利用批量平衡法,将污染土壤挖掘出来并放置在一系列提取箱(除出口外密封很严的容器)内,在其中进行溶剂与污染物的离子交换等化学反应。溶剂的类型依赖于污染物的化学结构和土壤特性。监测表明,土壤中的污染物基本溶解于浸提剂时,再借助泵的力量将其中的浸出液排出提取箱并引导到溶剂恢复系统中。按照这种方式重复提取过程,直到目标土壤中污染物水平达到预期标准。同时,要对处理后的土壤引入活性微生物群落和富营养介质,快速降解残留的浸提液。美国 Terra Kleen 公司曾利用该技术已经修复了大约 20000 m^3 被 PCBs 和二恶英污染的土壤和沉积物,浓度高达 2×10^4 mg/kg 的 PCBs 被减少到 1 mg/kg,二恶英的浓度减幅达到 99.9% 。

5. 土壤性能化学改良修复技术

对于污染程度较轻的土壤,可以根据污染物在土壤中的存在特性向土壤中施加某些化学改良剂和吸附剂,如石灰、磷酸盐、堆肥、硫黄、高炉渣、铁盐以及黏土矿物等,修复被重金属和有机物污染的土壤。该方法可使重金属形成沉淀以减少植物对重金属的吸收,同时增加土壤对有机、无机污染物的吸附能力。美国石头山环境修复服务有限公司在两块被铅污染的土壤上实施了土壤性能改良技术。修复结果表明,土壤中铅的浓度从 382 mg/L 下降到 1.4 mg/,降幅达 99%。

(三)污染土壤的生物修复技术

广义的生物修复(bioremediation),指一切以利用生物为主体的环境污染的治理技术。它包括利用植物、动物和微生物吸收、降解、转化土壤和水体中的污染物,使污染物的浓度降低到可接受的水平,或将有毒有害的污染物转化为无害的物质,也包括将污染物稳定化,以减少其向周边环境的扩散。生物修复也曾被称为生物恢复(biorestoration)、生物清除(bioelimination)、生物再生(bioeclamation)和生物净化(biopurification)等。一般分为微生物修复、植物修复和动物修复三种类型。根据生物修复的污染物种类,它可分为有机污染生物修复和重金属污染的生物修复和放射性物质的生物修复等。

1. 微生物修复

微生物修复技术是指通过微生物的作用清除土壤中的污染物,或是使污染物无害化的过程。它包括自然和人为控制条件下的污染物降级或无害化的过程。微生物对有机污染土壤的修复是以其对污染物的降解和转化为基础的,主要包括好氧和厌氧两个过程。完全的好氧过程可使土壤中的有机污染物通过微生物的降解和转化而成为 CO_2 和 H_2O,厌氧过程的主要产物为有机酸与其他产物。然而,有机污染物的降解是一个涉及许多酶和微生物种类的分步过程,一些污染物不可能被彻底降解,只是转化成毒性和移动性较弱或更强的中间产物。目前虽然对利用基因工程菌构建高效降解污染物的微生物菌株取得了巨大成功,但人们对基因工程菌应用于环境的潜在风险性仍存在种种担心,在研究中应特别注意对这一过程进行生态风险与安全评价。美国、日本、欧洲等大多数国家对基因工程菌的实际应用有严格的立法控制,实际应用并非易事。

2. 植物修复(phytoremediation)

植物修复技术即利用植物能忍耐和超量积累环境中污染物的能力,通过植物的生长来清除环境中污染物方法(见图 10-5)。植物的生活周期会对其周围环境发生物理化学和生物的影响,在枝条和根的生长、水和矿物质的吸收、植株的衰老及其腐解等过程中,植物都能改变周围的土壤环境。现有一种新的术语,把绿色植物看成是一个“太阳能驱动的、抽吸和过滤系统”,这个系统具有适度的负荷、降解及纳污能力。

(1) 植物对土壤中有机污染的修复技术　主要有三种机制:植物直接吸收并在植物组织中积累非植物毒性的代谢物;植物释放酶到土壤中,促进土壤的生物化学反应;根际一微生物的联合代谢作用。①植物从土壤中直接吸收农药、烃类等将其分解,并通过木质化作用使其成为植物体的组成部分;或通过代谢、矿化作用使其转化为 CO_2 和 H_2O;还可以通过植物的挥发作用达到去除土壤中农药的目的;也可将原来的化学品转化为对植物无毒的代谢物,如木质素等,储藏于植物细胞的不同位点。土壤中农药种类、浓度,植物种类、叶面积、根结构、土壤养分、水分、风力、相对湿度等均影响着土壤中农药的直接吸收。②植物释放到根区土壤中的酶系统可以直接降解有机污染物,某些能降解污染物的酶来源于植物而不是微生物。③植物根际是一个能降解土壤中污染物的生物活跃区,植物根际一微生物系统的相互促进作用将是提高污染土壤植物修复能力的一个活跃领域。

(2) 重金属污染土壤的植物修复技术　以植物忍耐和超量积累某种或某些化学元素的理论为基础,利用植物及其共存微生物体系,清除土壤环境中污染物的环境污染治理技术。植物修复是一种对环境友好的清除土壤中有毒痕量元素的廉价新方法,其对重金属污染土

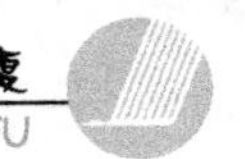

壤的修复主要体现在以下 3 个方面：①植物固定(phytostabilization)，即利用植物降低重金属的生物可利用性或毒性，减少其在土体中通过淋滤进入地下水或通过其他途径进一步扩散。植物根分泌的有机物质在促进土壤中金属离子的可溶性与有效性方面起着重要作用。②植物挥发 (phytovolatilization)，即植物将吸收到体内的污染物转化为气态物质，释放到大气环境中。比如植物可将从土壤中吸收的 Hg 还原为 Hg(O)，并使其成为气体而挥发。还有发现植物可将环境中的 Se 转化成气态的二甲基硒和二甲基二硒等气态形式。植物挥发只适用于具有挥发性的金属污染物，应用范围较小。而且，将污染物转移到大气环境中对人类和生物仍然有一定的风险，因而其应用受到一定程度的限制。③植物吸收(phytoextraction)，植物吸收是利用能超量积累金属的植物吸收环境中的金属离子，将它们输送并贮存在植物体的地上部分，这是当前研究较多并且认为是最有发展前景的修复方法。能用于植物修复的植物应具有以下几个特性：①在污染物浓度较低时具有较高的积累速率；②体内具有积累高浓度的污染物的能力；③能同时积累几种金属 ；④具有生长快与生物量大的特点；⑤抗虫抗病能力强。因此，寻找能吸收不同重金属的植物种类及调控植物吸收性能力的方法是污染土壤植物修复技术推广应用的重要前提。但要特别注意的是，重金属超积累植物收获后的处理，关系到土壤中重金属转移和二次污染，需要认真对待。

3. 动物修复技术

土壤中的一些大型土生动物如蚯蚓和某些鼠类，能吸收或富集土壤中的残留农药及其他污染物质，并通过其自身的代谢作用，把部分污染物质分解为低毒或无毒产物。动物对某种毒物的积累及代谢符合一级动力学，某种有机污染物经某种动物体内的代谢有一定的半衰期，一般经过 5～6 个半衰期后，动物积累农药达到极限值，意味着动物对土壤中污染农药的去除作用已完成。同时，土壤中还生存着丰富的小型动物种群，如线虫纲、弹尾类、稗螨属、蜈蚣目、蜘蛛目、土蜂科等，均对土壤中的污染农药和重金属有一定的吸收和富集作用，可以从土壤中带走部分农药和重金属(见图 10-3)。

图 10-3 蚯蚓可以吸收和富集农药和重金属

第五节 土壤中温室气体的释放、吸收和传输情况简介

温室效应是目前受到世界各国密切关注的全球性环境问题。准确、定量地估算各种温室气体(包括 CO_2、CH_4、N_2O、CFCs 等)的源与汇，是预测温室效应的关键之一。据统计，释放到大气中 CO_2 的 5%～20%，CH_4 的 30%，N_2O 的 80%～90%来自土壤。土壤还能通过微生物作用净化吸收大气中的 CO_2。关于稻田中 CH_4的产生情况已有许多报道。Seiler 等(1984 年)在对西班牙水稻田的 CH_4 通量观测中发现，CH_4 通量季节性变化不大，平均释放量为 0.1g/m^2 · d，氮肥无影响。对意大利稻田多年观察发现 CH_4 的排放量比西班牙大三倍，并推算出 1984 年全球稻田 CH_4 的排放量为(70～170)×10^6 t，并有明显季节性。1987

年8—10月，中国科学院大气物理所在杭州郊区进行晚稻观测获得CH_4的平均释放率为$0.9\pm0.1\ g/m^2\cdot d$，由此推算出1985年全球稻田CH_4的总排量为$(130\pm30)\times10^6$ t，我国为$(29\pm6)\times10^6$ t。但目前对于土壤影响CH_4生成速率的具体因素还知之甚少，关于气候、土壤类型、土壤温度、土壤有机质、生物种类、田间管理、肥料种类及施用方式等对CH_4释放量的影响，尚待进一步研究。

一般认为，施入土壤的氮肥约有1/3以上不能为作物吸收，其中大部分通过细菌的反硝化作用生成N_2和N_2O释放到大气中。土壤中释放的N_2O主要取决于氮肥的施用。Bolle等人认为，占施用量0.04%的硝态氮肥，0.15%～0.19%的氨态氮和尿素以及5%的无机氮肥以N_2O的形式损失。总体说来，氮肥施用量的0.5%～2%以N_2O的形态释放到大气中。

土壤能有效地吸收大气中的CO。生活细菌能将CO代谢为CO_2和CH_4。不同类型土壤对CO吸收量有差别，据估算全球约为4.50×10^8 t/a。俄国科学家发现，大气CO_2浓度最高点既不是燃烧化石燃料最多的中纬度地带，也不是在热带，而是在冻土带和北部森林上空。研究表明，冻土深层土壤中的好氧微生物对有机物的分解是CO_2的主要来源。美国科学家指出，阿拉斯加和北极其他一些地区永久冻土带的解冻导致更多的CO_2到大气中，从而加剧温室效应。据生态学家观测，最近10年中，阿拉斯加地区每m^2冻土带表土每年平均向大气中释放100 g CO_2，这是由于阿拉斯加冻土带表层土壤温度上升2～4℃，造成部分表土解冻，使大量富含碳的有机物分解造成冻土地带和北部森林上空的CO_2浓度增高。据推测，冻土带每年共释放2×10^8 t CO_2。由此可见，土壤是温室气体重要的排放源之一。

应当指出，随着稀土化合物的广泛应用，以及稀土农用技术的推广，稀土在农作物中的吸收、分布、积累规律和生态效应日益受到重视。植物对稀土有富集作用，如利用放射性元素^{90}Y、^{140}La、^{141}Ce、^{147}Nd观察小麦对稀土的吸收、分布和积累。结果表明，La、Ce、Nd在植物中的分布是根≫叶＞茎＞穗；许多研究表明，稀土浓度高时，作物生长受到明显抑制。进入土壤中的可溶性稀土也可通过地表径流进入水体。因此，稀土的水生生态效应研究也日益受到重视。许多文献指出，施用较多可溶性稀土微肥和饵料，实际上可供生物利用的部分较少，多余部分则会造成环境污染。同样，稀土也可通过食物链进入人体，稀土对人体的健康的影响有待于研究。

参考文献

1. D.希勒尔. 土壤和水——物理学原理和过程. 华孟,叶和才译. 北京:中国农业出版社,1981.
2. J.范席福加德. 农业排水. 胡家博译. 北京:中国水利水电出版社,1982.
3. John L Havlin, James D Beaton, Samuel L Tisdale, Werner L. Nelson. Soil Fertility and Fertilizers: an Intruduction to Nutrient Management. 7th Edition, Pearson Education, Inc. prentice Hall,2005.
4. Lal R Stewart B A. Soil Processes and Water Quality. Advances in Soil Science. Boca Raton, Fla. ,Ray R. Weil:Lewis Publishing,1994.
5. Brady Nyle C. The nature and properties of soils. 13th Edition. New York: Macmillan; London: Prentice Hall. 2001.
6. Mengel K, E A Kirkby. Principles of Plant Nutrition. Bern, Switzerland: International Potash Institute. 1987.
7. Morvedt J J, Murphy L S, Follett R H. Fertilizer Technology and Application. Willoughby, Ohio: Meister Publishing. 1999.
8. Rending V V, H M Taylor. Principles of Soil-plant Relationships. New York: McGraw-Hill. 1989.
9. 赵其国,孙波,张桃林. 土壤质量与持续环境. 土壤,1997,29:113—120.
10. 曹志洪,林先贵,杨林章,等. 论“稻田圈”在保护城乡生态环境中的功能. 土壤学报,2005,42(5):799—804.
11. 中国土壤学会编. 中国土壤科学的现状与展. 南京,河海大学出版,2007.
12. 中国水利区划编写组. 中国水利区划. 北京:中国水利电力出版社,1989.
13. 冯忠民. 浙江省节水技术与农业可持续发展的探讨. 跨世纪农业发展研究. 北京:中国环境科学出版社,1998.
14. 左强,李品芳. 农业水资源利用与管理. 北京:高等教育出版社,2003.
15. 任鸿遵. 我国缺水问题分析. 刘昌明主编. 中国水问题研究. 北京:气象出版社,1996.
16. 农业部种植业管理司全国农业技术推广服务中心编. 土壤有机质提升. 北京:中国大地出版社,2007.
17. 刘昌明,何希吾. 等. 中国水问题研究. 北京:气象出版社,1996.
18. 华孟,王坚. 土壤物理学. 北京:中国农业大学出版社,1993.
19. 吕军编著. 农业土壤改良与保护. 杭州:浙江大学出版社,2001.
20. 吕军, 土壤水分条件对作物生长影响的动态耦合模拟. 水利学报,1998(1).
21. 吕军,低丘红壤新垦橘园套种牧草的土壤培肥效果和生态效应. 浙江农业学报,1995(5).
22. 吕军,俞劲炎. 低丘红壤粮食作物光能利用率和农田能流分析. 生态学杂志,1990,9(6):11—15.

23. 吕军,胡金选.低丘红壤熟化过程中土壤结果性态的演变.土壤通报,1991,22(7):45—48.
24. 江荣风,杜森.首届全国测土配方施肥技术研讨会论文集.北京:中国农业大学出版社,2007.
25. 李英能主编.节水农业新技术.南昌:江西科学技术出版社,1998.
26. 李锐,杨勤科,赵永安,等.中国水土保持管理信息系统总体设计方案.水土保持通报,1998,18(5):40—44.
27. 杨林章,孙波等编.中国农田生态系统养分循环与平衡及其管理.北京:科学出版社,2008.
28. 沈阳农大主编.农田水利学.北京:中国农业出版社,1987.
29. 陈一兵,K O Trouwbborst.土壤侵蚀建模中 ANSWERS 及地理信息系统 ARC/INFO 的应用.土壤侵蚀与水土保持学报.1997,3(2):1～13.
30. 周键民主编.农田养分平衡与管理.南京:河海大学出版社,2000.
31. 国务院法制局农林城建司等主编.基本农田保护条例释义.北京:中国法制出版社,1995.
32. 俞震豫主编.浙江土壤.杭州:浙江科学技术出版社,1994.
33. 南方红壤退化机制与防治措施研究专题组编著.中国红壤退化机制与防治.北京:中国农业出版社,1999.
34. 贺湘逸.红壤坡地利用中的水分问题江西红壤研究(第十一辑),1995.
35. 赵其国等主编.江西红壤.南昌:江西科学技术出版社.1988.
36. 赵其国等主编.红壤物质循环及其调控.北京:科学出版社,2002.
37. 席承藩主编.中国土壤.北京:中国农业出版社,1998.
38. 徐明岗,梁国庆,张夫道.中国土壤肥力演变.北京:中国农业科学技术出版社,2006.
39. 浙江省水文总站.浙江省水资源,1986.
40. 康绍忠,蔡焕杰主编.农业水管理学.北京:中国农业出版社,1996.
41. 曹志洪,周建民等著.中国土壤质量.北京:科学出版社,2008.
42. 熊毅,李庆逵主编.中国土壤(第二版).北京:科学出版社.1987.
43. 谭金芳主编.作物施肥原理与技术.北京:中国农业大学出版社,2002.
44. 孙铁珩,周启星,李培军主编.污染生态学.北京:科学出版社,2002.
45. 赵其国,史学正等编著.土壤资源概论.北京:科学出版社,2007.